BIRMA
SIAM
BANGKOK
SÜD-CHINESISCH
INDOCHINA
INSELIN
SAIGON
SEE
10
MALAKA-STRASSE
SABANG
PENANG
ATJEH
BORNEO
BRIT. NORD-
MALAYA
MEDAN
DIE "OSTKÜSTE"
MIRI
BRUNAI
TOBA-SEE
SERAWAK
SIBOLGA
NIAS
SUMATRA
SINGAPORE
RIAU-ARCH.
PONTIANAK
GROSSE-SUNDA-INSELN
PADANG
BALIKPAPAN
MENTAWAI-INS.
DJAMBI
BANGKA
PALEMBANG
BELITUNG
INDISCHER OZEAN
BENGKULEN
BANDJERMASIN
JAVA-SEE
BATAVIA
BUITENZORG
SEMARANG
SURABAJA
KRAKATAU
BANDUNG
JAVA
BALI
LOMBOK
JOGJAKARTA
PENIDA
10
KLEINE
TRINIL
ERDÖL
ZINN
GROSSE PLANTAGENKULTUREN
100
110

LUZON
MANILA
PHILIPPINEN
0 200 400 600 800 1000 km
PAZIFISCHER
OZEAN
MINDANAO
DAVAO
DIEN
NEO
ARAKAN
SSAR-STR.
MINAHASA
MENADO
TERNATE
HALMAHERA
WAIGEO
ÄQUATOR
SCHOUTEN-INS.
SORONG
SELEBES
MOLUKKEN
HOLLANDIA
NEU-GUINEA
SERAN
BURU
AMBON
BANDA-INS.
SSAR
ARU-INS.
FLORES
SUMBA
TIMOR
TIMOR-SEE
SUNDA-INSELN
PORT DARWIN
AUSTRALIEN
120
130
G.T.

Ein frischer Trunk aus der jungen Kokosnuß.
Der Verfasser auf der Rast in einem Dorf der Batak auf Sumatra

PARADIES IN LICHT UND SCHATTEN

IN DANKBAREM GEDENKEN
MEINEN ELTERN GEWIDMET

KARL HELBIG

PARADIES IN LICHT UND SCHATTEN

ERLEBTES UND ERLAUSCHTES IN INSELINDIEN

SPRINGER FACHMEDIEN WIESBADEN GMBH

Mit 45 Abbildungen nach Aufnahmen des Verfassers

Die Karte zeichnete Gertrud Tischner

ISBN 978-3-663-04086-6 ISBN 978-3-663-05532-7 (eBook)
DOI 10.1007/978-3-663-05532-7

Einband und Umschlag: Arno Bierwisch

1949

INHALT

Von der Nutzung

Über allen Sternen,
Aller Liebe
Stand die Sehnsucht nach den Fernen
Stets als stärkster meiner Triebe.
Glaubt' ich heute, ihrer nicht zu brauchen,
Mußt' ich morgen um so tiefer in sie tauchen.
Nur durch sie bin ich gewachsen, mochte ich mich glücklich nennen;
Alle meine wirren Wünsche gab ich gern in ihre Hände ...
Kommt der Tod — ich weiß das Ende:
Ja!, in steiler, heißer Flamme werde ich in ihr verbrennen.

ZUR EINFÜHRUNG

WARUM „IN LICHT UND SCHATTEN"?

Ein bekannter deutscher Journalist ließ zwischen der Weltwirtschaftskrise und dem zweiten Weltkrieg ein liebenswürdiges Büchlein erscheinen unter dem Titel „Propeller überm Paradies." Es enthält, mit aufnahmebereiten Sinnen erlebt und von kundiger Hand aufgezeichnet, Eindrücke und Erlebnisse von einer auf dem Luftwege durchgeführten Reise nach Inselindien, dem vielzitierten „letzten Paradies". Der „Gürtel von Smaragd", der „Garten des Ostens", die „Inseln der Seligen" sind andere viel gehörte Bezeichnungen für diesen Malaiischen Raum am Rande der Südsee, und jede hat begeisterte Bewunderer geworben, entzückte Nachahmer gefunden. Zu Recht, ganz gewiß zu Recht, wenn wir den uns gewohnten Maßstab anlegen und die Inselwelt mit ihrer Fruchtbarkeit, ihren Schätzen und ihrer liebenswerten, zufriedenen Bevölkerung als Ganzes nehmen.

In Wahrheit bleibt jedoch auch Inselindien immer nur ein Paradies „auf Erden" und ist darum nur ein solches mit Vorbehalt, den Gesetzen dieser Erde unterworfen. Die aber sind hart und unerbittlich, für die Tropen und den Tropenmenschen nicht anders als für uns. Auch dort sind, anders als im wahren Paradiese, Tag und Nacht, Beginn und Ende, Glück und Not, kurz: Licht und Schatten stets beieinander. Daß der europäische Reisende gemeinhin nur das Licht aufnimmt, kommt daher, weil es strahlender ist als das unsere, und weil wir gehetzten und verhetzten Menschen zeitloser Räume immer Sehnsucht nach dem lichten Frieden einer erträumten glücklicheren Welt in uns tragen. Es kommt ferner auch daher, weil die meisten von uns, die wir reisen und Bücher schreiben, mit einer quälenden Unruhe erfüllt sind. Sie läßt nicht zu, lange zu verweilen. Kaum ist ein Bild erfaßt, drängt sie schon weiter zum nächsten. Sie erwirkt, daß wir entweder beglückt nur die helle Flut des Lichtes auf uns wirken lassen, oder aber in anderen, selteneren Fällen umgekehrt nur den Druck schwerer Schatten empfinden, die uns erschauern machen. Beides gleichzeitig nebeneinander zu erkennen und auszuwägen, gelingt uns jedoch gewöhnlich erst sehr viel später aus der Rückschau des einstmals flüchtig und intuitiv Aufgenommenen.

Daß gerade im Paradies der „Insulinde“ vornehmlich das Lichte und Beglückende gesehen wird — oder doch bis zum Ausbruch des Pazifikkrieges gern gesehen wurde —, geht vor allem aber darauf zurück, daß es nicht im Wesen des Malaien liegt, von den Schattenseiten seines Daseins viel Aufhebens zu machen. Selbst wenn wir sie trotz alledem erkennen, sind wir immer noch leicht geneigt, sie als zum Exotischen gehörend zu romantisieren; wie wir ja auch bei uns daheim beim Anblick einer Reihe wurmstichiger, baufälliger, unhygienischer mittelalterlicher Häuser in einem billigen und schlecht sanierten Altstadtviertel gern nur die Ehrwürdigkeit der Geschichte oder die architektonische Ästhetik unserer Vorväter auf uns wirken zu lassen belieben, ohne über die Schicksale und Gefühle ihrer derzeitigen Bewohner nachzudenken.

Inselindien, Welt der Malaien! Schon in meinen Jugendjahren erschien sie mir als ein Paradies der wilden Abenteuer; später in den Sturm- und Drangjahren der Seele als ein solches des süßesten Zaubers; und schließlich, in der Reife des geklärten Ahnens um die großen Zusammenhänge, als ein wahres Paradies der Überfülle.

Malaien! Hai!, das klang nach brauner Nacktheit und Seeräubern in winziger Prau, nach Kopfjägern und Urwald, nach Kampf mit Tigern und Krokodilen, nach schwelendem Brand und schleichendem Gift. — Insulinde... Java... Bali... Strand der Molukken..., ach, das war wie ein sattes Gemälde von gebogenen Kokospalmen über blau-blauen Wassern, von zierlicher brauner Schönheit in buntem Sarong, von abertausend seltsamen Blüten in üppigen Gärten und sündig schwüler Dämmerung hinter einer feuerblumigen Hibiskushecke. Oder es jauchzte von königlicher Freiheit in der Weite von Steppe und Pflanzung und ließ die Brust schwellen vom göttlichen Herrengefühl des kleinen Königs auf der von eifrigen Boys wimmelnden Veranda eines märchenhaft reichen Bungalows. — Inselindien... ganz nüchtern steht es heute vor mir als riesengroßer, einprägsamer, bis in das kleinste Einzelschicksal hineingreifender Wirtschaftsbegriff: Kautschuk... Zinn... Erdöl... Chinin... Kopra... Hanf... Palmöl... Bauxit... Tee... Kapok... Kaffee..., um nur die wichtigsten seiner Güter neben hundert anderen zwar weniger geläufigen, aber darum nicht minder notwendigen Produkten aus Boden, Wald und Pflanzung zu nennen. Wahrhaft eine paradiesische Fülle von Gaben!

Aber das alles hindert nicht, daß selbst über diesem fernsten Winkel unseres Erdballes, wo Indischer Ozean und Pazifik in einem wahren Inselmeer ineinander übergehen, mancher Schatten lastet; so groß, so finster, so übergangslos, wie unter dem Blätterdach des Urwaldes gleißende Reflexe und nachtschwarzes Dunkel in unaufhörlicher Folge nebeneinander liegen. Was fehlt, ist der erträumte, allumfassende Ausgleich. Licht und Schatten stehen schroff nebeneinander, dafür sind wir in den Tropen. In ihnen ist nichts „gemäßigt". Hier kann man als Fremder auch nur in abgerissenen Bildern oder Eindrücken sehen und erleben; und wenn man, als Fremder, das Erschaute analysieren wollte, würde man nur Dissonanzen, aber keine Harmonien finden. Als solche erlebt und empfindet nur der Eingeborene alles, sowohl die Höhepunkte als die tiefsten Tiefen seines Daseins, weil nur er als unmittelbarer und engverwachsener Teil seiner tropischen Natur fähig ist, im Endergebnis aller Disharmonie doch die gewollte Ordnung zu erkennen.

Diese Zwiespältigkeit, diese verschiedenen, oft feindlichsten Teilkräfte möchte ich in meinen Schilderungen nicht immer getrennt und absichtlich gegenüberstellen. Das würde auf den Leser tendenziös oder gewaltsam wirken. Aber ich möchte gern, daß sie herausgespürt werden bei der Darstellung der Erhabenheiten und der Widerwärtigkeiten in der Natur, der Spärlichkeit und Überfülle des Bodens und wohl auch im Fluch der allzu großen Fruchtbarkeit, ferner bei den Gedanken über die gewachsene Kultur und die entliehene Zivilisation, über die Eigenarten und Bindungen im Leben der Menschen, und an vielen anderen Stellen.

Die Aufgabe des Buches wäre jedoch verfehlt, wenn der Leser es ausschließlich unter der Wirkung der Zwiespälte aus der Hand legen würde. Meine Ausführungen sollen nicht trennen. Im Gegenteil, sie wollen versuchen, Getrenntes zusammenzuführen und damit, wenn auch vielleicht nicht in den Worten, so doch gefühlsmäßig eben doch jene Synthese herbeiführen, die nur durch den einmaligen, auf dieser Erde nicht wiederkehrenden und nur aus sich selbst heraus zu erklärenden Begriff „Inselindien" wiedergegeben werden kann.

Schon Franz Wilhelm Junghuhn, der große Erforscher Javas, nannte eine seiner Veröffentlichungen „Licht- und Schattenbilder aus dem Inneren von Java. Erzählungen und Gespräche, auf Reisen durch Gebirge und Wälder in den Wohnungen von Armen und Reichen durch die Gebrüder Tag und Nacht gesammelt". Sie ernteten zwar wegen gewisser Auseinandersetzungen mit dem Christentum viel Widerspruch und manches öffentliche Verbot, gingen den Dingen aber ehrlich auf den Grund. Ich will mich nicht zum Nachahmer Junghuhns aufwerfen, kann mir auch nicht anmaßen, mit seinen jahrzehntelangen Reisen, seiner trefflichen Beobachtungsgabe und seinem glänzenden Stil entfernt wetteifern zu können. Ich möchte nur feststellen, daß gründliche Kenner der Verhältnisse schon vor hundert Jahren sich verpflichtet fühlten, selbst im Titel ihrer Bücher über dieses Paradies Licht und Schatten im gleichen Atemzug zu nennen.

Normalerweise wäre diese zusammenfassende Gesamtschau meiner südostasiatischen Reisegebiete wohl erst nach gründlicher Verarbeitung der Einzelergebnisse „in meinem Alter" geschrieben worden, wenn ich vermessen die Möglichkeit der Erreichung eines solchen voraussetze. Doch glaubte ich in einer Zeit des allgemeinen Ringens nicht nur um eine neue Weltanschauung, sondern auch um ein neues Weltbild und Weltwissen, meine eigenen Kenntnisse um einen bedeutsamen, oft sehr verkannten Teil unserer Erde nicht zurückhalten zu dürfen. Wenn unser Volk zur Zeit auch ganz mit den Problemen des eigenen Landes beschäftigt ist oder, einer gewünschten Entwicklung folgend, sein Denken auf eine künftige Europäische Union richten mag, dürfte ihm trotzdem die Stellungnahme zu entlegeneren Räumen — allein schon zum Zwecke des Vergleichs — nicht ungelegen sein; zumal wenn es sich um solche Räume handelt, die nach jahrhundertelanger Zugehörigkeit zum europäischen Machtbereich im Begriff sind, sich aus diesem herauszulösen und daher zu einer letzten Inventur reizen. Gerade darum habe ich in meine Schilderungen manches an Zahlen, Leistungen, Forschungsergebnissen und Einsichten verwoben, das üblicherweise nicht in Reiseberichten und Erlebnisbüchern zu finden ist. Der Verlag hat diese Ausrichtung zu meiner Freude gutgeheißen. Möge sie auch dem Leser willkommen sein!

Hamburg, ursprünglich geschrieben im Sommer 1944, der Zeitverhältnisse halber liegengeblieben bis zum Herbst 1947.

Karl Helbig

BUNTER BILDERBOGEN ZUVOR

Tagebuchaufzeichnung vom 10. April 1937: Singkawang/Westborneo:

„Gestern abend, als ich noch auf der Galerie des kleinen chinesischen Hotels saß und schrieb, rief in der unscheinbaren Kaserne vor der Stadt ein Horn in getragenen Terzen zum Schlafengehen. Da war es mir wie stets, wenn ich nächtens Hörnerklang höre: ich bin wieder der lauschende Knabe wie vor langen, langen Jahren. Auf den Stoppelfeldern zwischen der Fabrik, bei der wir wohnten, und dem benachbarten Dorf hatten Soldaten zum herbstlichen Manöver Biwak bezogen, mit Pferden und Zelten und Gewehrpyramiden. Die letzteren interessierten mich wenig, um so mehr die Zelte und Pferde. Und abends rief das Horn; für mich zum ersten Male bewußt in meine Kindheit hinein, denn sie nahm fern von Städten und Kasernen ihren Ablauf. Damals krallte mich eine nie gekannte Sehnsucht an, so plötzlich, so groß, daß sich das Herz spürbar zusammenzog und das Atmen weh tat.

Niemals seitdem ist das anders geworden. Sobald in den Abend hinein ein Hornruf erklingt, ist die Sehnsucht wieder da. Wonach? Gewiß nicht nach Soldaten, Marschtritt und Kriegsleben. Aber wonach sonst? Ich vermag es nicht eindeutig zu sagen. Ich atme herbstlichen Hauch über Äckern und feuchten Wiesen am Fluß; ich sehe Sterne über dunklen Bergketten und weit in der Ferne die Lichter und Signale einer Bahnstrecke, den feurigen Atem rasender Maschinen. Wandere weit im Dunkel auf einsamer Straße, und irgendwo im Raume über mir und um mich hängen die Klänge der Hörner. Biwak, Lagerfeuer, Wanderleben locken sie, laufen, immer laufen, und reiten... reiten durch Steppe und reifende Felder und schmale Schneisen im feuchten Wald. Und dann ist plötzlich eine große Angst in mir, ich könnte davongehen, ohne noch wieder nachts im Herbst über leere Landstraßen gewandert zu sein, ohne noch einmal jenen herben, starken Ruch der Abendnebel, jenen Takt des stillen, brünstigen Wanderns in den Pulsen gehabt zu haben, der gesund macht von aller Sehnsucht, allen Wünschen, allem Leid; der lächeln läßt, weil er Erfüllung ist, letzte beseligende Erfüllung...

Da sitze ich auf dem Balkon des kleinen Chinesenhotels von Singkawang,[1] einem Städtchen irgendwo an der Küste Borneos. Wer

[1] Die Betonung ruht im Malaiischen fast immer auf der vorletzten Silbe; „s" spricht sich scharf wie „ss" in „Wasser".

kennt es? Wer weiß von ihm und meinem Abend hier? Wen kümmern mein Suchen, meine Arbeit, mein Wandern, meine Träume? Ich sitze versunken und denke an Landstraßen zwischen Stoppelfeldern und Nebel über den Wiesen. Wo ist der lärmende abendliche Markt zu meinen Füßen? Wo sind die schmalhüftigen Malaienmädchen, die mir noch vor einer Stunde im Rhythmus ihrer wiegenden Schritte ein heißes Fieber ins Blut trugen? Wo ist das feuchte Lächeln in den Mandelaugen der goldzahnigen Chinesin, die mich im Halbdunkel des Hoteleingangs erobern wollte? Und was kümmern mich noch die Versprechungen Tjia Hap Sings, des geschmeidigen Kupplers, der junges Weibsvolk beschaffen wollte, so viel dem Tuan[1]) nur beliebt? — Geht doch nur alle! Geht weit fort und laßt mich allein... Ich wandere durch den dunstigen Herbst auf einer langen, heimatlichen Straße, und irgendwo am Waldrand ruft ein Horn..."

Es ist genau sieben Jahre später. Gestern abend, als ich noch am offenen Fenster saß und schrieb, rief in den Kasernen der Vorstadt ein Horn zum Schlafengehen... Da fiel der Mantel der lärmenden Millionenstadt wie eine würgende Schnürung von mir, und mir war dabei, als säße ich, durch eine Zauberkraft entführt, wieder auf der Galerie in Singkawang, unter mir die freundlichen Lampen und Lämpchen der Markthändler, die lockenden Düfte der Garküchen und gewürzten Zigaretten, das erregende Lachen exotischer Mädchen. Nächtlicher Himmel über den walddunklen Bergen hinter mir, und voraus an der Chinesischen See die Lichter und Feuer des weltvergessenen Hafens, das Tuten eines späten Dampfers...

Da weiß ich, daß ich mit der Niederschrift dieses Buches beginnen muß.

Ich schließe die Augen: Borneo... Sumatra... Java... Selebes[2])... Bali... Madura... Nias... Bangka[2])... Belitung[2])... Penida... Hinako... Insel um Insel einer fernen Tropenwelt, die meine Augen schauen, meine Sinne erleben, meine Füße erwandern durften, tauchen auf aus den samtenen Wassern des Indischen Ozeans. Gleißend wirft die Sonne ihre Lichter über das Blau der Meere und das Grün der Wälder, über verträumte Dörfer und geschäftige Städte. — Jetzt jagen beängstigend verquirlte Wolken des Monsuns vom Horizont herauf. Kaum vermögen sie ihre Schwärze zu tragen, und bald stürzt die Sintflut vom Himmel herab in aufgewühlte Wasser und dunstende Erde. — Aber am Abend steuert wieder das Silberboot des Mondes durch die fahlbeleuchtete Welt, schiebt sich geschickt durch die zackigen

[1]) Landläufige Bezeichnung für den „Herrn".
[2]) Es wird hier der einheimischen Schreibweise „Selebes" statt der bei uns üblichen „Celebes" gefolgt, ebenso „Bangka" statt „Banka", „Belitung" statt „Billiton".

Riffe der Palmenkronen und duldet erhaben die Huldigung seiner flimmernden Sternenheere.

Kommt es, weil ich mein Leben lang die Natur mehr als das Werk der Menschen bewunderte, daß dieser Mond der Tropen immer über meine Gedanken und Erinnerungen sein unvergeßliches Leuchten ausschüttet, oder geht es jedem so, der ihn in den singenden Nächten der Südsee erlebte? Vielleicht wirkt es auf den Außenstehenden sentimental oder gar kitschig, aber ich kann mich dessen nicht erwehren. Nicht nur manche lyrische Stimmung verdanke ich ihm, sondern auch in die aufwühlendsten Erlebnisse spielt er hinein. Wo überall war er doch dabei, als stummer Gefährte, kundiger Führer oder mahnender Zeuge.

Wenn ich auf den Bambuplattformen der Dajakhäuser lag und die Kolodi-Flöten[1]) der jungen Burschen wehmütig und verliebt in den Abend klagten, stand sicher auch das silbrige Horn oder die kreisrunde Scheibe des Mondes über den Kronen der nahen Urwaldbäume; und wenn in den Dörfern der Batak die Mädchen ihre Tanzlieder sangen und, mit den Händen klatschend, sich rhythmisch im Kreise drehten, warf er sein weißes Licht auf die breite Alaman[2]) zwischen den hochgiebligen, schwarz gedeckten Häusern. —

Da ist eine Nacht auf dem Gipfel des Lawu, dem Himmel nahe und den Tropen weit entrückt. Es könnte ebenso gut auf einem der anderen Vulkanriesen gewesen sein. Beißende Kälte hat mich von dem dürftigen Graslager gescheucht, die Uhr zeigt zwei Stunden nach Mitternacht, das Feuer ist fast erloschen. Es ist still hier oben, totenstill; selbst den Grillen ist es zu kalt in diesem kahlen Raum oberhalb der Wolkenzone. Um so eindringlicher spricht die Nacht selber. Die Welt unter mir ist zu einem Kessel voll Silber geworden, zusammengeflossen aus den flachen Buckeln von hunderttausend Lämmerwölkchen. Hoch über ihnen schwebt der weiße Mond als ein getreuer Hirte und bestrahlt mit seiner riesigen Laterne in unwahrscheinlicher Schärfe jeden Flaum und jede Falte ihrer weichen Felle. Knisternd sprühen die Funken von den Holzscheiten über den Abhang, als mein ebenfalls erwachter Träger sich müht, die wärmende Glut wieder zu entfachen. Langsam verweht ihr roter Rauch in die klingende Atmosphäre zwischen Himmel und Silbermeer.

Nachtwandlerisch gehe ich auf dem schmalen Pfad durch borstiges Gras bis zum Rande einer nahen Schlucht. Wie der Schwerthieb eines Titanen gähnt sie im Fels. Leise rauscht es in den Schründen von einem unsichtbaren Wasser. Laue Luft der tieferen Regionen quillt spürbar herauf, von den blühenden Kaffeesträuchern der Plantagen

---

[1]) Blasinstrumente aus einer Hohlfrucht als Resonanz und mehreren, orgelartig angeordneten Bamburöhrchen als Pfeifen.

[2]) Dorfplatz, breite Straße.

ein schmerzend süßer Duft, der das Herz zerspringen läßt. Langsam hat sich der Javane vom Feuer erhoben. Als schlanker, schmaler Scherenschnitt steht er zwischen dem lodernden Brand und dem leeren Hintergrund. Sachte sinkt der Mond tiefer zum dunklen Kranz des Kraters über mir. —

Nun steht er über den Straßen der Stadt. Die Unruhe der Tropenabendstimmung trieb mich von meinen Büchern hinaus. Es ist schwül, die Tageshitze klebt noch in den Kleidern und in der Erde. Vergebens spüren die Lungen einem kühleren Lufthauch nach. Lampen brennen; Musik von halbverwachsenen Veranden; das warnende Kling-Klong eines Deeleman[1]) und das müde Trappeln seines Pferdchens auf dem Asphalt. Die Rassel eines Erdnußverkäufers schnarrt lockend. Ro—ti... Ro—ti!, mit hoch hinaufschnellendem „i", singt ein Brotverkäufer seine Ware aus. Am Kantstein kauert eine Frau hinter einer zierlich aufgebauten Pyramide gelber Manggapflaumen; die schwache Flamme ihres Öllämpchens zeichnet ihr ein sanftes Lächeln auf das wunschlose Gesicht. Große Bäume wölben sich von beiden Seiten. Aber als ich nun aus ihrem Schatten trete, ist es taghell vom vollen Mond. Ein breiter Slokan[2]) führt an der Straße entlang. Jenseits hängen glänzende Bananenblätter vor weißgekalkten Wänden. Ein paar Stufen führen zum Wasser hinunter. Badende kichern und planschen. Ein Bursche näselt keck ein Liedchen. Mädchen lachen verhalten. Ihre Sarongs bauschen sich wie bunte Seifenblasen, wenn sie ins Wasser steigen. Zikaden schreien in schrillen Kopftönen, Moskiten summen mir an den Ohren. Ich lehne mich an einen Stamm, ganz still. Ich will nur Teil des Tropenabends sein, sonst nichts; wie dieser Baum und dieses Mädchenlachen und dieses Mondlicht ohne Anfang und ohne Ende Teil seines Inhalts sind. —

Draußen auf der Reede liegt unser Schiff. Es ist Abend. Auf der See flimmert in ungezählten goldenen Schalen die breite Straße vom Widerschein des Mondes und die schmalere der grünlich silbernen Venus, die von den Malaien so lieblos „bintang babi", der „Schweinestern", genannt wird. An Backbord wird aus ein paar Prauen noch geladen. Winschen rattern. Ladebäume knarren. Trossen schlurfen über surrende Rollen. Sonnenbrenner hängen über den Lüken. Die Vormänner treiben zur Eile, wir wollen diese Nacht noch weiter. Aus der Tiefe des Heizraumes schallt das Scharren der Schaufeln, das Krachen der zuschlagenden Feuertüren.

Auf der Jakobsleiter klimme ich von Steuerbord herauf. Im weichen Wasser kühlte ich nach langem Dienst in Kohlenstaub und Öldunst schwimmend den heißen Körper, und phosphorgrünes Meerleuchten

---

[1]) Bezeichnung für eine bestimmte Art kleiner Pferdewagen auf Java.

[2]) Wassergraben.

tropfte mir dabei von allen Gliedern. Jetzt gehe ich über Deck nach vorn zum Logis, werfe einen Blick in den Laderaum hinunter, um zu sehen, wie weit er sich schon füllte. Schwere Säcke sind an allen Seiten aufgestapelt, nur in der Mitte gähnt noch eine tiefe Lücke. Ganz unten im grellen Licht der Lampen sind braune Menschen dabei, eine neue Hieve in Empfang zu nehmen. Seitlich steht ein Aufseher, ein Weißer. Er schreit sie maßlos an: Schneller! Schneller! Er tritt mit aller Kraft nach einem Kuli, der nicht rasch genug zupackte: „Bangsat andjing!", ‚verfluchter Hund!"

Die Hieve ist leer; ein Wink des Tallymannes jenseits an Deck zum Winschmann hinüber. Polternd setzt der harte Lärm der Winschen wieder ein. Aber ein greller Schrei übertönt ihn, dringt aus der Luke herauf wie das grause Entsetzen von einer Richtstätte. Fassungslos starre ich hinunter. Ist das eine Vision, was mein Blick da als Abschluß eines kurzen, rasend kurzen Dramas eben noch auffängt? Sechs, sieben, zehn Schatten springen geduckt wie Katzen auseinander, klimmen blitzschnell an den Leitern und Sackstapeln in die Höhe, sind mit einem Satz über den Lukenrand, über die Reling, hinunter in die Prauen und klatschend ins Wasser, nach allen Seiten zu dem Gewimmel anderer Fahrzeuge strebend und im Handumdrehen verschwunden. Am Boden des Laderaumes liegt der Vormann, ein Dutzend Messerstiche im Rücken, mit gebrochenen Augen.

Offiziere rennen. Die Dampfpfeife heult. Schon jagt ein Polizeiboot herbei, sind die Prauen neben uns und das Deck besetzt. Ein paar weggeworfene blutbeschmierte Messer zwischen dem Ladegeschirr sind alles, was gefunden wird. Eine Bahre wird in den Raum hinabgelassen, der Tote darauf gelegt, eine Persenning über ihn gedeckt. Langsamer knirscht die Winde, hebt vorsichtig die ungewohnte Last nach oben. Rote Fackeln schwelen dunstig. Zwischen ein paar Männern schwankt die Bahre nach mittschiffs. Helles Blut rieselt unter ihr heraus.

Man ruft mich zur Aussage zum Kapitän. Aber alles, was ich weiß, ist der blitzhafte Eindruck weniger Sekunden; ich sah keine Gesichter, keine Gestalten, nur Schatten, die sich alle gleichsahen.

Als ich wieder über Deck gehe, wird mein Blick durch ein rubinrotes Blinkern auf den Planken angezogen, das da nicht hingehört. Es ist der Mond, der mit einer Blutlache spielt. —

Mondnächte, immer wieder Mondnächte. Wenn in allen Mesigits, den kleinen Moscheen der javanischen Dörfer, die Trommeln vom Abend bis zum Morgen nicht zur Ruhe kamen und hackend, dröhnend, hämmernd das Lebaran Hadji einleiteten, das große Opferfest der

Gläubigen. Wenn über die Einsamkeiten Borneos die Gongspiele läuteten und über die lieblichen Reisfelder Balis das Klung-Klung-Klong der Gamelane[1]). Festlich waren solche Nächte mit ihrer bald aufpeitschenden und bald träumerischen Musik im magischen Mondlicht. Dem Eingeborenen öffnen sie die Pforte zu der Zweitwelt des Übersinnlichen, die sich für ihn mit der irdischen zur Einheit seines Lebensraumes vor und nach dem Tode verschmilzt; und den horchenden Fremdling lassen sie das Mysterium dieser Einheit erahnen.

Ja, diese Feste der Malaien! Sie waren die Würze in den Mühen der Märsche und sind die lustigen Kaskaden im Fluß der Erinnerung. Ich will einmal aus der Schule plaudern, obwohl es hart an der Würde des Weißen vorbei geht. Wir waren auf dem Marsch durch entlegene Gebiete Borneos, als gerade überall „Taon Baru“, das „Neujahr“ und Erntefest der Dajak, gefeiert wurde. Es ist die ausgelassenste Zeit des Jahres, der alljährlich einmal wiederkehrende Höhepunkt im Gleichmaß der vielen mühevollen Tage. Nichtstun, Musik, Fröhlichkeit, Essen, immer wieder Essen, und Tuak trinken, Reiswein. Junge Ehepaare, die während der letzten Monate ihr erstes Kind bekamen, verlegen in diese Festwoche gleichzeitig ein traditionelles Gastmahl, und der zufällig vorbeikommende Fremde wird von ihnen und vom ganzen Dorfe als glückbringender Teilnehmer willkommen geheißen. Mehrere Tage lang schon waren wir von einem Fest zum anderen weitergereicht worden. Ich zitiere aus dem Tagebuch den 16. Mai 1937: „Der heutige Pfingstsonntag steht wieder ganz im Zeichen des Tuak. Früh brechen wir von Ginis auf, nehmen Abschied von den freundlichen Leuten, die noch niemals einen weißen Gast bei sich sahen. Bald muß ich merken, daß unser Kommen überallhin signalisiert worden ist. Der Häuptling von dem auf einer Hügelkuppe gelegenen Kampong[2]) Bungok kommt uns schon weit entgegen. Dann bittet er, auch noch vorlaufen zu dürfen. Es sind geheimnisvolle Vorbereitungen.

Plötzlich, beim Anstieg durch einen kleinen Kautschukgarten, steht da die Jungfrauenschaft des Dorfes in doppelreihiger Parade. Jedes Mädchen hält eine Flasche und einen Becher in den Händen, in rührender Positur. Kaum sind wir in Reichweite, strecken sie uns, und zwar bebend und ein wenig verängstigt, aber doch der hohen Aufgabe ahnungsvoll bewußt, die zierlichen Händchen mit den Bechern entgegen. Seitlich steht der Häuptling und ist stolz auf seine Organisation. Sicher war er eine Zeitlang Strafgefangener auf Java, wegen Kopfjagd oder dergleichen, und hat militärische Zucht kennengelernt! Wir trinken

---

[1]) Orchester, vornehmlich aus verschiedenen Schlaginstrumenten (Gongs, Xylophonen, Trommeln), Flöte und zweisaitiger Geige.

[2]) Dorf, auch Eingeborenensiedlung innerhalb der Stadt.

An der Küste der Chinesischen See

Djukung in der Bali-Straße

uns reihum, wir können die neugierigen Mädchen doch nicht enttäuschen. Im Dorf selbst wird Reis und Huhn aufgefahren.

Schwer beladen mit Alkohol fliegen wir weiter zum nächsten Kampong. Ich habe gerade noch Sinne genug beisammen, um ein wenig auf den Weg zu achten. Ein Glück, daß es nicht durch schweren Rimbu[1]) geht; der Pfad führt heute fast ununterbrochen durch Ladangs[2]). — Vor Madjil wiederholt sich dasselbe. Der Häuptling kommt mit den Jungfrauen angestürzt; Feuerwerk wird abgebrannt, das ganze Kampong ist aus dem Häuschen. Wieder gibt es Reis und Huhn, ein besonders großes und fettes. Wir essen bis zur Grenze des Möglichen; viele magere Wochen liegen hinter uns, viele noch schwerere werden folgen. — Vor Rondam zum dritten Male: Böllerschüsse, Feuerwerk, Tuak! Man könnte hier, wenn man anders veranlagt wäre, und sich selber aus der Hand glitte, tatsächlich vor Selbstbewußtsein und Herrengefühl platzen. Wo in aller Welt steht man einmal wieder so als eine Art Herrgott im Mittelpunkt wie während dieser festesfrohen Erntezeit bei den Dajak!

In Padek kommt dann erst der Höhepunkt. Alle sind schon „voll". Leider ist das Dorf reichlich vermalaiisiert, die lächerlich moderne Kleidung wirkt störend. Nur die Universalität der Festesfreude, das unbekümmerte Genießen sind noch echt dajaksch. Man muß das gesehen haben, wie jeder mit seiner Reisweinflasche den zufällig Nächststehenden beglücken möchte, wie jeder seinen Klebreis, seine öltriefenden Brotbrocken, seine gebratenen Hühnerbeine, diese Hochgenüsse größter Feiertage, jedem Vorbeitorkelnden anbietet. Der Erntealtar bricht fast von all den Flaschen und Speisen. Die auf der Erde angerichtete lange Festtafel ist eine ununterbrochene Folge von Schüsseln und Tuakbehältern. Das Gewimmel ist schlimmer als auf einem Jahrmarkt, und die Musikanten der Gongkapelle halten nicht mehr recht den Takt. Von allen Seiten strecken sich uns Hände mit Gaben entgegen, schmale Hände von jungen Mädchen und Frauen, harte, verarbeitete Hände der Männer, runzlige, magere Hände der Alten. Wir müssen essen und trinken und Teil sein der überglücklichen Menge.

Mit Gewalt reiße ich mich am späten Nachmittag hoch, um bis zum Anbruch der Dunkelheit noch das stillere, abgelegene Dörfchen Empijang zu erreichen. Vom Tuak beflügelt eilen wir durch wunderlichen Bambuwald. Die Trommeln und Gongs von Padek dröhnen noch hinter uns her. Ein Ehrengeleit mit dem Häuptling an der Spitze rennt und stolpert eine Weile mit uns. Aber dann bleibt einer nach dem anderen zurück und wendet sich wieder der lockenden, rufenden Musik zu." —

---

[1]) Urwald, Busch.

[2]) Brandrodungsfelder.

Kuningan-Fest auf Bali, eine Art Kombination von Neujahr und Allerseelen. Tagelang haben die Mädchen mit geschickten Händen Opferkörbchen, -matten, -figuren für die Gottheiten geflochten, alle Altäre in den Familiengehöften, auf den Reisfeldern, an den Wegkreuzungen sind schon geschmückt. Längs der Dorfstraße sind hohe Bambustangen mit wehenden Opfergeflechten aufgestellt. Der Kult beherrscht nicht nur die Tätigkeit und Stimmung des gesamten Volkes, sondern in einer nicht zu überbietenden Ästhetik auch das gesamte Siedlungsbild, so daß selbst eine festliche Beflaggung in unseren Ländern nicht eine gleiche harmonische Wirkung erzielen könnte. Auf Serangan, einem der Südküste vorgelagerten Eiland, will ich dieses Kuningan verleben. Dort befindet sich ein uralter Tempel, beliebter Wallfahrtsort aller Balinesen. Über eine ganze Woche dehnen sich die Feiern aus. Der an sich schon immer rege Verkehr auf Bali steigert sich auf ein Höchstmaß. Die Straßen sind verstopft, alle Fahrzeuge überfüllt. Selbst an solch entlegenen und einsamen Wallfahrtsorten wie dem unbewohnten Serangan entstehen plötzlich bunte Händlerquartiere, und die See ist voll von den riesigen weißen Segeln der Pilgerboote.

Eines nimmt uns mit hinüber. Viele der Wallfahrer waten auch zu Fuß hoch geschürzt durch die schmale und seichte Meeresstraße, fröhlich, lachend, mit festesfrohen Augen und Gebärden. Am Ufer ordnen sich rasch lange Züge. Singend, die Opferkörbe auf dem Kopf, ziehen die Menschen den Tempeln entgegen. Das Gamelan läutet aus den Höfen. Unaufhörlich tragen die Frauen ihre Gaben durch das gespaltene Tor; und die gläubige Menge, angetan mit ihren festlichsten Gewändern und Schmuckstücken, Blüten und Ranken im Haar, verharrt immer wieder im Gebet, empfängt die Weihwasserbesprengungen der Priester und Priesterinnen und streut mit einer rührenden Mischung von Kindlichkeit und Ernst duftende Melati-Blumen auf die Altäre ihrer Götter. Man mag es nicht glauben, daß aller Antrieb zu diesem sinnigen Tun und fröhlichen Feiern die Furcht vor den schrecklichen Dämonen ist, die drohend den Balinesen von der Geburt bis zum Tode in Schach halten. —

Chinesisches Silvester. Seit Stunden schon ist die Luft voll vom Lärm und Funkenregen ungezählter Feuerwerkskörper der ausgelassenen Chinesen. Morgen zum Neujahr werden sie, das einzige Mal im Jahr, ihre Läden und Handwerksstuben schließen und nicht arbeiten. Baumlange Drachen aus Rohrgerüsten und leichten Stoffen werden von Dutzenden jubelnder Burschen umhergeschleppt. Maskierte Menschen hüpfen und stoßen sich lachend hinter schrillen Kapellen. Die Restaurants strahlen von Lichtern, Ströme von Wohlgerüchen phantastischer Gerichte fluten über die Straßen. Nagelneue Anzüge und

Hüte, eigens für den Jahreswechsel beschafft; die Frauen im entzückenden Ishyang[1]); die jungen Mädchen verführerisch mit blitzenden Augen unter den pechschwarzen Ponyfrisuren. Alle Grenzen fallen, alle sind Brüder und Schwestern, Vater und Sohn. Ohrenzerreißend trillern die Klarinetten, quietschen die Flöten, schrillen die Becken, und das knatternde Gewehrfeuer der Knallfrösche zerreißt den Äther, von den Häusern klatschend und rollend zurückgeworfen, bis zum anderen Morgen. —

Pasar Malam der Malaien in Batavia, „Nachtmarkt", Volksfest, Karneval. Riesenbetrieb in der alten Vorstadt Glodok. Luftschaukeln, Karussells, und die kleinen Malaiinnen im züchtigen Sarong sitzen auf Schaukelpferden, in Gondeln oder fahren mit gemischten Gefühlen Berg- und Talbahn; ein Bild zum Weinen! Tausende von Luftballons, Gummiwürste und sonstiger Jahrmarktsunfug sind in allen Händen. Unsinniger Tand wird an überladenen Verkaufsständen angeboten. Garküchen, Limonadenmixer, Eisverkäufer an allen Ecken. Musik, öffentliche Tänzerinnen, verliebte Burschen. Mitten darin ein Freilichtkino. Welcher Jubel, wenn der Wildwestreiter überlegen lächelnd seinen zehnten Gegner umlegt oder der Meisterdetektiv ohne mit der Wimper zu zucken hoch oben in der Luft von einem Flugzeug ins andere springt und dem verbrecherischen Piloten an die Kehle geht! — Ein paar Schritte weiter im Flackerschein schwelender Ölfunzeln ein spontan improvisiertes Theater: Gamelanklänge, leuchtend bunte Gewänder, Wohlgerüche. Clownmäßig bemalte Burschen spielen die witzigste Komödie der Welt; Lachsalven und Beifallssturm unter den dichtgedrängten Zuschauern. — Kulis, die morgen im Hafen wieder schwitzend für billigen Lohn Säcke schleppen, Frauen, die mit großen Wäschebündeln fremder Herrschaft zum Fluß wandern werden, werfen sich mit vollen Armen und geöffneten Sinnen in den Trubel einer Nacht, die nur ihnen allein gehört

Im Büro des „Dienstes der Volksgesundheit" der gleichen Stadt Batavia. Mir gegenüber sitzt der junge javanische Arzt mit der hochgeschlossenen weißen Jacke und dem zipfligen Kopftuch. Seine Gesichtszüge sind sehr durchgeistigt, seine Hände aristokratisch schmal und gepflegt. Seine Vorfahren trugen den Fürstentitel, den auch er seinem Namen noch voransetzt.

„Sie wissen, daß im 18. Jahrhundert die jährlichen Sterbeziffern der neu herüberkommenden Europäer in Batavia bis auf 370 vom Tausend anstiegen. Begreifen Sie, Mijnheer, daß unter solchen Um-

---

[1]) Das hochgeschlossene, eng anliegende, seitlich geschlitzte moderne Kleid der Chinesin.

ständen jeder Ankömmling im Durchschnitt nur noch Chancen auf knapp drei Jahre Lebensdauer hatte? In den letzten Jahren verzeichneten wir, dank der fortgeschrittenen Hygiene des Einzelnen und der weitgesteckten sanitären Aufgaben der Öffentlichkeit, als Sterbeziffern der Europäer in Batavia zwischen 15 und 10 vom Tausend. In Holland sind es zwölf, in Deutschland neunzehn, in Rußland neunundzwanzig vom Tausend; wobei allerdings zu berücksichtigen ist, daß hier bei uns viele Europäer vor Erreichung eines höheren Alters in die Heimat zurückgehen oder von der Stadt ins Hochland übersiedeln."

„Bitte, auch die Zahlen für die Eingeborenen! Sie liegen sicher weit höher?"

„Natürlich! Denn" — er zitiert einen Satz aus einem bekannten Buch — „neben dem üppigen Leben der Tropen steht ein ebenso üppiger Tod! — Die eingeborenen Volksmassen hier leben weniger hygienisch als die Europäer, boykottieren, nicht selten aus religiöser Gebundenheit, manche unserer Maßnahmen, haben aber auch eine weit höhere Geburtenfreudigkeit. Überdies entfällt ein überdurchschnittlich hoher Prozentsatz der Sterbefälle bei ihnen auf das Säuglingsalter. Das ist in der ganzen Welt so. Wo viele Kinder geboren werden, wie etwa in Rußland, herrscht auch großes Säuglingssterben; und wo es wenige sind, wie in Frankreich, ist der Prozentsatz viel tiefer. An der hohen Kindersterbe unserer Völker hier konnten auch die hygienischen Maßnahmen des Europäers nicht viel ändern. Die Mütter sind durch die vielen Geburten eben zu sehr geschwächt, und die Väter sind oft unterernährt." Er nimmt eine Liste vom Schreibtisch und doziert: „Hier einige Ziffern des laufenden Jahrzehnts, bitte, notieren Sie: 1928: 40 vom Tausend, 1926: 39 vom Tausend, 1924: 36 vom Tausend, 1920: 50 vom Tausend, 1918: 68 vom Tausend ..."

„Welche Sprünge!" werfe ich fragend ein.

„Choleraepidemie!" erläutert er sachlich. „Schwer beizukommen in den dicht bevölkerten Kampongs!" Und beiläufig, halb für sich: „An irgend etwas müssen die Menschen ja auch sterben, nicht wahr? Wo sollten wir mit allen hin! ... 1917: 45 vom Tausend. Haben Sie?" diktiert er monoton weiter

Wieder in Batavia, in den Nachwehen der Weltkrise. Ich war ein paar Jahre nicht im Lande, bin erst kürzlich wieder von Europa herübergekommen und kehre gerade von einem Wege zurück in das Haus meines Gastgebers. Ein nicht alltägliches Erlebnis beschäftigt mich aufs äußerste: unterwegs hat mich ein weißer Schofför angesprochen und mir seine Dienste angetragen. Es war der erste weiße Schofför, den ich je auf diesen Inseln erlebte. Mein Gastgeber wiegt nur den Kopf und schweigt; er mag sich der weißen Bettler erinnern, die in den letzten Jahren mitunter abends im Schatten plötzlich schweigend vor der Tür standen und mit niedergeschlagenen Augen um eine Unterstützung baten. Am Nachmittag fordert er mich auf: „Wollen Sie mich begleiten? Es schlägt in Ihr vorhin aufgegriffenes Thema!" — „Wohin?" — „Ins Kampong!" — „?" — Was hat er als Europäer, noch dazu als einer der besten Gesellschaft, in den Wohnvierteln der Eingeborenen zu tun? Wenn er noch Arzt oder Völkerkundler wäre; aber beides ist er nicht. „Wohlfahrtsunterstützung" sagt er leise, und in seiner Stimme zittern Scham, Wut und Freudlosigkeit. „Wir betreuen hier 24 Familien und sammeln dafür unter uns Deutschen genau wie in der Heimat. Das soziale Hilfswerk der Regierung reicht nicht aus, alle zu erfassen. Zu einem standes- und rassengemäßen Unterhalt reichen aber auch unsere Sammlungen nicht. Sie wissen, wie sehr hier alle Einkünfte in den letzten Jahren zurückgingen und die meisten Europäer sich mit ihnen gerade noch selber über Wasser halten. Ich habe das Amt, die Unterstützungen zu überbringen. Es ist schwer für einen Weißen, glauben Sie es; beides: das Besuchen und das Empfangen. Aber die Zahl der Holländer im Kampong ist noch um ein Vielfaches höher."

Dann sehe ich in einem jämmerlichen Häuschen ärmliche Bambupritschen, wie die Eingeborenen sie zum Schlafen benutzen, mit viel zu dünnen Matratzen und verbrauchten Mückengardinen, die kaum noch zusammenhalten. Auf einer Leine ein paar billige Kleidungsstücke. Ein hochgewachsener Mann in den besten Jahren — er könnte Pflanzer, vielleicht Offizier gewesen sein — nimmt zögernd den Umschlag und die aufmunternden Tröstungen entgegen. Eine Frau hat er nicht mehr; die Kinder hat er hinausgeschickt, sie brauchen nicht Zeugen seiner seelischen Not zu sein, die in diesem Augenblick stärker ist als seine materielle. Hier, wo der Weiße stets gewohnt war, als Herr angesehen zu werden, fühlt er sich schuldig, wenn er es plötzlich nicht mehr sein kann. Eine braunhäutige Haushälterin kommt herein. Sie bringt einen Topf voll Reis; die malaiische Nachbarin half bereitwillig aus.

Wir fahren zum nächsten Haus und noch zu zweiundzwanzig anderen. Überall dasselbe Bild mit geringen Varianten der Familienverhältnisse und Charakterqualitäten. Zwei Dutzend Häuser, nicht viel in einer Millionenstadt. Aber 24 verarmte Landsleute mit ihren Familien in einer Stadt, die man bis vor kurzem zu den reichsten dieser Erde zählte, das ist ein erschütterndes Erlebnis.

Später sehe ich Enqueten und Berichte von Studienkommissionen über die völlig unzureichenden Lebensverhältnisse von Hunderten und aber Hunderten schuldlos aus dem Produktionsprozeß ausgeschalteter Europäer durch. In der Hoffnung auf einen Verdienst sind sie von den stillgelegten Plantagen in die Städte gewandert, um dort nur Enttäuschungen zu erleben. Umgekehrt haben ebenso viele entlassene

Städter in den billigeren Dörfern Unterkunft gesucht oder sich für geringe Mieten in leerstehende Plantagenhäuser geflüchtet. Mit dreißig und vierzig Gulden im Monat schlagen sich ganze Familien durch, wo früher das Fünffache für den unverheirateten Anfänger als Minimum galt. Und „... der Eingeborene kann zur Not von zweiundeinemhalben Cent täglich leben“ prahlen Zeitungen, die es genauestens errechnet haben, in die Welt, um ihr zu beweisen, daß hier die Krise machtlos verebben muß. Es ist eine Zahl, die der Wirklichkeit tatsächlich beinahe entspricht.

Einige Tage später besuche ich eine Teeplantage. „Diese Sortiererinnen“, sagt mir der Employé[1]), „verdienen jetzt täglich bei neun Stunden Arbeit 4½ Cent. Bei drei Überstunden können sie noch 1½ Cent mehr machen.“ — „Können sie damit aus?“ — Er zeigt lächelnd hinüber: „Sehen Sie eine, die nicht vergnügt wäre?“ — Er hat Recht; keine sieht aus, als wäre sie hungrig oder verärgert. Dann will er mir vorrechnen, was sie verbrauchen. Aber ich winke ab, ich kenne diese Zahlen: 1½ Cent für Reis, ½ Cent für Gemüse, ¼ Cent für Gewürze, alle paar Monate ein billiges Tuch, und so weiter. „Trotzdem bleibt es ein Exempel hart an der Grenze des Erträglichen!“ — Er zuckt die Achseln: „Was sollen wir tun? Die Ausfuhren sind beschränkt, die Konkurrenz groß, die erzielten Preise entsprechen kaum den Gestehungskosten. — Aber machen Sie sich keine Sorge um die Mädchen da!“ fügt er hinzu und zwinkert mit den Augen. „Vielleicht haben sie einen Freund, der ihnen täglich einen Gobang[2]) dazuschenkt. Bei diesem Volk läßt keiner den anderen umkommen!“ — So ist es in der Tat. Soziales Hilfswerk gehört bei den Malaien zur selbstverständlichen Tradition, es braucht nicht erst „organisiert“ zu werden.

Ich blättere in Zeitungen der besseren Jahre. Ausfuhrstatistiken: 2½ Millionen Tonnen Zucker — vor meinen Augen türmen sie sich zu den haushohen Sackstapeln, die behende Arbeiter in den Häfen von schwanken Laufbrettern aus zu bauen verstehen —, ... 440 000 Tonnen Kautschuk — ich sehe den weißen Latex aus Millionen und aber Millionen Bäumen tröpfeln, ... 6 Millionen Tonnen Erdöl ..., ½ Million Tonnen Kopra ..., 50 000 Tonnen Zinn ..., 400 000 Tonnen Tapiokaprodukte ..., 220 000 Tonnen Palmöl ... Millionen ... Hunderttausend ... Millionen! Überschüsse ... Dividenden ... Vorräte. —

Da eine imponierende Ziffer der in den Außenbesitzungen[3]) beschäftigten javanischen Plantagenarbeiter: 400 000 für 1930! Dazu mehr

[1]) Plantagenassistent.

[2]) 2½-Cent-Stück.

[3]) Die Inseln außerhalb der „Kernkolonie“ Java.

als 60 000 Chinesen. — Zwei Jahre später in der Krise: wenig mehr als 1000 gehen neu auf andere Inseln hinüber, aber mehr als 40 000 kehren arbeitslos nach Java zurück, und insgesamt arbeitet gerade noch die Hälfte der früheren Belegschaften!

Bilder von den Küstendampfern werden vor mir lebendig. Scharen von abwandernden Kulis in den Zwischendecks, eng zusammengepfercht, doch in malerischen Gruppen, Männer, Frauen, ganze Familien, Ballen, Betten, Federvieh, Käfige mit den unzertrennlichen Glückstauben, Kinder im Tuch, Kinder an der Brust, Kinder in allen Winkeln. Irgendwo in Deli, in den Lampongs oder in Tapanuli werden sie Arbeit finden, harte, schwere Arbeit, von der sie noch nichts ahnen. Vielleicht werden sie nach ein paar Jahren zurückkehren in ihr geliebtes Java, das sie seiner Überfülle halber jetzt abstoßen muß, um dann neuen Schüben Platz zu machen. Vielleicht wird auch das neue Land neue Heimat für sie, eine Heimat, in der sie langsam vor Sehnsucht nach der alten dahinsiechen werden. — Dort hockt eine Reihe von Strafgefangenen zwischen ihnen, mit schwerer Kette von Hand zu Hand zusammengefesselt, ein unwürdiger Anblick für den Fremden. Doch niemand nimmt Anstoß, sie selbst am wenigsten. Gelassen reichen sie eine Tabakschachtel herum, und zwischen der gefesselten und der freien Hand dreht jeder seine Zigarette. Vielleicht wissen sie nicht einmal, warum das schlecht gewesen sein soll, um dessentwillen man sie strafte. Sie gehen in die Kohlenminen von Minangkabau. Es ist ihnen gleichgültig, man könnte sie ebensogut nach Grönland deportieren, das eine wie das andere ist kein Begriff für sie. Wie Allah will!

Eine Szene von einem der großen Bergwerke wird mir wieder lebendig. Ich bin Gast des Arztes, nehme an Untersuchungen von Minenarbeitern teil. Es sind freie Leute, keine Sträflinge. Die kommen nur in ganz bestimmte Gruben. Diese hier gehen demnächst in Urlaub nach Java und wünschen anschließend einen neuen Kontrakt einzugehen. Aber nur die Gesunden werden wieder eingestellt. Blutproben, Durchleuchtung der Lungen, bei Verdächtigen auch Untersuchung des Auswurfes. Jeder erwartet sein Schicksal, zuckt leicht zusammen, wenn ein unabänderliches „afgekeurd!“, „untauglich“, das Ergebnis ist. Sie finden so leicht keine Arbeit wieder. Mehr als einen trifft es.

Ich sehe durchs Mikroskop: ein Auswurfpräparat mit kleinen rotgefärbten Tuberkelstäbchen; keine Seltenheit bei Bergarbeitern. Da ist nichts zu machen. Heimkehren ins Kampong, noch ein paar Jahre von der Familie durchgeschleppt werden und dann Ende. — „Kasihan!“ sagt der Arzt, was so viel wie „bedauerlich!“ heißt; und wieder beiläufig, halb für sich, wie ich es schon hundertmal zu hören bekam: „An irgend etwas müssen die Menschen ja sterben, finden Sie nicht auch? Wohin sollen alle? Jährlich wachsen rund eine Million Malaien neu hinzu, und sechzig Millionen sind es schon!" —

Eine Blutprobe mit aufgeschwollenen Malariazysten in den blaugefärbten Hämoglobinkörperchen. Es wimmelt. „Sofort ins Hospital!" Was zu retten ist, soll auch gerettet werden. „Wir haben die besten Sozialeinrichtungen von allen Kolonien, Mijnheer! Vergessen Sie das nicht!" Aus dem Tonfall spricht berechtigter Stolz.

Ich blättere weiter in meinen Zeitungen: Ausbruch des Merapi... Lavaströme... Glutwolken... Dörfer zerstört... Menschenverluste... Nächste Seite: Besuch des Maharadja von Travancore... großer Empfang... gesellschaftliches Ereignis ersten Ranges... Interessiert mich nicht so sehr. Weiter: Ein neuer Transport von politisch unliebsamen Führern nach Digul... Also in das Konzentrationslager mitten in der Wildnis von Neu-Guinea. Sumpf... Fieber... Strich drunter... Ende!... Aber es gärt. Falsch ausgedrückt: es glimmt. Zum Gären kommt es nicht, liegt auch nicht im Wesen des Malaien, hin und her zu flackern. Heimlich glimmen unter der Oberfläche, und dann plötzlich steil aufschießende Flamme. Nur der Windstoß muß kommen. —

Ich muß an Eugen Göppinger denken, Globetrotter aus Frankfurt am Main, mit den bekannten Postkarten in sieben oder zehn Sprachen. Ich traf ihn einmal in jenen Jahren, als dieses Gewerbe Hochblüte erlebte, in einem abgelegenen Städtchen Mittelsumatras. Schlapper, willenloser, uninteressierter Bursche, Opfer der Nachkriegsjahre. Trieb sich seit vier Jahren in Indien herum und kannte zum Beispiel noch keinen Kaffeestrauch und kein Zuckerrohr, keine Kassaveknolle und keine Betelnuß; kein Wort Malaiisch, nicht einmal die notwendigsten Fragen. Hatte er alles nicht nötig, meinte er großartig. Hilfsbereitschaft der anderen war natürlich Selbstverständlichkeit für ihn. Wozu globetrottelte er denn sonst! Er fand es empörend, wenn ihm jemand seine schlechtgedruckten Karten nicht abkaufen wollte. In Sumatra und seinen gastfreundlichen Bewohnern glaubte er nun das „Paradies" gefunden zu haben. Er entwickelte mir seine Ansichten darüber, wie er die gleichen sorglosen Zustände später in Deutschland einzuführen gedächte, während wir gemeinsam in einem Autobus voller Eingeborenen durch das Land rollten. Seine unkomplizierte Weltanschauung, die naive Kindlichkeit, mit der er allen Ereignissen gegenübertrat, und sein unverfälschter süddeutscher Dialekt söhnten mich ein wenig aus.

Aber nachmittags nach Erreichen des Zieles, begann er zu „potongen"[1]), das heißt, den ausbedungenen Fahrpreis willkürlich zu kürzen.

---

[1]) Von malaiisch „potong", abschneiden.

Das Wort hat einen bösen Klang, ganz im Gegenteil zum „tawaren“[1]), das zu jedem Handel als selbstverständlich hinzugehört. Es war eine Gemeinheit und gefährlich dazu, denn wir waren in Mandailing, einer der aufsässigsten Landschaften des Archipels. Ich warnte ihn; er wollte nicht hören. Ich versuchte, den Schofför zu beschwichtigen; es gelang mir nicht. Ein Javane hätte vielleicht demütig geschwiegen und sich ergeben in den Willen des großen Herrn gefügt. Aber der Mandailinger ging in die Luft. Der Windstoß hatte geblasen, aller Fremdenhaß brach lodernd auf. Es wurde kritisch; der Mann beherrschte sich eben noch, den Dolch nicht zu zücken. Doch er rächte sich auf andere Weise. Mit einem Satz war er auf dem Dach des Wagens. Dort lag Göppingers Blechkoffer. Krach!, sauste er herunter, daß die verrosteten Schlösser aufsprangen und ein unbeschreibliches Durcheinander von schmutzigem Zeug, Proviant, Postkarten, kitschigen Andenken und allem sonstigen über die Straße flog. Ein Menschenhaufe johlte, pfiff, brüllte vor Vergnügen. Sie waren sich ihres Triumphen sicher; die nächste Obrigkeit wohnte hundert Kilometer weiter. Wie ein Begossener stand Eugen, der Weltreisende aus Frankfurt. Ich weiß nicht, ob es ihm eine Lehre war. Hoffentlich!

Übrigens bin ich einige Wochen später in Padang Pandjang noch einmal mit ihm zusammengetroffen. Ich will nach Padang hinunter, an die Küste. Drüben steht der Zug von Sawah Lunto, der Kohlenstadt. An einem Abteilfenster hängt mein Landsmann. Es ist Zeit zu einem kurzen Gespräch. Er wird sehr lebhaft, wie ich ihn noch nicht kannte. Ein deutscher Grubensteiger im Minenbezirk hat ihn unsanft hinausgeworfen, als er mit seinen Postkarten anklopfte, und ihm gesagt: „Arbeiten Sie erst mal dreißig Jahre wie ich!“ — So etwas ist eine Schweinerei, sagt Eugen. Das „Paradies“ Sumatra ist jäh zusammengestürzt. „Ich fahre morgen über Pajakumboh und den Fluß runter nach Siak. Dort will ich sehen, ein Boot nach Singapore zu finden, und dann gehts nach China. Da soll es herrlich sein! Hier habe ich keine Lust mehr!“ — Er springt winkend aufs Trittbrett, sein Zug fährt ab. „Viel Glück!“ rufe ich ihm nach, „und wenn Sie in China das Paradies finden sollten, schreiben Sie es mir mal; dann komme ich nach!“ ... Afgekeurd!!

Immer noch liegt die Zeitung vor mir: Passagierliste der nächsten Postdampfer ... Letzte Meldungen von der Fluglinie Batavia—Amsterdam ... Radioprogramme, holländische, englische, malaiische, arabische, chinesische Darbietungen ... Kurse ... Königshaus ... Tenniswettkampf ... Neue Milchwirtschaft eröffnet, täglich frische Butter ...

[1]) Von malaiisch „tawar“, feilschen.

Kauft Blumen bei Mejuffrouw X... Versteigerung... Monsunansage... Diesjährige Reisernte... Ein Tiger bricht in ein Dorf ein... Ein Europäer im Urwald verschwunden, bis heute nicht wiedergefunden. — Da bleibt mein Auge hängen!

Der Urwald, ja, der Urwald! Unwillkürlich schärft sich das Gehör, spannen sich alle Muskeln, suchen die Augen lauernd im feindseligen Gewirr nach seinen Gefahren, wenn ich an ihn zurückdenke. Dieser Urwald Inselindiens, dem nur die Hyläa des Amazonas und die Wälder des Kongobeckens gleichzustellen sind! Für Tage, Wochen, Monate war er um mich, nur unterbrochen durch die winzigen Inseln der Dörfer, Missionsposten, Verwaltungsstationen. Die grünen Wogen seiner Unendlichkeit schlug er fesselnd um mich wie ein zähes Sargasso-Meer, das die verwegenen Schiffe bestürzter Abenteurer nicht mehr freigeben wollte. Ich sehe mich wieder, wie ich ihm vor mehr als zwanzig Jahren zum ersten Male staunend entgegentrat, flüchtig nur, als kleiner Seemann an einem freien Tag von einem vergessenen Hafen aus, in dem unser Dampfer ranzigriechende Kopra übernahm. Damals bin ich ehrfürchtig und neugierig auf dem schmalen Pfad entlang gewandert, und war dann wohl, wie jeder Neuling, enttäuscht, daß der Tropenwald nicht nur aus bunten Orchideen und süßen Düften bestand. Später gliederte ich ihn ein in meinen Aufgabenkreis, als ich die Länder durchzog und ihre Verhältnisse erkundete. Da ballt er sich drohend vor mir, wenn es gilt, die Gipfel wenigbegangener Vulkane zu erreichen, und bleibt besiegt zu Füßen, wenn es gelingt. Oder ich sehe mich mit meinem jungen Begleiter vom Volk der Batak, meinem prächtigen Predérik, in finsteren und gemiedenen Gebirgen zwischen dem heißen Tiefland und den kühlen Hochflächen nach längst verwachsenen Pfaden suchen, die vor einigen Jahren abgeschlossene Karten noch kühn als Verkehrsverbindungen verzeichneten. Sehe mich zu anderer Zeit mit meinem Landsmann Schreiter, dem getreuen Gefährten meiner Durchquerung Borneos, Tag um Tag in seinem unergründlichen Dunkel untertauchen. —

Da sind auch die Trägergestalten von mehr als einem Dutzend Völkern der Dajak, zähe, kundige, liebenswerte Gesellen, dem Wald verwachsen wie seine Tiere. Andere, auf seinen Wildwässern groß geworden und mit ihnen vertraut wie ein Schreiber mit seiner Feder. — Steht da nicht, stolz wie eine Statue, Si Doba, unser junger Steuermann vom Volk der Ot Danum, auf den Flüssen der wasserscheidenden Gebirge Borneos aufrecht am Steven, lenkt mit unfehlbarem Blick und unnachahmlicher Wendigkeit unseren schwanken Einbaum durch wirbelnde Stromschnellen und lacht glücklich wie ein beschenkter Knabe, wenn seine Tollheit ihm spielerisch gelang? — Hai!, da sind ja auch wieder die schönen, kräftigen Iban-Mädchen mit den koketten Ikatröckchen und den schweren Bündeln zierlichen Silberschmuckes um stolze Nacken! Wie ehende tragen sie unsere schweren Lasten durch verworrenen Wald über die steilen Gebirge, und wie heiter klingt ihr übermütiges Geschwätz über das verwilderte Land, das ihr Volk seit jahrhunderten in unbekümmertem Raubbau verwüstete!

Nun sehe ich mich in den finsteren Langhäusern der Ketungau-Dajak unter Bündeln verrußter und verräucherter Schädeltrophäen aus blutigen Kopfjägerzeiten. — Und jetzt in der düsteren Vorhalle des festungsartigen Embaloh-Dorfes, in der man den Sarg einer toten Stammesgenossin aufgebaut hat. Da sind die seltsamen Zauberdinge, die zur Beschwörung der abgeschiedenen Seele benötigt werden. Da ist die wirrhaarige Zauberin selber, wie sie heulend über der Leiche liegt und mit verzerrtem Ausdruck das trennende Messer in den Sargdeckel stößt, als endgültigen Schnitt zwischen Lebenden und Toten. Und donnernd fahren die Schüsse aus den uralten Bronzerohren in meine Gedanken, von den Zurückbleibenden gelöst, als man die Ausgeschiedene in eiligem, ängstlichen Laufschritt zum Fluß hinunter schaffte.

Andere Beschwörungssitzungen werden wieder lebendig, bei allen möglichen Stämmen, unter dem sinnverwirrenden Lärm der Gongs, der Trommeln und der silbernen Armreifen. Sieh doch, wie sie die Hüften wiegen... mit den Augen rollen... die Glieder werfen... wie sie tanzen, toben, rasen, alle jene seltsam aufgeputzten, weltentrückten Zauberpriester und Priesterinnen... Und dort ist ja auch jenes wahnsinnigste aller Weiber am fernen Kahajan wieder, wie es zum Heile einer Kranken, zum Opfer für die Geister und zur höchsten Glorie ihrer eigenen dämonischen Handlung die große Schale voll dampfenden Schweineblutes mit zitternden Händen greift, zum Munde führt, und den eklen Inhalt gierig hinunterstürzt.

Gerne flüchte ich zu Bildern freundlicherer Art: Frauen am Webrahmen... am Stampfblock... am Flechtwerk... Männer in beharrlicher Ruhe an einem Messergriff aus Hirschhorn schnitzend... Kinder in enger Gemeinschaft mit Tieren... im gleichberechtigten Verkehr mit Erwachsenen... im waghalsigen Spiel selber schon als kleine Könige in der Freiheit ihrer unermeßlichen Wildnis... oder gesittet als aufmerksame Schüler und Anwärter auf eine neue Zeit, die sie selber gestalten werden, in den Schulräumen.

Aber auch an bemitleidenswerten und abstoßenden Eindrücken fehlt es nicht. Da sind die furchtbaren Hautkrankheiten, Kröpfe groß wie Kürbisse, bleiche, vom Fieber gezeichnete Malariatypen. Und die Unkultur bei manchen Völkern: Schmutz, Interesselosigkeit, Mangel an jeglicher Lebensform. Da war ein widerwärtiger Bengel in einem verschollenen Dörfchen des Simanalaksak-Gebirges auf Sumatra, der mir diese Unkultur am besten verkörperte. Wenn ich sie mir vergegenwärtigen will, brauche ich nur an diesen jungen Lümmel zu denken. Er nannte sich noch dazu „Bruder des Radja". Der Radja-Titel wollte hier allerdings nicht viel besagen, das ganze Reich bestand nur aus einem einzigen Hause mit etwa zwanzig Menschen darin. Es lag in der Grenzzone zwischen Batak und Tieflandsmalaien, und den Leuten fehlte eine gesicherte kulturfördernde Tradition.

Man hat uns zum Essen eingeladen, zwei Hühnchen gekocht, eine große Waschschüssel voll Reis aufgefahren. Jeder greift mit ungewaschenen Fingern hinein, bemüht, sich den größten Anteil zu sichern. Im Handumdrehen ist sie leer; es folgt eine zweite, eine dritte. Besagter Bruder des Dorfhauptes tut sich besonders hervor im gierigen Verschlingen. Er schlachtet die zu unseren Ehren gedachte Festlichkeit weidlich für sich selber aus. Er schmatzt mit vollen Backen, gräbt tiefe Löcher in den Reis, spielt mit der Gewandtheit eines Kartenmischers in seinem Anteil, um ihn aufzulockern, und wirft sich eine Handvoll nach der anderen in den Mund. Er liegt mit dem Oberkörper weit nach vorne zur Schüssel hin und schlingt wie ein Hund. Mitunter reißt er den Wasserbehälter an sich, sperrt den Rachen auf, so weit es nur geht, und gluckert sich einen Strahl hinein, um sofort weiter zu schmatzen. — Wieviel zierlicher pflegen doch die meisten Tiere ihre Mahlzeit einzunehmen! Dieser Bursche hier ist schlimmer als ein Schwein. Gut, daß sie nicht alle so sind. Im Gegenteil, meistens ist es ein Vergnügen, den Leuten beim Essen zuzuschauen. Wie empört würde jeder Javane, jeder Sundanese, jeder Balinese und jeder Vertreter vieler anderen malaiischen Völker sein, wenn er mit solchem Mangel an „Aturan", an guter Sitte, in Berührung kommen müßte! —

Meine Erinnerungen gleiten zu den Lubu, einem verachteten Volkssplitter im mittleren Sumatra. Auch dort Armut, Krankheit, Schmutz, Rückständigkeit jeder Art, aber doch geglättet durch eine liebenswerte Bescheidenheit, eine rücksichtsvolle Unauffälligkeit, eine unvergleichliche Ruhe. Nicht einen Fall des würdelosen Abgleitens in eine Unhöflichkeit, eine Erregung oder irgendeinen Sittenverstoß wüßte ich aus meinem mehrwöchigen Aufenthalt zu berichten, ein paar Drohworte der Mütter gegen die Kinder, ein bißchen belangloses Geschrei der Männer untereinander ausgenommen. Ihr stoischer Fatalismus bei unabänderlichem Geschehen beeindruckte mich am meisten. Immer wieder schrieb ich darüber in mein Tagebuch. — Ein großer Steppenbrand hatte bis dicht an ihre Siedlungen heran gewütet, alle Anpflanzungen vernichtet. Ein paar Tage später verzeichnete ich: 28. Mai 1931, Aek Banir:

„Heute brennt auch der ganze anschließende Berghang, es prasselt, knackt und qualmt zum Erschrecken. Man kann nichts dagegen tun, das Feuer ist zu groß. Zudem sind die meisten Männer zum Markt gegangen. Nachmittags kommt der Häuptling zurück. „Mein Garten ist habis (aus, zuende, vorbei)!" sagt er mir und zeigt mit der Hand zum Berg hinauf. Nicht die geringste Bewegung verrät er. „Neulich hier unten der, jetzt der andere dort oben. Alle Erdnüsse sind habis, alle Kassave ist habis, auch der Mais ist habis." Er sagt es so ruhig wie eine kleine Freundlichkeit; und doch werden er und die Seinen wochenlang an dem Verlust tragen müssen.

Dann breitet er eine fettige Zeitung auseinander, er hat ein wenig Gebackenes und kleine Reisleckereien vom Markt mitgebracht. Er kocht persönlich Kaffee. „Iß!" fordert er mich auf. Auch seine Frau ruft er herbei. „'na" nennt er sie in der zärtlichen Abkürzung für „ina", „Mütterchen", „iß!", und er reicht ihr die Kuchen hin. Den Rest bekommen die Kinder.

Nachher, als ich in mein Quartier, eine leere Nachbarhütte, hinübergegangen bin, sitzt er mit der Frau zusammen und erzählt vom Markt, ruhig, abgemessen. Zuweilen lacht er etwas auf, und auch die Frau lacht. Er erzählt sicher etwas Lustiges. Ich freue mich darüber, wie er sie an allem teilhaben läßt. Auch Tabak hat er mitgebracht, ohne ihn kann er nicht leben. Gestern gab ich ihm schon alle meine Zigaretten, die ich noch hatte, und er rauchte sie, obwohl sie ihm nicht schmeckten. Nun dreht er sich ein Strootje[1]) nach dem anderen. Für die Frau hat er Betelzutaten mitgebracht; sie schwelgt.

Dann ist er schon wieder emsig. Er steigt in die Zuckerpalme und holt das Gefäß mit dem Saft herunter, schlägt Kokosnüsse auf und schabt sie sogar, obwohl das Frauenarbeit ist. Er verwöhnt seine Ina heute ein wenig, und seine heitere, aufgeschlossene Art läßt erkennen, daß er mit ihr auf seine Weise flirten möchte. Seine beiden verwüsteten Gärten belasten ihn schon nicht mehr!..." —

Ganz deutlich sehe ich das gelbliche Steppenmeer im Tal des Batang Gadis vor mir, an dessen seitlichem Abschluß jene Lubu ihre kleinen Siedlungen errichtet hatten. Heiß war es dort wie in der Hölle, wenn die Äquatorsonne hineinbrannte, und der Mut konnte müde werden, wenn der Marsch tagelang durch solches Glutmeer führte. Von der Padang Lawas, dem Vorhof der Hölle, jenseits der Lubu-Berge, weiß ich noch, daß mir in ihrer wasserlosen Grasöde das Delirium nahe war, und um ein Haar die brennenden Strahlen der Sonne mich auf den dürren Pfad niedergestreckt hätten. Wie hatte man dort den schattigen Wald herbeigewünscht, den man zu anderen Zeiten doch

[1]) Einheimische Zigaretten aus dunklem Tabak mit etwas gemahlener Gewürznelke in Maisblatt- oder Palmscheidenhülle; aus dem Holländischen: Strohhälmchen.

tausendmal verfluchte! — Viel lieber denke ich an die wunderbaren Höhensteppen der Batakländer mit ihrem Duft von Myrten und Kiefern. Hoch darüber in königlichen Kreisen der Habicht vor der tiefen Bläue eines makellosen Himmelsozeans, — und abends das wärmende Lagerfeuer in der kühlen Weite des Raumes, leise umrauscht vom steten Brausen der Flüsse aus unheimlichen Schluchten. Wie klein wird der Mensch in der Größe und Stille der Natur. Wer nicht am nächtlichen Feuer in der Steppe und im Rimbu lag, hat sie nicht richtig erlebt. —

Andere Abende. In den Häusern einsamer Pflanzer, mit den Fenstern gegen die restliche Wildnis hin, aus der die Nachttiere schreien, — mit sehnsuchtsträchtigen Heimatliedern auf dem Grammophon und Gesprächen von fernen Frauen und großen Wünschen, aphorismenhaft, langsam vertropfend wie edles Blut aus kranken Herzen, oder in wilden Flüchen und mit geballten Fäusten in die Nacht hinausgebrüllt.

Und wieder Abende unter dem gleichen Himmel und doch nicht der gleichen Atmosphäre. Da ist das Haus eines angesehenen Arztes in der Hauptstadt, Zentrum kultureller Begebenheiten, gepflegte Stätte gepflegter Menschen. Der Hausherr liebt es, durchreisende Persönlichkeiten der Kunst und Wissenschaft zu gewinnen, bei ihm in privatem Zirkel von ihrem Wissen und Können mitzuteilen. Große gesellschaftliche Ereignisse im kleinen, dezenten Rahmen. Geschmackvoller Luxus, tadellose Dienerschaft... märchenhafte Fontänen phantastisch farbiger Orchideen aus blitzendem Kristall... auserlesenste Garderoben... zarter Duft des Soir de Paris aus ungezwungener Anmut, vor der man sich achtungsvoll neigt... Professoren, Minister, Künstler, Spitzen der Verwaltung und des kolonialen Auftriebes, auch solche dunklen Blutes, die an Kultur des Körpers und der Form das weiße Element noch überbieten... Stille, Aufmerksamkeit... Ein großer Musiker spielt, eine Geige jubiliert und weint. Durch den Saal, über die Galerien und den Garten wehen ihre Klänge bis zum Gitter, wo sie in den tierhaft dunklen Augen erstaunt lauschender Kinder dieses Landes in sichtbare Schwingungen aus der Traumsphäre himmlischer Schönheit umgesetzt zu werden scheinen. — —

Noch einmal Abend. Bescheidenes Mietzimmer mit winziger Galerie in einem billigen Boardinghaus. Stimmen durch die dünnen Wände von nebenan; Plätschern aus einem gemeinsamen Badezimmer. Ein Gekko[1]) quarrt unter dem Dach...; „tjik — tjak" schnalzen die kleinen mückenfangenden Eidechsen. Ein Tischchen mit selbstgezogenen Blu-

[1]) Sehr große, bei Dunkelheit jagende Eidechsen, die durchdringende, etwa wie „tok—käh" klingende Laute von sich geben können; daher von den Eingeborenen als „toket" bezeichnet.

men aus dem ellenbreiten Gärtchen vor der Tür, und den Rosen, die ich dazulegte. Ein paar göttlich gewürzte Gerichte indischer Art, die von der mit drei Nachbarn geteilten Babu[1]) vom chinesischen Restaurant herübergeholt wurden. Kleine Welt des kleinen Angestellten in der großen Stadt. Ein schlankes Mädchen mir gegenüber, mit gesund gebräunten Armen und Schultern vom Schwimmen und Tennissport, aber das Gesicht sorglich bleich gehalten in betontem Abstand von dem Teint der dunkleren Halbblutfrauen.

Leise Musik im Radio, leichtes Plaudern vom Tag und der Arbeit und dem nächsten Urlaub. Stenotypistin in einer Redaktion, wo ich sie kennenlernte. Hundert Gulden im Monat, mit Zulage für besondere Leistung; andere haben neunzig, achtzig. Reicht für Zimmer, Essen, Wäsche, ein Viertel-Hausmädchen und die tägliche Kleidung. Für die bessere, den Schmuck und die Wochenendfahrt in die Berge sorgt der Freund, bei dieser wie bei tausend anderen.

Glückliches Lächeln, daß ich ihrer Einladung folgte. Vielleicht hat sie ein Ansinnen, daß sie mich zu sich bat? Nein, nichts. Nur den gemeinsamen Abend und das selbstverständliche: hier bin ich! der schwülen, sündig weichen Tropennacht will sie bieten. Undenkbar auf beiden Seiten, wenn es nicht wäre. Wunschlosigkeit heißt hier immer: der natürliche Wunsch der gegenseitigen Inbesitznahme eingerechnet. Wie könnte der Mensch sich ausschließen, wo sich das All in steter Brunst des starken Lebensdranges ewig neu gebiert? Es kommt doch alles von selbst: das Gespräch über die Blumen... die Betrachtung einer besonders schönen Blüte... die sich fast dabei berührenden Köpfe, so daß man schon den Atem spürt. „Ein Sherry?“ — „Bitte!“ ... Der nackte Arm, der ihn reicht... der Ring, der bewundert werden muß... und der zarte Kuß auf den Handrücken, den Puls... das brüske Leiserstellen des Radio, das auf einmal zu laut und aufdringlich ist, und das sich mit einem Schritt auf die Galerie verbinden läßt. Die Sterne da oben... und die zufällige Berührung zweier Körper, der eine gewagtere folgt. „Dieser Duft aus Ihrem Haar!“ — Ein wenig feuchter Glanz in den Augen... noch feuchtere Lippen, und Küsse, wie nur die Tropen in ihrer dynamischen Ekstase sie gebären können. — Flüstern und Fragen. — Lange Stille. Nur Küsse. — „Du!“ — — Verlöschen einer Lampe. — Klappernde Haken am Mückennetz des breiten Bettes... Glatte Knöpfe im Gefühl der Fingerspitzen... „Du, deine Haut duftet köstlich wie Ambra!“ — „Liebster!“ — — — Leises Klingeln eines Gürtelschlosses auf den Steinfliesen. — — —

Was bleibt von alledem? Ein Versprechen des Gutseins, ein kleines Geschenk, einige aufspringende Takte schöner Gedanken, Winken am

[1]) Hausmädchen.

Schiff, ein paar Briefe im ersten Jahr... ein Brief nach langer Zeit... Gruß vom Urlaub, vielleicht noch Verlobungsanzeige, neuer Name...", aus! — Und doch unmißbar im Buch der Erinnerungen, im Werden und Wachsen des Wanderers. Denn das stete Kennenlernen und Abschiednehmen ist reichster Inhalt seines Lebens. Wie grau und öde wäre die Welt, wenn man nicht hier und dort einen lieben Menschen wüßte; und wie traurig wären die Tage, wenn das Gedenken an frohe Erlebnisse nicht Licht hinein trüge.

Es waren nicht viele Briefe, die aus den Tropen kamen. Die Menschen der Heimat wissen mehr zu schreiben von ihrer kleinen Welt als die in Übersee von ihrer großen. Zu Hause mag es wichtig sein, was der Tag an Ereignissen ausstreut; drüben schaut man über größere Zeiten und Räume, wertet nur die besondere Tat und das besondere Geschehen. Das Geschehen wird aber hier, wo der Europäer in erster Linie nicht für sich selbst, sondern für die Bedürfnisse der Welt arbeitete, vom Persönlichen weit fortgelenkt. Fast möchte ich ganz kraß formulieren: in reinen Rohstoffländern gibt es keine Individuen. Jeder und alle sind abhängig von der Aufnahmefähigkeit der übrigen Welt. Wenn sie versagt, wird allem Kampf der Sinn, aller Arbeit und allem Vorankommen die Grundlage entzogen. Schon der kleine Eingeborene, der für den Export pflanzt, beginnt zu ahnen, daß auch er in diesen Schicksalskreis hineingezogen werden kann. „Wie werden die Preise für Kaffee und Benzoe dieses Jahr?" stand als bange und wichtigste Frage in jedem Brief meines einstigen Boys auf Sumatra, der dort einige kleine Anpflanzungen sein eigen nennt.

Große Aufgaben für die Zukunft zeichnen sich ab: zu verhindern, daß auch der Eingeborene mit seiner Wirtschaft und seinem Lebensmaß auf den schwanken Grund verlorener Wirtschaftssysteme gerät, daß ferner die reichlich einseitig auf Fremdwirtschaft hinauslaufende Tendenz durch lebhaftere Bestrebungen hinsichtlich der Eigenversorgung ausgeglichen wird, und daß schließlich, am notwendigsten von allem, die Aufnahmefähigkeit der Welt für die Güter ihrer Rohstoffkammern nicht mehr durch willkürliche Störungen verändert werden kann. Erst dann wird Inselindien ein Paradies ohne Einschränkungen sein.

Auf und ab der Weltwirtschaft bestimmten dort seit langem Rhythmus und Sein. Inselindien in Not, — und Inselindien im Überfluß, so wechselten die Überschriften im Zeitenablauf seiner Kolonialgeschichte. Verfallende Plantagen und Fabriken, leere Häfen und verarmte Europäer im Kampong, — und dann wieder rasselnde Ladekräne Tag und Nacht über Stapeln von Säcken und Kisten, Ölfässern und Erzbarren,

Balinesen
schreiten zum Opfer
auf der Insel Serangan

Die Schönste auf einem
Erntefest der Dajak

Vor der Abfahrt durch die Stromschnellen

Vor uns die wirbelnden Wasser

damit Aufbau, Wohlstand, saugendes Vakuum für überschüssige Kräfte und Kapitalien der ganzen Welt.

Wenn ich mir die Jahre der überschäumenden Prosperität vergegenwärtige, die ich im Ausschnitt ebenso erleben konnte wie die des tiefsten Tiefstandes, muß ich immer an die armdicken Ströme reinen Goldes denken, die sich einmal in einem Minenbetrieb vor meinen Augen in sprühender Weißglut aus den Schmelzbottichen in die Formen ergossen. Sie erschienen mir als das Symbol des gleisnerischen Reichtums dieser Inseln, um dessentwillen Europa auf ihrem heißen Boden arbeitete, litt und kämpfte, um dann zum Schluß doch zu unterliegen, weil der Drang zum Golde keine Grundlage für einen ewigen Wohlstand ist.

Den unbeschwerten Eingeborenen läßt dieses Gold in Wahrheit und als Symbol vorläufig noch kalt. Er spielt höchstens damit wie ein Kind. Noch genügt ihm das blitzende, blinkernde Gold, das ihm die untergehende Sonne auf die Plattform seiner armen Reisfeldhütte schüttet, um sich einlullen zu lassen in seine Träume von einem unbeschwert glücklichen Dasein irgendwo... irgendwann. Wir wollen ihm den Traum nicht stören.

DIE ORCHIDEE

In dem hohen Rasamalabaum
sah ich sie zuerst, so weiß wie Schnee,
zwischen dunklem Grün ein fremder Märchentraum...
Meine weiße Orchidee.

Aus dem Moos der Gabel schnitt ich sie
sorgsam aus, die wilde Kostbarkeit.
Barg sie zärtlich dann an meiner Brust. Noch nie
war mein Herz vor Glück so weit.

Aufgeblüht ist sie mir manches Jahr,
wenn der Sturm auf kalten Straßen blies,
und sie sagte mir, wo ihre Heimat war:
In der Sonne und im Paradies.

Als ein Schiff mit seiner Mannschaft sank
im Monsun des fernen Ozeans,
wurde meine Orchidee zu Hause krank,
und sie starb zur gleichen Stunde,
als ich im bitt'ren Meer ertrank...
Ihre Seele traf ich wieder auf den Flügeln des Orkans.

VOM RAUM

ZEHN MILLIONEN QUADRATKILOMETER!

Einige holländische Handbücher über den ostindischen Inselbesitz — über „Inselindien“, wie er geographisch umrissen wird, oder „die Insulinde“, wie man ihn poetisch nennt —, bringen vorn und hinten auf den Deckelseiten zwei überaus anschauliche Karten: einmal das Inselreich auf Europa und das andere Mal quer über Nordamerika gedeckt. Da reicht es fast von Irland bis zum Ural und von Schweden bis zum Balkan, bzw. von Frisco bis über New York hinaus und von den Großen Seen bis zum Golf von Mexiko. Das sind rund 5000 km der Länge und 2000 km der Breite nach. Von dieser gewaltigen Fläche von zehn Millionen Quadratkilometern besteht allerdings nur etwas mehr als ein Fünftel aus Land, und der Rest ist Wasser.

Für die einheimischen Völker war dieses Wasser stets ein trennendes, für die fremden Eroberer und Verwalter jedoch ein zusammenführendes Element. Was weiß letzten Endes der Batak Nordsumatras vom Alfuren der Molukken, oder der Dajak in den Urwäldern Borneos von dem reisfeldbebauenden Javanen! Nur in alten Überlieferungen kennen sie vielleicht einander und ein wenig mehr von der Welt als ihre engere Heimat. Doch die Überlieferungen sind immer eine Mischung von mythischer Fabel, verworrener Wahrheit und wunschreicher Phantasie. So wie etwa die „Terusan Bali“, die Bali-Straße, die der seefahrende Held Bandar vom Ngadju-Volk Südostborneos nach einem Besuch der Insel Java persönlich durchfuhr, bei diesem Volk zum Spiegelbild der Milchstraße am Himmel wurde.

Nur die ausgesprochenen seefahrenden Völker haben einen weiteren Horizont gehabt, so die Küstenmalaien von Sumatra, Malakka[1]) und dem Riau-Archipel, die Leute von Madura oder die Bugi und Makassaren von Selebes. Sie segeln noch heute in ihren Prauen Hunderte, ja, Tausende von Meilen weit, bringen Waren, Neuigkeiten und nicht zuletzt ihr eigenes Blut zu den abgeschlosseneren Gruppen. Auch diese mögen früher einmal auf dem Wasser zu Hause gewesen sein, vor urgrauen Zeiten. Denn sie alle sind ja vom Festland herüber zu den Inseln gekommen. Es sei denn, daß die große erdgeschichtliche Ka-

[1]) Auf der Karte wurde die niederländische Schreibweise „Malaka“ beibehalten.

tastrophe des Zusammenbruchs und Untergangs der heute fehlenden Landbrücken erst in so junger Zeit vor sich ging, daß vorher schon die Besiedlung durch Wanderungen auf dem festen Lande eingeleitet war. Manche der heutigen Binnenvölker haben übrigens noch in geschichtlichen Zeiten Seefahrt betrieben und sind ihr erst seit kurzem entwöhnt. Von jenen Ngadju zum Beispiel verkehrten sogar noch um die Jahrhundertwende letzte Prauen zwischen den südlichen Flußmündungen Borneos und Java. Aber seitdem sind sie reine „Landmenschen" geworden, und für die junge Generation ist die Seefahrt der älteren schon jetzt nur noch Legende.

Nach dem Versinken der natürlichen Brücken, die Asien über den Archipel mit Australien verbunden haben, hat der Mensch seine künstlichen geschlagen. Neben den Küstenmalaien sind die Chinesen in erster Linie als Vermittler zu nennen. Schon bald nach Beginn unserer Zeitrechnung kreuzten sie nachweislich zwischen den Inseln und begannen mit ersten Ansiedlungen. Die Hindu Vorderindiens durchdrangen zur gleichen Zeit bereits weite Landgebiete und bauten allmählich große Kolonialreiche über den ganzen Archipel aus. Unbeständiger waren die Araber. Auf ihren mittelalterlichen Fahrten zwischen der Roten See und dem Fernen Osten wurden die Malaiischen Inseln Zwischenstationen für sie. Doch dauernd festsetzen wollten sie sich zunächst nur dort, wo ganz großer Nutzen winkte, etwa in den Pfefferplätzen Nordsumatras oder in Malakka, der großen Austauschzentrale im Indischen Ozean.

Erst der Europäer würfelte aber die Völker des Inselreiches wirklich durcheinander. Auf Ambon etwa fand er die besten Soldaten, auf Timor die tüchtigsten Matrosen, auf Bali die willigsten Sklaven, auf Nias die treuesten Hausgehilfen, hier gute Holzfäller, dort geschickte Erdarbeiter, und da wieder vorzügliche Viehpfleger. Das alles mischte er in und bei seinen Niederlassungen bunt durcheinander. In seiner ältesten Kapitale stellt sich heute das Produkt — zumindest sprachlich — als eine kaum noch definierbare „Batavia-Kreuzung" vor. Allerdings nur im großen gesehen. Im einzelnen hält sich jede Gruppe streng isoliert. Sie wohnen sogar getrennt. Da gibt es in einer Ecke der Stadt ein „Kampong Bali", in einer anderen ein „Kampong Batak" und weit davon wieder eines der Manggarai von Flores, der Bugi von Selebes oder der Bandaresen aus den Molukken. Selbst Schule und Großstadtleben verwischen die Unterschiede nur schwer. Manchmal sind sie geradezu schreiend. Man sehe sich einmal am Fischmarkt unten in Altbatavia die Typen an, die da morgens in ihren malerischen Prauen mit den spitzen Flügelsegeln vom nächtlichen Fang hereinkommen. Echtes Küstenvolk ist es, wenn es auch seine Hütten in einem Winkel der Unterstadt stehen haben mag. Lang wehen die pechschwarzen

Haare über die tiefbraun gebrannten Körper. Diese Blicke! Diese Bewegungen! Diese kraftgeladene Dynamik! Von See und Abenteuer und verworrenen Gewässern zwischen verträumten Koralleneilanden erzählen sie. — Der geschniegelte Zollposten, eine echte Landratte sundanesischer Herkunft aus der gepflegten Oberstadt, wirkt wie eine alberne Parodie dazwischen.

Zehn Millionen Quadratkilometer bedingen aber nicht nur volklich, sondern auch landschaftlich eine Fülle von Abstufungen. Man sagt so leichthin: „Inselindien", „Malaiischer Archipel", „Tropisch Niederland" oder einfach auch nur „Tropen" und bildet sich gedankenlos ein alles beherrschendes Bild von Urwald, Reisfeldern und Plantagen; oder kombiniert Wärme, Feuchte, Fülle, Wohlleben, in Summa: Paradies. Aber man vergißt, daß es dort selbstverständlich genau wie bei uns raumgebundene Unterschiede gibt.

Wir denken heute viel zu gern nur noch in Zeit, aber kaum noch in Raum. Was ist „Entfernung"? sagt man spottend. Gewiß, Hollands erste Flottenführer nach Indien brauchten zehn bis zwanzig Monate von Texel bis zum westlichen Java; manche Flotte tat zwei Jahre darüber. Aber nur rund dreißig Tage fuhren in der Neuzeit unsere Frachter von der Nordsee aus. In sechzehn schaffte es die „Marnix", Hollands modernstes Fahrgastschiff, von Genua aus. Ja, nur sieben braucht das normale Postflugzeug, der Schnelldienst kaum fünf, die Expreßmail schafft es in zweiundeinemhalben. Und in einem Sekundenbruchteil rast die Kurzwelle hinüber. — Doch der Mensch sollte sich hüten, auch räumlich bereits im Maß von Flugzeug und Funkwelle zu denken. Er sollte dabei mindestens im Zeitmaß des Dampfers verharren. Nur so sind die durch tatsächliche Entfernungen bedingten Unterschiede einigermaßen erfaßbar. Ganz richtig sind sie es erst, wenn man gemächlich zu Fuß spaziert und sich jeden Quadratkilometer wohl überlegt erwandert, zumindest aber sich genügend Zeit läßt von einer Insel zur anderen. Dann wird die Fülle der Unterschiede, Abstufungen und Gegensätze fast erdrückend.

Besonders leicht wird bei uns die Bedeutung der verschiedenen Höhenlage außer acht gelassen. Immer wieder hört man in der Heimat die Frage: „Kann man denn dort überhaupt leben? Bei diesem Klima?"; und immer wieder folgt das Erstaunen, wenn die Antwort erfolgt, daß ausgedehnte Höhengebiete weit zuträglicher für die Gesundheit sind als unsere heimatlichen Zonen, zumindest rein physisch gesehen. Oft genug reicht das Land sogar bis in die hochalpine Zone, mit starken Reifbildungen über Nacht, und bis in den Vormittag hinein noch mit Frosttemperaturen. Das sind schon „Tropen mit Einschränkung". In diesen Höhen wohnt allerdings niemand für dauernd.

Man muß auch die ganz verschiedene Lage der einzelnen Inseln beachten: hier näher nach Asien, dort näher nach Australien hin, mit einem bald langen und bald nur kurzen Weg des Windes über die feuchtespendende See. Manche Regenbeobachtungsstationen verzeichnen fünftausend Millimeter Niederschlag im Jahr, manche andere aber noch nicht fünfhundert. Das ist ein Unterschied von eins zu zehn! So etwas gibt es bei uns nicht; und wenn man schlechthin von „Tropen" spricht, denkt man an die Bedeutung solcher Schwankungen sicher nicht. Vor allem nicht an solche Minima. Wenn fünfhundert Millimeter Regen im Jahr für die gemäßigte Zone auch ausreichend sind, so bedeuten sie für die tropische doch schon entsetzliche Dürre, Not und Rückständigkeit. Außerdem sind einige Inseln groß wie Kontinente, mit allen Eigenschaften solcher Landmassen, besonders den klimatischen, ausgestattet. Andere sind winzig klein, eigentlich nur Erdspritzer in einem endlos warmen Meer und in jeder Beziehung von der Wasserhülle und ihren Einflüssen abhängig.

Ganz im Westen beginnt das Kolonialreich der Niederländer mit dem Inselchen Weh. Es ist entschuldbar, wenn dem Außenstehenden dieser Name, als der einer Insel, nicht geläufig ist. Aber Sabang sollte man kennen, den internationalen Freihafen auf der Pulau[1]) Weh. Wenn er auch erst nach dem ersten Weltkrieg richtig aus der Taufe gehoben wurde, so kamen ihm doch gerade deshalb und ausschließlich die modernsten technischen und organisatorischen Errungenschaften zugute. Ursprünglich war er ausschließlich Bunkerstation auf halbem Wege zwischen dem Suez und dem weiteren Osten. Zu einer solchen wurde er schon 1895, von der Schiffahrt aller Länder begrüßt und benutzt. Darüber hinaus war er aber für das Niederländische Imperium ein Singapore im kleinen, sowohl bezüglich des Welthandels als der Weltpolitik gesehen. Richtig genommen: er sollte das eigentlich sein. Er ist es aber trotz beachtlicher Erfolge nie geworden. Das richtige Singapore lag allzu nahe. Beweis, daß auch die beste geographische Lage allein für eine optimale Entwicklung nicht ausreicht. Sie war hier an der Nordwestspitze Sumatras und des ganzen Inselreiches, an der Eingangspforte zur Straße von Malakka, der nächst den Kanälen von Suez und Panama, dem Englischen Kanal und Gibraltar wichtigsten Schlagader des Weltverkehrs, denkbar gut. So hätte Sabang eine hervorragende Kontrollstation aller zwischen dem Westen und Fernen Osten laufenden greifbaren Verbindungen und unsichtbaren Fäden werden können. Bremsklotz war eben nur die um hundert Jahre vorausgegangene britische Gründung jener „Löwenstadt" Singapore, ausgerechnet auf

[1]) Malaisch: Insel.

einem Inselchen, das kurz vorher sogar noch zum Besitz der Niederlande gehört hatte und bedenkenlos dem größeren Freund überlassen worden war.

Dem Ostrand „Tropisch Nederlands“ kann dagegen bisher gar keine Bedeutung beigemessen werden. Diese nimmt ja überhaupt gen Osten hin mehr und mehr ab. Auf der Karte ist der Ostrand Niederländisch-Indiens eine theoretische schnurgerade Linie mitten durch Neu-Guinea. Noch niemand hat sie jemals in ihrer ganzen Länge abgegangen. Es gibt meines Wissens auch keine Markierungen, Zöllner und Wachtposten dort. Es ist eine jener idealen Grenzen, wie sie in der zivilisierten Welt leider nicht mehr durchführbar sind. Dafür ist eben Neu-Guinea der letzte wirklich „dunkle“ Erdenfleck; für Afrika als Kontinent kann man dieses Beiwort längst streichen. Hollandia an der Nordküste, Merauke an der Arafura-See sind die beiden einzigen nennenswerten Siedlungen in der Nähe dieser Grenze, zaghafte Anfänge einer gesicherten Verwaltung und Erschließung, getrennt durch fast siebenhundert Kilometer Urwald und Gebirge, das auf der Karte weithin noch mit weißen Flecken verziert ist.

Auch von der südlichsten Insel des Archipels, Roti mit Namen, ist nicht viel zu sagen. Sie ist letzter Vorposten gegen den australischen Kontinent und die Wasserwüste des Indischen Ozeans. In unseren völkerkundlichen Museen kann man prachtvolle Tücher von dort bewundern. Innerhalb Indiens selber schätzt man vor allem seine ausdauernden Pferdchen und die Teufelskerls von jungen Burschen. Sie nehmen gerne bei der Polizei Dienst. Ein uniformierter „Rotinees“ erweckt bestimmt doppelt so viel Respekt wie etwa ein javanischer Polizist.

Bleibt noch der nördlichste Punkt im Rahmen der äußersten Begrenzung. Auf der Karte ist es nur ein Pünktchen, der winzigsten eines. Aber einen hübschen Namen trägt es: Miangas; von den Filipinos und Spaniern, die es ursprünglich in Besitz nahmen, auch „Palmas“ genannt. Denn es ist in Wahrheit ein einziger Kokospalmenwald auf einer wenig gehobenen Korallentafel. Der Internationale Schiedsgerichtshof im Haag hatte sich vor nicht langer Zeit mit diesem weltvergessenen Inselsplitter eingehend zu befassen, und damit wurde sein Name gelegentlich auch in der Öffentlichkeit genannt. Es war ein Streit darum entbrannt, ein Streit der Zugehörigkeit, ob zu den Philippinen und damit zu den U.S.A., oder zu den Holländern. Man entschied zugunsten der letzteren. Sie konnten nachweisen, daß sie sich jedenfalls am meisten um das kleine Reich und seine paar hundert Bewohner gekümmert hatten. Volklich gehören diese letzteren jedoch schon ganz nach den Philippinen hin und damit zu einem Land, das geographisch zwar auch noch zu „Inselindien“ gezählt werden muß, nach dem ganzen

Stand seiner Entwicklung und kulturellen Eigenart aber eine Welt für sich bedeutet. —

Das waren für den Raum, von dem ich in diesem Buch berichten will, die vier äußersten Positionen in Punkten und Strichen. Was zwischen ihnen liegt, ist eine ganze Welt vom tropischen Küstensumpf bis zum eisgepanzerten Hochgrat, vom dichtesten Urwald bis zur fast nackten Steppenöde, vom tobenden Wildbach und imposanten Felsensturz bis zum schleichenden Tieflandstrom, den schon der kleinste Flutstau weithin über die Ufer drückt; vom erhabenen, ewig werkenden Vulkan bis zum meerumspülten erstorbenen Korallenriff, von den wühlenden, weltverknüpften Großhäfen über das friedliche Reisfeld einer harmlos heiteren Bauernbevölkerung bis zu den verborgenen Hütten weltentfliehender Buschsammler.

Zehn Millionen Quadratkilometer! Die Fläche als solche kann sich nicht ändern. Aber das Land darin wird täglich größer. Palembang, Djambi, heute hundert Kilometer von der Küste entfernt liegende Städte, ragten noch vor tausend Jahren mit ihren unterpfählten Hütten in die offene See hinein. Die Batak, jetzt ein reines Hochlandvolk im Binnenland, wissen noch in ihrem Erzählungsschatz von Ebbe und Flut, die früher ihre Randgebiete umspülten. Und heute breitet sich vor ihnen ein unabsehbares Tiefland mit Kautschuk-, Tabak- und Ölpalmplantagen, mit Hunderten von Dörfern und Städtchen. Wer den schnurgeraden Kanal an der Mündung des Tji Liwung vor Batavia zwischen Fischteichen und Mangrovenwäldern bis zum Endpunkt hinauswandert, ist drei Kilometer weit durch Neuland marschiert, das da bei der Gründung der Stadt noch nicht war. — Land im Schöpfungsstadium in riesigen Ausmaßen an allen Flachküsten aller Inseln, gütige Gabe der Götter an die stetig sich mehrende Menschheit!

Zehn Millionen Quadratkilometer! Ein unvorstellbarer Komplex! Der reinen Landfläche nach sechsundsechzig mal das „Mutterland" Holland, mit mehr als dem achtfachen von dessen Bevölkerung! Unermeßlicher Reichtum einer kleinen Nation; — — unabwandelbares Schicksal, Keim unerbittlicher Enttäuschung für eine zu kleine Nation!

ZWISCHEN DEN INSELN

Wer heute noch wahre Romantik sucht, findet sie eher zwischen als auf den Inseln. Die letzteren bereiten dem Romantiker in ihrem nüchternen Gewand der Gegenwart oft schwerste Enttäuschungen. Zwischen ihnen, auf den azurnen Wassern der Südsee, in den vulkanumstandenen oder urwaldbesäumten Passagen und dem Gewimmel malerischer Eilandfetzen aber lebt sie noch gegenwärtig wie vor hundert Jahren und vor tausend und immer.

Wie viele begeisterte Berichte gibt es doch seit den ersten Fahrten in die Malaiischen Gewässer bis auf den heutigen Tag von diesen Meeren. Auch der flüchtigste Salonreisende kann nicht umhin, wenigstens die Fahrt durch die inselbesäte Malakka-Straße oder zwischen den Atollen der Tausend-Inseln und der Bai von Batavia zu beschreiben; und selbst diejenigen, die den modernen Flugweg wählen und hoch in der Luft darüber hingleiten, sind entzückt und tief beeindruckt. Ganz richtig erlebt man den Zauber dieser Gewässer aber erst vom kleinen Fahrzeug der Eingeborenen aus.

Niemals vergesse ich eine Fahrt in einem schmalen Djukung, einem Ausleger-Einbaum, von Bali nach Penida hinüber, dem „Banditen-Eiland". Es ist ein öder Kalkklotz in der Lombok-Straße und hat früher als Verbannungsinsel für straffällige Balinesen gedient. Im Fischerdorf Kusambe an Balis Südküste sind wir — mein Kamerad Schreiter und ich — nachmittags eingetroffen. Beim Besitzer eines der üblichen Allerweltsläden an der Straße haben wir ein Unterkommen gefunden. Nun liegen wir spät abends auf niederen Schlafbänken hinter den Warenauslagen, in den Gedanken schon über das nächtliche Wasser dem weltvergessenen Inselchen entgegeneilend. Matt brennt ein Lämpchen zwischen den Gewürzkruken und Dörrfischbündeln. Letzte Geräusche auf der Straße dringen ungehindert herein. Zwischen Spannung und Müdigkeit verfällt der Körper endlich in einen leichten Halbschlaf.

Um zwei Uhr in der Nacht kommen unsere beiden Bootsleute uns wecken. Strom und Brise stehen jetzt günstig. Wenn es auch nur zehn Meilen bis hinüber sind, so wäre es bei Flaute doch ein langer Weg. Zwischen den Säulen einer Kokoswaldung geht es zum Strand. Eine Lampe brauchen wir nicht, es ist voller Mond. Mit einem dünnen Voileschleier überzogen steht er schräg seitlich in einem unermeßlich weiten Himmel. Am Strand ist schon Leben. Man fährt jetzt hinaus zum Fischfang. Die dunklen Gestalten der Fischer sind überall beschäftigt, die auf dem Sand liegenden Fahrzeuge ins Wasser zu schieben. Wie unheimliche Tiere liegen die Boote da, mit dem schmalen Lattenaufbau über dem ausgehöhlten Baumrumpf und den kühn geschwungenen Haltern der seitlichen Gleithölzer. Mit raschem Schwung erklettern wir den für uns bestimmten Djukung. Auf dem winzigen Deck ist gerade Platz für uns und das Gepäckkistchen; die Beine baumeln irgendwo.

Da packen ein Dutzend Fäuste zu und schieben das leichte Fahrzeug im Laufschritt über den Sand und platschend durch die Brandung. Sachte hebt eine Woge es auf, und weich rutscht es in die glatte See hinaus. Im letzten Augenblick springen unsere beiden Schiffer noch geschickt herein.

Schon bauscht sich das weiße Segel, und sanft, unbeschreiblich sanft gleiten wir über das matt flimmernde Wasser. Reglos kauern die braunen Gesellen in den Kniekehlen hängend am äußersten Ende auf dem kaum fußbreit auslaufenden Deck. Es scheint, als könnten sie selbst in dieser Stellung schlafen. Auch wir dämmern ein. Wozu sollte man wach bleiben, es sind ja alle Wünsche erfüllt: Tropennacht, Südsee, laue, duftschwere Luft und pfirsichweiches Wasser, Malaiensegel über und ein bunt bemalter Ausleger unter uns, hinter uns Bali, der glücklichste Traum unseres Erdballes, voraus das lockend unbekannte Neue, im Blut das beseligende Summen des Abenteuers und im Herzen das süße Lied von der Schönheit der Welt. Romantik? Ja, in höchster Potenz! Da wird der Schlaf so wunderbar, wie selbst der Tod nicht sein kann.

Aber dann ist es auf einmal schwarz. In harter Bö springt Nordwestwind auf. Es ist im Dezember, in der Zeit des nassen Monsuns. Das Boot rast wie abgeschossen davon, sicher gebändigt von den beiden Männern. Sie sind jetzt wie zum Zerreißen angespannt und wach. Nun fegt Regen daher, kalt und unbarmherzig wie im fernen Norden. Wir haben nichts, um uns zu schützen. Die Zähne klappern und der ganze Körper trillt plötzlich im frostigen Schauer. Ich starre auf die Gleithölzer neben mir. Sie sausen über das aufgeregte Wasser, stoßen hinein und wieder heraus und lassen rasch zerfließende Furchen hinter sich. Es geht so schnell, als schaute ich vom Zug aus auf die vorbeijagenden Schienen. Der Djukung selbst aber liegt ganz ruhig vor dem Wind, kaum hebt und senkt er sich ein wenig. Es ist ein starker, neuer Baum. Mancher ältere und schlechtere kehrt nach solchen Böen niemals heim. Die dicke Regenwand nimmt jede Sicht. Nur sekundenhaft wird der Mond in klaffenden Löchern der Wolkenhaufen sichtbar.

Fast eine halbe Stunde lang peitscht uns der nasse Sturm, läßt Körper und Blut wie eingefroren erstarren. Dann ist er so übergangslos, wie er kam, vorüber. Fackelbrände lodern gespenstisch voraus, irrlichtern, noch klein wie Kerzenflammen, hin und her. Das sind die Strandfischer Penidas bei ihrem nächtlichen Fang auf dem Riff. Die Insel selber gibt mit dunkler Wand den Abschluß.

Jetzt beginnt hinter ihr erstes Frühlicht zu dämmern, und der Mond verblaßt. Als sich der Himmel langsam rötet, erkennen wir die niederen Vorhöhen und den schroffen Steilrand des Banditen-Eilands. Die Brise ist fast eingeschlafen; gut, daß die Bö uns so rasch vorausbrachte. Da ist schon der Strand. Ganz vorsichtig pirschen wir an ihm entlang; die Riffplatte unter dem seichten Wasser ist voller Tücken. Verwundertes Rufen schallt herüber. Nun ein niederes Kap, ein paar Korallenblöcke, ein Opfertempelchen, eine Palme... Leise scheuernd fährt der Djukung auf den Sand. — —

Ein andermal mußten wir von Bangkas Ostküste nach Belitung fahren. Man hatte uns gesagt, daß am frühen Nachmittag weit draußen auf der Reede von Koba ein Küstendampfer eine kleine Weile stoppen würde, um Fracht und etwaige Passagiere zu übernehmen. Nun sitzen wir fernab vom Städtchen am glühend heißen Strand unter einem Wellblechabdach. Das verkörpert die gesamten Hafenanlagen. Wir warten, zusammen mit einem Trüppchen Chinesen und Malaien, für die nutzloses Warten ja ein Lebensbedürfnis ist. Es ist schon drei Uhr. Aber noch zeigt sich kein Schiff. Es wird Vier. Es wird Fünf. „Vielleicht kommt es um Mitternacht!“ sagt tröstend ein schläfriger Zöllner. „Es kommt oft erst so spät.“ — Wir verfluchen den öden Strand, die Hitze, den Durst, die flimmernde Sonne im Sand und auf dem Wasser, die ganzen Tropen in Bausch und Bogen. Doch als die Sonne sinkt, bitten wir uns die Flüche reuevoll wieder ab. Ein einziger Sonnenuntergang in den Tropen, ein einziger Blick in diese Flut von zauberhaften Tuschen genügt, um sich mit allen Widerwärtigkeiten auszusöhnen und sich wahrhaftig im Paradiese zu wähnen.

Mählich dunkelt die grünblaue See ab zu einem unergründlichen Indigo. Seitab zwischen den stakigen Zäunen der Fischfallen waten Fischer im untiefen Wasser, ihre Boote stehen schwarz auf der leise wallenden Fläche. Im Westen steigt pechfinster eine Monsunwand über die Kimm. Aber sie zieht nördlich vorbei, quer über die Chinesische See. Eine Dschunke kreuzt in der Ferne mit dunklen Segeln wie ein Ungeheuer.

Jetzt springt auf der Barkasse, die einige Tongkangs[1]) hinausschleppen soll, puckernd der Motor an. Man will dem Dampfer ein Stück entgegen fahren, weil es schnell Nacht sein wird. Durch das schmeichelnd warme Wasser waten wir hinüber und klettern an Bord. Gemächlich stampfen wir hinaus, werfen dann irgendwo Anker. Die Sonne liegt ein paar Augenblicke haargenau auf der Kimm; die Gedanken kommen in Versuchung, sie wie einen Ball darauf entlang zu rollen. Unser frommer Kapitän breitet eine Matte auf der Luke aus und unterbreitet seinem Tuhan Allah einige Male das bekannte mohammedanische Gebetsbekenntnis. Wir aber versuchen durch die Betrachtung der aufgehenden Sternenwelt, des suchenden Leuchtfeuers am Strand und der langsam verblassenden Berge Bangkas dem endlosen Warten einigen Inhalt zu verleihen. So wird es Sieben, und Acht, und Neun, und zwischen Wachen und Schlafen gluckert leise die See an den Bordwänden der Kähne, reibt sich rhythmisch die Ankerkette in der Klüse.

---

[1]) Frachtleichter, Schuten.

Schon denke ich, die ganze Nacht würde auf diese Weise verstreichen, da wird es endlich lebendig auf den Fahrzeugen. „Kapal datang!“ „Das Schiff kommt!“ — Ein Lichtpunkt, etwas gelblicher als die grünen Tropensterne, steht fern über dem nächtlichen Horizont. Das muß die „Mijer“ sein, auf die Mensch und Fracht hier warten. — Näher rückt das Licht. Jetzt sind es schon zwei Leuchtpunkte: die Topplampen am Vor- und Achtermast. Sie halten auf das richtungweisende Leuchtfeuer am Strand zu. Nun aber zerren die Matrosen auf den Tongkangs riesige, sicherlich vier Meter lange Fackeln aus zusammengebundenen Palmenwedeln herbei und setzen sie in Brand. Hell knistern sie auf und werfen zwischen Qualm und verbrannten Fetzen einen blutroten Flackerschein weithin über das dunkle Wasser. Augenblicklich ändert der Dampfer seinen Kurs und wächst allmählich mit weiteren Lichtern und schattenhaften Umrissen deutlicher vor uns auf. Ich werde das nie vergessen: diese abenteuerlichen Malaienburschen mit den langen Seefahrerhaaren, wie sie schräg in den Armen die lodernden Bündel über den Bordrand halten; wie das Feuer sprüht und knackt und die Funken gegen die Sterne stieben; wie die Küste Bangkas nur noch wie ein schwarzer Kranz das Blickfeld säumt; wie die Lichter und Linien des Dampfers auf uns zugleiten und der Motor in unserem engen Boot wieder zu puffen beginnt ... da draußen, irgendwo auf der einsamen Chinesischen See. Was hätte man als Knabe wohl dafür gegeben, einmal eine solche Stimmung wirklich erleben zu dürfen! —

Höhepunkte der Spannung bringt stets die Annäherung an eine fremde Küste. Dabei sind die meisten Küsten Inselindiens in der Nähe vollständig unromantisch. Aber das Wissen darum: gleich taucht ein neues Land auf! läßt die Pulse heftiger klopfen. Bei den größeren Inseln künden an Tagen mit guter Sicht in der Regel Berge weit im Innern die Nähe von Land sehr viel eher an, als man eine Küste überhaupt erahnt. Das kommt, weil sie häufig ganz flach ist. Als schmaler Strich wird sie erst über dem Wasser sichtbar, wenn man schon dicht heran ist. Vielleicht geht es in eine Flußmündung hinein. Das Wasser ist braungrün oder tonig gelb. Leuchtbaken stehen in kurzen Abständen. Manchmal reitet ein Vermessungsschiff, ein Bagger, ein Zollboot vor seinem Anker. Prauen mit dreieckigen oder trapezförmigen Segeln bald aus Leinwand, bald aus Mattengeflecht, steuern gelassen zu unbekannten Fernen. Vielleicht auch ist Ebbe und eine hindernde Barre vor dem Fluß. Dann bleibt man liegen und wartet geduldig, bis der braune Lotse die Weiterfahrt wagt. Endlich rücken die Ufer zusammen. Mangroven, Sumpfbusch, Pandanus. Dahinter der Kokosgürtel. Hier und da eine gelbe Hütte. Kleine Boote streben vorbei. Neugier auf beiden Seiten: das Fremde!

Ich könnte von vielen Küsten und vielen Fahrten über die Malaiischen Gewässer erzählen. Im Grunde ähneln sie sich immer und sind doch nie das Gleiche. Weil der Himmel als Hintergrund und Glocke darüber nicht immer der gleiche ist. Wie tief und unwirklich blau kann er sein. Wie fabelhaft können die Wolken vor ihm kleben und schleppen und reiten. Wie kann er leuchten und blühen und bluten, aufflammen und verlöschen, und wieder erstrahlen im Millionengefunkel der Sterne. Wie kann der Mond, ein Silberboot, leise darüber hinfahren oder wie eine riesenhafte Orange aus dem Dunst des Horizontes herausglühen. Wie kann der Monsun seine wüsten Attacken reiten, daß Wasser und Welt ein Brodel und ein Kochen werden wie Szylla und Charybdis. Und wie können gar in tollen Nächten die Blitze über ihn hinrasen und die Donner ihr Getöse über die spritzenden Wellen wälzen.

Solche Nächte mögen die Räuber von Akedabo gewählt haben, wenn sie, als Werwölfe der alten malaiischen Volksmärchen, zu den Nachbarinseln fuhren, die Dächer der Hütten abdeckten, die Schlafenden würgten und ihre dampfenden Lebern fraßen. In solchen Nächten mag auch der Seeraub am lebhaftesten geblüht haben und am schauerlichsten gewesen sein.

Man kann ohne Übertreibung sagen, daß der letztere in den verflossenen Zeiträumen der trübste Schatten über dem vielgepriesenen Inselparadies gewesen ist, viel mehr als Kopfjagd, Unkultur oder Hunger. Denn Kopfjagd betrieben nur einige wenige Stämme; neben der Unkultur mancher Völker stand eine Hochkultur anderer; und der Hunger ist von Natur aus nie bekannt gewesen, sondern hat erst infolge unzulänglicher kolonialer Wirtschaftssysteme zeitweise aufkommen können. Der Seeraub unter den Malaien war dagegen allgegenwärtig und zu allen Zeiten. So bemerkenswert war er, daß wissenschaftliche historische Werke über ihn verfaßt worden sind. Noch Kolonialrapporte aus dem ersten Jahrzehnt des gegenwärtigen Jahrhunderts wissen von Prauenberaubung, Verschleppung und Mord auf See zu berichten; und wer kann bis in die letzten Winkel des verworrenen Inselmeeres kontrollieren, ob Seeräuberei heute tatsächlich als völlig überwunden bezeichnet werden kann?

Einige Völker scheinen besonders für sie vorbestimmt gewesen zu sein. Die Malaien aus dem Lingga-Archipel, die Atjeher von Nordsumatra, die Tobeloresen aus den Molukken, die Ilanos von Mindanao und den Sulu-Inseln waren der ärgste Schreck aller Küsten. Manche Papuwastämme haben ihnen nicht nachgestanden. Aber sie beschränkten sich auf die Nachbarschaft des weit vom Schuß liegenden Neu-Guinea, und so kommt es, daß man von ihren Schandtaten nicht allzu viel weiß. Sehr erwähnenswert ist, daß die Blütezeit der Seeräuber erst nach Ankunft der Europäer einsetzte; nicht zufällig, sondern in engstem Zusammenhang damit. Auch hier hat Europa wieder einmal Anlaß genug, beschämt den Blick zu senken über den kurzsichtigen Egoismus seiner Vorväter. Ihre rücksichtslosen Monopolbestrebungen entzogen ganzen Bevölkerungsgruppen die Ernährungsbasis. Man denke nur an die Ausrottung der Gewürzkulturen auf mehreren Inseln in den Molukken durch die Niederländisch Ostindische Compagnie, oder an die Unterbindung des Zinnhandels von Bangka mit anderen als holländischen Aufkäufern. Da mußten die Betroffenen, wenn sie nicht verhungern wollten, zu gewaltsamem Erwerb übergehen; und der Seeraub, verbunden mit weitverzweigtem Sklavenhandel, lag ihren angeborenen Kapazitäten jedenfalls am nächsten. Als die Compagnie an der Wende vom achtzehnten zum neunzehnten Jahrhundert endlich zusammenbrach, war der Malaiische Archipel eine ausgesprochene Hochburg des Seeraubes.

Während des ganzen neunzehnten Jahrhunderts hat man dann angestrengt zu tun gehabt, um ihn allmählich wieder zu beseitigen. Die Aufstellung einer ersten „Kolonialen Marine" ist überhaupt ausschließlich zu diesem Zwecke erfolgt. Wendige einheimische Fahrzeuge, hauptsächlich bemannt mit küstenkundigen und zuverlässigen Eingeborenen, stöberten im Schutz größerer Kriegsschiffe die Nester und Schlupfwinkel der Räuber auf. Nicht selten hatten diese außerhalb ihres Heimatgebietes noch regelrechte Filialniederlassungen angelegt. Von ihnen aus terrorisierten sie die Umgebung und vergrößerten sie ihren Aktionsradius.

Ungefährlich war es bestimmt nicht, sich mit diesen Burschen einzulassen. Oft genug besaßen sie an Land schwer bestückte Verschanzungen, und jedes ihrer Fahrzeuge hatte ebenfalls mindestens eine Kanone an Bord. Es hieß also nicht nur, einen überwachenden Küstenpolizeidienst auszuüben, sondern echten Krieg zu führen. Die Spanier melden zum Beispiel aus dem Jahre 1848 gelegentlich eines Unternehmens im Sulu-Archipel die Verwüstung von vier Forts und sieben Dörfern, die Eroberung von hundertfünfzig Prauen und hundertvierundzwanzig Kanonen, sowie den Tod von vierhundertundfünfzig Seeräubern neben zahlreichen Gefangenen. Die Chronik der Niederländischen Kolonialen Marine weist fast Jahr für Jahr größere Einsätze gegen das Raubgesindel aus. mit genauen, eindrucksvollen Zahlen. Mitunter werden Prauen genannt, die „met meer dan honderd koppen bemand" (mit mehr als hundert Köpfen bemannt) waren; und daß diese Tod und Teufel nicht scheuten, braucht nicht ausdrücklich erläutert zu werden. Von ihren grausamen Taten zeugt heute noch mancher verlassene Küstenstrich und manche Scheidung der Bevölkerung in Herrenfamilien und Sklavenfamilien.

Sehr von Vorteil im Krieg gegen die Seeräuber war es, daß die wichtigste Grundlage zur Bekämpfung dieses Übels, nämlich genaueste Küstenkunde, von jeher seitens der Niederländer mit Eifer betrieben worden war. Als sie nach Indien kamen, stützten sie sich auf nichts als einige unvollkommene portugiesische Seekarten und noch ältere Fantasieblätter. Unverzüglich gingen sie, von jeher zu peinlichster Beobachtung geneigt, an die Arbeit. Meerestiefen, Riffe, Driften und Strömungen, Buchten und Mündungen, Küstenschwund und Landanwachs wurden nun sorgfältig aufgenommen. Schon im sechzehnten und siebzehnten Jahrhundert kann man beinahe von einer exakten „Ozeanografie" sprechen, und 1733 ließ ein gewisser Cruquius bereits die erste Seekarte des Archipels mit Tiefenlinien erscheinen. Heute zählen die Holländer als Ozeanografen zu den führenden. Die jüngsten umfassenden Expeditionen der „Sibolga" und der „Snellius" sind von der ganzen Welt aufmerksam verfolgt worden und haben lange Reihen wissenschaftlicher Standardwerke gezeitigt.

Dabei ist die Arbeit der Forschungs- und Vermessungsschiffe allein schon dadurch sehr erschwert, daß es sich fast überall um Meere von ansehnlicher Tiefe handelt. Selbst die „mittleren" Tiefen der einzelnen Becken bewegen sich zwischen eintausend und dreitausend Metern, die „größten" reichen bis unter sechstausend Meter hinab. Eine Ausnahme machen nur die Schelfmeere der Java-See und der Arafura-See. Es sind die nur fünfzig oder hundert Meter hoch überspülten ehemaligen verbindenden Landflächen zwischen Java, Sumatra, Malakka und Borneo auf der einen, Neu-Guinea und Australien auf der anderen Seite. Ihr Untergang ist so jung, daß man zum Beispiel in der Java-See die alten Stromrinnen von den riesigen Flüssen des einstigen „Sundalandes" noch heute erloten und verfolgen kann.

Eine genaue Kenntnis der Küsten hilft auch noch einem anderen Übel steuern, das von jeher im Archipel zu Hause ist und sich gleich dem Seeraub „zwischen den Inseln" abspielt. Ich meine den Schmuggel. Freilich reicht die Küstenüberwachung nicht aus, um ihn gänzlich zu unterbinden; zumal er ja nicht, wie jener, anklagende Notrufe um Hilfe auslöst. Ganz im Gegenteil: er findet allgemeine Unterstützung der Bevölkerung und überall sickert er unablässig durch. Die Chinesen sind Meister darin, und die Malaien gelehrige Helfer. — In Tandjung Pandan auf Belitung sah ich einmal beim Zoll, wie einem zureisenden Chinesen — es war gerade Osterfest — mehrere Kartons voll Schokoladeneier aufgeknackt und einem anderen die Cremetuben ausgekratzt wurden. Der Erfolg war ein hübsches Häufchen von Opiumkassibern. So etwas wird bei heller Sonne und fast täglich selbst in offiziellen Hafenplätzen riskiert. Wer aber wollte nachprüfen, was sich Nacht für Nacht an tausend einsamen Flußmündungen abspielen kann. Da kann auch der beste Wasserschutz trotz seines umfangreichen Spionagenetzes nur bremsen, aber niemals völlig stoppen. —

Wer auf den großen Überseeschiffen oder den bequemen Küstendampfern reist, wird vielleicht an diese Art „Romantik" der malaiischen Gewässer nur selten denken. Es vollzieht sich auf ihnen alles ohne Zwischenfall und nach längstgewohnten Formen. Doch die Schiffahrtsrouten bleiben, so dicht sie an manchen Küsten auch liegen mögen, letzten Endes immer nur schmale und noch dazu streng eingehaltene Linien auf den großen Wasserflächen. In dem ausgedehnten Maschenwerk zwischen dem Netz aber ist der Himmel weit und die Überwachung oft noch viel weiter. Trotzdem muß das Netzwerk der Schiffahrtslinien von Insel zu Insel als überraschend dicht bezeichnet werden. Mehr als dreißig regelmäßig befahrene Routen unterhielt vor Ausbruch des Pazifikkrieges allein die K. P. M., die Koninklijke Pakeetvaart Maatschappij, von Batavia aus bis zu entlegensten Plätzen. Mit weit über hundert Schiffen betrug ihre jährliche Leistung zuletzt ein bis einundeinhalb Millionen Fahrgäste und vier bis fünf Millionen Tonnen Ladung. Dazu kamen die übrigen niederländischen, ferner englische, chinesische und japanische Reedereien mit Linienfahrt innerhalb des Archipels, nicht zu sprechen von der internationalen Überseeschiffahrt in den größeren Häfen. Groß ist auch der Einsatz der einheimischen Segelprauen in der Frachtfahrt. Gegen sechstausend waren Ende der dreißiger Jahre hierfür allein in Niederländisch-Indien registriert. Es gab keinen Winkel des Archipels, in dem man diese malerischen Fahrzeuge nicht antraf.

So ist die See heute die wahre Brücke von Insel zu Insel. Nur über sie dringt auch in fernste Einsamkeiten immer wieder der unmittelbare Kontakt mit der übrigen Welt, sehnlichst erwartet von denen, die aus jener Welt verschlagen wurden und ihn als Trost, Halt und Hoffnung zum Ausharren brauchen; dagegen staunend und mehr oder minder kritisch aufgenommen von den anderen, die mit der übrigen Welt noch nichts zu tun hatten.

Neben Verkehrsbrücke ist das Wasser im Archipel aber auch Nahrungsspeicher, und zwar in weit höherem Maße als bei uns. Kein Leben der Malaien wäre zu denken ohne die zusätzliche Meereskost zum Reis. Um sie zu erbeuten, haben die eingeborenen Völker selbst erstaunliche technische Einrichtungen entwickelt. Von Netzen und Reusen, Angeln und Harpunen abgesehen, sind das vor allem die „sero" genannten Fischfallen, wahre Irrgärten aus staketartigen Zäunen. Wir kennen ähnliche Vorrichtungen als sogenannte „madraques" von der südfranzösischen Küste. Der Inselindien-Reisende kennt sie von allen flachen Uferstreifen und Mündungen des Archipels. Sie sind in Wahrheit das Charakteristikum der malaiischen Küsten. Selbst von den wichtigsten Hafeneinfahrten sind sie nicht zu vertreiben, und auch der größte Ozeanriese ist verpflichtet, ihnen sorglich auszuweichen. Es sind lange, gewöhnlich aus Bambu bestehende Gitter, in der Form mehrerer ineinandergeschachtelter Pfeilspitzen. Sie stehen so zu Wind und Strömung, daß die Fische in die breite Öffnung einschwimmen und durch Auslässe an der Spitze in immer verzweigtere Kammern hineingeraten. Aus der letzten findet auch der intelligenteste Fisch keinen Rückweg mehr. Dort werden sie dann von Zeit zu Zeit herausgefischt, oft genug regelrecht aufgeschöpft, wenn ganze Schwärme hineingerieten.

Reich an Gaben sind vor allem Riff und Strandplatte bei Ebbe. Sie sind kostbare Teppiche vor dem festen Lande. Da findet man Krabben und Krebse, Muscheln und Schnecken, Seegurken, Agar-Agar und eßbare Tange neben vielerlei Fischen. Ist die Küste schlickig, so waten die Fischer, Männer wie Frauen und halbwüchsige Knaben, bis zu den Knien im warmen Modder und sammeln mit geschickten Händen oder siebartigen Körben. An einigen Mündungen auf Sumatra sah ich auch winzige Schlickboote in Gebrauch, nicht größer als eine Schlachtermolle. In ihnen schoben sich die Fischer gewandt über den weichen Schlamm und sammelten die bei ablaufendem Wasser zurückgebliebene zappelnde Beute. Übrigens tötet man die Fische gern mit einem Biß ins Genick. Manchem Fischer ist das schon zum Verhängnis geworden, wenn das mit letzter Kraft vorwärts schnellende Opfer sich aus den Zähnen befreite und in den Schlund eindrang. Die Zahl der jährlich solcher Art Erstickten ist immerhin nennenswert. —

Strandstimmungen sind wohl die schönsten, die Inselindien zu verschenken hat. Nicht die eindrucksvollsten, — die gewährt die Welt der Vulkane —, wohl aber die malerischsten, innigsten, sehnsuchtsvollsten. Zumal wenn die Stämme der Kokospalmen silbergrau über dem blauen Wasser aufstreben und ihre königlichen Schöpfe sich leise zitternd widerspiegeln. Ich blättere in meinen Tagebüchern, den letzten meines Aufenthaltes in Inselindien, nicht lange vor dem Ausbruch des zweiten Weltkrieges. Da sitze ich am Strand von Tojapakeh, auf jener vorhin genannten weltvergessenen „Banditen-Insel". Tagelang sind wir über ihre heißen, wasserlosen Hochflächen gewandert und haben uns immer wieder an den unerhört steil abbrechenden Klippen und den uferlosen Fernblicken über den sachte heranrollenden Ozean berauscht. Nun ist der letzte Abend für uns auf dieser Insel gekommen; vielleicht für lange hinaus überhaupt zum letzten Male echte, unverfälschte, unberührte Südseestimmung. Mir gegenüber, jenseits der Badung-Straße,

Rast am Urwaldfluß

Trunk aus der Liane

Blutegel,
schwerste Plage im Urwald

liegen Bali und sein heiliger Götterberg, der mächtige Agung, blau im matten Regendunst. Über dem winzigen Eiland Lembongan zur Linken sinkt die Sonne in gelbem und rotem Farbenspiel. Es riecht lau und würzig und tropisch. Weiße Segel der Djukungs stehen wie letzte müde Falter reglos vor dem Himmel, näher herbei die dunklen Silhouetten kleinerer Fischerboote. Kinder tollen im Wasser, Frauen baden gemächlich und halten ein Plauderstündchen dabei. Die Männer sitzen hier und da auf den an Land gezogenen Einbäumen und träumen in den Abend, wie auch ich es tue. Einer summt vor sich hin. Ein anderer hält ein nacktes Knäblein zwischen den Knien und bastelt ihm ein Spielzeug aus Schneckengehäusen und Akar Bahar, den weitbegehrten wunderkräftigen schwarzbraunen Korallenzweigen. Die anderen schauen schweigend und versonnen. Vor uns rollt glucksend die See über die löcherige Riffplatte auf den Strand. Von weißen und roten Korallenbrocken ist er übersät.

Dunkler, immer dunkler wird es; schon sind die Umrisse Balis ausgelöscht. Alle Farben verblassen und das Wasser schmilzt mit der Luft und dem Himmel zu einem unendlich wohltuenden Mantel zusammen.

SONNENUNTERGANG

Gleich den schwarzen Schleiern rätselhafter Frauen
sind die Wolken vor der abendroten Ferne.
Gold rinnt langsam aus den Schlitzen
und versickert streifig in den grünlich blauen
Stoffen, die sich um sie bauschen und den keuschen Leib beschützen.
Gold sprüht auch von ihren Feuerhaaren, aus dem Glanz der Augensterne.

Fordernd greift vom Erdball eine Riesenfaust,
spreizt die Finger, will frivol den Schleier fassen
und in blankes Gold sich tauchen;
doch errötet schamhaft und erschlafft zerzaust
vor der namenlosen Würde. — Buntgeflammte Dünste rauchen.
In den Schattenbergen, die sich ringsum türmen, bluten breite Gassen.

Höher quillt das Rot und auf des Himmels Bogen
breitet es sich aus in königlichen Farben;
strahlt zurück vom grauen Ozeane.
Goldener noch fließt das Haar in weichen Wogen
um des Weibes stolze Stirne. Weht wie eine Siegesfahne.
Aus den Sphinxenaugen zucken Brände auf in grellen Feuergarben.

Winzig steh ich Zwerg vor dieser Hochamtsfeier,
die in Ewigkeit sich täglich dort vollendet,
und aus dunkler Trauer drängt mein Herz zum gnadenreichen Licht.
Ach, für uns ist nur der schwarze, rätselhafte Schleier
jener göttlichen Gestalt, die uns so blendet. Doch von ihrem
Glanze spendet
sie verweisend nur den Anblick; — das Berühren aber nicht.

VON URWALD UND WASSER

Im Anfang war der Wald! — So beginnt in Inselindien die Schöpfungsgeschichte. Er war, wie man noch heute an den Überschwemmungsküsten beobachten kann, eher da als das feste Land. Der „bakau-bakau", des Schöpfers bester irdischer Helfer, hebt es erst aus der Flut.

Unter diesem Namen verstehen die Malaien den Mangrovegürtel der Sumpfküsten und Flußmündungen. Er umfaßt Tausende von Kilometern Küstensaum, hauptsächlich auf Sumatra, Borneo und in den Molukken. Botanisch besteht er aus den verschiedensten Arten, solchen mit hochbeinigen Stelzwurzeln und anderen mit kurzen, spargelartigen Atemwurzeln. Zwischen den einen wie den anderen fangen sich die Sinkstoffe, die von den Flüssen aus dem Binnenland herabgeschwemmt werden, und höhen langsam, stetig das Land auf. Dabei sind die Rhizophoren die eigentlichen Vorposten. Zwischen ihrem nicht sehr dunklen ledrigen Laub entwickeln sich aus kleinen grünlichweißen Blüten birnenartige braune Früchte, und aus jeder dieser Früchte wächst unten ein fußlanger, schwach geriffelter Pfeil. Wenn man ihn durchschlägt, zeigt er auf der Bruchfläche eine Unmenge feiner Härchen. Der ganze Spieß scheint nur ein Bündel solcher zähen Pflanzenhaare zu sein. Diese „Fliegerpfeile" nun sind die Landeroberer. Wenn sie reif sind, fallen sie herab und spießen sich in den weichen Schlamm, oder das ablaufende Wasser spült sie über den seichten Schlick, wobei sie sich hier und da einbohren und bei günstigen Bedingungen Wurzel fassen. Dann steht bald ein neues Gebüsch auf der von den Gezeiten überspülten Platte. Zwischen seinen gekrümmten und verschlungenen Wurzelbeinen beginnt die Schöpfung aufs neue.

Den ständig von den Gezeiten überspülten Mangrovegürtel kann man zu Fuß kaum passieren. Tut man es doch einmal auf kurze Strecken hin, der Wissenschaft halber, oder um den Marsch abzukürzen, dann ist es ein rettungsloser Kampf mit Schlick und Wurzelwerk. Ihn im Boot zu durchfahren ist unsagbar eintönig. Nur das Kleingetier an Krebschen, Molchen und sonstigen Schlammbewohnern lenkt ein wenig ab, oder ein prächtig bunter Königsfischer, ein tief über das Wasser streichender Fischadler oder Schlangenfresser erregen für ein paar Augenblicke die Aufmerksamkeit. Man kann die Mangrovenufer auch nicht landschaftlich schön nennen. Einzelne Gruppen sind zwar malerisch; aber die Gesamtheit ist eine ewig sich gleichbleibende grüne Front.

Nur hier und da unterbricht sie ein sogenannter Panglong. Das sind kleingewerbliche Holzbetriebe primitivster Art, meistens im Besitz chinesischer Unternehmer. Es sind Pionierposten in der Schöpfungszone. Das harte Mangrovenholz ist sehr begehrt als Feuerungsmaterial und ergibt vorzügliche Holzkohle, den üblichen Hausbrand von Millionen kleinen Küchen in den Küstenstädten. Besonders an Sumatras Ostküste und auf den Inselschwärmen zwischen ihr und Malakka sind die Panglongs zu Hause. An Borneos Küsten findet man sie ebenfalls. Neben dem Holz der Bakau-Bakau wird gelegentlich auch die Rinde verwertet. Sie enthält Gerbsäfte, und ihr „Cutch“ ergibt die beliebte sattbraune Farbe bei der Herstellung der javanischen Batikgewebe. In entlegenen, menschenleeren Gebieten kann so die Mangrove der einzige Anlaß zur Anlage kleiner Niederlassungen oder doch wenigstens zum gelegentlichen Besuch durch Sammler werden. Wie unendlich froh waren wir, als wir nach einem überaus schwierigen Marsch durch den völlig unbesiedelten Nordwestzipfel Balis plötzlich in einer sumpfigen Mangrovenbucht auf eine kleine Prau und einige brennholzsammelnde Leute stießen!

Schöner sind Fahrten durch Pandanusvegetation. Auch sie liebt Küstennähe, bevorzugt aber nicht die schlammige Anschwemmungszone, sondern die sandigen oder kalkigen strömungsreichen Ufer. Auf ihren vielfach gekrümmten und verschlungenen, schraubenförmig gewundenen und durch Luftwurzeln gestützten palmenartigen Stämmen erheben sich die interessanten Schöpfe geknickter, sägenartig besäumter Schwertblätter. Dunkelrot leuchten die kleinen, der Ananas ähnlichen Früchte aus dem raschelnden Blätterwerk. Man flicht Hüte und Matten aus dem letzteren, oder auch ganze Hausdächer, während die schönen Früchte zur Nahrung dienen, ganz besonders für die Fliegenden Hunde.

Ebenso lassen sich die der Nipahpalme verwerten, solange sie nicht zu alt werden. Auch sie ist ein ausgesprochenes Küstengewächs. In den fast kürbisgroßen Blütenkolben unten am sehr kurzen Stamm dieser Brakwassersumpfpalme sitzen einige Dutzend länglich keilförmiger Fruchtpflöcke. In faseriger Hülle enthalten sie einen grauweißen Kern. Jung ähnelt er im Geschmack dem Kokosfleisch; nur etwas säuerlicher ist er und scheint mehr Stärke zu enthalten. Die älteren Früchte aber sind hart und holzig. Die Menschen der Küstenzone sammeln die jungen Früchte wohl als zusätzliche Nahrung. Was an der Nipahpalme ließe sich nicht verwenden! Die jungen Blütenscheiden sind beliebte Hüllen für die kleinen Zigaretten der Eingeborenen. Die schmalen

Fiederblätter der oft zehn Meter langen Wedel werden mit Baumbaststreifen zu „Atap“ zusammengenäht. Das ist das idealste Baumaterial aller Tiefländer. Wände, Dächer, ganze Scheunen, Bootsbedachungen und was sonst noch alles wird daraus hergestellt. Die zähen Rippen ergeben die Dachsparren. Der in den Blütentrossen aufsteigende Saft wird hier und da auf Wein vergoren oder auf Zucker eingekocht. Ja, neuerdings wird Nipah-Alkohol großgewerblich erzeugt und in den fernöstlichen Ländern zu wertvollstem Treibstoff verarbeitet.

Da ist noch so ein Universalbaum in der Übergangszone vom Schwemmland zum festen Land, nämlich die zierlich schlanke Nibungpalme, die Oncosperma der Botaniker. Gesellig wächst sie in Gruppen und kleinen Hainen, reizend anzusehen mit ihren feingezackten Fiederblättern. Jung liefern diese ein gutes Gemüse, ausgewachsen wieder Dachbedeckung. Besonders wertvoll aber sind die kerzengerade gewachsenen Hohlstämme. Sie zu fällen und herzurichten ist allerdings kein Vergnügen. Gleich manchen anderen Palmen ist die Nibung dicht und überdicht mit handlangen Stacheln besetzt. Selbst Betonpfeiler halten im Sumpfland nicht besser als ein Pfahlunterbau aus Nibungstämmen. Wenn man das weiche Mark aus der Höhlung entfernt, hat man unverwüstliche Wasserleitungsrohre, und aufgespalten ergeben die Stämme dauerhafte Latten für die Fußböden.

Die Tropen geizen nicht mit nützlichen Gaben. Wer weiß, was sich gerade aus ihrer Vegetation noch alles wird herauszaubern lassen. Hinter dem schmalen Küstengürtel fängt sie ja erst richtig an, mit den eigentlichen Hochwäldern. Auf Java ist zwar nur noch ein Fünftel der Oberfläche mit Waldungen bedeckt — gegen 27 vom Hundert in Deutschland vor dem letzten Kriege —; aber auf Sumatra sind es schon 62, auf Borneo 77 und im ganzen übrigen bekannten Restbesitz immerhin auch noch 66 vom Hundert. Alles zusammen schätzt man im ehemaligen niederländischen Kolonialreich Südostasiens mehr als 120 Millionen Hektar Wald, mit einem Vorrat von 12 Milliarden Kubikmetern Werkholz. Welche Möglichkeiten ergibt das, sei es allein nur für die Papierindustrie!

Man muß hindurchlaufen durch solche Wälder, nicht mit dem Wagen hindurchrasen, und möglichst nicht nur auf den von der Verwaltung angelegten Wegen, sondern auch auf nur oberflächlich ausgekappten und ausgetretenen Pfaden der Eingeborenen, die auch nur durch diese zu finden sind. Da steckt man erst ganz richtig in der unberührten Pflanzenwelt, in all dem aufschießenden Jungholz, den kleinen Palmen, Blattpflanzen und verfaulenden Stämmen. Da erst kann man wahrhaft ihre Ausdehnung und diese ungeheure Masse an Holz ermessen. Sie sind derartig erdrückend, daß sie einen auf die Dauer anekeln können.

Dann erscheinen sie allerdings nicht mehr als der Reichtum, sondern als die armseligste Ausstattung der Welt.

Gegen Ende unseres mehr als halbjährigen Marsches durch die waldreichste Insel des Archipels, Borneo, schrieb ich einmal voll Wut in mein Tagebuch: „Ich hasse dieses Land, ich bin so erbittert auf es, daß ich seinen Boden zertrampeln und bespeien möchte, diesen armseligen Boden, der nichts hervorzubringen vermag als Holz und Laub und immer wieder Holz und Laub. Keine schöne Blume am Boden, keine Pilze, keine Heidelbeeren, Himbeeren oder gar aromatisch duftende Walderdbeeren; überhaupt nichts Duftendes, nichts Liebliches, nichts Erhebendes. Man tappt hindurch wie ein Verdammter. ‚Überwältigt von der Großartigkeit der Natur, der Allmächtigkeit des Pflanzenwuchses!' Daß ich nicht lache, wenn ich an solche Beschreibungen und Aussprüche denke! Jawohl, vielleicht auf einem Vormittagsspaziergang vom Institut einer botanischen Forschungsstation aus. Aber nicht, wenn man für Wochen und Monate hineingesperrt wird.

Da mühen wir uns nun ab in ewigen Windungen auf dem kaum erkennbaren Weg. Warum nur, zum Teufel, machen die Wege hier diese ewigen Sinuskurven? Natürlich weil sie immer wieder um gestürzte Stämme herumgetreten werden mußten, die nun allmählich verrottet und verschwunden oder doch so überwuchert sind, daß man sie nicht mehr herauserkennt. Ach, das ermüdet so; und dazu ununterbrochen Dornengerank, Geißeln vom Rotan[1]), Stachelpalmen und sonstige Widerwärtigkeiten in wirren Knoten und Verhauen.

Aber sehe ich das überhaupt alles noch? Ehrlich! Ich sehe den ganzen Tag nichts anderes als die netzförmigen Tatauierungen zwischen Kniekehlen und Waden des alten Trägers, der die Führung übernommen hat, und den geflochtenen Schwanz seiner Parangscheide[2]), der aus der Kiepe baumelt; sehe, wie der Alte sich alle paar Augenblicke spontan in die Hosenbeine fährt, um wieder und wieder einen der ekelhaften Blutegel herauszuholen. Dicht auf den Fersen folge ich ihm, bedacht, meine Füße stets dahin zu setzen, wo er auch die seinen am sichersten hielt. Denn ist das überhaupt ein ‚Weg'? Wir tanzen über Wurzeln und Bruchholz und glitschiges Geröll von einem halbwegs trockenen Fleckchen zum anderen, und sitzen doch alle paar Meter tief im Dreck.

Einmal höre ich es rauschen. Die Träger sprachen von einem Berg, der noch kommen soll. Vielleicht ist es ein sprudelnder Bergbach, der da rauscht, und man kann sich in ihm einmal wieder satt trinken. Wann tranken wir uns zum letztenmal richtig satt! In allen Flüssen hier unten im Tiefland kann man es nicht wagen ohne die Befürchtung,

---

[1]) Rotan (malaiisch), auch Rottan oder Rotang geschrieben: Peddigrohr, spanisch Rohr.
[2]) Buschmesser mit großer Schlagkraft.

krank zu werden, und zum Abkochen hat man nicht immer die Zeit. — Es ist aber kein Bergbach, der da rauscht. Es ist nur der Regen, der herauf zieht und uns erneut zu verschütten droht wie gestern und vorgestern und alle Tage. — Dann aber kommt wirklich der Berg. Man sieht ihn vorher nicht, wie man alle Berge hier vorher nicht sieht vor lauter Pflanzenmassen. Über wie viele Berge sind wir schon gestiegen und merkten es nur an der Steigung, daß wir das Tiefland verließen. — Endlich sind wir oben. Wieder rauscht es, und ein greller Pfiff ertönt. Sollte man gar schon das Heulen eines Schiffes vom fernen Mahakamstrom bis hier herüber hören? Klingt nicht das Rauschen gar wie das eines Schnellzuges, der durch das Land donnert? Ach, es ist nur der Wind, der über den Kamm des Berges streicht, und jenes laute Pfeifen kommt aus der Kehle eines ganz kleinen Vogels. Narr! Niemals kann man hier die Signale eines Schiffes, das Brausen einer Eisenbahn hören: in alle Ewigkeit niemals.

Über Mittag mache ich lange Rast. Ich sitze auf einer Brettwurzel und döse vor mich hin. Zu essen haben wir nichts mehr; nicht einmal ein bißchen kalten Reis im grünen Blatt, die übliche Wegzehrung hierzulande. Man möchte auch gar nichts essen vor Abspannung. Sie ist so groß, so der völligen Erschöpfung nahe, daß es sogar vorkommen kann, daß einem beim Durchwaten der Flüsse willenlos das Wasser wegläuft. Das ist wohl der Gipfel des restlosen Erledigtseins. — Ich weiß nicht, wie lange ich sitze. Ich habe keine Lust mehr, aufzustehen. Vielleicht bleibe ich immerzu so sitzen, bis... ja, bis —! O, Borneo, niemals war ich deiner so überdrüssig wie jetzt. Fast sechs Monate laufen wir nun durch diese ewigen grünen Mauern aus Bäumen. Was hat man vom Lande selber profitiert? Man könnte auf einer bequemen Straße mit dem Auto fahren, an einem Nebenweg stoppen und ein paar Schritte in den Wald hineingehen. Dann hätte man genau so viel gesehen, als wenn man diesen Weg zehn Tage, zehn Monate entlang läuft. Lieber sich mit vier Wochen Lüneburger Heide begnügen, als ein ganzes Jahr lang eine solche Waldwüste genießen dürfen." —

Nun, das war die Erbitterung des Augenblicks, das Ergebnis der unvermeidlichen „Urwaldpsychose", die uns damals gepackt hatte und keinen Europäer unter den gleichen Umständen verschont haben würde. Heute bin ich froh, daß ich hindurchlief, denn erst jetzt erfasse ich den Begriff „Wald", „Urwald" in seiner elementarsten Ungeheuerlichkeit. In der Erinnerung behaupten auch alle seine kleinen Schönheiten und Wunder wieder ihren Platz; seine Eigenarten werden wieder wesentlich. Jawohl!, dann ist der inselindische Wald etwas Urgewaltiges mit seinen im Durchschnitt vierzig Meter hohen Bäumen und seinen Riesen von mehr als siebenzig Metern; mit Stammumfängen, die ein Dutzend

Männer nicht umschließen; mit Luftwurzelsäulenhallen eines einzigen Exemplars, die einem Trupp Soldaten Nachtquartier gewähren könnten, und Wipfeldächern, die ein paar Hundert Quadratmeter Boden beschatten. Mit den größten Blumen der Welt, die fast einen Meter im Durchmesser, und anderen, deren Blütenstände zwei Meter hoch werden können! Mit Bamburohren bis zu fünfundsiebenzig Zentimetern Umfang, mit einzelnen Palmblättern von zwölf Meter Länge und Kletterranken des Rotanrohres bis zu zweihundertundsechzig Metern! Siebenhundertachtzig Orchideenarten zählt allein Borneo; jedes Viertel Hektar Wald beherbergt zwischen siebenzig und hundert verschiedene Arten Bäume; die Zahl der Farnspezies und Moose geht in die Tausende. Wer sich in Zahlen, in Superlativen, in höchsten Potenzen verschwenden will, der nehme seine Beispiele aus Inselindiens Urwäldern! —

Wenn die Wege erträglich, das Wetter nicht allzu ermattend, das tierische Geschmeiß nicht allzu aufreibend ist, kommt das Auge nicht aus dem Staunen und Bewundern heraus. Da tritt der Fuß über vielerlei abgefallene Blüten, kleine violette oder rote Kelche, weiße Sternchen, grünbebüschelte Glocken; über Früchte in leuchtenden Farben schönster Pastelle und Ölbilder: gelbe Quitten und Prünellen, bläuliche Pflaumen und rotgeflammte Pfirsiche, braungeschuppte Nüsse und glänzend lackierte Riesenbohnen; alles freilich nur in Form und Farbe ähnlich den uns bekannten Früchten, im übrigen aber ungenießbar, mit bitteren, milchigen und giftigen Säften, oder hart wie Stein, klebrig und widerwärtig.

Da sind tausend Kleinigkeiten, an denen sich das Auge einen Moment festklammert und freut: eine schön gedrehte Liane, ein gordischer Knoten aus Kletterranken, eine groteske Stelzwurzelbildung, ein Würger, der die greifenden Arme und Beine eines Fassadenkünstlers auf dem Gaststamm vortäuscht; kleine zarte Klimmer mit feingeäderten Blättchen an bemoosten Stämmen; die gespenstisch ins Leere hinaufgreifenden Plankenreste eines im übrigen längst verschwundenen Brettwurzelriesen; die hunderttausendmillionen ganz gleichmäßig abwärts gerichteten Träufelspitzen im schmalen Kirschbaumlaub einer Gruppe von Eisenholzbäumen, jede mit einem funkelnden Perlentröpfchen behangen; oder bei trockenem Wetter gelegentlich auch ganze Haufen dunkelbraunen Laubes, das herbstlich raschelnd vor den Stiefeln zerfurcht und das man vielleicht am wenigsten erwartet hat. Und vor allem sind da die märchenhaften Moosgebilde in den höheren Regionen, dieser unerschöpfliche dunkelgrüne Schwamm an allen Stämmen und Ästen und Gesteinen. An ihm lernt man die enorme Feuchte der Tropen greifbar messen. Wenn man einen solchen Moospelz zusammendrückt, tröpfelt das Wasser nicht etwa heraus, nein, es fließt in dickem Strahl, als hätte man einen Leitungshahn aufgedreht. Oft genug ist er in den durstigen, weit geöffneten Mund hineingelenkt worden und gab köstliche Kühlung. Hygienisch einwandfrei ist diese Labung allerdings nicht. Doch auch für solche sorgt der Urwald. Mitunter hatten wir Träger bei uns, die sie, wenn es an Quellen und Berggewässern mangelte, im Handumdrehen zu finden wußten. Ein prüfender Blick in die Runde, zwei rasche Schläge mit dem Parang, dem Buschmesser, und ein armlanger Abschnitt bestimmter wasserspeichernder Lianen war zur Stelle. Man lehnt den Kopf zurück, öffnet den Mund und läßt den prachtvoll kühlen Saft in feinem Strahl in die ausgetrocknete Kehle fließen.

Aber man muß in diesen Wäldern zu Hause sein, um solche Gaben genauestens zu kennen und aus den verwirrenden Grünmassen herauszufinden. Dem Europäer gelingt es selten, und erst recht nicht, etwas Eßbares ausfindig zu machen. Wohl kaut man hier und da auf einem Blatt, versucht zögernd eine Frucht, und findet zur Not vielleicht einen Mundvoll nicht gänzlich ungenießbaren Urwaldgemüses. Das alles reicht jedoch nur, um den Wissensdurst zu befriedigen, niemals aber, um sich daran zu sättigen. Nur der ständig in den Wäldern lebende Eingeborene vermag sich so viel aus ihnen zu beschaffen, daß er gerade davon satt wird. Hier und da bekamen wir solche Wildgemüse vorgesetzt. Gekochte Bambuschnitzel aus den jungen Schößlingen dieses Riesengrases sind, trotz ihres etwas bitteren Geschmackes, noch das Brauchbarste dabei. Aber von den vielen Dutzend Bambusorten eignen sich nur zwei oder drei. Wie soll man als Laie gerade diese herausfinden, da sich die meisten Bambuse überaus ähnlich sehen. Ich kenne manchen Europäer, der sich im Urwald unversehens verirrte, auch solche, die seit Jahren mit ihm verwachsen waren, und die doch todsicher nach tagelangen und wochenlangen Qualen den Hungertod gefunden hätten, wenn ihnen nicht Hilfe gekommen wäre.

An einen baumstarken Riesen denke ich da besonders, einen Bayer von Gottes Gnaden. Er besaß an Körperfülle dreimal die meinige. Ein Loch in seinem Gürtel zeigte er mir: „Versuchen Sie, ob er Ihnen paßt!" sagte er. Er paßte mir nicht halb herum. — „Das war damals von mir übriggeblieben", erläuterte er, „als ich mich in den Wäldern Südsumatras verirrt hatte. Nach siebzehn Tagen fand ich endlich heraus. Ich hatte zwar mein Gewehr bei mir, war allein auf Jagd gewesen. Anfänglich konnte ich mir zweimal einen Siamang schießen und das rohe Fleisch hinunterschlingen. Feuer machen konnte ich nicht, alle Streichhölzer waren naß. Dann waren auch alle Patronen verdorben von dem Herumkriechen in der ewigen Nässe. Volle zwei Wochen fand ich nichts Eßbares mehr. Glücklicherweise hatte ich etwas zuzusetzen, denn ich war vorher so dick gewesen wie heute. Aber keine drei Tage länger hätte mein Körper das mehr ausgehalten!" —

Die Botaniker und Forstleute haben längst festgestellt, daß auch der Wald der Tropen durchaus nicht immer gleichförmig ist, sondern daß er sehr erheblich in seiner Zusammensetzung wechseln kann. Wenn man kein Botaniker oder Forstmann ist, merkt man das kaum. Es gibt ja keine einheitlichen Forste wie bei uns: hier nur Buchen, dort nur Fichten und dann wieder ein reiner Kiefernwald. Einheitlichkeit kommt allein in den Küstensümpfen vor. Im übrigen stehen die Bäume in reicher Fülle bunt durcheinander; bestenfalls hat die eine oder andere Gattung einmal die Vorherrschaft, niemals aber die alleinige. Wenn es anders ist, hat in der Regel der Mensch seine Hand im Spiele. Die ausgedehnten Teakwälder Javas zum Beispiel sind sämtlich längst unter forstlicher Kontrolle und sozusagen eine künstliche Monokultur. Trifft man einmal, mit Vorliebe in Sandsteingebirgen oder doch auf sandig lehmigem Grund, geschlossene Bambuwälder an, so handelt es sich um Sekundärvegetation, um Zweitwuchs auf ehemaligem Brandrodungsgelände. Nur von den eigenartigen Palmenwäldern, die ich zuweilen im Bergland Borneos antraf, bin ich mir nicht ganz sicher, ob sie eine natürliche Ausnahme von der Regel bilden. Es waren nicht sehr hohe, selten über fünfzehn Meter hinaus gehende Fächerpalmen mit schwerstem Stachelpanzer an Stamm und Blattrippen und mit ellipsoiden steinharten Früchten von der Größe mittlerer Kartoffeln. Plötzlich aus dem reinen Laubwald in solche Palmenhaine hineinzukommen, bedeutete für mich stets eine neue, kaum faßbare Überraschung. — An einigen hohen Vulkanhängen Javas können auch Farnbäume in der Vegetation derart vorherrschen, daß man getrost von „Farnwäldern" sprechen kann. Sie sind besonders malerisch. Wer von der prächtigen Bergstadt Bandung aus den Tangkuban-Prahu-Vulkan besucht — und jeder, der in Bandung weilte, wird das nicht versäumt haben —, erlebt diese eigenartigen Wälder aus pelzig rauhen Stämmen und lichtgrünen zierlichen Wedeln in schönster Vollendung. —

Trotz aller Widerwärtigkeiten habe ich die Wälder immer noch lieber zu Fuß durchquert, als sie im Boot auf den Flüssen durchfahren. Das letztere ist in straßenarmen Gebieten eigentlich die Regel. Auf kurze Strecken hin, zur Abwechslung, benutzte ich sie gelegentlich ganz gern, nicht aber auf die Dauer. Das ist zu eintönig. Nur weit oben im Gebirge, wo Schnellen und Wirbel und gefährliche Untiefen zu passieren sind, wird es interessant. Auch wo sich die Wipfel so eng über einem zusammenschließen, daß man wie in einem grünen Tunnel fährt, kann eine Flußfahrt ihre Reize haben. — Übrigens gleichen auch die Fußpfade mitunter wahren Röhrentunneln im Grünen, und zwar besonders in neu aufgeschossenem Busch auf verlassenen Rodungen. Um so enger und niedriger sind sie, je jünger die Nachfolgevegetation noch ist. Da herrscht eine unbeschreibliche Wirrnis von hohen dünnstengligen Kräutern, Stauden und Farnen, verstrickt und verwickelt mit aufstrebenden Jungstämmen, Ranken und Klimmpflanzen. Es wäre ebenso zeitraubend wie sinnlos, wollten die Eingeborenen sich hier regelrechte „Wege“ hindurchschlagen. Da wird eben nur so viel freigemacht, daß man gerade hindurchschlüpfen kann wie durch ein Tonnengewölbe. Die Temperaturen, die in diesen Gängen herrschen können, mag sich jeder selbst ausmalen.

Doch zurück zu den Flüssen. Je flacher das Land und je breiter der Wasserspiegel wird, um so eintöniger ist die Fahrt auf ihnen, selbst wenn das Land reichlich besiedelt sein sollte. Es ist immer dasselbe: Busch, Kautschukwälder, hier und da eine Malaiensiedlung unter Kokospalmen, ein Chinesenmarkt, und wieder Busch und immer Busch. Das einzige, das wechselt, sind Färbung, Strömung und Höhe des Wassers. In den sumpfigen Tiefländern ist das Wasser kleinerer Flüsse infolge der Beimischung gewisser humider Zusätze oft ganz dunkel; man spricht gern von „Schwarzwasserflüssen“. Es ist meistens aber mehr ein tiefes Torfbraun. Ich erinnere mich auch an Flüsse, deren Wasser fast rot war, wie frische Gerberlohe. Sie sahen scheußlich aus, vor allem dann, wenn auch noch flockiger Schaum auf ihnen trieb. Die größeren Tieflandströme sind jedoch in der Regel eine trübe Brühe, je nach der Bodenbeschaffenheit des Hinterlandes mehr lehmig gelb oder tonig grau. Denn irgendwo im Einzugsgebiet regnet es ja immer, und die tief verwitterten Böden spülen leicht ab. Beim Solo, dem größten Fluß Javas, hat man einen sechzigmal größeren Schlammgehalt als beim Rhein gemessen; bei manchen Strömen der Außenbesitzungen würden sicher noch größere Zahlen herauskommen. Diese dicke Trübung täuscht oft unheimliche Tiefe vor. Aber dann sieht man auf einmal einen Fischer mit dem Wurfnetz unbekümmert bis zur Mitte des Stromes waten, ohne daß ihm das Wasser auch nur bis an die Knie reicht; oder ein Boot sitzt plötzlich fest und seine Insassen steigen gemächlich über Bord, um es über die Untiefe hinweg zu schieben.

Am folgenden Tag, ja, schon nach wenigen Stunden, kann sich das Bild aber von Grund auf geändert haben. Dann schießt vielleicht eine gurgelnde Flut, tief genug, um einen Ozeandampfer zu tragen, mit rasender Geschwindigkeit dem Meere zu, übersät mit losgerissenen Buschinseln und Wasserpflanzen, Baumstämmen und manchmal auch zerfetzten Eingeborenenhütten. Das sind die gefürchteten „Bandjire“, die katastrophalen Hochwasser nach schweren Regen. Alle Flüsse sind durch tief eingeschnittene Betten einigermaßen darauf eingestellt. Nur am plötzlichen Gefällsknick zwischen Gebirge und Tiefland, und dann wieder im allzu flachen Land nahe der See kommt es dabei regelmäßig zu ungeheuren Überschwemmungen. Es gibt viele Städte an den Küsten Inselindiens, die ganz auf Pfählen gebaut sind, und in denen man bei Hochwasser mit Booten auf den Straßen fährt. Batavia hat es sich vor kurzem hohe Summen kosten lassen, um durch den Bau eines gewaltigen „Bandjir-Kanales" diese sich seit Jahrhunderten immer wiederholenden Katastrophen fernzuhalten.

Die Wasserbauingenieure haben interessante Berechnungen aufgestellt. Die Maas, mit einem Stromgebiet von etwa 20 000 qkm, hat eine maximale Wasserabfuhr von 2400 cbm je Sekunde. Aber der Solo auf Java, mit einem genau halb so großen Einzugsgebiet, hat 2700 cbm, und selbst der Serang, auf der gleichen Insel, mit noch nicht 850 qkm Stromgebiet, bringt es seinerseits noch auf 2000 cbm. Da kann Europa nicht mit! Der Kapuas auf Borneo überschwemmt an seinem Unterlauf jedes Jahr 6500 qkm Landes, das ist eine Fläche, so groß wie ganz Oldenburg. Man darf die Länge dieser Ströme freilich nicht unterschätzen. Dieser Kapuas ist mit 1150 km länger als die Weichsel; er ist der längste Strom Inselindiens, überhaupt der längste Flußlauf, der in der ganzen Welt auf einer Insel vorkommt. Der Barito im Süden und der Mahakam im Osten Borneos stehen ihm kaum nach; und selbst der Batang Hari auf Sumatra ist immer noch wesentlich länger als der Po.

Man muß das Klima des Archipels berücksichtigen, die äquatorialen Dauerregen und die regelmäßig wiederkehrenden Monsungüsse, um solche Wassermassen verstehen zu können. Auf zahlreichen Stationen — in Niederländisch-Indien waren es zuletzt mehr als zweitausendachthundert — hat man regelmäßig die Niederschläge gemessen. 1861 war eines der Spitzenjahre. Bagelen in Mitteljava verzeichnete damals in drei Tagen fast einen Meter Niederschlag, mehr als Hamburg im ganzen Jahr; und in einigen Flüssen stieg das Wasser bis zu achtzehn Meter über Normal. Ganze Dörfer wurden durch die Fluten fortgetragen. Die amerikanischen Stationen auf den Philippinen hatten sogar noch höhere Rekorde zu verzeichnen. In dem weltbekannten Höhenkurort Báguio auf Luzón regneten vom 14. zum 15. Juli 1911 nicht weniger als 1168 Millimeter herunter, und insgesamt vom 13. bis zum 16. jenes Monats fast 2¼ Meter. Das war der längste bekannte Dauerregen der Welt. Ein Wunder, wenn ihn nicht die Amerikaner gehabt hätten! Aber es stimmt; die Wissenschaft hat's nachgeprüft. —

Man schwärmt so gern von den sonnigen, strahlenden Tropen. Sie gibt es wohl, zu Zeiten. Aber von sieben Uhr morgens an schwärmt man nicht mehr von ihnen, wenn man in ihnen leben muß. Dann wird einem die Sonne schon zu sonnig. Mindestens ebenso sehr aber sind die Tropen in der Nähe des Äquators wolkig, grau, gedämpft in Farben und Stimmung. Ich blättere in meinen Wetteraufzeichnungen; wochenlang steht oft kaum ein Wort von Sonne darin. Da ist so ein typischer Tag, bezeichnend für viele:

„Sanggau (Borneo), 28. Mai 1937: Nach nächtlichem Regen beginnt der Tag mit ziemlich dichtem Nebel, der teils in kurzen Schauern niedergeht, teils als feiner sprühender Dunst hängenbleibt. Schlechte Sicht. Es bleibt den ganzen Tag, bis auf wenige Augenblicke nachmittags, sonnenarm bei gleichförmig grauem Himmel. Erst gegen Abend wird die Decke dünner und der Himmel beginnt zartblau hindurchzuschimmern."

Wo viel Wald und viel Regen ist, mangelt es — auch in den Tropen — nicht an Nebeln. Die, so meint man hier bei uns allgemein, könnte es in diesen Sonnenländern doch gar nicht geben. Wir erlebten sie oft genug, am dichtesten einmal auf den großen Binnenseen am unteren Mahakam. Wir hatten in einem hochgepfählten Fischerhäuschen auf einem schmalen Festlandsstreifen zwischen den Seen übernachtet. Der freundliche Malaie, der es mit seiner Familie bewohnte, hatte uns für den folgenden Morgen ein Boot besorgt, da unsere bisherigen Bootsleute heimgekehrt waren. Gegen sieben Uhr fuhr es vor. Aber obwohl es nur zehn Schritte bis zum Ufer waren, konnten wir es nicht sehen, nur am leichten Plätschern der Ruder wahrnehmen. Dichter Nebel lag zwischen uns und ihm. — Es entführte uns in den benachbarten Perian-See. Schlimmer als die Nordsee im November steckte er in milchweißen Nebelmassen. Wir fuhren sehr vorsichtig. Hier und da tauchten plötzlich schwimmende Inseln von kleinem Bruchholz vor uns auf; wie unförmige Saurier der Kreidezeit wirkten sie. Einmal zog ein fantastisches Gefährt durch den Schleier. Es sah aus wie Flettners weiland Rotorschiff „Barbara" mit den drei riesigen Antriebszylindern, dem ich früher hier und da auf See begegnet war. Aber je näher es kam, um so mehr sank es zusammen; und schließlich war es nur noch ein ganz kleines Boot mit drei aufrecht darin sitzenden Männern. So sehr verzerrte der Nebel alles.

Von eben diesen Seen habe ich aber auch ganz andere, wunderbar sommerliche Erinnerungen, mit großen wunderlichen Cumuluswolken und feinsten Cirren vor dem tiefblauen Gewölbe des Himmels. Sachte gleiten wir im Takt der kurzen Stechpaddel im kiellosen Boot über die warmen Wasser. Ein stetiger Wind wirft sie zu kurzen Wellen auf, fast zu hoch schon für unser schwankes Fahrzeug. Hier und da ist die Oberfläche von langem Gras durchwachsen, oder Inseln aus Binsen und Schilf schließen sich, immer dichter werdend, zu schwimmenden Uferrändern zusammen. In der Ferne dunkle Waldkränze und die bräunlichen Rauchschwaden lodernder Ladangbrände. Schneeweiße Reiher stehen überall mit langgerecktem Hals. Fische springen, und weiße

Segel ziehen über die rhythmisch atmende Flut, über der man so weit, so unendlich weit den Himmel sieht.

Wenn man vom „Wasser“ Inselindiens spricht, muß neben den Flüssen in erster Linie auch an diese Binnenseen gedacht werden. Manche, wie die eben erwähnten am Mahakam, und ähnliche am Kapuas auf der Westseite Borneos, gehören hydrographisch und morphologisch aufs engste mit den Flüssen zusammen. Sie sind gewissermaßen dehnbare Wassersäcke am eigentlichen Strang des Stromes, durch zahllose Kanäle und Arme mit diesen verbunden. In der Regenzeit und bei sonstigem Hochwasser quellen sie auf zu ungeheuren Reservoiren. Weithin überschwemmen sie noch die Wälder. Beim Sinken des Wasserstandes im Hauptstrom geben sie von ihrem Überfluß wieder ab und fallen wie entleerte Blasen zusammen. Natürliche Wasserstandsregulatoren im besten Sinne sind sie. Ohne sie würden die Überschwemmungen im Tiefland noch weit verheerender sein.

Doch es mangelt auch nicht an ganz anders gearteten Binnenseen in Inselindien, solchen, die durch vulkanische oder tektonische Ereignisse entstanden sind. Sie erfreuen sich alle besonderer landschaftlicher Schönheit, oft eingebettet in kühle Hochflächen, umgeben von einem Rahmen majestätischer Vulkane und Steilhänge. Wer ein Reisebuch von Sumatra zur Hand nimmt, wird immer den einen oder anderen dieser Seen, das Toba-„Meer“, das „Meer“ von Manindjau, von Singkarak oder Ranau in allen Farben ergriffener Begeisterung geschildert finden. Die Binnenseen der Insel Selebes werden weniger besucht; sie könnte man genau so preisen. Wahre landschaftliche Höhepunkte sind darüber hinaus die ausgesprochenen Kraterseen, die voll Wasser gelaufenen Vulkanschlünde. Es gibt deren eine ganze Reihe größere und kleinere. Wie Riesenkleinode aus starrem Glas leuchten sie unergründlich, unbeweglich aus der Tiefe ihrer felsigen Fassung. Das wunderbarste ist die Färbung dieser Krateraugen. Schwefelgehalt und Algen, dazu das Widerspiel des Himmels bedingen sie. Manche glühen in golddurchwirktem Grün, wie Hundeaugen bei Nacht im auffallenden Licht. Andere sind gelblichweiß wie fette Milch, und noch andere wieder, wie besonders der „Farbsee“ im Krater des Rindjani auf Lombok, brennen rot wie Feuersbrunst.

Wald und Wasser ist Inselindiens ausgeprägtester landschaftlicher Zusammenklang, ist über den weitaus größten Teil des Archipels hinweg die immer wiederkehrende Belebung der toten Natur. Denn wer wollte nicht auch das fließende Element zu dem Lebendigen dieser Erde zählen? Als der wahre Träger warmen Lebens fügt sich die Tierwelt harmonisch ein; so harmonisch, daß oft die Fauna hilfreich einspringt, wo die Flora an ästhetischer Wirkung versagt. Ich sagte schon, wie sehr das ewige Grün der Vegetation oft bedrücken und krank machen kann. — Es war ein glücklicher Gedanke, daß meine sorgliche Betreuerin daheim mir für die lange Reise in den Tropenwald Schlafanzüge in Weiß und Rosa nähte; zur Aufheiterung, wie sie damals sagte. Und ein Mädchen aus Batavia gab mir vor einem großen Aufbruch in den Rimbu einmal ein Notizbüchlein mit grellrotem Umschlag mit und schrieb auf die erste Seite: „Ich nehme ausdrücklich diese Farbe. Die soll Sie in der Unlust der grünen Wüste wieder froh machen!" — Beide hatten den wesentlichsten Mangel des Urwaldes trefflich erahnt.

Wie dankbar begrüßt man da die Fürsorge der Schöpfung, an kleinen Lebewesen das verschwendet zu haben, was der Wald nicht bieten kann. Das sind vor allem die Falter, Libellen und Schmetterlinge in Blau und Gelb, in Weiß und Rot, Grau und Braun, getupft und geädert und schattiert. Aber viele, die meisten sogar, legen doch auch wenigstens einen grünen Saum herum oder einen grünen Untergrund hinein, als wüßten auch sie dem Wald ihren Tribut zu zollen; und alle Farben sind nicht grell, nicht aufdringlich, sondern dezent und vornehm, eine rechte Augenweide. Auch viele Vögel erstrahlen in den leuchtendsten Farben oder haben sich auf ihr dunkles Gefieder wenigstens blickfangende Abzeichen geheftet. Es ist nicht nur eine Freude, es ist wahrhaft eine Beglückung, plötzlich die orangenroten Ohrlappen eines Pfeffervogels oder das rote Horn auf dem gelben Schnabel eines schwarzweißen Nashornvogelmännchens im Grün des Laubes leuchten zu sehen. Man sieht die Vögel leider nur nicht allzu oft. Sie leben oben in den Baumkronen, gleich den meisten Orchideen in Kirchturmhöhe über dem Waldboden. In der Regel muß man sich damit begnügen, ihre Stimmen zu hören. Doch auch das ist schon angenehme Abwechslung. Singvögel und Zwitschervögel in unserem Sinne beherbergt der Urwald allerdings kaum — die Steppe schon eher —, fast alle beschränken sich auf Pfeifen, Rufen, Gekrächz oder Schnarrlaute.

Nun wird mancher Leser schon lange auf die Vorstellung der vielen „wilden" Tiere warten, von denen der Urwald doch nur so wimmelt. Ich kenne diese Begegnungen mit Tigern und Elefanten, Nashörnern, Bären und Panthern zur Genüge. Jedoch nur aus gewissen Abenteuerbüchern und oberflächlichen Reiseschilderungen, die von vornherein — leider oft auf Wunsch geschäftstüchtiger Redaktionen und Verlage — auf Sensationen abgestellt sind. Selber erlebt habe ich keine solche Begegnungen, jedenfalls nicht unmittelbar mit den Tieren selbst, meistens nur mit ihren Spuren, ihren Schatten, in einigen kritischen Fällen auch noch mit ihrem Geruch. Aber nicht Auge in Auge. Obwohl ich doch immerhin insgesamt weit mehr als fünftausend Kilometer Marschstrecke in Inselindien hinter mich gebracht habe. Vielleicht bin ich von Geburt aus nicht begünstigt zu solchen Erlebnissen; ich komme auch zu meinem Bedauern in der Regel immer gerade einen Tag n a ch statt v o r dem Ausbruch eines Vulkans, der Beerdigung des Sultans oder dem großen Krönungsaufzug. Jedoch ich kenne auch manchen ehrlichen Tropenwanderer, der gleich mir auf ein Zusammentreffen mit Großwild vergebens wartete. Dafür kenne ich das Kleingetier aus tausendfachen Erfahrungen um so besser, insonderheit die Moskiten, Blutegel und Agas. Die letzteren sind stecknadelkopfgroße Stechfliegen. Sie können auf die Dauer zum Wahnsinn treiben.

An Vierbeinern sieht man während der Märsche im Wald, auch schon auf Autofahrten, und selbst in der Eisenbahn, sehr häufig Affen. Bald langarmige, wie die schwarzen Gibbons oder ihre hellgrauen Verwandten mit schwarzen Händen, bzw. umgekehrt die dunkelbraunen mit weißen Händen, bald sogenannte Schlankaffen verschiedenster Größe und Fellfärbung, dann wieder Makaks oder Meerkatzen. Für Affen ist Inselindien ja ein echtes Paradies. Doch ist ihre Verbreitung keineswegs universal. Nur der gewöhnliche „Java-Affe", die Meerkatze nämlich, ist wohl auf allen Inseln bis nach Timor hin zu finden, gleichzeitig vom Ufer des Meeres bis in die hohen Gebirge hinein. Sie ist der dreisteste Räuber unter allen Affen; nur schwer sind oft die Anpflanzungen von Bananen, Kaffee, Zuckerrohr und anderen Früchten vor ihm zu schützen. Die meisten anderen Vertreter unserer Vettern beschränken sich dagegen auf ganz bestimmte Gebiete. Der Orang-Utan etwa ist nur von Sumatra und Borneo bekannt, und auch dort nur von einigen genau begrenzten Tieflandsgebieten. Ja, selbst innerhalb dieser gibt es, wie die Eingeborenen genau wissen, wieder ganz bestimmte Abschnitte mit und andere ohne den „Waldmenschen". Das bedeutet ja sein Name. Seit Jahren schon sind Abschuß und wilde Ausfuhr von ihm verboten, so weit der Arm des Gesetzes reicht! Die Dajak Borneos, leidenschaftliche Affenfleischesser, werden sich seiner schon noch zu bemächtigen wissen, wenn die Umstände günstig sind. Sie verwenden auch gern sein Fell zu ihren Kriegskleidern und ihrem Tanzschmuck.

Orangs lebendig für die Tierhändler zu fangen, ist ein hartes Stück Arbeit, wie mir Dajak erzählten, die dieses Geschäft schon ausgeübt hatten. War auf einem Baum einer entdeckt, so wurden ringsum alle anderen Bäume gefällt und um den stehengebliebenen dann ein Zaun aus spitzen Pfählen errichtet. Das war die einzige Möglichkeit, ihn an der Flucht zu hindern. — Mit Empörung denke ich an die grausame Orang-Utan-Jagd, die der Amerikaner Johnson in seinem Borneofilm „Borneorang", ganz augenscheinlich als sensationellen Höhepunkt seines Filmstreifens, aufnahm. Es war eine tolle Quälerei mit Netzen und Knüppeln und hilflos verzweifelten Ausbruchsversuchen des bemitleidenswerten Opfers, ausgeführt von Leuten, denen man die völlige

Unerfahrenheit im Orangfang ansah. Der Film war aber wohl im britischen Teil Borneos gedreht; die niederländischen Behörden würden dergleichen nie zugelassen haben, und ich verstehe nicht, warum die Engländer es zuließen.

Dabei ist gerade der Orang trotz aller Körperkraft im Grunde ein friedfertiger Geselle. Ich las von einem aufschlußreichen Versuch eines Tierpsychologen, ohne für die Echtheit einstehen zu wollen. Er hatte in den Käfigen eines Gorilla, eines Schimpansen und eines Orang-Utan stromgeladene Drähte ausgespannt, um die Wirkung bei Berührung seitens der Tiere zu studieren. Der Gorilla untersuchte den Draht, bekam einen Schlag, schlug daraufhin vor Wut auf ihn ein, schrie, tobte, elektrisierte sich immer mehr und wurde vollständig rasend, so daß der Strom ausgeschaltet werden mußte. Der Schimpanse holte sich ebenfalls seinen Schock und verkroch sich darauf beleidigt in eine Ecke, den Draht von Ferne mißtrauisch betrachtend. Der Orang sah von einer unmittelbaren Berührung ab. Als er mit seiner Hand nahe herangekommen war und bemerkte, daß ein Funke übersprang, unterhielt er sich anschließend lange Zeit damit, den Vorgang zu seinem Vergnügen immer aufs neue zu wiederholen.

In der Gefangenschaft ist er bester Gefährte der Kinder. Ich weiß von einem, der sogar den Kinderwagen seiner Besitzer sorgsam im Garten herumfuhr. Man erzählte mir von einem anderen, der einem etwas trunksüchtigen und brutalen Verwaltungsbeamten zugehörte. Der Mann ließ sich manchmal nach harten Zechereien dazu hinreißen, seine beiden kleinen Kinder übel zu mißhandeln. Der große Affe sah sich das ein paarmal an und versuchte dann, schützend einzugreifen. Als das nicht ausreichte, er im Gegenteil selber von den Prügeln abbekam, nahm er künftig einfach, wenn sich verdächtige Anzeichen an seinem Herrn bemerkbar machten, seine beiden Schützlinge unter die Arme und trug sie in einen Baum hinauf.

Die Geschichte mag ersonnen sein; aber sie charakterisiert die Wesensart des Orang aufs beste. Seine Gelehrigkeit ist ja auch bei uns allbekannt. Sie geht so weit, daß er ganz die Manieren eines Menschen annehmen kann. Darin steht er dem afrikanischen Schimpansen kaum nach. Ich wohnte in Bandjermasin mit einem jungen Deutschen zusammen, der mit seinem Freunde gemeinsam einen jungen Orang in Gefangenschaft gehalten hatte. Als das Tier immer größer und stärker wurde, seine Ketten zerriß und auch sonst zur Freiheit drängte, entschloß man sich, ihm diese wiederzugeben. Man verlud das Tier eines Sonntags in einen Ford, fuhr hundert Kilometer aus der Stadt heraus und setzte es dort ab. Bald darauf lasen die einstigen Besitzer in der malaiischen Tageszeitung des Bezirks zu ihrer Verblüffung folgenden Beitrag: „Ein heiliger Affe! In verschiedenen Dörfern des Hinterlandes

Eine Kostbarkeit in der Wildnis: Blühende Rafflesia

Kammeidechse in der Steppe

In den Savannen Südostborneos

Feld der Brandbauer im Urwald

taucht seit einigen Tagen ein großer Affe auf. Ohne Furcht kommt er in die Dörfer. Er steigt, wie ein Mensch, in die Häuser hinauf. Er sucht dort nach dem Reistopf, füllt den Reis auf einen Teller, wie ein Mensch, setzt sich, wie ein Mensch, und verzehrt ihn, wie ein Mensch. Dann greift er zum Wasserrohr und trinkt, legt sich auf die Matte und schläft, und geht dann wieder von dannen, wie ein Mensch. Bei Allah!, es muß ein verzauberter, ein heiliger Affe sein!"

Der gleiche Gewährsmann hatte einmal mit einer Riesenschlange ein unheimliches Erlebnis. Er war Angestellter eines Warenhauses. Eines Tages sieht er eine tiefgelegene Schieblade voll schwerer Eisenteile offenstehen. Er winkt einem eingeborenen Verkäufer, sie zu schließen. Kaum hat der sie mühsam zugeschoben, öffnet sie sich wieder. Beide wundern sich und versuchen es gemeinsam aufs neue. Keine drei Sekunden später wird sie erneut geheimnisvoll herausgeschoben. Den Malaien packt ein wahnsinniger Schreck; er rennt wie vom Teufel gejagt aus dem Laden. Vorsichtig untersucht man den Fall. Eine Python hatte sich eingeschlichen und hinter dem Regal einen Platz gesucht. Der Kasten beengte sie auf ihrem Lager und so schob sie ihn heraus. Daß er mehr als einen Zentner wog, machte ihr nichts aus; Pythons zählen zu den stärksten Tieren der Welt. Die Eingeborenen haben gewaltigen Respekt vor ihnen. Besonders in der Schwanzspitze wähnen sie übernatürliche Kräfte. Bei Blitzschlägen während eines Gewitters sollen sie zu allergrößten Kraftleistungen fähig sein. Andererseits können sie sich auch, so glaubt man, ganz klein machen und durch schmalste Ritzen schlüpfen.

Neben Affen sind Schlangen wohl diejenigen größeren Tiere, mit denen man am ehesten einmal zusammentrifft. Viel seltener schon sind es Varane, jedenfalls die großen, aufrecht fast mannshoch werdenden Arten, und die Kaimane oder die Krokodile. Die letzteren sind zudem an die Nähe des Wassers gebunden. An der Küste, auf den Tieflandflüssen oder an deren Ufern sieht man wohl gelegentlich welche, abseits davon aber nie. Schlangen jedoch sind überall anzutreffen, vom Baumwipfel im Hochgebirge bis in das Schlafzimmer des Stadtmenschen. In letzterem natürlich wieder nicht als Regel, sondern als zufälliger Eindringling. Sehr viele Stadtmenschen werden während ihres ganzen Aufenthaltes in den Tropen keine Schlange in ihrer Wohnung sichten. Trotzdem kommt es oft genug vor, so daß man es wohl erwähnen darf. Von Natur aus sind die Schlangen, wie alle anderen Tiere, dem Menschen gegenüber so eingestellt, daß sie ihm möglichst aus dem Wege gehen. Ich erlebte persönlich nur einige wenige Fälle, daß sie es nicht taten. Wir mußten sie dann erschießen oder erschlagen, wenn es nicht möglich war, ihnen auszuweichen. Die Fälle beziehen sich alle auf Sumatra. Es bot mir an Begegnungen mit Tieren überhaupt viel mehr als die übrigen

Inseln, die ich besuchte, das waldreiche Borneo eingeschlossen. Auf dem mit Auto und Straßen reich gesegneten Java sieht man oft genug Schlangen aller Größen zerfahren auf dem Asphalt liegen, still vor sich hin stinkend. Warum gerade tote Schlangen und noch viel mehr verendete Krokodile einen solch bestialischen Verwesungsgeruch ausströmen, daß einem übel daran werden kann, weiß ich nicht; es gehört größter Selbstzwang dazu, ihm standzuhalten.

Auch auf Borneo sahen wir Schlangen indessen oft genug, teils in den Flüssen, teils auf dem Lande, und teils — im Kochtopf der Dajak. In letzerem Falle waren sie uns jedenfalls am sympathischsten, denn sie ergeben ein gutes Gericht, vor allem eine kräftige, schmackhafte Brühe. Mein Kamerad, der mich auf dieser Insel begleitete, wollte zwar erst nicht heran; er hatte früher noch keine Gelegenheit zum Schlangenessen gehabt. Eines Tages überlistete ich ihn. Bei einem Sturz auf einem glitschigen Gebirgspfad hatte er unbemerkt sein Messer aus dem Gürtel verloren. Als er den Verlust später entdeckte, ging er zurück, um es zu suchen. Inzwischen wanderte ich weiter und traf auf eine Gruppe von Dajak, die im Urwald eine neue Ladang[1]) anlegten. Gerade waren sie dabei, ihre Mahlzeit zu verzehren. Es gab Reis mit Brühe und Ragout von frischgefangener Pythonschlange. Ich wurde selbstverständlich eingeladen und ließ es mir schmecken. Später kam mein Begleiter dazu, glücklich, sein Messer wiedergefunden zu haben, und mit einem Bärenhunger. „Mach schnell", sagte ich, „und iß! Wir müssen dann weiter. Gutes Essen, Reis und Fisch!" — Er hieb hinein, ohne viele Präliminarien.

Plötzlich sah ich, wie seine Kaubewegungen einfroren. Sein Mund schloß sich nicht mehr. Seine Augen wurden stier und seine Gesichtsfarbe merklich blaß. Er hatte ein Stück „Fisch" erwischt, an dem noch ein Fetzen Rückenhaut mit der typischen schwarzweißen Pythonzeichnung haftete. Er würgte vernehmlich, denn er hatte sich immer schon entsetzlich vor Schlangenfleisch geekelt. „Schmeckt es dir nicht?" fragte ich teilnehmend. Er sah mich böse an. „Wie viele Stücke hast du denn schon gegessen?" erkundigte ich mich weiter. „Mindestens sechs!" gab er gequält zu. „Und die schmeckten lecker? Oder...?" — Da mußte er es zugeben. — Fortan kannte er keine Bedenken mehr.

VON SAVANNEN UND STEPPEN

Seit einigen Jahren besteht eine ausgezeichnete Vegetationskarte von Niederländisch-Indien. Sie ist auf Grund aller bisherigen Kenntnisse und erreichbaren Berichte von holländischen Pflanzengeographen zu-

---

[1]) Brandrodung.

sammengestellt worden. Wer etwa auf ihr eine einheitliche Grünfärbung als Kennzeichnung des tropischen Urwaldes erwartet, wird über die mannigfaltige farbige Einteilung sehr überrascht sein. Gewiß herrscht die grüne Signatur des jungfräulichen Hochwaldes hier und da vor, allerdings unterschieden in mehrere Sonderformationen. Doch daneben finden sich auf fast allen Inseln die gelben Farben der „Steppen und Savannen". Ganz besonders auf der südlichen Inselreihe sind sie vertreten, während die nördliche mit Borneo, Selebes, den Molukken und Neu-Guinea noch die ausgedehntesten Waldungen aufweist. Die Karte unterscheidet recht genau „Strauch-, Gras- und Farnwildnis", „Savanne mit Palmen und Gebüschgruppen" sowie „Grasflächen mit Tannen", womit hier die sumatranische Kiefer gemeint ist. Daneben kann man auch die weitverbreiteten rosagetönten Flächen des „Sekundärbusches" nicht mehr zum eigentlichen Hochwald rechnen. Ganz große Gebiete, hauptsächlich auf Sumatra und Java, nimmt auch die weiße Signatur der „Kulturflächen" ein.

Es liegt ein eigener Reiz über diesen Steppen und Savannen Inselindiens. Man darf natürlich niemals an Grasflächen in unserem Sinne denken, oder gar an den leuchtenden Blumenflor unserer Bergwiesen und Almen, an die herrlichen Farben, wie in großen Mengen auftretende Schlüsselblumen, Margueriten, Glockenblumen oder Stiefmütterchen sie in buntem Wechsel hervorzaubern können. Das alles fehlt. Nur zwei Farbtönungen kennen die tropischen Steppen: das lichte Grün der frischen Gräser und das gelbbraune der verdorrten. Diese Färbung hebt sie weithin deutlich aus dem dunklen Grün der Wälder heraus. Selbst der Seemann auf seinem Schiff kann sich, viele Meilen entfernt, an Hand dieser Farben ein Bild von der Vegetation des fern vorbeigleitenden Landes machen. Es ist der weite ungehemmte Blick, und ist der Wind, der manchmal, von kräftigem Geruch erfüllt, frei über diese offenen Landschaften weht, der ihnen ihren eigenen Reiz verleiht. Beides hat die Urwaldlandschaft nie und nimmer zu bieten.

Hier muß ich eine Einschränkung machen. Die „offene Sicht" ist nur als eine relative zu verstehen. Sie liegt nicht immer in Augenhöhe des Menschen, oft genug nicht einmal in der eines Elefanten. Farnsteppen und Gebüschsteppen können doppelt so hoch wie ein Mensch sein; und selbst das Alang-Alang-Gras, das den größten Teil der Steppenvegetation ausmacht, wird ausgewachsen reichlich seine zwei Meter hoch. Wind und Regen drücken es jedoch meistens etwas herab, und wo die Steppen beweidet werden, sorgen Vieh und vorsätzliche Brände für seine Kurzhaltung. Höher noch ist das ebenfalls weitverbreitete Gelágah, ein hartes, in langen Ähren blühendes Rohrgras. Ausgesprochene Kurzgräser finden sich dagegen nur auf ganz besonders minderwertigem Boden bei ungünstigen Niederschlagsverhältnissen.

Dort mögen die offenen Landschaften auch von Natur aus vorhanden gewesen sein. Vor allem gegen den Südosten des Archipels hin, wo mit der Annäherung an Australien die Regenfälle immer spärlicher werden, ist das der Fall.

Nicht minder aber ist der Mensch an ihrer Entstehung beteiligt. Im Laufe der Jahrtausende, vielleicht Jahrzehntausende hat er sie dort, wo die natürlichen Kräfte nicht stärker waren als sein Zerstörungswerk, mit Hilfe des Feuers geschaffen. Wie weit auch ohne seine Beteiligung das Feuer, das heißt also der zündende Blitz oder die Glut ausfließender Lava, Wegbereiter der Steppe gewesen ist, kann heute noch nicht beantwortet werden. Allzu groß darf man die Wirkung durch Blitzschläge jedenfalls nicht ansetzen. Beobachtungen auf Java ergaben, daß auf je zweitausend Blitzeinschläge nur einer zu einem geringfügigen Brande führte.

Bei Märschen durch den Urwald konzentriert sich alles Denken des Europäers immer und immer wieder nur auf den einen Wunsch: möchte doch bald eine offene Landschaft kommen! In kleinstem Maßstabe empfindet man als solche schon eine Ladang, ein Brandrodungsfeld der Urwaldbauern. In der Regel werden diese Ladangs nur ein oder zwei Jahre benutzt und dann wieder sich selbst überlassen. Es ist schwer, den Außenstehenden an dem glücklichen Gefühl teilnehmen zu lassen, das den Urwaldwanderer beim Erreichen einer solchen Ladang überkommt. Ist sie noch mit Reis, Mais oder Kassaven bepflanzt, so bedeutet das stets, daß Menschen in der Nähe sind, und damit Abwechslung im eintönigen Marschleben in Sicht ist. Wurde sie vor kurzem abgeerntet, so erfreut ein Gewoge von blühenden Gräsern, Königskerzen, Disteln und erstem neu aufschießenden Jungbusch das Auge. Gurkenähnliche Kriechpflanzen wuchern dazwischen. Fein gefiederte Blätter wippen an dünnen Zweigen. Rote Beeren leuchten zwischen Kräutern und Stauden. Da macht man gerne Rast, sinkt aufatmend auf den nächsten Baumstumpf nieder und läßt die Augen sich satt trinken an freiem Raum und großem Himmel.

Schon wenige Monate später freilich ist alles zu einer entsetzlichen Wirrnis verwuchert. Vor allem Farne und Ingwergewächse können sich mit den rasch emporstrebenden Bäumchen des Jungbusches so maßlos ineinander verfilzen, daß der Marsch durch solches „Belúkar" zur fürchterlichen Qual wird. Die verborgenen, halb verrotteten Baumleichen, verkohlten Astgerippe und vermorschten Wurzelstöcke, die bei der Anlage der Ladang stehen- und liegenblieben, vermehren die Schwierigkeiten noch. Solches Belukar ist aber immer bestes Anzeichen, daß sich der Wald wieder durchsetzen will und nicht die Steppe ihm nachfolgen wird.

Erst wenn ausgesprochenes Steppenbuschwerk in größerem Maßstabe auftritt, ist das Gelände dem Wald verloren. Farne können mitunter so universal alles beherrschen, daß nichts anderes mehr durchkommt. Sehr bedenklich hat sich in den letzten Jahrzehnten das von Amerika über Australien eingeschleppte Lantana-Unkraut ausgebreitet. Es ist ein wirres, rankendes Strauchgewächs, mit allerdings recht farbenfrohen gelb und rot geflammten Blütchen. Das hat in weiten Teilen Javas und der Nachbarinseln schon Hunderte und aber Hunderte von Quadratkilometern Landes erobert und unpassierbare Gestrüppsteppen gebildet. Reisende der früheren Jahrhunderte wissen noch nichts von ihnen zu berichten.

Zu den Charakterpflanzen der Strauchsteppen gehören auch rauhblättrige Melastomen mit großen violetten Blüten, und ganz besonders die lederblättrigen Rhodomyrten mit ihrem wunderhübschen rosa Blumenflor. Sie lieben die höheren, kühleren Regionen. Auf den weiten Hochflächen des Bataklandes in Nordsumatra, rings um den prächtigen Tobasee, sind sie in wahrhaft unvergleichlicher Vollendung anzutreffen. Tausend bis fünfzehnhundert Meter hoch liegt dort das Land. Helle, von Milliarden Quarzkristallen flimmernde Sandflächen sind es, wie große Binnenmeere eingebettet zwischen kühnen Randgebirgen. Es sind gewaltige Massen aufgeschütteter Tuffe der ehemaligen Toba-Vulkane. In diesen Kesseln liegt, so weit das Auge reicht, die Rhodomyrten-Steppe mit ihren vielen blühenden Sträuchern, von Gras und Kraut und Schlinggerank durchsetzt. In den höchsten Abschnitten treten auch echte Myrten in großen Gesellschaften hinzu und erfüllen die Luft mit ihrer Würze. In hoher Kuppel wölbt sich der Himmel darüber. Oder die Wolken schleppen vielgestaltig, tief und feucht über sie hin. Herb und erfrischend ist der Wind, wenn auch die Sonne höllisch heiß herabsengen kann auf die schattenlosen Flächen. Ein dunkles Netzwerk zieht sich durch die olivbräunlichen Felder. Das ist der Galeriewald an den Flüssen, die sich jähe Schluchten in diese lockeren Tuffhochflächen einschnitten. Hei!, da werden die Lungen weit und das Herz froh, wenn man auf schwarzem Steppengaul auf sandigen Wegen durch dieses Buschmeer galoppiert und sich in der klaren Höhenluft der Heimat nahe fühlt.

Ich verbrachte einmal ein Jahr dort oben. Am Rande eines kleinen Marktdorfes hatte ich in einem leerstehenden Missionshaus mein Standquartier eingerichtet. Da erlebte ich die Steppe in allen ihren Phasen. Oft, wenn ich morgens aufstehe, fällt mein erster Blick durch die Fenster auf eine wunderbare Farbendreiheit, einen fein abgestimmten Akkord, neben dem es nichts anderes gibt, so weit das Auge auch schweift. Da dehnt sich in der Horizontalen das frische Grün der beregneten Gräser, wie ein junges Gerstenfeld. Wo es zu Ende ist, setzt die Vertikale des Habu-Habu-Vulkanes ein in Violblau, über das ein feiner Gazeschleier gezogen ist. Und in der Wölbung des Himmels darüber spielt ein lebendiges Rot wie von glühenden Scheiten im Kamin. — Diese drei Farben haben etwas unendlich Beruhigendes an sich. Sie wären in einer Großstadt unmöglich. Dort müssen das schreiende Zinnober und Gelb der Hochbahnen und Trams das rasende Tempo ausdrücken. Im blanken Gleißen der Schienen schwingt der metallene Klang von Stahl und Arbeit. In dem schmutzigen Grau der Häuser brütet die Trostlosigkeit des Gleichmaßes. Aus der dunklen Kleidung der Arbeitsleute droht wortlos die Masse; und in den flitternden Sommerfarben der Mädchenkleider blühen ermüdete Raffinessen jedes Jahr von neuem empor. — Gerstengrün, violblau und glutendes Rot, das sind Farben, mit denen die Natur ihre Gemälde malt. Man wird sie niemals finden in der Naturlosigkeit der Großstadt.

Jeden Morgen beeile ich mich, ein wenig durch die Steppe zu wan dern. Unmittelbar neben meinem Hause beginnt sie. Ich gehe nicht erst an Hütten mit gaffenden oder verschlafenen Menschen vorbei. Ich tauche gleich unter zwischen Farnen und Buschwerk, in dessen Blattspitzen ein achtlos verschüttetes Perlenwerk flimmert. Manchmal lagern dicht über dem Boden noch Nebelbänke. Man kann hineinfassen und den weißen lockeren Flaum durch die Hände gleiten lassen wie den durchsichtigen Voile eines Kleides. In dem Schleier verschwimmen unsicher die Zuckerpalmen des nahen Kampongs. Vor den Bergen stauen sich wulstige Ballen und schlagen über ihnen zusammen. — Blasig grün steht der Badetümpel der Wasserbüffel am Wege. Ein paar Tauben schwirren schnarrend vor mir auf. Fleißig haben die schwarzen Erdameisen über Nacht kleine Häufchen feiner Erdkrumen um ihre Schlupflöcher geworfen, und der nächste Regen wird sie fortspülen. Die pergamentartigen Nester ihrer weißen Geschwister aber kleben wie nasser Kuchenteig in den Zweigen der triefenden Büsche.

Nun lockern sich die Wolkenmäntel am Gebirge, branden hoch und enthüllen es Stockwerk für Stockwerk. Jetzt ist die Kandkette frei. Scharf zeichnet sie ihren Kamm in den grauverwehenden Himmel. Nur in den Schluchten züngeln noch schneeige Bänder. In der breiten Mulde vor dem Surungan im Norden zerquillt ein scholliges Gletschermeer. Er selbst, der „Erhabene“, hat seine winklige Gipfellinie bereits frischgebadet herausgehoben. Vor ihm als Wächter lauert geduckt wie ein riesenhaftes Tier der Urzeit der Gipfel des buckligen Si-Djomba.

Weiter wandere ich durch die Runzeln und Falten des welligen Buschmeeres. Jetzt senkt sich der Weg. Ich sehe die Berge nicht mehr. Die Flanken der Steppenfläche wölben sich links und rechts von mir auf, und vor mir gähnt eine Schlucht jäh und steil. Düster füllt uralter Wald ihre schmale Kerbe. Himmelhoch starren Bäume. Aus den regenüberladenen Kronen klatschen losgelöste Tropfen von Blatt zu Blatt nieder. — Muntere Baumratten, unseren Eichhörnchen ähnlich, klopfen mit buschigem Schwanz an den Stamm der Bäume. Eine erste Hummel murrt neben mir im Unterholz. Eine blutrote Libelle zischt vorbei. Neben der Quelle gleitet der schwarz-stählerne Leib einer Schlange durch Laub und Moder; und über den Pfad und gefallene Bäume hinweg marschieren die endlosen Kolonnen schwarzer und roter Waldameisen. — In der Tiefe rauscht der Fluß. — Plötzlich ein Schrei, markerschütternd, klagend und lachend zugleich: „jüiii!" — der erste Siamang, der schwarze, menschenähnliche Gibbon, hat sich gemeldet; und nun fällt aus allen Richtungen der Chor der dunklen Gesellen bald klagend, bald jauchzend ein: „hui... hu-i.. jütt jütt jütt jütt..." Dumpf warnend hält das älteste Männchen den Takt: „uóg.. uóg.. uóg."

Wenn ich heimwärts gehe, triften die Wolken eilends westwärts, dicht an den Boden geschmiegt. Auch die Gipfel der jenseitigen Gebirge sind nun von ihnen befreit. Der gewaltige Habu-Habu schwingt sich kühn durch die leere Unendlichkeit. Einer fliehenden Gruppe gleich jagen die drei Zinnen des felsigen Batu na tolu, des „dreifachen Steines", über den hastenden Nebeln; und die steinerne Nadel des geheiligten Opferfelsens Batu Manumpak, des „Helfenden", wie die Batak ihn nennen, schießt als kirchturmspitze Vision aus der milchweißen Masse. — Hinter den Zuckerpalmen des Dorfes aber ist ein großes Feld hellgolden auseinander geklafft. Bläuliche Riffe und Inseln schwimmen darin, und über die letzten Wolkenfurchen greift in blendendem Glanz Mata Hari, das „Auge des Tages": die Sonne.

Hier und da auf diesen Batakhochflächen, mehr noch in den Gebirgsbecken und Tälern des nördlich anschließenden Landes Atjeh, treten jene eigenartigen Landschaften auf, die auf der Vegetationskarte als „Grasflächen mit Tannen" bezeichnet werden. Es sind die „beláng" der Eingeborenen, Landschaften, die der Naturwissenschaft lange ein Rätsel waren. Warum sind hier, wo genügend Regen fällt und die Böden von guter Qualität sind, plötzlich solche offenen Grassavannen eingestreut, noch dazu durchsetzt mit echten Kiefern, die doch im übrigen Archipel kaum zu finden sind? Sind es Überbleibsel aus einem früheren, ganz anders gearteten Zeitalter unserer Erde? Sind es lokal bedingte Sonderformationen? Aber welches sind dann die lokalen Voraussetzungen? — Man ist von diesen komplizierten Theorien heute abgekommen. Es sind ganz einfach wieder die Nachfolgelandschaften von fortdauernden Brandverwüstungen der Menschen; und die Kiefern sind in den Höhenregionen vom Festland herübergewandert, über die Gebirge Hinterindiens vom Himalaja her, vielleicht damals schon, als Sumatra mit dem Kontinent noch fest verbunden war.

Da sind auch noch die Palmensavannen. Sie dürften wohl rein klimatisch bedingt sein. In besonders trockenen Abschnitten des Inselreiches sind sie eine bekannte Erscheinung. Im ärmlichen Nordostzipfel Javas, wo mit nur fünfzig Zentimeter Regen jährlich der dürreste Winkel dieser sonst so üppigen Insel sich um den Baluran-Vulkan herumlegt, wird auch der eine oder andere Autotourist mit ihnen bekannt werden. Im übrigen aber liegen die Palmensavannen wohl immer außerhalb der Reichweite des Durchschnittsreisenden. Auf Sumatra traf ich sie in einzelnen Teilstrecken der berüchtigten Padang Lawas. zu Deutsch der „Weiten Ebene", einer entsetzlich heißen Steppenbucht; und sie überraschten mich dort besonders, weil ich dort zum ersten Male mit ihnen zusammentraf. Weithin über das flache Grasmeer tauchten sie auf, die Kugelschöpfe kerzengerader, breitblättriger Fächerpalmen, wie einsame Wachtposten in der Unendlichkeit.

Auf den Kleinen-Sunda-Inseln treten sie häufiger auf. Wer etwa Bali — das gepriesene Wunderparadies Bali! — besucht und es von Java her und über die Bali-Straße kommend betritt, lernt sie gleich an der Westküste der Insel kennen. Eine ausgesprochene Enttäuschung erlebt er, wenn er nur jenes Bali der Werbeprospekte, Filme und schwärmerischen Reisebeschreibungen vorzufinden hoffte. Kein anmutiger, malerischer Ausschnitt in der Landschaft weit und breit, kein kunstvoll gestalteter Tempel, keine munteren Scharen paradiesisch schöner Menschen. Eine dürre Ebene breitet sich statt dessen unter seinen Füßen. Randlich, in der Inselmitte, wird sie besäumt durch menschenleere und weglose Gebirgsketten. Keine Felder, kein Dorf auf Dutzende von Kilometern, denn das wasserarme, unwirtliche Land verlockte weder Balinesen noch Javanen zum Siedeln. Nur braunes Gras, niederes, struppiges Dorngesträuch, darüber einzeln oder in Gruppen schlanke Borassuspalmen mit kugelförmigen Kronen aus breiten Fächerblättern.

Es sind die „Lontar" der Malaien, die Charakterbäume der halbtrockenen Savannen unter dem Südostmonsun, der die Reihe der Kleinen Sunda-Inseln beherrscht. Über den „Großen" führt der Nordwestmonsun das Regiment, und er bringt Regen, Üppigkeit und Urwald. Ganz ohne Nutzen ist die Lontar aber nicht. Werden ihre Blütentrossen abgeschnitten, so quillt aus der Wunde, genau wie bei der bekannteren Arengpalme, der eigentlichen „Zucker"palme, ein süßer Saft. Er läßt sich zu Wein vergären oder auf Zucker verkochen. Die Blätter eignen sich für mancherlei Flechtwerk. Die Balinesen, eines der wenigen schriftkundigen Völker des Archipels, haben sie früher als ihr Papier verwendet. Ihre alten Gesetz- und Kultformeln sind auf schmalgeschnittenen Lontarblattstreifen aufgezeichnet worden. Sie bilden seltene Schaustücke mancher Museen und sind wertvollste Dokumente für Sprach-, Schrift- und Kulturforscher.

In Küstennähe der wenig beregneten Landstriche tritt gern auch eine andere Palme auf, die Corypha, oder „Gebáng“ im Malaiischen. Fast immer steht sie allein, selten sah ich sie in enger Gemeinschaft mit ihren Artgenossen. Gleich dem Mast eines Schiffes ragt sie mächtig und stolz empor; und wahrhaft königlich ist ihr Anblick, wenn sie gerade ihren großen Blütenleuchter aufgesteckt hat. Das geschieht freilich nur einmal in ihrem Leben, wenn sie ein Alter von dreißig bis vierzig Jahren erreicht hat. Überaus rasch bricht der Kandelaber aus dem Blattschopf hervor. Die dreifache, vierfache Höhe eines Menschen erreicht er. Doch ehe er sich ganz entwickelt hat, knicken die unteren Fächer kraftlos herab; und wenn er ausgeblüht ist, hat auch die Palme ihr Dasein beendet, sie wirft die Blätter ab und stirbt. Die blühende Corypha gehört zu den eindrucksvollsten Wundern im Pflanzenreich. Nur schade, daß ihr majestätischer Schmuck sich in Dachhöhe einer großstädtischen Mietskaserne entfaltet. Um ihn ganz bewundern zu können, muß man das Fernglas zu Hilfe nehmen; ihren kerzengeraden Stamm vermag ein Europäer nicht zu erklimmen.

Das ganze Westhorn Balis besteht aus solcher Palmen- und Akaziensavanne. Aber auch der lange Küstenstrich des Nordostteils ist keineswegs freundlicher. Auch er liegt im Regenschatten sperrender Vulkanmassive. Touristen werden diese Kümmerlandschaften gewiß nicht berühren, höchstens Jäger werden sich hineinverirren. Gerade der unbewohnte Westen ist reich an Wild. Den Nordosten hat der Mensch zu erobern versucht. Doch es ist ein armseliges Leben, monatelang fällt kein Tropfen Regen. Ich glaubte mich in eine völlig fremde Welt versetzt, als ich, aus dem herrlichen Süden der Insel kommend, nun auch diesen Küstenstrich kennenzulernen wünschte. Weite Trümmerfelder dunkler Lavaflüsse schieben sich von den zentralen Vulkanen herab bis an den Rand der Java-See vor. Breite, uferlose Geröllstreifen deuten an, wo während der gelegentlichen katastrophalen Wolkenbrüche die Wassermassen von den waldarmen Hängen herunterbrausen und binnen weniger Stunden nutzlos davonfließen. Jetzt aber lag alles tot und durstig unter einem gnadenlos glühenden Himmel. Magere Packpferde trotteten lustlos vorüber, ganze Wolken braunen Staubes aufwirbelnd. Den tief verbrannten Bauern sah man ein hartes, hungriges Dasein an. Was dieser Steinsteppe mühsam an Feldern abgerungen war, verdiente kaum den Namen von solchen. Erdnüsse, Tabakpflanzen, schlaffe Maisstauden standen spärlich darauf, ganz selten ein paar Büschel Trockenreis. Brunnen mit fadem, brakigem Wasser dienten Mensch und Vieh zur einzigen Labe; kaum sah man eine Kokosnuß in den ärmlichen, ungepflegten Dörfern. Das einzige Handelsgut schien Seesalz zu sein, das in Filtergärten und Palmstammtrögen am Ufer der See gewonnen wurde.

Von den übrigen Kleinen Sunda-Inseln, insonderheit von Sumba und Timor, könnten ähnliche Schilderungen von kümmerlichen Palmensavannen und Akaziensteppen gegeben werden. Auch solche Verdammnis gehört eben zu dem Insel„paradies" hinzu. Noch weiter verbreitet als sie und die übrigen soeben beschriebenen „offenen" Landschaften aber sind jene, in denen das Alang-Alang-Gras die Vorherrschaft führt. Gerade diese Lalang-Steppen drängen sich mir immer wieder auf, wenn ich an meine Märsche denke. Im Hinterland der Wijnkoops-Bai auf Java erlebte ich sie zum ersten Male, als weite mannshohe Grasmeere, betüpfelt mit Buschflecken und Waldstreifen in nassen Grundwassersenken und Tälchen. Wenn die Sonne darauf knallt, sind sie die Hölle selbst. Die Luft steht fest und kompakt wie in einem Backofen. Der Kopf droht zu bersten. Das Atmen wird schwer. Immer wieder verwickeln sich die Füße in dem zähen Blattwerk auf schmalem Pfad, Gras und abgestorbene Stengel verhäkeln sich bremsend in der Gürtelschnalle, wenn man sich durch die niedergebogenen Halme mühsam einen Weg bahnt. Vielleicht steht irgendwo ein Stück der Steppe auch in Flammen, wenn die Bauern den Brand hineinwarfen, um dem Tiger die Annäherung an ihre Dörfer zu erschweren und um frisches Futter für ihre Herden zu schaffen. Denn junges Alang-Alang ist gute Weide. Dann wirbeln Asche und verbrannte Fetzen durch die Luft, beißend frißt sich der Rauch in die Lungen, und der Boden wird heiß wie eine Herdplatte.

Schon nach ein paar Tagen aber sprießt es in Millionen kleinen Spitzen durch die Schwärze auf, und der Duft des jungen Grases, vereint mit dem scharfen Ruch des verbrannten, ist so einmalig, daß man ihn noch nach Jahren in der Erinnerung plötzlich riecht und schmeckt.

Aber die Weite, die herrliche Weite dieser Lalangsteppe! Nie vergesse ich den grandiosen Anblick, als wir nach fast zweitausend Kilometern Marsch durch Urwald und Belukar West- und Zentralborneos in der Nähe des mittleren Mahakam ganz überraschend in offene Alang-Alang-Felder hinaustraten. Es war nach Monaten die erste weiträumige Steppenlandschaft. Das niedrige Buschwerk und die Farne, die Bärlappgewächse und Rubiaceen verschwanden als Nebensächlichkeiten in diesem Ozean aus Gras. Es hatte tagelang geregnet, und auch an diesem Tage hatte es nicht aufgehört. So war die Stimmung ein wenig mißmutig. Denn es ist kein Vergnügen, mit triefenden Haaren und klatschender Kleidung durch den von Blutegeln starrenden Wald zu trotten. Der Anblick dieses plötzlichen Loches in der Natur, dieses Hohlraumes aus Luft und Himmel und fernen Horizonten stimmte uns jedoch derart fröhlich, daß wir uns gegenseitig hätten umarmen mögen. Weiß quoll der dampfende Nebel in tausend Zungen aus dem breiten Mahakam-Tal und seinen vielen Seitenkerben. Mit zarten Bändern und kostbaren Schleppen verbrämte er das strotzende Grün des satten Grases. Langschwänzige, rotbraune Vögel flogen erschrocken auf und erregten sich keckernd über uns freche Störenfriede. Uns aber war so friedlich, so versöhnlich wie noch nie zumute. Jedes Geschöpf der Erde war uns in diesem Augenblick heilig und ein Gottesgeschenk. —

Mehrere Wochen später durchwanderten wir die weiten Savannen des südöstlichsten Borneos im Bereich des Sultanates Pasir. Es sind die größten offenen Landschaften der ganzen, so überaus waldreichen Insel. Hier fällt der Regen spärlicher als in den übrigen Abschnitten, und der Boden, bald durchlässiger Kalk, bald armer Sandstein, ist schlecht. Es ist die Zeit der Alang-Alang-Blüte. Wollig weiß erheben sich die blühenden Schmielen über den Gräsern, es ist ein wunderhübscher Anblick. Hier und da restliche Hochwaldinseln, an den Rändern herbstlich bunt verbrannt und versengt von den vielen Steppenfeuern; Belukarstreifen und Kokospalmengruppen der Siedlungen bieten allerorts freundliche Abwechslung. Auf hohen Stangen drehen sich kreischende Propeller im lauen Wind. Sie sollen die Raubvögel erschrecken und davon abhalten, die Hühner der Steppenbauern zu holen.

Je weiter südlich wir kommen, um so lieblicher wird die Landschaft. Zwar brennt wieder die heißeste aller Sonnen. Trotzdem erscheint es uns ein Vergnügen, in solchem Gelände zu marschieren. Sanft schmiegen sich die breiten Grasflächen zwischen ebenso sanft gerundeten Grashügeln. Wäre das Alang nicht so hoch, man möchte an Wiesenlandschaften Mitteldeutschlands denken. Knorrige, dicht verzweigte Bäume sind wahllos verstreut. Sie erinnern an schlecht gepflegte Apfel- oder Zwetschenbäume. Vereinzelt stehen schlangenartig verästelte Wolfsmilchkandelaber, ganz ungewohnte Gebilde auf diesen Inseln, wie fremde Gäste am Wege. Mit den Buschflecken dazwischen wirkt das alles zusammen wie ein riesenhafter Park.

Ich stand kurz vor dem Abschluß meiner Durchquerung Borneos. Hundertmal, tausendmal während der aufreibenden und oft ekelhaften Märsche durch den Wald hatten sowohl ich als auch mein Kamerad Schreiter das Ende des Unternehmens herbeigesehnt. Jetzt zum Schluß, nach fast acht Monaten quälender Melancholie, zeigte sich die Insel von ihrer freundlichsten Seite. Alle Widerwärtigkeiten waren vergessen, alle Anstrengungen fielen von uns ab wie eine kleine Spielerei. Als wir an einem späten Nachmittag bei sinkender Sonne von einer windumspielten Graskuppe aus noch einmal über das freie, unendliche Land hinwegsahen, seufzten wir im gleichen Atemzug: „Schade, ewig schade, daß es nun bald vorbei ist! Wie gerne wäre ich noch einmal acht Monate durch solche Steppe marschiert!"

MELANCHOLISCHER STEPPENRITT

Schnaubend trottet mein Pferd durch die unbewegliche Steppe.
Keine Schlucht ist ihm zu steil und keine Wand zu nackt;
Scheut selbst nicht des Tigers Spur im heißen Sande,
Knickt das Buschwerk ab, das schwarz vom letzten Brande...
Und der Sattel knirscht verdrossen müdes Lied im schwanken Takt.

Glanzlos wölbt sich das Land als ein Meer von Gräsern und Farnkraut.
Fern im Dunste reiten Felsen kühn auf himmelhohem Grat;
Und gleich blau umflorten, gaukelnden Kulissen,
Deren Flanken jäh zerfetzt von Wasserrissen,
Hängen Wälder breit darunter und des Reisfelds junge Saat.

Wimpel flattern auf heidnischen Gräbern und winken herüber.
Krähen streichen krächzend hoch mit schwerem Flügelschlag.
Fremder Ruch gärt scharf aus brütend warmer Erde...
Träumend ziehe ich auf meinem schwarzen Pferde
Über weite Hochlandsteppen durch den glutversengten Tag.

IM KALK

Unter den Landschaften Inselindiens, die am wenigsten tropisch anmuten, heben sich diejenigen „im Kalk" als besonders kümmerlich heraus. Um so öder und armseliger sind sie, je weniger Regen sie empfangen. Wo bei geringem Niederschlag auf Vulkanböden oder im Schwemmland immer noch dichter Wald und ausgedehnte Felder angetroffen werden, trägt der Kalk nur noch lichten Busch, Graswuchs und einzelne Äcker, die ohne künstliche Bewässerung oft genug völlig versagen können. Das kommt, weil im durchlässigen Kalk allzuviel des kostbaren Regenwassers in die Tiefe versickert und der Vegetation nicht zugute kommt. Solche Kalklandschaften, in weiterem Sinne auch die mit Mergelböden und lockeren Kalksandsteinen, sind gar nicht selten auf den Malaiischen Inseln. Nur werden sie vom Fremden nicht viel besucht und nur selten beschrieben. Die meisten Reisebücher werden ja auf Grund kurzer Aufenthalte in den wichtigsten Städten, sehenswerten Landesteilen und berühmtesten Gedenkplätzen geschrieben. In ihnen findet man kein Wort über die Kalklandschaften vermeldet; höchstens einmal einen Seufzer des Unwillens und der Abneigung, wenn der Zug durch die heiße, graue, unschöne Region des Kalkes hindurcheilt, oder umgekehrt eine überschwengliche Lobpreisung, wenn eine phantastisch eingesägte Kluft, eine kühne Bastei, ein schwindelerregender Absturz das hell leuchtende Kalkgestein zum landschaftlichen Höhepunkt macht.

Nur das sogenannte „Tausendgebirge“ im Süden Mitteljavas wird vielleicht einmal aus Neugier im gemieteten Wagen oder im Postautobus „mitgenommen“, weil es immerhin ein geologisches und morphologisches Unikum ist und als solches einen gewissen Seltenheitswert besitzt. Vierzigtausend gleichförmig gebuckelte Hügelchen aus Kalk stehen dort wie künstlich nebeneinander gesetzte Halbkugeln herdenweise beisammen. „Tropischen Kegelkarst“ nennt die Geographie diese eigenartigen Verwitterungsformen des äquatorialen Kalkes. Ebenso viele gerundete Hohlwannen — Dolinen —, zum guten Teil mit kleinen Seen, Teichen und Tümpeln ausgefüllt, bieten zwischen diesen vielen Hügeln der Erosion immer neue Angriffspunkte.

Aber wer sollte beispielsweise in den dürren Mergelhügeln zwischen Rembang und Surabaja seine Reise unterbrechen? Wer hätte Interesse daran, ein paar Wochen lang durch die nichtssagenden, keinerlei Attraktionen bietenden Kalkhöhen des Kidul im Südostteil Javas zu laufen? Und wer möchte gar auf den wasserarmen Tafeln des Kalkklotzes Penida oder sonst einer der Kleinen-Sunda-Inseln vor Durst beinahe umkommen, wo noch dazu weder ein Pasanggrahan[1]) noch eine sonstige zivilisierte Unterkunftsmöglichkeit zum Verweilen einladet!

Alles dieses gehört auch zum „Tropenparadies der Insulinde“. Viele Tausende von Menschen wohnen „im Kalk“ und müssen sehen, wie sie aus ihrer benachteiligten Umwelt schlecht und recht ihr Leben fristen. Mehr als alle anderen Bewohner des Inselreiches sind sie vom Regen abhängig. Sehnsüchtig erwarten sie ihn, und jeder Tropfen ist eine heilige Gottesgabe.

Als Geograph muß man auch die Kümmerlandschaften bereisen, denn die Geographie duldet keine Lücken auf dem Globus. Man wird dann merken, daß sie oft gar nicht so kümmerlich sind, wie sie scheinen, sondern daß auch hier die Natur für Ausgleich sorgt. Oft wird die Oberfläche eine bemerkenswerte Prägung zeigen, die alles andere als langweilig ist. Vor allem wird es viel Interessantes in den Siedlungen und bei den Menschen dieser Gebiete zu sehen geben. Denn ich möchte sagen: Menschen im Kalk sind eine ganz besondere Gruppe für sich. Sie sind fleißiger, anpassungsfähiger und findiger als diejenigen, denen eine gesegnetere Natur einen Großteil ihrer eigenen Mühewaltung abnimmt.

Ich bin oft „im Kalk“ gewandert, auf Sumatra und Borneo, auf Java, Madura und Bali. Aber der Gipfel, das Schulbeispiel einer tropisch dürren Kalklandschaft war mir doch die früher schon erwähnte „Banditen-Insel“. So haben der Volksmund und der Seemann das Inselchen Penida südöstlich von Bali getauft, in unbekümmerter Ver-

[1]) Rasthaus für Verwaltungsbeamte und etwaige andere Durchreisende.

drehung des Wortes „Penida“ — womit wahrscheinlich soviel wie „schlechter Kalk“ gemeint ist — zu „Pandita“ — was eigentlich „Priester“ oder „Pastor“ heißt —, und dieses schließlich zum „Banditen“. Sie ist eine von Natur aus in mehreren Phasen gehobene untermeerische Tafel mit allen Nachteilen tropischer Kalkländer. Ich will mich daher hier darauf beschränken, von dieser Nusa (Insel) Penida einen umfassenden Bericht zu geben, anstatt zusammenhanglose Notizen von den übrigen verstreuten Kalklandschaften zu zitieren.

Ich erzählte schon, wie wir im abenteuerlichen Djukung eines Nachts von Bali aus hinüber segelten. Neugierige Augen musterten uns, den seltenen weißen Besuch, gebührend, als wir in der Morgendämmerung vor dem Hauptdorf Sampalan die Insel betraten. Unser erster Weg galt dem obersten Befehlsgewaltigen, einem Balinesen von hoher Abkunft. In dem einzigen einigermaßen an unsere Verhältnisse erinnernden Hause, das es auf der Insel gibt, herrscht er über deren dreiunddreißigtausend Bewohner. Er bleibt, abgesehen von einigen mohammedanischen Malaien in unserem Endplatz Toja Pakeh, auch der einzige, mit dem man sich ausreichend Malaiisch unterhalten kann. Selbst die meisten Dorfhäupter, mit denen wir in der Folge zu tun hatten, beherrschten kaum ein Dutzend Wörter dieser sogenannten „Amtssprache“ des Archipels.

Alles, was hier wohnt, ist balinesischer Abkunft und teils besonderer Art. Die Fürsten von Klungkung, dem bedeutendsten Reich von Südbali, haben lange Zeit, bis zu ihrem Sturz durch die Holländer zu Beginn dieses Jahrhunderts, Penida als Verbannungsinsel für unbeliebte Untergebene betrachtet. Ihnen war das eigenmächtige Verlassen der Insel bei Todesstrafe verboten. Es sind gewiß nicht immer gerade Schwerverbrecher gewesen, die nach dort abgeschoben wurden, sondern sicherlich auch viele Schuldner, die nicht zahlen konnten, politische Intriganten und Opfer delikater Frauenangelegenheiten. So trifft die Bezeichnung „Banditeneiland“ keineswegs wörtlich zu. Sie entstand noch dazu bei fremden Seefahrern in vollkommener Unwissenheit der Besiedlungsgeschichte der Insel, sondern nur nach ihrem ähnlich klingenden Namen.

Mit Hilfe des Beamten gelingt es, einen alten Bauern, eine wahrhaft odysseische Hirtengestalt, als Träger zu gewinnen. Zur Not reicht er aus, um unsere paar Sachen zu tragen. Einen zweiten Mann zu gewinnen, scheitert trotz aller Bemühungen an der ablehnenden Haltung der Bevölkerung. So arm sie ist und gern wohl ein paar Cente Bargeld verdienen würde, so wenig kann sie sich doch zu ungewohnten Arbeiten in fremdem Dienst entschließen. Daß sie wahrhaft nicht über viele irdische Güter verfügt, geht schon daraus hervor, daß außer kleinen Kupfermünzen als Hauptzahlungsmittel noch der uralte durchlöcherte chinesische Kepeng im Umlauf ist, im Werte von einem Siebentel Cent! Drei Kepeng sind zum Beispiel eine durchaus übliche Bezahlung für ein kleines Bambugefäß voll scharf gepfefferten Palmweines. Das ist übrigens das einzige Getränk, das außer brackigem Grundwasser und fadem Regenwasser auf der Insel bekannt zu sein scheint.

Wassernot an allen Enden. Wohl regnet es zuweilen. Wir selber wurden einmal einen halben Tag lang von einem ganz ordentlichen Landregen beglückt. Aber doch sahen wir auf unserem ganzen viertägigen Rundgang trotz dieses Regens nicht einen einzigen Tropfen fließenden Wassers. Alles versinkt sofort in die Tiefe, und zur Zeit des Ostmonsuns kann es fünf und sechs Monate lang überhaupt nicht regnen.

Das erschwert das Reisen. Da Wald absolut fehlt — einen kleinen heiligen Hain in der Mitte der Insel kann man kaum als einen solchen ansprechen —, vermag jedoch der Wind von allen Seiten lebhaft über das Land zu streichen; und da dieses in seiner Hauptmasse einige hundert, im höchsten Teil fast fünfhundert Meter hoch liegt, so ist trotz des Wassermangels, des heißen steinigen Bodens, der jähen Steilhänge und der unbarmherzig glühenden Sonne das Wandern noch ganz gut zu ertragen. Die Haut allerdings ist schon nach wenigen Stunden dunkel verbrannt, und der vorwitzige Nasengiebel schält sich ebenso viele Male, als wir Tage unterwegs sind.

Kein Wald, kein Holz, aber um so mehr Stein ist vorhanden. So erklärt es sich von selbst, daß die Bevölkerung nur „Steinkultur" kennt. Häuser, Dorfmauern und Eingangstore, Tempel — mit Ausnahme einiger weniger hoher Pagoden aus Brettern und Gras —, Götterthrone und Skulpturen, Reismörser und Viehtränken, alles ist aus dem weichen Kalk, dem einzigen auf der Insel vorkommenden Gestein, zusammengefügt oder an Ort und Stelle ausgehauen worden.

Mehr noch als für alle Wohnhäuser und Kultbauten bedarf man des Steines bei der Anlage der Felder. Abgesehen von einem schmalen, in einen einzigen Kokosgarten verwandelten Flachlandstreifen im Nordwesten, besteht die ganze Insel nur aus Hängen, Tälern und den für tropischen Kalk so charakteristischen Halbkugelkuppen auf den Hochflächen. So sind ausschließlich Terrassenfelder möglich, und alle die Tausende von Terrassen, in die man die Oberfläche aufteilte, sind Stück für Stück durch Kalkmauern abgestützt. Beim Anblick dieser mühseligen Arbeit kann man nur Hochachtung für den Fleiß und die Sorgfalt der Bevölkerung empfinden. Sie selbst oder doch ihre Vorfahren waren ja in weit gesegneteren Landstrichen Balis zu Hause. Noch mehr aber steigert sich die Achtung, wenn man die Felder selbst betrachtet. Kein Steinchen, kein Hälmchen Unkraut ist zwischen den

Saaten zu entdecken. Ein Gärtner kann seine Beete nicht liebevoller pflegen. Wo immer wir auch gingen, sahen wir die Bauern mit ihren ganzen Familien beim Jäten, Hacken und Säubern.

Man hat wenig Reis auf der Insel. Nur in den feuchtesten Teilen der Täler und in den zusammengeschwemmten, mit einer etwas dickeren Erdschicht erfüllten Dolinen kann er notfalls gedeihen. Eine künstliche Bewässerung kommt natürlich nicht in Frage, wo es weder fließendes Wasser noch ergiebige Brunnen gibt. So ist der Mais zur Hauptkultur geworden und somit auch zum Hauptnahrungsmittel. Daneben hat man reichlich Vieh, denn Gras gibt es genug, und lebendes Vieh ist auch die wichtigste Ausfuhrware hinüber zum volkreichen Bali. Manchmal mochte ich an Alpenalmen denken, wenn wir oben auf dem Hochland an bunten Rinderherden vorbeikamen. Die vielen stachligen Kakteen und Dornsträucher, die sich überall dazwischen mischen, passen allerdings nicht in diesen Vergleich.

An der glühend heißen Nordküste gewinnt die Bevölkerung ebenso wie am Strand von Bali auf primitivste Weise Seesalz. Von dort aus stiegen wir noch am ersten Tage auf überaus beschwerlichen Wegen zum Hochland hinauf. Ohne ein paarmal Rast im spärlichen Schatten knorriger Akazienbäume ging das nicht ab. Unser alter Träger verschwand dann jedesmal, um kurz darauf mit einigen Zweigen voll erfrischender Djuwatfrüchte, einem Mittelding von Schlehdorn und Zwetsche, wieder zu erscheinen. Sie wachsen an kleinen krummen Eugeniabäumen zwischen den Terrassen und sind fast das einzige an Früchten, das man auf Penida zu sehen bekommt. Es sind die „blauw Jantjes“ der Holländer, im Deutschen „Kümmelmyrte“. Kreischende weiße Kakadus unterhielten uns zuweilen während solcher Ruhepausen. Es gibt deren genug auf Penida, während sie überraschenderweise auf dem nahen Bali gänzlich fehlen. Selbstverständlich hat das seinen Grund. Früher waren sie auch auf Bali anwesend. Wegen ihres diebischen und zänkischen Benehmens wurden sie jedoch, gleich den straffälligen Balinesen, als unliebsame Untertanen auf diese Verbannungsinsel verschickt. So wenigstens wissen es die Leute von Penida zu erzählen.

Oben in den oft recht großen Dörfern finden wir dann endlich auch wieder Wasser. Die brackige Brühe aus den Kalkbrunnen unten an der Küste hatte ohnehin den Durst nicht stillen können. Hier fängt jedes Haus in Tongefäßen, die aus Mangel an brauchbarem Töpferton von Bali eingeführt werden müssen, den Regen vom Dach auf. Außerdem sind auf Veranlassung und mit Unterstützung der Verwaltungsbehörden in fast jedem größeren Dorfe Regenfänger gebaut worden. Es sind im Winkel schräg aneinandergestellte Wellblechtafeln auf einem Pfahlgerüst, umgekehrt wie ein Dach. Eine Abflußrinne leitet in einen flaschenförmig ausgehauenen Brunnenschacht. Gewaltige

Sonnenaufgang über dem Zentralgebirge Sumatras

Kratermeer und Solfataren im Idjen

Schlösser hängen an den Deckeln dieser Brunnen. Die Schlüssel sind nur beim Dorfhaupt zu erhalten, ein Beweis, daß Wasser hier zu den am meisten begehrten und sorgsam geschützten Dingen gehört. In besonders wasserarmen Gegenden sind überdies einige große Betontanks von tausend und mehr Kubikmetern Inhalt erbaut worden. Sie werden während der feuchteren Monate durch vorübergehende Bäche gespeist. Aber selbst im regenreichen Dezember, als wir Penida besuchten, enthielten sie nur wenige Zentimeter hoch Wasser. Wie wir beim Baden unter einem der Abzugshähne feststellten, war es noch dazu dick und braun.

Wohin wir kamen, erregten wir Aufsehen. Frauen und Kinder verbargen sich eiligst oder rannten gar mit langen Schritten davon. Ihre hochgeschlitzten Röcke erlaubten das. Die Frauen weben und färben übrigens selber. Rote, blaue und gelbe Farbstoffe verstehen sie aus Pflanzen zu gewinnen. Sobald wir jedoch in einem Dorf regelrecht als Gäste eingekehrt waren und uns, wie es üblich ist, in der Versammlungshalle des Tempels niedergelassen oder für die Nacht eingerichtet hatten, erschien Groß und Klein rings herum an der Hofmauer, um eingehend jede unserer Bewegungen und Handlungen zu verfolgen. Ein einziger Schritt unsererseits in Richtung auf die Mauer zu ließ jedoch stets sämtliche Köpfe wie mit einem Säbel abgeschnitten in der Versenkung verschwinden, bis sie nach einer Weile mäuschenstiller Verborgenheit wie am Draht gezogen sämtlich wieder auftauchten.

Da wir Konserven, Feldbetten, Dienerschaft, Köche und dergleichen Kulturübel nicht bei uns führten, waren wir von der Bereitwilligkeit und Gutmütigkeit der Bevölkerung abhängig und sind auch nicht enttäuscht worden. Die Tempelhöfe standen uns ohne weiteres zur Verfügung, Schlafmatten desgleichen; und ein Topf voll Maisbrei mit Kassaveknollenmehl gemischt wurde stets für uns gekocht. Bedauert habe ich nur, daß ich mit den Leuten so wenig sprechen konnte. Leider beherrsche ich die balinesische Sprache nicht, und mit Malai war, wie schon erwähnt, so gut wie nichts zu beginnen.

Es war ein schönes Wandern. Die Aussicht von den offenen Höhen war immer großartig. Sie reichte bis nach Bali, Lombok und den äußersten Vulkankegeln Ostjavas. Unmittelbar vor der Westküste Penidas, nur durch schmale Meeresstraßen getrennt, liegen noch zwei kleinere Eilande, Tjeningan und Lembongan mit Namen. Sie sind flacher, heißer und sumpfiger als die „Mutter“ Penida. Sie sind natürlich deren Kinder. Von Tjeningan sagt man auch, daß es aus einem umgeschlagenen Boot entstanden sei. Ein Mann von Java sei nach Bali gesegelt. Auf dem Rückweg habe ihm der Berg Agung im Wege gestanden. Mit voller Kraft sei er gegen ihn angefahren, um ihn zu zerspalten. Aber dabei sei sein Schifflein umgeschlagen. Das ist nun Tjeningan.

Nach einer anderen Version ist Penida selber ein gekentertes Schiff. Der Gott der Chinesen, so erzählt man, rüstete einmal eine große Prau aus. Sie sollte gegen den auf dem Agung herrschenden Gott Sanghijang Mahadewa anfahren, um ihn zu erschüttern und untertan zu machen. In der Tat raste das Schiff ein gut Teil nach Bali hinein. Die Bucht von Labuhan Amuk bezeichnet dort heute noch die Rammkerbe. Aber Mahadewa vermochte den Stoß aufzufangen. Er schleuderte die Prau zurück; die starke Meeresströmung erfaßte sie, trieb sie ab, brachte sie zum Kentern, — und da liegt sie nun heute als die Insel Penida. Tjeningan und Lembongan sind ihre Beiboote.

Eines Morgens stehen wir auch an der Südküste Penidas. Fast zweihundert Meter fällt sie senkrecht zum Meere ab. Die Wogen des ungehindert heranrollenden Indischen Ozeans haben Strandtafel und Terrassen längst zerstört. Unter uns in schwindliger Tiefe ist das Wasser so klar, daß man weit hinaus noch bis auf den Grund sehen kann. Aber am Fuße der zerfressenen Felswände bricht es sich tosend und quirlend in wilder Brandung.

Ich stehe und starre hinunter. Wo sah ich je im ganzen Archipel ein ähnlich großartiges Bild. Nicht einmal die berühmte Südküste von Java kann in ihren imposantesten Abschnitten damit wetteifern, und gar Stubbenkammer würde dagegen wie eine Miniatur wirken. Wie vielen staunenden Bewunderern mag dieser erhabene Anblick schon zuteil geworden sein? kommt es mir unwillkürlich in den Sinn, und ich frage das Dorfhaupt der benachbarten Siedlung, das uns hierher führte und etwas mehr Malai versteht als die übrigen, um Auskunft. „O ja", ist seine bestätigende Antwort, „schon sehr viele Weiße sind hier gewesen!" — Ich möchte es noch genauer wissen. „Sehr viele? Waren es wohl schon zehn? Oder zwanzig?" — „Aber nein!", er ist geradezu entrüstet; „bisher waren es außer euch vier, soweit ich mich erinnern kann." — Es dürften gerne Tausende sein, muß ich denken, die sich an diesem Anblick berauschen könnten. Oder besser auch nicht! Sonst könnte aus Penida am Ende noch eine zweite „Touristeninsel Bali" werden, und das wäre jammerschade um dieses eigenartige Stückchen Erde.

HOCHLAND

In der Regel ist der Europäer Inselindiens an das Tiefland gefesselt. Es ist die wirtschaftlich wichtigste Zone mit der Mehrzahl der Plantagen, mit den Häfen und Handelszentren. Dort wohnt auch die Masse der Eingeborenen, und somit findet die Verwaltung ebenfalls dort ihr Hauptbetätigungsfeld. Glücklich der Angestellte, der „im Tee", „im Kaffee" oder „in der Chinarinde" beschäftigt ist. Er hat mit dem heißen

Tiefland nichts zu tun und wird es gern missen. Der in die Hitze Verbannte muß ewige Sehnsucht nach der Kühle des Hochlandes in sich verspüren. Es ist kaum vorstellbar, daß die Kolonisten der ersten Jahrhunderte mit den höheren Regionen im Innern der Inseln noch so gut wie keinen Kontakt hatten und daß sie, noch dazu belastet durch unzweckmäßige Kleidung, beengtes Wohnen und falsche Lebensweise, ihr ganzes Dasein in den dumpfen Küstenstädten verbrachten und trotzdem Großes leisten konnten. Wenn man es heute von jemandem verlangte, würde er sich bestens bedanken.

Wo soll man die Grenze des Hochlandes ansetzen? Es ist schwer zu sagen. Exakt den Temperaturen nach wohl erst von etwa tausend Metern an aufwärts. Aber schon auf einer nur zweihundert oder dreihundert Meter hoch gelegenen Tafel kann man oft aufatmend behaupten, daß „hier schon eine andere Luft weht“, und der überhitzte dumpfe Druck von „unten“ verschwunden ist. Buitenzorg mit seinen gut fünfhundert Metern gilt dem Batavianen als „kühle Bergstadt“, obwohl man dort wahrhaft niederträchtig in Schweiß geraten kann. Es ist eben alles relativ, je nachdem, wo man sich vorher aufhält. Auch in Bandung, reichlich siebenhundert Meter hoch, kann eine Sonne stehen, daß der Asphalt wie Pudding wird. Trotzdem kann man von dieser Höhe an doch schon von einem „idealen Klima“ sprechen.

Junghuhn, dem größten deutschen Forscher Inselindiens, verdanken wir und verdanken auch die Holländer die ersten umfassenden Mitteilungen über die erhabene und prächtige Natur der malaiischen Hochländer. Er hat fast alle Vulkane Javas und die zwischen ihnen gelegenen Hochregionen bestiegen, als erster längere Zeit auch auf den Hochflächen der Batak auf Sumatra gereist. Damals — es ist jetzt rund hundert Jahre her — wohnten nur erst ganz wenige Europäer in der höheren Zone. Bandung zum Beispiel, daß 1810 durch einen Beschluß des Marschalls Daendels an seinem jetzigen Platz gegründet wurde, verzeichnet noch für 1846 ganze neun Europäer. Erst vierzig Jahre später nahm der Zuzug rasch ein größeres Ausmaß an, nachdem die Bahnlinie bis dorthin vorgetrieben war. Ende der dreißiger Jahre des gegenwärtigen Jahrhunderts zählte Bandung rund 25 000 europäische Bewohner, neben fast ebenso vielen Chinesen und sechsmal so vielen Inländern. Es war hinter Batavia, Surabaja und Semarang die viertgrößte Stadt des ganzen Inselreiches geworden, und die gesundeste dazu, mit einer erstaunlich niederen Sterbeziffer von nur zwanzig aufs Tausend, gegen doppelt soviel in Batavia. Viele Regierungsbüros und verschiedene Ministerien sind während der letzten Jahrzehnte in die „neue Hauptstadt“ verlegt worden. Die erste technische Hochschule eröffnete dort oben in der gesunden Höhenlage ihre Pforten, und weit über hundert sonstige Schulen übernahmen unter besten gesundheitlichen Bedingungen die Ausbildung der Jugend. Ausgezeichnete Geschäfte, Hotels und Vergnügungsstätten geben der jungen Metropole einen luxusiösen und modernen Rahmen.

Auch für den im Tiefland Beschäftigten ist der Besuch der Höhenorte heute kein Problem mehr. Es ist fast zur Selbstverständlichkeit geworden, das Wochenende und die Jahresferien dort zu verbringen. „Gehen Sie Sonntag mit nach Bandung hinauf?“ ist eine alltäglich gewordene Frage in Batavia. „Selbstverständlich! Fahren Sie mit dem Wagen oder nehmen Sie einen der ‚Schnellen Vier'?“ — Das sind die täglich viermal verkehrenden Schnellzugpaare, die den schwierigen Weg in weniger als drei Stunden bewältigen. Viele wählen auch den Luftweg. Täglich dreimal bedienten vor dem Kriege Flugzeuge das Trajekt Batavia—Bandung, und in vierzig Minuten war man „oben“.

Mit Bandung allein sind die Höhenorte keineswegs erschöpft. Von Surabaja aus gelangte man ebenso rasch und bequem in die wunderschöne Berg- und Blumenstadt Malang; von Medan aus auf tadellosen Straßen ins weltbekannte Brastagi in der kühlen Steppe der Karo-Hochfläche oder in das unvergleichlich großartig gelegene Perapat am Tobasee. Das besitzt neben bequemen Hotelanlagen und entzückenden Bungalows sogar seinen kleinen eigenen Jachthafen mit Leuchtturm für romantische Nachtfahrten auf dem fast hundert Kilometer langen See. Daneben ist an kleineren Erholungsorten, insbesondere auf Java, kein Mangel. Manche Hochlandsiedlungen der Eingeborenen, wie etwa Sukabumi, die „glückliche Welt“, sind ausgesprochene Pensionärstädte der Europäer geworden. Dort konnte der ausgeschiedene Kolonialbeamte bei geringem Aufwand einen weit zuträglicheren und unbeschränkteren Lebensabend verbringen als in der engen und kostspieligen Heimat. Welche Erleichterung, welche beruhigende Aussicht vor allem auch für jene, die es als den Tod empfinden würden, wenn später einmal, irgendwo in Europa, auf ihren Ruf: „Djongos![1]) Streichholz!“ nicht eilends der gewohnte dienstbare Geist untertänig das Gewünschte herbeibringen würde!

Eines dieser Bergstädtchen, Garut, in dem entzückenden Kessel zwischen den Vulkanen Guntur, Papandajan, Tjikorai und einem halben Dutzend anderer Kraterberge, ist aus Dauthendeys letzten Aufzeichnungen recht bekannt geworden. Aber ihm, der auch in den Tropen mit allen Fasern unverbrüchlich der Heimat verbunden blieb, genügte es nicht für längeren Aufenthalt. Es war ihm noch zu warm und zu beengend. Höher, weit höher noch zog er dann, nach Tosari im Tenggergebirge Ostjavas, der damals bekanntesten aller Höhenstationen zwi-

---

[1]) Eigentlich „Junge“, der übliche Anruf für Hausbediente und Kellner.

schen Japan und Darjeeling, um endlich eine Umwelt zu finden, die ihm zusagte. Nur die vielen Nebel und Regen können auch dort den Aufenthalt verleiden. Sie müssen in allen Höhenorten Inselindiens in Kauf genommen werden. Denn solche, die oberhalb der Wolkenzone liegen, gibt es bisher nicht.

Tosari hat heute nicht mehr den Namen, den es vor zwanzig Jahren hatte. Das Wetter kann dort häufig ein wenig allzu unfreundlich sein. Heute geht man lieber nach dem heitereren Sarangan am schöngeformten Lawuvulkan in Mitteljava, oder auch nach Tretes, Lebaksari und den übrigen Plätzen in der wildzerrissenen Gebirgswelt zwischen dem Ardjuno und der Kawi-Butak-Gruppe, nach Kopeng am Hang des Merbabu oder ins Hotel Ngamplang oberhalb von Garut. Das sind die rechten Ferienorte mit allen sportlichen und geselligen Möglichkeiten für den verwöhnten Kolonialeuropäer. Dorthin reist auch der Erholungsbedürftige von Borneo, Selebes oder den übrigen Außenbesitzungen.

In den letzteren mangelt es zwar ebenfalls nicht an klimatisch begünstigten Hochländern. Doch sie sind noch nicht erschlossen oder liegen allzu weit ab von den Wohnplätzen der Weißen. Nur der beruflich durch das Land Reisende kommt hier und da mit ihnen in Berührung, der Geologe, Verwaltungsbeamte, Forstmann oder wissenschaftliche Forscher. Wenn ich mit meinen dürren Worten etwa den wunderbaren Eindruck wiedergeben könnte, den mir das Hochland von Songkong in Westborneo, die „Elbsandsteingebirgslandschaft“ um den Tafelklotz des Penerisan an der Grenze von Serawak, oder der Blick vom Hochpaß östlich des Besigebirges bereitete, würde sich gewiß sehr bald eine Schar begeisterter Ferienwanderer zu einem Besuch dieser Gebiete entschließen. Aber wer will einen wochenlangen Anmarsch durch schwierigstes Urwaldgelände auf sich nehmen, um dann in einer erbärmlichen Buschhütte bei Mangel an allem Notwendigen lediglich von der prachtvollen Erhabenheit und wilden Schönheit der Natur zu zehren?

„Wir gehen um den Sindjang herum“ entnehme ich meinem Tagebuch, „und mit einem Male haben wir eine unerwartete, einzigartige Aussicht. In seltener Klarheit steht der Penerisan, der uns mit seinen hohen, scharf berandeten Tafeln und steilen Abstürzen schon öfter während der letzten Tage den Horizont säumte, vor dem klaren Morgenhimmel, von weißen Wolkenstreifen wie mit Hermelin verbrämt. Bald darauf rückt auch das kühne Massiv des Bentuang hervor, und schließlich, von einer Ladang aus, sehen wir die spitz auslaufende Kuppel des basaltischen Niut wie eine königliche Krone über den schnurgeraden Rändern der Sandsteinmassen...“

Einige Tage nach Überwindung des weiter östlich gelegenen Besigebirges, das uns bisher vor lauter Wald nicht ein einziges Mal richtig zu Gesicht gekommen war, schrieb ich: „... In einem Flußbett voller

Porphyrbrocken klimmen wir mühsam aufwärts, immer aufwärts. Niemand von uns hatte einen solchen jähen Anstieg erwartet. Zwei Stunden, drei Stunden klettern wir nun schon ohne die geringste Lücke im Wald. Wozu diese ganze Kletterei, denkt man, wenn sie nicht durch weite Sicht gelohnt wird? — Aber dann kommt die Aussicht doch, und mir ist trotz der sehr viel geringeren Höhen fast, als ob ich einen Hochpaß des Himalaja erreicht hätte. Zur Linken neben uns ein tiefes Kerbtal mit kahl geladangten[1]) Hängen. Zur Rechten ebenfalls, doch ragen hier vereinzelte breitkronige Bäume wie Pinien mächtig empor. Nach rückwärts hin, von wo wir kamen, über die weite grüne Fläche des Seduwatales aber schweift der Blick ins Unendliche bis zu einem phantastischen Abschluß. Da steht in Grün und Grün, von Wolkenbänken umzüngelt, der mehrgipflige Gebirgszug des Besi. Vor ihm, mit fast waagerechter Kammlinie und etwas niedriger, die lange Kette des Tudji und Beleh. Weiter links, durch jähe Paßsättel getrennt, führt die scharfgezackte Ruine des Remaung, allerdings nur in knapp fünfhundert Meter Höhe, den Gebirgsrahmen weiter. Unmittelbar neben uns wird für einen Augenblick aus fliehenden Wolken der Kopf des Bengkawang sichtbar, mit mehr als neunhundert Metern einer der höchsten dieses ganzen Abschnittes. Es ist eine großartige Landschaft, mit dem Nachdruck auf dem ‚groß', von wahrhafter ‚Größe'; durch die Einsamkeit und das Schweigen der Wälder besonders eindrucksvoll unterstrichen ..."

Aus den nicht minder einsamen Bilaketten und dem vielformigen, abenteuerlichen Massenbergland des Dolok auf Sumatra könnte ich ganz ähnliche Seiten meiner Tagebücher zitieren. — Heute empfinde ich es als eine Gnade, alle diese seltenen Ausschnitte unserer Erde gesehen haben zu dürfen. Nur wenige Europäer sahen sie jemals, und für lange hinaus wird sie keiner mehr zu Gesicht bekommen. —

Der Ferienreisende aus dem Lande und der Überseetourist kennen das Hochland Inselindiens hauptsächlich von dort, wo Bahn und Autostraße es erschlossen. Außer auf Java und Bali — dort führen einige der wichtigsten Straßen quer über das zentrale Vulkanhochland von Norden nach Süden hinüber — ist das auch in einigen Teilen Sumatras der Fall. Vom Hochland Minangkabau mit seinen silbernen Seen und majestätischen Vulkankegeln, seinen Reisfeldterrassen und Almen, seinen kunstvollen Dörfern und regen Städten — Fort de Kock, Pajakumbo, Padang Pandjang seien als die bekanntesten genannt — besteht mehr als eine glühende Schilderung.

Die häufig erwähnte tausend Kilometer Strecke bewältigende Touristenstraße auf Sumatra von Medan nach Padang berührt außer Minangkabau und den nicht minder eindrucksvollen Batakhochflächen

[1]) Zur „Ladang", also „Brandrodung", gemacht.

auch noch manche andere Höhenlandschaft mit freundlichen Tälern und wüsten Gebirgen. Ein wenig abseits von der Hauptroute liegt noch eines der klimatisch angenehmsten Gebiete des ganzen Archipels. Viel zu selten gelangt Bericht von ihm bis zu uns. Es ist das Land Si Pirok, von den Kennern als das „Land des ewigen Frühlings" gepriesen. Ich persönlich würde allerdings die Bezeichnung „Land des ewigen Herbstes" treffender finden, den Herbst in seiner schönsten Bedeutung gemeint. Für den „ewigen Frühling" erscheint es mir doch nicht lyrisch genug mit seinen ziegelroten Böden, seinen grauen Wolkenteppichen und ewig rauschenden Bergwässern über dunklem Vulkanschutt. Auch der Wind, der von den ausgebrannten Vulkanen Saut im Norden und Lobukraja im Süden herabweht, hatte für mich in seiner feuchten Schwere etwas ausgesprochen Herbstliches, wenn im übrigen die Luft auch die Milde und die Sonne den Glanz des Frühlings besitzt.

Ich muß vermeiden, daß man aus meinen Schilderungen schließt, die Hochländer Inselindiens hätten einzig und allein ihre Bedeutung darin, dem Europäer bei tropischer Ermüdung zur Auffrischung zu dienen, oder, um das hier noch nachzuholen, der heranwachsenden Jugend gesunde Schulinternate zu bieten. In Wahrheit erfüllen sie noch ganz andere Aufgaben. Von Natur aus regulieren sie selbstverständlich das Klima und den Wasserhaushalt der Länder. Aber sie dienen auch verschiedenen Bergvölkern als bevorzugter Siedlungsraum. Manche Hochflächen sind heute schon überdicht besiedelt, und der Menschenüberschuß quillt in die Täler der Randgebirge und ins Tiefland. Ganz besonders aber sind sie in jüngerer Zeit unentbehrliche Ergänzungskammern der städtischen und europäischen Versorgungswirtschaft des Inselreichs geworden. Im vorigen Jahrhundert fing man damit an, hier und da für die Verpflegung der Garnisonen europäische Gemüse und Kartoffeln versuchsweise in den kühlen Höhen anzubauen. Vor allem die fleißigen Bergbauern des Tenggergebirges ließen sich hierfür bestens heranziehen. Bald konnte man günstige Ergebnisse verzeichnen.

Damit begann ein ganz neues Zeitalter für die Kolonialeuropäer. Hatten sie bisher zum guten Teil „aus dem Blech", also von Konserven gelebt, so setzte sich jetzt die Frischverpflegung mit Macht durch. Überall in den Hochländern entstanden, teils von europäischen Bauern selbst geleitet, teils von geschickten, eine Chance witternden Chinesen und teils auch von den gern nachahmenden Eingeborenen betrieben, ausgedehnte Gemüse-, Obst- und Blumenkulturen, Vieh- und Milchwirtschaften. Man muß, beispielsweise auf den Küstendampfern von Medan aus, die Massen an Gemüsen und Kartoffeln aus dem Karoland gesehen haben, die bis nach Singapore und Penang verfrachtet werden, oder von Batavia aus die regelmäßigen Zufuhren aus den Preangerlandschaften nach den Zinninseln und nach Borneo, oder die sauber gepflegten, schnurgeraden Zwiebelfelder bei Buitenzorg, die zusätzlichen Bohnenanpflanzungen auf den schmalen Reisfelddämmen, die Tragkörbe, Wagen und Autos voll Mohrrüben, Rettichen, Schoten und Kohl, Salat, Radieschen und Porree, die Tag für Tag und Nacht für Nacht aus den Hochländern Javas in die Städte des Tieflandes und zu den Plantagensiedlungen geschafft werden. Man muß durch die bunten Nelkenfelder am Hang des Gedeh oder anderer Vulkane gegangen sein, muß die — allerdings duftlosen — Rosen und Gladiolen, Dahlien, Chrysanthemen und vielen anderen Blumen in den Verkaufshallen und Märkten der Städte bewundert haben, muß von den eisgekühlten Milch- und Butterwagen oder den Schalen voll Erdbeeren in den Frigidairen der Hausfrauen profitiert haben, um die ungeheure Bedeutung dieser Hochländer bezüglich der Lebensweise des Tropeneuropäers ermessen zu können. Die Erschließung dieser Versorgungsquellen ist für die gesamte Kolonialgeschichte mindestens ebenso wichtig wie die Erkenntnis der Ursachen von Malaria, Pest und Schwarzwasserfieber.

Es war eine kleine Feierstunde für mich, als ich nach langer heißer Zeit im Tiefland den gepflegten Besitz eines Administrators auf einer hochgelegenen Teeplantage besuchen durfte und dort von der Dame des Hauses in den Garten geführt wurde. Verständig, mit Gemüt und mit Sinn für Ästhetik war er angelegt und gewartet. Da waren satte. sauber geschorene Rasenflächen, umsäumt von vorzeitlich anmutenden Araukarien und breitästigen Gummifeigenbäumen. Riesenhafte Waringins bildeten mit ihren ungezählten Luftwurzeln feierliche Säulentempel. Palmen ragten rank und zierlich gegen die Bläue des kostbaren Hochlandhimmels. Saftige Manggafrüchte hingen zu Hunderten wie grüne Gänseeier im dunklen Laub. Bananenkämme reiften wie junges Gold aus dem glänzenden Satin ihrer gewaltigen Blätter. Auch der Cocabaum fehlte nicht mit seinen großen, etwas sackartigen und schwachbirnenförmig gebogenen grünen Früchten von mehr als Handlänge, Muskat- und Durianbäume, Pampelmusen und Orangen und winzige Zitronen, Kanarien mit Nüssen, die der Mandel ähneln und auch als solche gebraucht werden, Tamarinden mit ihrem Fiederlaub und langen braunen Schoten voll herbsüßer Fruchtkerne, und schlanke, der Pappel ähnelnde Damare. Vanille rankte mit schmalen, schindelförmig angeordneten Blättern an schattenspendenden Dadapbäumen. Indische Himbeeren mit Früchten, die körnig besetzt sind wie unsere Erdbeeren, bildeten ganze Hecken, und Maulbeerbüsche beugten sich unter der Last ihrer saftigen Früchte. Es war ein wahrer botanischer Tropengarten.

Aber dann führte mich meine Gastgeberin mit einem geheimnisvollen Wink auf die andere Seite ihres Besitzes, und da tat sich vor den Augen ein Farbenwunder auf von einer Schönheit, daß man hätte weinen mögen. Dunkelrote Salvien und violette Astern, leuchtend gelbe Goldraute, grüne Reseden und weiße Levkojen, blaue Veilchen und bunte Stiefmütterchen und viele andere altvertraute Blumen und Blümlein blühten da in ergreifender Pracht. Ich stand fassungslos vor so viel Heimat und wußte auf einmal, warum diese Frau ein solch glückliches Lächeln auf ihrer Stirne trug.

Die Fahrt in die Berge und ins Hochland hinauf ist immer eine Flucht. Nicht nur Flucht vor der Treibhaushitze da unten, sondern auch Flucht zu sich selbst. Vielleicht fehlt gerade auch deshalb jede Einheitlichkeit des Stils bei den Wochenendhäusern und sonstigen Hochlandsiedlungen, die heute vielerorts längs der Gebirgsstraßen zu finden sind. Wer etwa von Buitenzorg aus über den Puntjakpaß fährt, hat beste Gelegenheit, sich seine Gedanken darüber zu machen. Bald hinter Tji Saruwa, wo die Straße unaufhörlich zu steigen beginnt, bis zur 1480 Meter hohen Paßhöhe, setzen die ersten Häuschen ein. Nicht in Thüringen und nicht in Tirol könnte man schöner wohnen. Einzigartig ist die Aussicht ins Prijangan-Land über die Reisfeldterrassen in der Tiefe und die welligen Teegärten der höheren Hänge. Ihr kräftiger Geruch schwängert weithin die Luft. Hier auf einer Terrasse, dort auf einem Vorsprung, dann wieder an einem hüpfenden Wildbach stehen die kleinen Besitze mit den treffenden Namen, die in der Übersetzung „Zufriedenes Herz", „Glück meines Lebens", „Sonne der Seele" und sonst dergleichen bedeuten. Bald sind sie im Schweizerhausstil, bald im modern indischen mit einigen der Höhenlage entsprechenden Abänderungen, bald in dem der kleinen holländischen Landstadt erbaut, und jedes hat seine ganz eigene individuelle Note. Denn hier will man leben und Mensch sein, während man ja „unten" nur arbeitet und Maske, Lügner, Spieler ist. Nur hier, in der wunderbaren Ruhe der Bergwelt, findet man zu sich selbst zurück.

Wo immer sich mir eine Gelegenheit bot, in das Hochland hinaufzukommen, habe ich sie eilends ergriffen. Es ist in wenigen Stunden der Schritt von einer Welt in die andere. Mit jedem Meter Steigung fällt ein Stück des unwahren Gewandes ab, das man, ein Fremder in fremder Umwelt, in den Städten des Tieflandes tragen muß. Nur die Bäume hier oben sind Wahrheit, und der mächtige Vulkan, der wie ein Götterthron darüber steht, der Grillensang am Abend und der müde Regen in der fahlen Dämmerung. Und immer wieder spüre ich, daß ich hier oben selber wahr bin, ich selbst. Da unten bin ich ein gewisser Jemand, der arbeitet und liebt und leidet wie alle anderen; eine vielleicht notwendige, vielleicht — was tut's? — belanglose Figur aus dem großen Roman des Weltenablaufs, nur nicht Ich, mein ureigenes Ich. Dort oben erst wird aus der Arbeit ein fröhliches Schaffen, aus der Liebe ein tiefes Glück, und aus dem Leiden der Born alles Guten. Und wenn immer mir auf meinen Reisen Gedanken kamen, die rein und schön in mir weiterklangen, dann wurden sie gewiß im Hochland geboren.

DIE WELT DER VULKANE

In Abständen immer wiederkehrend bringen unsere Zeitungen größere oder kleinere Meldungen von Vulkanausbrüchen, Verwüstungen, Katastrophen verschiedenster Art in Inselindien. Manche Namen wiederholen sich dabei besonders häufig, vor allem die des Merapi und des Krakatau. Der letztere ist wohl der berühmteste, besser gesagt berüchtigste Vulkan unserer Erde. Er liegt in der Sunda-Straße zwischen Java und Sumatra und zählt gebietsmäßig zu den Lampongs, der südlichsten Provinz Sumatras. Unserer voraufgehenden Generation hat er durch seine riesige Explosion vom 26. bis 28. August 1883 einen gewaltigen Schrecken eingejagt. Die atmosphärischen und ozeanischen Auswirkungen über den ganzen Erdball sind allzu bekannt, als daß ich sie hier wiederholen müßte. Ich will nur erwähnen, daß 827 000 Quadratkilometer Landes von der Asche regelrecht beregnet wurden; daß man darüber hinaus aber sogar im Geologischen Museum zu Hamburg Glasröhrchen mit rötlichem Aschenstaub des Krakatau bewundern kann, der einige Zeit nach der Explosion auf den Dächern dieser Stadt gesammelt wurde! Erwähnen will ich ferner, daß der Ausbruch für die Eingeborenen der Inselwelt jedenfalls das größte aller je dagewesenen Ereignisse gewesen sein muß, denn noch heute wird er unter dem Volke als Basis der Zeiteinteilung benutzt: „es war, bevor oder nachdem die ‚Lamponginsel' zerbrach", so berechnet man das Geschehen der Vergangenheit.

Reichlich zweihundert Jahre lang hatte der Krakatau keinerlei Anzeichen einer Tätigkeit gezeigt, von geringen Aschenregen abgesehen, um dann um so furchtbarer loszubrechen. „Rakata" nennen die Eingeborenen der benachbarten Küsten ihn zu Recht. Damit meint man jemanden, der lange schweigt und dann plötzlich lebhaft darauf losredet.

Ab 1927 begann sich der Krakatau erneut zu rühren, nachdem sich auf seinem damals völlig verwüsteten Mantel bereits wieder eine mannigfaltige Pflanzenwelt und Tierwelt eingefunden hatte. Anfang 1929 gebar der Krakatau in Rauch und Flammen unter heftigen Wehen und Zuckungen sogar ein Kind: das Inselchen „Anak (Kind) Krakatau'. Es hat aber nicht lange gelebt. Nach ein paar Jahren verschwand es wieder in den Fluten, zum großen Kummer der Vulkanologen, Geologen und Biologen, die sich sofort mit Eifer auf das seltene Studienobjekt gestürzt hatten.

Am Rande: die Katastrophe von 1883 forderte in den benachbarten Küstenabschnitten, hauptsächlich durch eine rasend anstürmende Flutwelle, vierzigtausend Menschenopfer. Weithin waren alle Felder, alle Viehherden, 165 Dörfer völlig und weitere 132 teilweise vernichtet; und die aus der anschließenden Hungersnot resultierenden Todesziffern sind sicherlich noch größer gewesen. Vom Ausbruch des Tambora auf Sumbawa im Jahre 1815 hat man genaue Angaben: 12 000 kamen unmittelbar um und 44 000 starben anschließend an Hunger. „Paradies" in finsterstem Schatten! — Der Merapi in Mitteljava hat in der Summe seiner geschichtlichen Ausbrüche, das heißt also etwa seit dem Jahre 1500, ebenfalls Tausende von Toten auf dem Gewissen; und dazu gesellt sich noch mancher andere.

Eines der letzten großen Schreckensdaten für Inselindien war die Nacht vom 19. zum 20. Mai 1919. Am Kelút in Ostjava drückte in dieser Nacht ein aufsteigender Lavapfropf die achtunddreißig Millionen Kubikmeter Wasser des Kratersees über die Ränder. Eine sandgeschwängerte Glutwolke von mehreren hundert Grad Hitze folgte. Ein Schlammstrom von noch nie dagewesener Masse und Wucht wälzte sich in der Badakschlucht, die bei einem Ausbruch im Jahre 1848 gebildet worden war, abwärts. In weniger als einer halben Stunde hatte er außer weiten Wäldern mehr als 130 Quadratkilometer Kulturen am Hang und Fuß des Berges verwüstet, 104 Dörfer ganz oder zum Teil zerstört und mit durchschnittlich 1½ Meter Höhe die gesamte Stadt Blitar überschwemmt. In der Nähe des Gipfels hinterließ er zwanzig bis dreißig Meter mächtige Ablagerungen. Gegen fünftausendfünfhundert Menschenleben waren in wenigen Augenblicken vernichtet. Wieder einmal war Java von einem furchtbaren Unglück heimgesucht worden.

Aber diese Katastrophe wurde ein Wendepunkt. Wissenschaft und Technik wurden nun gemeinsam in den Kampf gegen das Element eingesetzt. Ein „Vulkanologischer Dienst" wurde seitens des Staates geschaffen und immer weiter ausgebaut. Ihm liegt nicht nur die wissenschaftliche Forschung ob, sondern auch die praktische Überwachung der gefährlichsten Krater. Zur Zeit sind acht Vulkane Inselindiens mit ständigen Beobachtungsposten besetzt. Laufende Messungen und Kontrollgänge sollen bevorstehende Tätigkeit erkennen lassen. Sobald Gefahr droht, wird die Bevölkerung der Umgebung in Kenntnis gesetzt, die Bewässerungsleitungen werden geschlossen, um Überschwemmungen der Felder mit heißem oder saurem Wasser vorzubeugen, und die Siedlungen werden notfalls geräumt. Seismographen sind an mehreren Plätzen aufgestellt worden, Fototechnik, Film und Flugzeug werden nach Bedarf eingesetzt. Mit allen Mitteln der modernen Zeit rückt man den feurigen Erdkräften zu Leibe, um ihnen ihre Schrecken zu nehmen.

Dem Kelútsee, dem gefährlichsten aller Kraterseen, hat man durch eine raffinierte Tunnelanlage einen Abfluß geschaffen und seine Wassermassen auf weniger als zwei Millionen Kubikmeter reduziert. Neunhundertfünfundfünfzig Meter lang führt der Tunnel durch das Gestein. Ich bin mit einem Mandur[1]) des Überwachungsdienstes hindurchgelaufen. Es war die seltsamste Wanderung meines Lebens — mitten durch eine Kraterwand. Ich weiß nicht, ob anderswo auf der Erde noch einmal eine Möglichkeit dazu besteht.

Wir treten in das kreisrunde Gewölbe ein. Die Stiefel habe ich zusammengeknotet und um den Hals gehängt. Stetig ablaufendes Wasser aus dem See spült fußhoch über den Boden des Tunnels. Später wird es mehr und steigt bis an die Waden, denn zahlreiche unterirdische Bergwässer mußten abgefangen werden und münden in Röhren in den Hauptschacht. Eine Weile geht es fast waagerecht mit kaum spürbarem Gefälle. Dann müssen wir auf Fahrten um 35 Meter senkrecht hinunter. Eine anfängliche Tunnelbohrung vom Außenrand und die endgültige spätere vom Innenrand aus treffen nicht genau aufeinander.

Schweigend geht der Mandur mit der Lampe vor mir her. Alle paar Tage muß er zur Kontrolle diesen unheimlichen Gang unternehmen. Einmal wendet er sich um und beschreibt mit dem Arm eine kreisförmige Bewegung. Hier war es, wo während der Bauarbeiten bei einem Wassereinbruch fünf eingeborene Arbeiter ertränkt und fortgerissen wurden.

Nun haben wir etwa die Mitte. Ich wundere mich, daß die Temperatur nicht höher ist; sie ist gut erträglich. Die zuströmenden Bergwässer kühlen. Wir gehen möglichst breitbeinig an den Wölbungen des Rohres, um nicht im nun schon knietiefen Wasser allzuviel Widerstand zu finden. Es scheint, daß auch der Mandur sich nicht gern länger als unbedingt nötig in diesem unterirdischen Gewölbe am Herzen des Vulkans aufhält. — Nach reichlich einer halben Stunde kommen wir an der Badakschlucht wieder ins Freie. Immer noch braust es in den Ohren von dem durch den Tunnel eilenden Fluß: und die helle Tropensonne ist unerträglich.

Von den Mitarbeitern jenes „Vulkanologischen Dienstes" sind sorgfältige Vulkankarten Niederländisch-Indiens angefertigt worden. Einhundertfünfundzwanzig tätige Eruptionszentren weist die jüngste davon auf, etwa zu gleichen Teilen solche, die seit 1600 noch Ausbrüche erlebten, und andere, die im Fumarolenstadium verharren, also nur noch Gase aushauchen. Für ein Gebiet so groß wie ganz Europa mag das nicht übermäßig viel erscheinen. Aber nur ein Fünftel dieses Raumes ist ja Land, und reichlich die Hälfte von diesem ist überdies gänzlich

[1]) Aufseher.

frei von Vulkanismus. In der Westhälfte Sumatras, auf Java und den Kleinen Sunda-Inseln, im Bandabogen, in der Nordspitze von Selebes und Halmahera mit den nördlich anschließenden Inselgruppen dagegen scharen sich die Ausbruchspunkte dicht zusammen. Außer diesen tätigen Vulkanen gibt es natürlich Hunderte von solchen, die — zumindest seit Ankunft der Europäer — erloschen sind oder doch so scheinen, aber immer noch ihre alten typischen Formen bewahrt haben.

Über die Wissenschaft der Vulkane, die Theorien ihrer Entstehung und die einzelnen Phasen ihrer Tätigkeit will ich mich hier nicht verbreiten. Es treten recht komplizierte Fragen dabei auf, etwa die nach den Ursachen der Glutwolken oder der Eruptionsregen, nach der Möglichkeit der Entstehung von Doppelkratern, nach der Zusammensetzung und Herkunft des Magmas, den Temperaturen, Gasbildungen und was alles noch in diesen Komplex hineingehört. Wer Vulkanformen und Vulkanerscheinungen studieren will, findet wohl kaum ein idealeres Forschungsfeld als Inselindien. Jede Abart ist dort zu finden. Ich will lieber ein wenig von den Vulkanlandschaften selbst erzählen. Eigentlich gehören sie ja mit in das Kapitel „Hochland". Aber sie tragen doch ihr ganz eigenes Gesicht, daß man sie besser als eine Welt für sich betrachtet.

Man wird die Frage stellen: „Haben Sie einen Vulkan bestiegen?" — „Aber ja!" kann ich darauf antworten, „mehr als einen". Ich würde es als einen großen Mangel betrachten, wenn ich von Inselindien geschieden wäre ohne diesen seltsamen Reiz auf mich gewirkt haben zu lassen. Notfalls hätte ich ja — erschrecken Sie nicht ob der Unromantik! — sogar mit dem Auto bis in einen Krater hineinfahren können. Man kann es tatsächlich. Inselindien bietet selbst dem bequemsten Touristen gern solcherlei Attraktionen. Man braucht von Bandung aus nur einen Wagen zum Tangkuban Prahu zu mieten und kann nach einer knappen Stunde schon die beherzigenswerten Mahnungen zur Vorsicht auf den Warnungstafeln in allernächster Nähe der Schwefelfelder in dem eindrucksvollen Doppelkolk des „Fürsten"kraters und des „Gift"kraters studieren, und gleichzeitig den stickigen Atem der brodelnden Erde in den Lungen spüren.

Dieser langgereckte Vulkan mit dem treffenden Namen „Umgeschlagene Prau" — das bedeutet nämlich „Tangkuban Prahu" — zählt dieser Autostraße halber zu den am meisten beschriebenen. Natürlich ist er, wie alle anderen Feuerberge, auch von reizvollen Sagen der Eingeborenen umwoben. Er erhebt sich mit seinen einprägsamen, von der üblichen Kegelform stark abweichenden Linien an der Nordseite der Hochfläche von Bandung. Diese ist tischplatt und streckenweise versumpft. Nach den Erkenntnissen der Geologen ist sie als Boden eines ehemaligen Binnensees aufzufassen. Wahrscheinlich entstand dieser dadurch, daß der die Fläche durchfließende Fluß durch einen Lavastrom aufgestaut wurde, möglicherweise binnen eines einzigen Tages. Durch den anzapfenden Tji Tarum wurde dem See später, schon zu Lebzeiten der Menschen, ein Abfluß geschaffen.

Die javanische Sage gibt den Vorgang mit weniger nüchternen Worten wieder. Njai Dajang Sumbi, eine strahlende Fürstentochter, verliebte sich freventlich in ihren eigenen Sohn Sangkuriang, als er nach jahrelanger Abwesenheit unerkannt zu seiner Mutter zurückkehrte. Kurz vor der Hochzeit wurde jedoch der Fürstin an einer Narbe des Mannes offenbar, wen sie in Wahrheit vor sich hatte. Um einer blutschänderischen Eheverbindung zu entgehen — es ist dies ein beliebtes Thema vieler malaiischer Sagen —, verfiel sie auf eine List. Sie stellte ihrem Bewerber eine ihr unerfüllbar erscheinende Aufgabe. Binnen einer Nacht sollte der junge Freier einen Damm durch den Tji Tarum bauen und dadurch die Ebene in einen See verwandeln. Mit Hilfe seiner halbgöttlichen Gefolgsleute gelang es Sangkuriang aber doch.

In einer großen Prau fuhr er am anderen Morgen über den neugeschaffenen See seiner Geliebten entgegen, um sie zum Hochzeitsfest zu holen. Voll Angst hatte diese von einem Berge aus zugeschaut. In heißem Gebet flehte sie zu ihrer Schutzgöttin, sie und ihren Sohn vor der Schande zu bewahren. Die Göttin half; denn alle Gottheiten der javanischen Mythe sind äußerst hilfsbereite Wesen. Das Wasser untergrub den Damm und zerbrach ihn, der See entleerte sich mit Gewalt, die Hochzeitsprau kenterte und alle Insassen ertranken. Njai Dajang aber sprang von ihrem Felsen hinab und starb zusammen mit dem geliebten Sohn, um im Tode mit ihm vereint zu sein. Die Prau liegt noch heute, eben als der „Tangkuban Prahu“, dort, wo sie umschlug, und eines der Kraterlöcher ist der Fürstin geweiht.

Nach altindonesischer Vorstellung symbolisieren die Vulkane das Totenland der Abgeschiedenen und den Himmelsberg der Gottheiten. Uralte, ihnen gewidmete Heiligtümer sind hier und da an ihren Hängen und vor den Kratergipfeln noch heute zu finden. Terrassenförmig gestuft, veranschaulichen sie den Weg der abgeschiedenen Seelen von dem Versammlungsplatz auf der untersten Plattform über die einzelnen Treppen zu der dem Vulkan nachgebildeten Stockwerkpyramide auf der obersten Stufe. Von dort aus tauchen die Seelen in das reinigende Feuer des Kraters und erreichen dann geläutert den Gipfel des Vulkans selbst, den „Meru“, den himmlischen Verbleib, und damit eben das Reich der Toten. Javas höchster Vulkan trägt den bezeichnenden Namen „Semeru“ oder „Mahameru“: Himmelswohnung, großer Götterberg. Auch auf den übrigen Inseln sind jeweils die höchsten Berge Sitze der wichtigsten Gottheiten, so etwa auf Bali der Agung, der „Große“ zu deutsch, als Wohnsitz Shiwas, der gleichzeitig als der Sonnengott Surja gedacht wird.

Auch im traditionellen Schattenspiel der Javanen, dem unvergleichlich sinnvollen „Wajang", tritt Gunungan, der Berg, mahnend und zur Besinnung rufend mit auf, in dunkelroter, goldumrandeter Färbung das Feuer widerspiegelnd. Meisterhaft hat der javanische Dichter Raden Mas Noto Soeroto in seinen „Wajang-Liedern" die Weihe und die Achtung vor dem Himmelsberg in seinen Worten aufklingen lassen[1]):

„... Es stockt das Mienenspiel der Liebenden; es schweigt selbst die Musik. So schlummern unser Streit und unsere Freude, die Bosheit, unsre Wirrsal, unsre Zweifel und selbst der Hochmut still vor Dir, o Herr! — Der Schatten Gunungans erscheint auf Deinem Schirm. Du hast ihn jetzt in Deine Hand genommen, läßt Deines Berges Umriß zitternd schweben auf weißem Tuch. Entlang den Abhang klettert dunkler Wald, erfüllt von Deiner Tiere lautem Lärm. Es flattern bunte Blumen von den Stengeln, sie fliegen singend auf die Sonne zu ... Für einen Augenblick in Deiner Ewigkeit, o Herr, läßt ruhen Deine Hand die Wajangbilder. Doch auf dem Schirm wiegt Deines Waldes Schatten; und es wächst aus der Moräste schimmernd sumpf'gen Tümpeln lauschend eine Welt, steigt längs des Abhangs wimmelnd-wühlend Leben bis zu der Gipfel feierlichem Schnee. — So, einen Aufzug an den anderen bindend, steigt Gunungan empor, ein kurzes Zwischenspiel."

Das gleiche Gefühl der Weihe beherrschte mich bei jeder Vulkanwanderung. Ja, schon der Anblick eines Kraterkegels aus der Entfernung, finde ich, macht still, besinnlich und beinahe fromm. Ich glaube, einmal habe ich sogar gebetet im Angesicht eines Vulkangipfels. Ich hatte mehrere Wochen in einer ganz außerordentlich primitiven Umwelt bei dem Völkchen der Lubu in einem entlegenen Tal Zentralsumatras verbracht, um ein wenig von seinen Sitten und seiner Sprache kennenzulernen. Zusammen mit Predérik, meinem jungen Boy vom Volk der Batak, hatte ich in einer winzigen Hütte gehaust. Der Anführer der Lubu hatte sie mir großzügig zur Verfügung gestellt. Schmutz, Hunger, Unkultur jeder Art, dazu Argwohn und Scheu der Lubu, alles das hatten wir Tag für Tag ertragen, und die Sehnsucht nach etwas Reinem, Großem, Schönem war übermäßig stark geworden.

Dann endlich war die vorgesehene Zeit um, der Rückmarsch in kultiviertere Gegenden konnte beginnen. In einem unerhört verfilzten Bergwald überkletterten wir mühsam, geschwächt von den mageren Wochen, die hinter uns lagen, fast zerfließend von Anstrengung und Hitze einen tropisch steilen Gebirgsriegel. Wir sprachen nicht viel; unser bescheidenes, ruhiges, schweigsames Gastvolk hatte auch uns still gemacht. Wir

[1]) Nach der unveröffentlichten Übersetzung von Carolina de Haan.

trugen unser Warten auf die freiere Welt, jeder für sich, in uns, und nur ein Seufzer ließ hin und wieder unsere Ungeduld erkennen.

Da war der Kamm erreicht, und über einem Windbruch stand ein zauberhaftes Bild vor unseren ungläubigen Augen. Ein schmaler Durchblick gab die Sicht frei über den dicken Waldpelz am Hang zu den braungrünen Alangsteppen in der breiten Talung des Batang Gadis. Genau gegenüber als Abschluß des keilförmigen Gemäldes lag matt verschleiert die Kegelmasse des Sorik-Merapi-Vulkans. Der Gipfel aber, hoch über dem Dunst der Erde, war klar, wie frisch gemalt. Blendend gelb zeichneten sich seine Schwefelfelder vor dem azurnen Himmelsgewölbe. Sie strahlten hell und feierlich wie das Licht der Ewigkeit selber. Vielleicht war über Nacht auch noch Reif darauf gefallen und warf nun den Glanz der Tropensonne doppelt stark zurück.

Wir ließen uns wortlos auf den Gepäckstücken nieder und starrten ergriffen hinüber. Dieses leuchtende Gelb vor dem satten Blau, diese zierlich geschnittene Gipfellinie, diese feierliche Stille der Welt, die dort drüben in einem goldenen Feld Himmel und Erde zusammenschmolz, war nach der argen Depression der letzten Wochen derart erhebend, daß ich die Hände falten mußte. — Lachend und singend stiegen wir abwärts. Wir hatten einen Blick in Gottes Herrlichkeit getan.

Die sich oft wiederholende Bezeichnung „Merapi“ für Vulkanberge auf den Malaiischen Inseln wird übrigens verständlich, wenn man die Bedeutung des Wortes kennt. Sie besagt „der Feurige“, und eine bessere kann kaum gewählt werden. Neben dem sehr bekannten Merapi Mitteljavas, den ich anfangs schon erwähnte, und dem soeben nahegebrachten Sorik Merapi im Nordteil Sumatras, steht auch ein Merapi auf der Hochfläche von Minangkabau in Mittelsumatra. Er bietet keine Schwierigkeiten und gehört zu den oft bestiegenen. Vom Städtchen Fort de Kock aus kann man, wenn man es eilig hat, an einem Tage Aufstieg und Abstieg erledigen. Mir scheint, ich habe bei seiner Besteigung sogar einmal einen „Rekord“ aufgestellt, obwohl ich auf einen solchen nicht gerade versessen bin. Um sechs Uhr in der Frühe war ich von Fort de Kock aufgebrochen, und nachmittags um drei schon wieder zurück. Niemand wollte mir glauben, daß ich tatsächlich „oben“ gewesen war.

Ich hatte ihn an sich nicht auf meinem „Programm“. Doch verunglückte ein zu Studienzwecken auf Sumatra weilender junger deutscher Mediziner auf ihm, während ich weiter im Norden reiste. Als er mit zwei Trägern auf dem Gipfel weilte, ereignete sich ein kleiner Ausbruch, und nach Aussage der später zurückkehrenden Begleiter hatte dieser ihn derart erschreckt, daß er, ohne auf die Richtung zu achten, abwärts gelaufen war. Seitdem war er verschollen, und nie wieder hat man eine Spur von ihm entdeckt. Ich wollte nun damals nicht nach

Reisterrassen und Bewässerungstunnel auf Bali

Küstensiedlung zwischen Nipahpalmen

Kindersegen bringt die „heilige Kanone“ in Batavia

Deutschland zurückkehren, ohne nicht wenigstens die Örtlichkeiten selber in Augenschein genommen zu haben, wenn ich auch sonst nichts mehr zur Aufhellung des schon einige Monate zurückliegenden geheimnisvollen Verschwindens meines Landsmannes beitragen konnte. Es stand mir jedoch nur ein knapper Tag zur Verfügung.

Mit einem geliehenen Fahrrad fuhr ich zunächst von Fort de Kock aus auf guter Straße so weit es ging hangaufwärts durch das sorgfältig bebaute Reisland von Minangkabau. Von etwa tausend Meter Meereshöhe an muß man zu Fuß weitersteigen. Der Kraterrand liegt auf rund 2800 Meter Höhe. Mit zwei kundigen Männern ging es in raschem Tempo aufwärts. Gepäck belastete uns nicht, ich hatte nur einen kleinen Imbiß und eine Flasche voll Kaffee mitgenommen. Auch der Wald bietet hier kein Hindernis; die häufigen Aschenfälle und Lavalawinen lassen höheren Baumwuchs nicht aufkommen. Niedere Farnbäume und Pandanus bestimmen die Landschaft. Solche Vegetation wirkt immer angenehm, denn sie beengt nicht, wie es der Urwald tut. Der Himmel scheint bis auf den Boden herab und der Luft fehlt die dumpfe Dicke des Rimbu. Ohne Serpentine, in schnurgeradem Anhieb führt der Pfad hinauf. Gutes Training gehört dazu, solche ununterbrochene Steigung durchzuhalten; aber ein solches hatte ich glücklicherweise hinter mir.

Heidelbeerbäumchen und Krummholz zeigen an, daß die höchste Region erreicht ist. Eine Quelle im braunen torfigen Hochgebirgsboden erfrischt mit eiskaltem Wasser. Dann folgt der kahle Gipfel. Nach kurzer Rast wird auch dieses letzte und steilste Stück noch überwunden, und nach insgesamt nur vier Stunden Anstieg haben wir schon das große Trümmerfeld am Krater erreicht. Weiße Dämpfe spuckt er aus seinem schroff gezahnten Maul, und eine brodelnde Wolkensuppe kocht und quirlt über die Höhe. Scharfer Wind dringt tief in den Körper. Beglückt denke ich an den Wind der Nordsee, den ich bald wieder atmen werde. Die Hände sind schon klamm, die Nase tröpfelt. Es ist nichts dagegen zu machen. Der Übergang von der tropischen in die gemäßigte Zone ist allzu gewaltsam. Wir sitzen zusammengekrochen auf einem großen Block am Kraterrand und warten die nebelfreien Augenblicke ab, damit ich mir das Bild der Umgebung genügend einprägen und aufzeichnen kann. Hier und da in Abständen haben wir ein paar Steine aufeinander getürmt, eine Stange in den Boden gesteckt und Tücher daran befestigt, um den rechten Rückweg über das weglose Lavafeld zu finden.

Mir ist wehmütig ums Herz, wenn ich mir der Ursache bewußt werde, die mich auf diese Höhe hinauftrieb. Hier also fand ein junger Mensch, tatenfroh gleich mir, sein plötzliches Ende. Im unaufhaltsamen Drang des Forschers stieg er herauf, nur beseelt von dem Gedanken, die Natur des Vulkans zu erkunden und wiederzugeben. Und auf einmal, ohne jeden Übergang, ist es aus. Weggelöscht für immer, gestrichen von den Tafeln der Menschheit. Die zu Hause warten vergebens auf die Rückkehr; nur eine kurze amtliche Mitteilung über den vermutlichen Tod und die ergebnislosen Nachforschungen erreicht sie eines Tages. Und das war dann alles! Irgendwo in einer unentdeckten Schlucht breitet der Urwald seine grüne Decke über den Toten.

Ich weiß aber auch von anderen, fröhlicheren Vulkanbesteigungen. Schwer waren sie alle, manche derart schwer, daß man meinte, es auch mit letzter Kraft nicht zu schaffen. Doch sie endeten alle mit dem glücklichen Triumph, den Gipfel erreicht zu haben, und mit der köstlichen Belohnung unerhörter Fernsichten. Gewiß, das tropische Wetter ist dem Menschen gerade in der Bergregion nicht immer sehr hold. Tag um Tag zieht es oft einen Wolkenkragen um die Bergkegel. Gewitter knattern in ihm und der Regen fällt unaufhörlich. Aber ein paar Stunden, ganz früh am Morgen, sind doch in der Regel klar, und sie muß man nutzen. Es ist darum zur Gewohnheit geworden, tagsüber so weit als möglich hinaufzusteigen, dann zu übernachten, und die letzte Gipfelhöhe vor Tau und Tag zu erklimmen, um bei Sonnenaufgang am Ziele zu sein. An manchen Vulkanen sind in passender Höhe Schutzhütten für die Nacht vorhanden; und wo nicht, baut man sich ein Kamp aus Stangen, Blättern und Zweigen und versucht ein Feuer durchzuhalten, um nicht von der nächtlichen Kälte zu erstarren.

Mehrmals, von verschiedenen Seiten aus, bestieg ich den Gedeh in Westjava. Sein Gipfel erreicht fast dreitausend Meter Höhe, ist aber, zumindest wenn man ihn von der Nordseite her durch den Botanischen Berggarten von Tjibodas nimmt. ohne übermäßige Mühe zu gewinnen. Vom Süden her ist es weniger einfach. Dafür quert man dort aber das eigenartige „Alun-Alun“, und dieses gerade gibt dem Gedeh seinen besonderen Reiz. Es ist der ehemalige Großkrater des Urvulkans, in dem später dann der „junge“ Gedeh den gegenwärtigen Gipfelkegel aufwarf. Dieses Alun-Alun — sein Name bedeutet „offener Platz“ und ist dem in keiner indonesischen Stadt fehlenden zentralen Grünplatz entlehnt —, dieses Alun also ist ein ausgesprochenes Frostloch, ein Sammelbecken der nächtlichen Kaltluft. Die Temperatur sinkt dort oft unter den Gefrierpunkt. Auch ich erlebte am frühen Morgen eine dicke Reifbildung und konnte vom Rande eines Bächleins richtige Eiskrusten abbrechen. Mein javanischer Begleiter wäre mir über Nacht am liebsten vor Kälte gestorben.

Solche Frostlöcher in den Tropen lassen Baumwuchs nicht zu. Das Alun-Alun am Gedeh ist statt dessen weithin erfüllt mit dem silbergrünen, samtweichen Buschwerk des „Javanischen Edelweiß“. Mit der gleichnamigen Blume unserer Hochgebirge und Volkslieder hat es zwar nichts zu tun, beschränkt sich aber gleich dieser auf die höchsten

Regionen. Der Anblick dieses weiten graugrünen Teppichs mit seinen Millionen weißen Blüten ist jedenfalls ein ganz großes Erlebnis. —

Oft erlebt man bei Vulkanbesteigungen solche botanischen Überraschungen. Im Diëng Mitteljavas, das streng genommen zwar nicht ein Vulkan, sondern ein ganzes zusammengeschachteltes Gebirge aus verschiedensten Eruptionszentren, Hochflächen, Kraterseen und Durchbruchstälern ist, freut man sich immer wieder an den wilden Fuchsien und Geranien am Wege. Nur auf ganz wenigen anderen Vulkanen trifft man sie ebenfalls, etwa im Tengger Ostjavas. Sie gehören nicht zum heimischen Pflanzenkleid der Inselwelt. Kolonisten aus Vorderindien, die vor tausend und mehr Jahren auf diesen geheiligten Vulkanhöhen Tempelstädte und Wallfahrtsplätze errichteten, müssen sie mitgebracht haben. Immer, wo sich diese fremden Blumenstauden finden, sind auch Spuren der Hindu in der Nähe, Auf dem Diëng geben eine ganze Reihe von Tempeln, ferner die Grundmauern einer ansehnlichen Siedlung, kunstvoll angelegte Treppen, raffinierte Entwässerungstunnel und technisch einwandfreie Stützmauern an leicht rutschenden Böschungen Kunde von ihnen. Auf einsamem, vermoorten Plateau, zwischen wunderbar farbigen Seen, dampfenden Schwefelbrunnen und einem Kranz düsterer Lavaberge gelegen, vermögen diese ehrwürdigen Ruinen eine ganz einzigartige Stimmung hervorzurufen. —

Wer hätte nicht vom Tenggergebirge Ostjavas und seinem ewig rauchenden Bromokrater gehört, dem berühmtesten Ziel aller Touristen, dem Schulbeispiel aller vulkanologischen Wissenschaft! Man nennt den Tengger die eindrucksvollste Kraterlandschaft am Pazifikrand, vielleicht der ganzen Welt. Nicht weniger als fünf junge Aufschüttungsberge wachsen aus dem riesenhaften Urkrater des alten Tengger auf. Ein fahles Sandmeer umgibt sie. Durch die Asche des dauernd tätigen Bromo erfährt sie fortwährende Aufhöhung. Nur spärlicher Pflanzenwuchs vermag sich in geschützten Spalten zu halten; neben anderen auch wildes Fenchelkraut, das dem verdorrten, auf die Bequemlichkeiten des üblichen Touristenrummels verzichtenden Wanderer mit seinem köstlichen Geruch und bitteren Saft ein dankbar empfundenes Labsal bietet.

Die Tenggerlandschaft mit dem weitgeschwungenen Kraterkranz. den zergräteten Kegeln und der kahlen Sandöde ist überhaupt keine irdische Landschaft. Sie ist ein Stück herabgefallenen Mondes, oder zumindest ist sie ein Blick Millionen Jahre zurück in die Uranfänge unseres Erdensternes. Sie hätte keinen besseren Abschluß finden können als durch die formvollendete Silhouette jenes „Himmelsberges", des Mahameru. Mit 3676 Metern überragt er alle anderen Berge Javas um ein Beträchtliches. Es war eine der glücklichsten Befriedigungen meines Lebens, als ich nach hartem Aufstieg an der Steinpyramide auf seinem Gipfel stand, ganz Java zu meinen Füßen.

Wie Gott Shiva, der ewige Zerstörer, gleichzeitig der ewige Erneuerer ist, so sind es auch die Vulkane. Denn sie hat er sich ja als seine Thronsessel auf Erden gewählt. Die vulkanischen, aus Lava und Asche verwitterten Böden Inselindiens gehören zu den besten der Welt. Wo immer die Bevölkerung besonders dicht beisammen wohnt, kann man in neun von zehn Fällen darauf schließen, daß sie vulkanisches Land bebaut. Auf der Bodenkarte Javas zum Beispiel könnte man fast ohne Einschränkung in die Abschnitte mit vulkanischen Böden auch die größten Siedlungsdichten eintragen; es paßt oft Stück für Stück zusammen. Bei Wanderungen über die Ebenen zwischen und um die Vulkane oder an den Hängen sieht man diese Fruchtbarkeit mannigfaltig um sich. Reis und Mais, Zuckerrohr und Tabak, Tee, Kaffee und Chinarinde, alles erreicht auf Vulkanboden seine weiteste Verbreitung und besten Ernten. Man steige beispielsweise einmal von Djember oder von Banjuwangi her zum Idjen hinauf! Man kann diese andauernde Folge von Kulturen, diese Üppigkeit der Anpflanzungen nicht fassen. Ja, das ist wahrhaft ein „Paradies" der Fülle, der Überfülle.

Man nehme auch gern durchdringenden Regen, herbstliche Kühle, selbst regelrechten Schüttelfrost auf sich und steige unverdrossen weiter, wenn die Pflanzungen in etwa 1500 Meter Höhe zu Ende gehen. Denn das Idjenhochland ist es wert, besucht zu werden. Es gehört zum Glück nicht zu den überlaufenen Touristenzielen. Nur der Kenner wird es immer wieder aufsuchen und ergriffen sein von dem einsamen, walderfüllten Hochplateau, den stummen Wächtern der aufgesetzten Kraterkegel, der ewigen Rauchfahne des urwüchsigen Riesen Raung und dem giftgrünen See des Kawah[1]) Idjen selber. Man muß den Blick auf das alles am besten wieder ganz in der Frühe genießen, von einem erhöhten Standplatz oberhalb des Kratersees aus.

Noch ist er vom ausstrahlenden Dunst und den Dampfwolken der Solfataren vernebelt. Erst wenn die Sonne ein Stück über den Horizont herauf ist, reißen erste Klüfte und Bänder in dem Dunstmeer auf, und dann entschleiert sich Stück um Stück das Auge des Bergmeeres. Zwischen jäh abgebrochenen, zerfurchten und zerfetzten, schwefelgelb und grünlichgrau überzogenen Wänden taucht es auf, milchig blaß mit breiten schwimmenden Schwefelstaubstreifen auf dem stillen Wasser. Zwischen seinem Ufer und dem steilen Felsenrand zischen die schneeweißen Dämpfe der Schwefelquellen. Weit herum in langsam zerklaffenden Wolkenherden wird hier ein Stück der Hochebene, dort ein dreieckiger Gipfel, da ein gezackter Rand sichtbar, rasch wieder vom Schleier überzogen und fortgewischt, wie spielend aus der Hand einer

[1]) Krater.

schenkenden Allmacht dem schauenden Menschlein zugeworfen und wieder entrückt.

Steigt man hinunter und geht am Seeufer entlang, so trifft man auch hier bald auf die technischen Eingriffe des Menschen zur Lenkung und Zähmung der natürlichen Kräfte. Stauwehre und Durchlässe regulieren den Abfluß, denn die bitteren Wasser Kawah Idjens sind Gift für die Kulturen. Man muß ihnen ihr Bett und ihren Weg genau vorschreiben, wenn sie nicht dauernd Schaden stiften sollen.

Es gibt andererseits viele Vulkanwässer, die mit nährstoffreichen Salzen beladen sind und das Gegenteil bewirken, oder solche, die sogar dem Menschen Gesundung von seinen Leiden gewähren. Ich vergesse nicht den rührenden Anblick, der sich mir beim Besuch einer kleinen Leproserie am Fuße des Bualbualivulkans auf Sumatra bot. Schwefelhaltige Heißquellen entläßt dieser Vulkan dort als letzte Zeugen seiner einstigen Tätigkeit. In dem heilkräftigen Wasser suchten die armen verstümmelten Aussätzigen in inbrünstiger Hingabe und gläubigem Vertrauen Heilung ihrer entsetzlichen Wunden. Wenn die Kräfte der Quellen dazu auch nicht ausreichten, so gaben sie doch wenigstens Linderung der grausamen Schmerzen und somit den Kranken eine Stätte tröstlicher Zuflucht.

Das Batakreich, zu dem dieser Bualbuali gehört, ist ein Vulkanland erster Ordnung. Weite Hochflächen setzen es zusammen, und diese sind samt und sonders aus den Auswurfmassen des oder der einstigen Tobakrater aufgeschüttet worden. Ihre Stelle nimmt heute das prächtige Kleinod des Tobasees ein. Man schätzt die Masse der hier ausgestoßenen Sande auf zweitausend Kubikkilometer. Noch auf Malakka und auf Borneo wandert man weithin durch quarzreiche helle Tuffe, die aus den einstigen Tobakratern herübergeweht wurden.

Wenn diese unvorstellbar aktiven Schlünde sich auch seit langem geschlossen haben und zusammengestürzt sind, so erheben sich über die flachen Hochebenen hinaus doch noch zahlreiche jüngere und kleinere vulkanische Gipfel. Teils sind sie noch tätig, teils bereits wieder zur Ruhe gekommen. Manche sind schön gerundete Kuppeln; „Paung". „Regenschirm" nennen sie die Eingeborenen treffend. Oft sind es nur ganz kleine Buckel, in gleichmäßigen Formen und ausgerichteten Reihen wie Maulwurfshaufen in einer Welt von Riesen. Zwei auffallend gleichmäßig gerundete, dicht nebeneinander liegende erregten einmal meine besondere Aufmerksamkeit. „Dolok Hinaldung" nannte sie mein batakscher Begleiter: „die getragenen Berge". Er wußte auch die Erklärung dazu. Ein sehr habgieriger Mann war einmal in das unfern gelegene Dorf Pangaribuan gekommen und hatte ein wunderschön gewebtes Schultertuch zum Verkauf gestellt. Alle Angebote schlug er aus, bis man ihm schließlich so viel Reis bot, wie er tragen könnte.

Darauf ging er ein. Fr füllte zwei ungeheure Säcke voll und schleppte sie keuchend davon. Aber unterwegs auf der Steppe brach ihm das Tragholz, die Säcke platzten und ihr Inhalt ergoß sich auf den Boden. Das sind die beiden „getragenen Berge".

Der heilkräftige Ruf von Schwefelwassern und Schlammsprudeln lockt mitunter furchtlose Besucher selbst in abgelegenste Gebiete. Wo die aus vulkanischem Geschehen geborenen Westketten Balis koksig zusammengebackene Lavaströme bis zur Nordküste sandten, die dort in schroffen Kaps am nagenden Ozean abbrechen, entspringen solche Schlammsprudel einige Dutzend Meter weit hinaus in See und sind bei Ebbe leicht erreichbar. Kein Mensch wohnt ringsum in tageweiter Entfernung. Nur Krokodile sonnen sich im Schlamm der Mangroven, Affen turnen durch das filzige Laub spärlicher Buschwälder, Rotwild und Schweine äsen in ganzen Rudeln in der einsamen Savanne, und der plumpköpfige, rötlich gebänderte Balitiger führt als wahrer unbeschränkter König die Herrschaft über Hunderte von Quadratkilometern leerer Wildnis.

Hin und wieder aber schiebt sich doch eine einsame Prau am Ufer entlang oder ein Trüpplein von Fußwanderern müht sich durch das heiße Küstenland, um einen Kranken der Wunderwirkung jener Sprudel teilhaftig werden zu lassen. Mut und Glauben erfordert eine Reise in solch entlegenes Land, denn einsame Gebiete sind für den Eingeborenen stets bevorzugter Aufenthaltsraum gefährlicher Geister. Der Heilung suchende Balinese bringt beides auf. Mut ist eine der besten Tugenden dieses Volkes. Ein Balinese nimmt zur Not den Tiger mit blankem Messer an, sagt man. Auch an die Wunderkraft eines schwefelhaltigen Schlammloches zu glauben, wird ihm nicht schwer, ist er doch von Kindheit an seinen Göttern und ihren Gaben aufs Engste verbunden.

Alles Wasser der Insel rührt nach seiner Überzeugung von den Kraterseen im Innern des Landes her, und sie sind Sitz Barunas, des Wassergottes, wie die Kraterberge selber Wohnsitz der obersten Gottheit Shiva sind. Die heilenden Wasser sind natürlich ganz besonders großmütige Geschenke der Gottheit. Aus den Schwefelbrunnen im Krater des Agung, des höchsten und heiligsten Berges Balis, das wunderkräftige Wasser zu holen, trotz beschwerlichen Aufstiegs, trotz gefährlicher Schluchten und Spalten, schlüpfriger Lavadecken, beißender Kälte und peitschenden Regens, ist für die Balinesen ein verdienstvolles Unternehmen. Freilich wird es nicht allzu oft durchgeführt.

Auch mir ließ dieser Agung, der da in blauen Linien über dem grünen Reisland stand und sein Haupt im Schnee der Wolken kühlte, keine Ruhe, als ich, nach Beendigung meiner Borneodurchquerung[1]), einige Wochen lang das schönere Bali durchreiste. „Leicht" ist er nicht, mit seinen 3145 Metern Höhe, mit schlechten Bergpfaden und seinem kahlen Gesteinskopf. 1908 wurde er überhaupt zum ersten Male von einem Europäer bezwungen. Doch es war nicht der erste Dreitausender, den ich vor mir hatte, und Bedenken gab es nicht. Ich will den Aufstieg und die anschließende Wanderung zu dem mit dem Agung verwachsenen Baturmassiv, der interessantesten Landschaft Balis, ein wenig ausführlicher beschreiben. Der Leser mag mir im Geiste folgen und an allen Beschwerlichkeiten, aber auch allen Schönheiten und abwechslungsreichen Eindrücken teilnehmen. So mag er gleichzeitig im Ausschnitt ein wenig von der vielgepriesenen Insel Bali kennenlernen.

Bei Sonnenaufgang sind wir schon unterwegs, einige Hundert Meter hoch in einer gutbebauten Höhenlandschaft. Doch wir sind längst nicht die ersten draußen. Die Leute hier scheinen Frühaufsteher zu sein. Überall sind die Bauern bereits am Pflügen und die Frauen am Wasserholen. Es riecht nach Kühen und frischen Äckern, und man könnte irgendwo in der Hohen Rhön, auf dem Eichsfeld oder im Algäu sein; so heimatlich bäuerlich ist alles.

Bald biegen wir von der Autostraße ab und in ununterbrochener Steigung geht es bergan. Kleine freundliche Szenen gleiten vorbei: da ist eine Bäuerin, die an langem Strick ein paar störrische Kühe hinter sich herzieht, und ihr entzückendes Töchterchen, das ein übermütig hüpfendes Kälbchen führt und mich mit großen schwarzen Kinderaugen staunend anstarrt. Da sind tiefgebräunte Leute, die mit dreizinkigen Hacken auf den Feldern Unkraut jäten; eine alte Mutter, die einen mächtigen Topf voll Reiswein auf dem Kopfe balanciert und uns auf meine Bitte hin mit tausend Freuden und sehr geehrt den rötlichen Trank versuchen läßt. Da sind Kampongs mit Mauern aus dunklen Vulkanblöcken und hölzernen Wachttürmen an den Ecken; düstere Dorftempel mit der Silhouette des Agung als wuchtigem Hintergrund.

In einem der Dörfer werbe ich zwei Burschen als Führer und als Träger für die geringe Ausrüstung an. Wähnend, unerfahrene „Orang Baru" (Neulinge, Touristengreenhörner) vor sich zu haben, stellen sie verrückte Forderungen: einen Ringgit, das sind zweiundeinhalb Gulden, pro Kopf und Tag. Aber als ich lachend mit einem landläufigen Scherz erwidere, sind sie durchaus erfreut auch mit meinem gutbemessenen Gegenvorschlag einverstanden: einen Suku, das ist einen halben Gulden, für die ganze Tour hinauf und hinunter. Man einigt sich hier immer friedlich, und trotz der Touristenströme hat das Geld auf Bali immer

[1]) Vergleiche das im gleichen Verlag erschienene Buch des Verfassers: „Urwaldwildnis Borneo. 3000 Kilometer Zick-Zack-Marsch durch Asiens größte Insel."

noch einen recht hohen Wert. Auch hier rechnet man vielerorts, wie auf der vorhin erwähnten „Banditeninsel", noch nach dem Kepeng, von dem, wie ich schon sagte, sieben auf einen einzigen Cent gehen. Ganze Würste dieser abgegriffenen Messingmünzen tragen die Bergbauern seitlich und hinten im Gürtel. Zwei lebende Hühner und ein Säckchen Reis werden eingekauft, es wird ein bißchen fotografiert, ein bißchen geplaudert und ausgefragt. Dann geht es weiter hinauf am spärlich bewachsenen Hang.

Tiefe Schluchten haben ihn zergraben. In manchen von ihnen liegen graue, blankgewaschene Lavaströme. Der Gipfel des Vulkans ist nach der kurzen klaren Sicht des Morgens längst von weißen Nebeln verhüllt. Auf etwa 1400 Meter Höhe kommen wir in sie hinein. Ein Gewitter funkt und spektakelt ein Weilchen um uns. Regen geht zuweilen nieder und wirkt mit zunehmender Höhe kälter und immer kälter. Trotzdem läuft der Schweiß in Strömen vom Körper, denn der Aufstieg ist hart. Nur wenn man einen Augenblick rastet, friert man entsetzlich. Der Durst will nicht mehr weichen. Einmal finden wir ein wenig Regenwasser in einer Lavahöhlung; da trinken wir, bis sich kein Tropfen mehr herausschöpfen läßt.

Dichter Hochwald steht nirgends Der koksige, steinige Aschenboden ist zu locker und zu durchlässig, um ihn halten zu können. Wo doch jemals welcher gestanden haben sollte, ist er durch Brände vernichtet. Hier und da sind unter Aufsicht der Behörden Aufforstungsversuche mit Kiefern und einer Art Wacholder gemacht worden. Daneben sind in Abständen Kasuarinen, die langnadeligen „Tjemara"bäume der Eingeborenen, verstreut. Aufsitzer und Schmarotzer verhüllen mit Pelzen, Nestern und Klumpen ihre Stämme und Äste. Der kalte Höhenwind rauscht in ihren Zweigen, als ob der heimische Herbststurm durch den Kiefernwald führe.

Auf gut zweitausend Meter Höhe erreichen wir den „Pondok", die aus Stangen und Gras errichtete Übernachtungshütte. Schwerer Sturm hat das leichte Bauwerk vollkommen zu Boden gedrückt. Es ist gerade Platz geblieben, um auf allen Vieren hineinkriechen zu können. Über den zusammengestürzten Stützen liegt das Dach noch eben hoch genug, daß man sich auf dem Graslager ausstrecken kann. Nun aber schnell in trockene Kleider! Die Zähne klappern, obwohl die Temperatur noch der eines lauen Sommerabends in der Heimat gleicht. Schon sind die beiden Leute unterwegs, um Brennholz und in einer Schlucht Wasser zu suchen, und bald macht eine heiße Hühnerbrühe das Leben wieder erträglicher.

Nach dem Essen sitze ich ein Weilchen auf der rohgezimmerten Bank oberhalb des Pondok. Nebel kommen und gehen. Für einen Augenblick flackert noch roter Schein der Abendsonne durch die sparrigen, moosbehangenen Bäume. Am klobigen Gipfel des Agung hebt sich der Vorhang; ein braunes, wildzerrissenes Steinfeld und Aschenmeer wird sichtbar. Wenige Minuten später ist alles gleichförmig schwarz. Zusammenschauernd von der erbarmungslosen Kühle verkriecht sich jeder in das Graslager. Und dann folgt wieder einmal eine jener unvergeßlichen Nächte in der Einsamkeit kalter Höhen am Mantel eines ewig gärenden, unberechenbaren Vulkans, der Welt entrückt und den Sternen nahe. —

Vor fünf Uhr schon heißt es: raus! In dieser Höhe wird es früh hell. Schnell einen Schluck heißen Tee und dann los. Einer der Leute bleibt zurück, er wird inzwischen das Reisfrühstück kochen. Schon nach wenigen hundert Metern Steigung kommen wir in die spärlichere Krüppelwaldzone. Eine Art Holunder, lorbeerartige Gewächse, Heidelbeerbäumchen, Rhododendren und dergleichen setzen sie zusammen. Es sind die letzten Holzgewächse weit oben in Asche und Steinen. Verstreute Stauden vom Javanischen Edelweiß finden sich noch bis zum Gipfel. Nicht die Höhe, sondern die dauernden vulkanischen Störungen sind Ursache dieser Vegetationsverarmung. In Wahrheit liegt die tropische Waldgrenze erst bei etwa dreitausendfünfhundert Metern.

Die dünne Luft geht auf die Lungen, die schwere Steigung in alle Glieder. Ein Glück, daß außer dem losen Koks auch feste Lavaströme, oft als weit ausgedehnte Steinmeere, an der Oberfläche liegen. In Runzeln, Spältchen und Riffeln findet der Fuß immer wieder einen Halt. Aber es geht langsam, und man meint, dieses Bollwerk übermenschlicher Titanen niemals bezwingen zu können. Scharfe Schluchtabstürze bleiben zur Seite. Steinschlag löst sich unter den Stiefeln und geht hüpfend, rauschend zu Tal. Schritt um Schritt, Meter um Meter geht es zwischen Bergflanke und freiem Himmel keuchend weiter; wäre noch schöner, wenn wir es nicht schafften! Ich denke an den Semeru, den ich vor Jahren bestieg. Der ist noch um fünfhundert Meter höher, und er war um ein vielfaches schwerer, weil dort unter dem Gipfel alles nur lose Asche und Koks, Geröll und Lapilli ist.

Und auf einmal ist man dann doch oben, steht auf dem Kraterrand und ist tief beeindruckt von der Gewalt der Natur. Übergangslos wie eine künstliche Burgmauer bricht die Wand zum Krater hinunter. Weißer Dampf steigt aus den Wunderquellen, die nach dem Glauben der Balinesen direkt aus Shivas Leibe sprudeln. Auch auf dem Rande des Kraters öffnen hier und da Dampfbrünnchen ihre Ventile; Miniatursolfataren, die nur die umliegenden Steine ein wenig zu erwärmen vermögen. Diese angewärmten Sitze benutzen wir mit Vorliebe als Rastplätze, denn es hat hier oben gereift und ist bitter kalt. Kühn schwingt sich der Kraterkranz in weitem Bogen. Im Norden ist er weggebrochen, nur ein niedriger Wall kreist dort das Loch noch ein. Am Südwesthang klafft von einem Ausbruch her ein bösartiger Spalt. Da sieht man — praktische Belehrung durch die Natur — in großartigem Beispiel die Schale des Vulkans als Asche und Lava in vielfacher Schichtung übereinander.

Dieser Blick in die Runde! Im Westen sieht man von oben her in das Bergland der Batur-Gruppe hinein, die wir anschließend besuchen wollen. Deutlich, wenn auch ein wenig überdunstet, scheint der berühmte Kratersee zwischen ihren verschiedenen Gipfeln heraus. Gegen Norden hin liegt braunverbrannt das kahle, trostlose Küstenland Balis, mit wenigen Kampongs besprenkelt. Zwei kleine Prauen liegen verankert am Meeresufer; trotz der großen Entfernung sind sie durchs Glas haarscharf zu sehen. Im Osten steht die breite Masse des längst erloschenen und zerbrochenen Seraja. Sie füllt Balis östlichsten Teil bis zur Straße von Lombok. Hinter ihr zeichnet sich, kaum faßbar, über der grauweißen Wolkendecke der himmelhohe Gipfelstock des Rindjani auf der Nachbarinsel Lombok ab, von der Morgensonne wie von einem Heiligenschein umleuchtet. Gleich einer Fata Morgana scheint er auf der Dunstschicht zu schwimmen; und doch ist es Wirklichkeit. Er ist ja noch fast um ein Viertel höher als der Agung.

Nach Süden hin aber liegt zwischen uns und den langen, zackigen Ketten des Sidemen-Berglandes die Reislandschaft, aus der wir heraufstiegen. Weite Flächen leuchten bereits im frischen Grün der jungen Pflänzchen. Gegen Südosten hin dehnt sich ein großer Komplex, der frisch überflutet ist. Durchs Glas sieht es so aus, als sei flüssiges Silber über eine künstliche Treppenlandschaft geflossen und über den Hunderten von Terrassen erstarrt. Wolkenbällchen ziehen darüber hin; größere weiße Massen hängen in den Bergen. Dahinter sieht man die Südküste mit scharf vorspringenden Kaps; weiter draußen vorgeschobene Felseneilande, und ganz im Dunst des Horizontes wie ein großes dunkles Tuch über der grauen Nebelsee die Insel Penida in der südlichen Lombok-Straße.

Das Schönste sind aber doch die Wolken. Schneeweiß, flockig und zart treiben sie über alles dahin. Nebel lecken und züngeln am Berg herauf, verschlucken bald hier, bald dort die tiefere Welt, lichten sich wieder und brodeln erneut zusammen, wehen und flattern und bersten auseinander. Höher, immer höher wächst jetzt im Norden eine quellig geballte Cumulus herauf und fließt langsam wie schaumige Milch in das Kraterloch hinein.

Da könnte man den ganzen Tag stehen. Doch noch viel muß heute geschafft werden; und allmählich schlucken die Nebel doch alles weg, so daß nichts übrigbleibt von all der Schönheit. So denn in Gottes Namen tastend und stemmend, stolpernd und rutschend wieder hinunter am Hang, und es ist ein Wunder, daß man zum Schluß mit heilen Gliedern am Pondok ankommt. — Dort wartet ein tüchtiger Topf voll Reis, auch ein paar kalte Hühnerbeine von gestern sind noch da. —

Dann auf besserem Wege talwärts. Nebel wogen ringsum durch die gespenstisch flatternden Moosbehänge der Tjemarabäume. Jetzt lösen sie sich in Wasser auf und wir regnen wieder rettungslos durch. Herbstlich kalt bleibt es den ganzen Tag. Die Stiefel sind ohnehin in Fetzen. Triefend, schweigsam folgen wir dem Pfad. Nur flüchtende Affenherden unterbrechen hin und wieder gibbernd das Schweigen.

Gegen Mittag wärmen wir uns im Heimatdorf der Träger am Feuer im Hause des Dorfoberhauptes ein halbes Stündchen auf, verzehren heißhungrig einen Kamm Bananen und lassen uns geduldig bestaunen. Bald geht es weiter über die Hochebene, die der Agung unter sich aufschüttete, immer wieder auf Zickzackwegen durch tief eingeschnittene Schluchten; fürwahr kein Vergnügen, wenn man am gleichen Tage schon einen Dreitausender absolvierte.

Endlich tauchen am späten Nachmittag in phantastischen Umrissen die schwarzen Pagoden von Balis Nationaltempel Besakih auf, und bald darauf schlüpfen wir im gastlichen Hause des Tempelwächters für die Nacht unter.

Der folgende Tag bringt uns über weites Hochland vom Agung nach Westen hinüber zum Baturvulkan. Im wahrsten Sinne des Wortes zerfetzt und zerrissen ist diese Landschaft durch eine Unzahl kleinerer und größerer Schluchten. Als düstere Markierungen durchziehen sie kreuz und quer die kahle, von rundlichen Aschenbuckeln besetzte Ebene. Nebenschluchten münden ein. Sechzig, achtzig Meter vollkommen senkrecht steigen die Wände streckenweise an. Nischen sind ausgewühlt und abgestürzt, und in breiten Bändern, die wie künstlich aufgeschüttete Straßen anmuten, zieht sich auf den Sohlen schwarzer Grus und Grand entlang. Gemächlich können wir sie heute streckenweise zum bequemen Marschieren benutzen, weil trotz drohender Wolkenschwere kein Regen fällt. Aber wehe, wenn Hochwässer in ihnen entlangbrausen und mit ihrer gewohnten Urplötzlichkeit einen Wanderer überraschen. Es gibt kein Entrinnen für ihn an diesen jähen, lockeren Böschungen.

Dieses ewige Herauf und Herunter von einem Cannon zum anderen setzt auch dem zähesten Körper hart zu. Sehnlichst warten wir auf eine Siedlung, um etwas zu Essen zu finden. Doch Stunden vergehen, ehe wir endlich die erste erreichen. Es ist einsam hier oben in der düsteren, nebligen Welt, in der verwitterte Bergmenschen nur von Viehhaltung und Trockenkulturen leben, aber bei der Ungunst des Geländes keine ertragreiche Bewässerungswirtschaft betreiben können.

Sachte steigt allmählich das Land gegen den Kraterkranz des Batur. Schon ist der Kegel des Abang-Vulkanes ganz nahe. Er sitzt auf diesem

Kranz im Osten als der „ältere Bruder“; das nämlich bedeutet sein Name. Man spürt unwillkürlich, daß jeden Augenblick eine große Überraschung kommen muß. Doch immer aufs neue halten uns Schwellen und Gräben, Gestrüpp und Gestein auf. Endlich, ganz übergangslos, erfüllt sich die Erwartung, und die Spannung löst sich in einem ehrlichen Ausruf der Verwunderung. Vor uns ist die Welt wie abgeschnitten zu Ende. Fast vierzehn zu zehn Kilometer im Durchmesser klafft der „Molengraaffkrater“ des „alten“ ursprünglichen Batur als ein fast vierhundert Meter tiefer Einsturz in der Erdrinde. Halbmondförmig, einen Teil der riesigen Caldera ausfüllend, blinkt der Batur-See herauf. Wie kleine Modelle sind abgezirkelte Dörfer zwischen sein Ufer und die steile Rückwand geschachtelt. Jenseits von ihm steigt rötlich und runzlig der kahle Kegel des „jungen“ Batur vom Boden des erloschenen Urschlundes auf und gähnt uns vom rissigen Gipfel mit zwei dunklen, dampfenden Mäulern entgegen.

Es ist berechnet worden, daß von 1854, dem Jahre der ersten niederländischen Regierungsniederlassung auf Bali, bis heute rund hundert Vulkanausbrüche und Erdbeben auf dieser Insel, die flüchtige Reisende gern eine „glückliche“ nennen, gewütet haben. Die schwersten Katastrophen standen immer in Verbindung mit einer Tätigkeit des Batur-Kraters. 1905, 1917, 1926, um nur die schwersten Störungen unseres Jahrhunderts zu nennen, waren Schreckensjahre für die Bewohner des Batur-Gebirges und der angrenzenden Gebiete. Allein 1917 registrierte man 1300 Tote; und wieviel Not und Elend mag geherrscht haben, von dem niemals ein Wort aufgezeichnet wurde, weil die malaiischen Völker nicht über unabänderliches, von den Göttern verhängtes Leid zu klagen pflegen.

Die Formenwelt am Batur wird jeden, auch den blasiertesten Weltreisenden überwältigen. Hier erlebt man landschaftliche Reize in kühner Einmaligkeit, blättert fassungslos im jahrtausendealten Buch der Natur. Nicht genug, daß man den alten ausgeblasenen Krater, den auf seinem Boden angesammelten See und den gefährlichen jungen Kegel vor sich hat, breiten sich auch die frischen Lavafelder von 1926 in furchenreicher Decke schwarz und starr unter dem Beschauer; hocken kleine Parasitkrater wie vergrämte Zwerge auf dem faltigen Mantel ihrer Mutter; liegen die glatten Blöcke schwarzer und grünlicher Bomben aus Glasbasalt weithin in dem Kessel verstreut. Darüber weiß man, daß dort, wo sich heute das erstarrte Gekröse der koksigen Steinmasse des letzten Lavastromes befindet, vor einigen Jahren noch ein großes Dorf und einer der heiligsten Tempel der Insel standen. Stets bei früheren Ausbrüchen waren beide, Dorf und Tempel, verschont geblieben; unmittelbar vor den Toren des letzteren hatte der feurige Strom beim Ausbruch im Jahre 1917 Halt gemacht. Die Heiligkeit dieser berühmten

Kultstätte war dadurch um ein Vielfaches gestiegen. Beim Ausbruch 1926 mußten die Behörden, in guter Voraussicht des nahen Unglückes, zur zwangsmäßigen Räumung des Dorfes schreiten. Als die Lava aufs Neue heranrückte, glaubten die Bewohner felsenfest an die schützende Kraft ihres Tempels und wollten nicht weichen. Doch wenige Augenblicke nachdem die letzten Bewohner fortgeführt waren, wurden die Mauern des Heiligtums eingedrückt und das Dorf von dem gierigen Magmabrei verschluckt.

Oben auf dem Kranz des „alten" Vulkans, gerade über dem Grab ihrer einstigen Heimat und im Angesicht der Krateröffnungen, die den verderbenbringenden Strom ausspieen, haben sich die vertriebenen Bewohner erneut niedergelassen. Die Regierung hat ihnen geholfen, ein neues, stattliches Dorf aufzubauen. Aber ästhetisch gesehen ist es mit seinen Zementhäusern und Wellblechdächern ein häßlicher Schandfleck. Überdies verläuft gerade hier die am meisten von Touristen befahrene Straße vom Haupthafen Buleleng an der Nordküste hinüber zu den Tempelbezirken im Süden. Ein komfortables Hotel thront in beherrschender Höhe. Chinesische Händler nutzen die gute Verkehrslage für allerlei Läden, und balinesische „Andenken"verkäufer und -verkäuferinnen überfallen sofort jeden Fremden. Glücklicherweise sind sie wenigstens im Wesen und Gebaren die alten geblieben. Gewissenloses Geschäftemachen ist ihnen ebenso fremd wie Unbescheidenheit oder Anmaßung. —

Der Marsch durch die Caldera, also den alten Kraterkessel, und um den jungen Batur herum artet beinahe zu einer Quälerei aus. Heute möchte ich ihn natürlich in der Erinnerung nicht missen. Aber damals haben wir geflucht wie die Landsknechte. Zuerst, am Morgen, geht es noch. Wir haben in erfrischender Kühle auf fünfzehnhundert Meter Höhe in dem Wochenendhäuschen eines Bekannten übernachtet und sind beizeiten hinunter gestiegen in den Kessel. Durch Maisfelder und Viehweiden, bald über steinigen, bald über sandigen und mulmigen Boden hinweg wird der Kegel in weitem Bogen nördlich umgangen. Später kommen wir mehr und mehr in teils ältere, teils jüngere Lavamassen hinein. Stachlige Agaven und Opuntien, Nesseln, Disteln und spitze Seggengräser bilden zwischen dem scharfkantigen Blockwerk die vorherrschende Vegetation und umgeben auch die wenigen, aus schwarzen Lavablöcken errichteten Gehöfte mit schützenden, kaum durchdringlichen Hecken.

Dann erreichen wir endlich am äußersten Nordende des Sees ein großes Dorf. Ich hatte gehofft, von hier aus mit einem der plumpen, an Backtröge erinnernden Einbäume der Eingeborenen zum Südende zurückfahren zu können. Doch ausgerechnet von dorther steht eine starke Brise. Sie wirft heftige kurze Wellen auf dem bis zu neunzig

Meter tiefen Wasser auf und die Leute wagen es nicht, mit ihren kiellosen Fahrzeugen dem Windgott zu trotzen. So setzen sie uns nur eben über die schmale Bucht zum östlichen Ufer über, und es bleibt uns nichts übrig, als an der steilen, wild zerschrundeten Wand den Weg zu Fuß zurückzulegen. Unaufhörlich geht es auf schmalstem Pfade auf und ab; und wenn man nur alle die Kletterpartien, ohne Abstiege und ebene Strecken, aneinanderlegen würde, hätte man gewiß eine zweite Agung-Besteigung geleistet. Wir können noch froh sein, daß der Wind sich zum wahren Sturm auswächst, und die Luft nicht stickig und dick in diesem ringsum abgeschlossenen Kessel steht. So singen uns sein Brausen und das Knarren der Tjemarabäume eine immer wieder aufmunternde Musik zu unserem ermüdenden Gehüpfe, und wir vergessen dadurch ein wenig, daß Boden und Steine, Körper und Füße gleichermaßen glühen, als wären sie im Backofen geröstet.

In unerhörter Klarheit steht der Himmel. Der Sturm hat auch das letzte Dunstflöckchen fortgefegt, und alle Berge, selbst der meistens umschleierte Agung, stehen wie mit dem Meißel ausgehauen vor dem glasklaren Äther. Und Mara Hari, das feurige Auge des Tages, wird wahrhaft zu einer tausendkerzigen Höhensonne. Ein einziges Mal läuft eine Wasserleitung aus Bamburohren über den Weg. Sie führt von einer hochgelegenen Kluftquelle zu einem der Uferdörfer. Die zapfen wir an und trinken uns satt wie abgetriebenes Vieh.

Es ist schon tief am Nachmittag, als wir das letzte Dorf am Südende des Sees endlich erreichen. Noch liegen programmgemäß zwanzig Kilometer des Weges vor uns. Denn wir wollen noch am äußeren Vulkanhang abwärts bis zum Flecken Tampak Siring. Schon spielen wir, die Unmöglichkeit einsehend mit dem Gedanken es mit der abgebüßten Marterung genug sein zu lassen. Da bietet uns ein des Weges kommender Bauer Pferde an, und im Nu sind alle Mühen, alle Bedenken verflogen. Die Aussicht auf einen Ritt durch den friedlichen Abend lockt allzu sehr. Rasch ist der Handel geschlossen, und schon sitzen wir im Sattel.

Oben auf der schmalen Höhe des Kraterkranzes, wo wir die Autostraße kreuzen, rasten wir noch rasch an einer Speisebude, und dann geht es abwärts. Was nun noch folgt, ist eigentlich das Schönste vom ganzen Tage. Die Pferdchen trappeln mechanisch vorwärts, man braucht sie nicht treiben, nicht lenken. Man läßt die müden Beine baumeln, stützt sich ein wenig auf den Sattelknopf, atmet beglückt die abendliche Kühle und verfällt ins Träumen. Die Sonne sinkt in streifigem Gold. Auf den Reisfeldern liegt ein unendlicher Friede. Überall holen Mädchen und Knaben die braunen, glänzenden Rinder von den Weiden; und aus den jungen Saaten steigt ein wunderbarer Duft, daß man die Arme in die Luft werfen und vor Lust schreien möchte. —

Nun fällt die Dunkelheit mit tiefen Schatten. Nur noch wie unsichere Schemen gewahrt man die hier und da Vorübergehenden. Langsamer, tastender werden die Schritte der Pferde. Halb ist man noch wach, halb schon im Schlaf. Leuchtfliegen flimmern überall in unerklärlichem Spiel. In den Dörfern läutet mit vollen, tönenden Klängen das Gamelan, hüpfen die Bambuflöten, dröhnen die Gongs, klatschen in bald melancholischen, bald aufregenden Takten die Trommeln zum ergreifend schönen Tanz der Mädchen und Jünglinge. Zuckende Lichter spielen auf ihren vollendeten Leibern, wenn wir im Vorbeireiten einen Augenblick verweilen. Und über allem flimmern die Sterne in millionenfacher Heerschar.

KÜNSTLICHE LANDSCHAFTEN

Es klingt gewaltsam, wenn ich von der urwüchsigsten aller Naturlandschaften Inselindiens, der vulkanischen, jetzt zu dem geraden Gegenteil hinüberwechsele, nämlich zu jenen Landschaften, die nichts Natürliches mehr bewahren, sondern reine Kunstgebilde des Menschen sind. In der Einsamkeit eines weltverlorenen Gipfels, in der Endlosigkeit unberührter Wälder wirkt der Gedanke fast absurd, daß am Fuß des Berges oder vielleicht schon auf halber Höhe seiner Abhänge übergangslos ein Plantagenbezirk, eine Minensiedlung, ein Reisfeldkomplex liegen kann. Und doch ist dieses harte Nebeneinander in den Tropen sehr häufig. Denn sie lieben in allem den schroffen Wechsel, wollen nichts wissen von gleitenden Grenzen und ineinander fließenden Schattierungen. Bei uns ist das anders; der Übergang, der Ausgleich beherrscht alles, und es gibt kein schroffes Zusammenstoßen von Natur und Kultur mehr. Selbst was wir bei uns „Gottes freie Natur" nennen, ist ja in den seltensten Fällen noch unbeeinflußter Naturzustand. Alles ist gezähmt, alles ist mehr oder minder „künstliche" Landschaft; und darum vermag auch der Zahme mit zahmen Mitteln sich bei uns zurecht zu finden.

Wo aber der vorwärtsstürmende Mensch zum ersten Male fordernd der wirklichen Wildnis entgegentritt, muß er gewaltsam in die Gesetzmäßigkeit der Natur einbrechen. Nur der Starke vermag das. Er hat alle ihre Kräfte im einzelnen und in der Summe gegen sich. Aber er kann auch seinerseits, beseelt von dem Wunsch zum Triumph, bedingungslos alle seine eigenen Kräfte in den Kampf werfen: Technik, Wissenschaft, Kapital, Erfahrung, gemischt mit einem Schuß Egoismus, Brutalität, Idealismus oder was sonst er an Antrieb in sich trägt. Nie aber kann etwas anderes dabei herauskommen, als wieder etwas Gewaltsames, eine Provokation der menschlichen gegenüber der göttlichen Schöpfung.

Man darf nicht meinen, daß in Inselindien nur die große „Stadt", diese vom Europäer so sehr gepflegte und in alle seine Machtbereiche schleunigst übertragene Zusammenballung kultureller Energien und Dekadenzen, als künstlicher Fremdkörper provozierend in der umgebenden Natur wirkt. Im Gegenteil, sie ist heute, genau wie bei uns immer schon, in eine erschlossene Umgebung eingegliedert Nur jüngste, aus dem Boden gestampfte Industriestädte in den Erdölbezirken bilden eine Ausnahme. Das krasse Mißverhältnis: hier Natur, hier Mensch, offenbart sich viel stärker in ganz anderen Beispielen, etwa in dem kleinen vorgeschobenen Verwaltungsplatz mit seinem halben oder ganzen Dutzend Häusern am Zusammenfluß zweier ungebändigter Ströme, oder in der bahnbrechenden Marktsiedlung mit ihrer kurzen Doppelreihe chinesischer Krambuden an der Kreuzung zweier zunächst noch vom Leeren in das Leere führender Straßen; oder in dem hinter einer grünen Landzunge unvermittelt auftauchenden nebensächlichen Hafenort fern vom großen Weltverkehr, mit den blinkenden Wellblechdächern seiner paar Koprasdchuppen und Kontore. In großen Teilen des Archipels ist dieses Mißverhältnis in Tausenden von verstreuten Wiederholungen die Regel, und zwar überall dort, wo der Mensch, zumindest der wirtschaftende Fremde, noch Gast, aber noch nicht Herrscher ist.

In anderen Teilgebieten dagegen beherrschen weithin und ausschließlich die Schöpfungen des Menschen das Landschaftsbild, ganz besonders auf Java und in jenem Teil Sumatras, den man drüben kurzweg „die Ostküste" nennt. Im ganzen genommen ist die letztere wohl die gewaltsamste unter allen künstlichen Landschaften des Archipels, denn erst um 1860 begann der Weiße dort mit seinem Werk, um es dann in einem für Inselindien noch nie dagewesenen Tempo zur höchsten Vollendung zu führen. Auf Java jedoch war die Kulturlandschaft des Menschen schon vor Ankunft der Europäer weit fortgeschritten und harmonisch in ganz allmählichem Wachstum in das tropische Land hineingewachsen. Hier ist es die „Sawah", das künstlich bewässerte Reisfeld des Eingeborenen, das allüberall den Sieg über die Wildnis davontrug.

Abgesehen von Bali, gehört der Begriff „Sawahlandschaft" zu keiner Insel so unzertrennlich wie zu Java. Man muß sich einmal vergegenwärtigen, daß es dort mehr als vier Millionen Hektar Reisland gibt — nach der Statistik vom Jahre 1940 —; das ist rund ein Drittel der gesamten Landesoberfläche. Selbst auf der Fahrt im rasenden Expreß reißen Stunden um Stunden die Sawahs nicht ab. In breiten

Neun Zehntel aller Malaien sind Mohammedaner.
Freitagsbesuch in der Moschee

Junger Iban-Dajak. Im Ohrpflock trägt er einen Silberdollar

Rechtecken mit kaum hervortretenden Zwischendämmen erfüllen sie die Tiefländer. Je mehr das Land ansteigt, um so höher werden diese Dämme, nun nicht mehr schnurgerade die Landschaft zerteilend, sondern geschwungen und winklig sich jeder Geländeform anschmiegend. In breiten Terrassen und immer schmäler werdenden Stufen erklettern die Sawahs die Hänge der Vulkane und sonstigen Gebirge. Erst in 1500 Meter Höhe, weit höher als die Bahnen Javas jemals emporklimmen, hören sie auf. Denn dort ist die Klimagrenze des Reises erreicht, und mit einem Schlage sind auch die Siedlungen, ist die Kultur zu Ende. Nur in wenigen Ausnahmefällen sind höhere Landesteile noch auf der Grundlage von klimahärteren Maissorten, Knollen und Gemüsen bewohnt. Oder Teefelder und Chinarindeanpflanzungen bringen gelegentliche künstliche Unterbrechung in die Naturlandschaft der Höhenzone.

Außer der Gesteinsunterlage und den Großformen der Oberfläche ist in diesen Sawahlandschaften nichts so geblieben, wie die Natur es geschaffen hat. Die Kleinformen der Oberfläche sind abgetragen und umgestaltet, die Bodenkrume ist durchwühlt und verlagert, das Gewässernetz grundlegend abgeändert, die einstige Vegetation restlos vernichtet und selbst das Klima infolge der Beseitigung der Wälder und der Bildung großer Wasserflächen spürbar beeinflußt worden. Denn Sawahlandschaften sind Wasserlandschaften größten Stils. Nimmt man spezielle Kartenblätter der Reisfeldgebiete zur Hand, wie sie gerade in Niederländisch-Indien vom Topografischen Dienst mit Hilfe fotografischer Aufnahmen vom Flugzeug aus in beispielhafter Vollendung geschaffen worden sind, so wirken sie in ihrer hellblauen Schraffur wie echte Seen. Grün und scharfbegrenzt liegen die Dörfer wie Inseln in den blauen Flächen. Eine Straße, ein Schienenstrang schneiden auf schmalem Damme auf kürzestem Wege hindurch, und in die Täler einer etwa anschließenden Hügelregion greifen die blauen Wasserfelder wie Buchten des Ozeans in das feste Land ein.

Genau so wie auf den Karten ist es in Wirklichkeit. Weithin Wasser oder Sumpf, je nachdem, ob die Flächen jung bepflanzt sind oder der Reife entgegengehen; dazwischen die Dörfer als wirkliche Inseln, mit Vorliebe auf natürlichen Erhöhungen oder randlichen Talterrassen; und lediglich auf dem schmalen Verkehrsdamm von Bahn und Straße vermag sich der Reisende vorwärts zu bewegen. Ein Schritt daneben, und er steckt im Schlamm der Sawah. Nur der einheimische Bauer benutzt die Dämme zwischen den Feldern; vielleicht auch einmal ein Vermessungstrupp, eine Militärpatrouille, ein Sonntagsjäger. Selten sind sie an der Krone breiter als ein Fuß lang ist, selten auch mit Gras bewachsen, das etwas besseren Halt gewähren könnte, häufig aber noch mit Bohnen, Gurken und sonstigen zusätzlichen Gemüsen bepflanzt und dadurch noch schwieriger zu begehen.

Das Künstlichste an dieser Kunstlandschaft sind freilich nicht die Felder selbst oder die Dämme, sondern die Bewässerungsanlagen. Man war lange der Ansicht, daß der ganze nasse Reisbau der Malaien keine ureigene Schöpfung sei, sondern daß erst die etwa seit Beginn unserer Zeitrechnung hereinströmenden Kolonisten aus Vorderindien ihn mitgebracht hätten. Namhafte Forscher haben in letzter Zeit aber nachgewiesen, daß dem nicht so ist. Die Sawahkultur im Archipel ist uralt. Die Hindufürsten haben sie allerdings technisch und organisatorisch sehr verbessert. Wir kennen noch heute auf Java hervorragende Wasserwerke, die vor mehr als tausend Jahren auf ihr Betreiben hin gebaut worden sind und immer noch Dienst tun. Es ist im einzelnen schwer zu sagen, wie weit die Praktiken und Methoden beim Reisbau Eigengut oder Fremdgut sind. Es soll uns darum hier die Tatsache hochwertigster Leistung genügen.

Man hört immer wieder die kühn an den Hängen hinaufgreifenden Reisterrassen der Igoroten auf Luzon gepriesen, sieht Abbildungen davon in Zeitschriften und Lehrbüchern, und läßt sich dadurch leicht zu dem Schluß verleiten, daß die Philippinen die vorbildlichsten Sawahanlagen der Erde haben müßten. Ich meine, daß hier vielleicht die Werbetrommel der Amerikaner, die ja immer gern das Größte und Beste in ihrem Besitz haben möchten, mit im Spiele ist. Wer durch die Prijangan-Berge Westjavas oder im Vulkanland Ostjavas, bei den Toba-Batak Sumatras oder bei den Balinesen reiste, wird nicht minder entzückt und der Bewunderung voll sein von den ästhetisch und technisch hervorragenden Schöpfungen. Ja, wer sich auf Bali nicht den Grundsatz der internationalen Werbeprospekte: „How to do Bali in three — oder besser noch: in two — days!“ zu eigen macht, sondern sich auch abseits der Straßen zu bewegen weiß, wird beim Anblick mancher selbständigen Erfindung der balinesischen Reisbauern sogar sehr achtungsvoll den Hut ziehen. Da sind ganze Bergriegel kilometerweit im primitivsten Handbetrieb durchtunnelt worden, um Berieselungswasser an einen Sawahkomplex heranzuführen. Da sind Leitungen aus hohlen Palmstämmen und Bamburohren, die auf solide konstruierten Brücken Schluchten und Flüsse queren. Da sind raffiniert ausgedachte Nivellierinstrumente und Wasserverteilungsapparate aus gekerbten Baumstämmen, die genau so präzise arbeiten wie die Schleusenanlagen eines erfahrenen Ingenieurs.

Was die Eingeborenen jedoch nicht konnten, ganz einfach, weil ihre Kräfte und Hilfsmittel nicht ausreichten, war die Anlage genügend starker Stauwehre in den Flüssen. Die Bandjire — das sind die plötzlichen tropischen Hochwässer — vermochten ihre schwachen Anlagen allzu oft wegzureißen. Gerade hier fand der holländische Wasserbautechniker ein dankbares Feld der Betätigung. Ihm ist ja aus dem Mutterland die Zähmung und Lenkung der Fluten aufs beste vertraut. Stauwerke verschiedensten Leistungsvermögens mit allen dazugehörigen Anlagen an Sammelteichen, Schleusen und Kanälen sind heute nicht nur auf Java zu finden, sondern überall, wo nasser Reisbau in großem Maßstabe von den Malaien betrieben wird. Mitte des vorigen Jahrhunderts wurde am Brantas-Fluß in Ostjava die erste Anlage dieser Art gebaut. Sie vermochte 34 000 Hektar Reisland geregelt mit Wasser zu versorgen. Heute sind allein auf dieser Insel rund 1½ Millionen Hektar dem staatlichen Bewässerungssystem angeschlossen, und ein eigenes Ministerium bearbeitet alle damit zusammenhängenden Fragen. Fachkreise der ganzen Welt zollen der „Irrigatie" Inselindiens höchste Anerkennung.

Reisfeldlandschaften wirken immer schön, sei es im Silberspiegel der neuen Überflutung kurz vor und während der Bepflanzung, sei es im sprießenden Maigrün des jungen Korns oder in der goldenen Fülle der reifenden Frucht. Gewiß, in den großen Flächen breiter Tieflandtafeln wirken sie eintönig, unter der heißen Sonne wohl auch brütend und gärend, trotz ihrer Weite beklemmend. Aber im ganz ebenen Land sind sie auch nicht allzu häufig vorhanden, weil die Bewässerungsmöglichkeiten dort am schwersten sind. Sobald aber ihre Stufung beginnt, wird das Bild lieblich, und später bei immer kühnerer Steigung bald großartig. Die während der letzten Jahrzehnte in rasch steigendem Maße und mit hoffnungsvollen Ansätzen von Eingeborenen, Mischblütigen und in den Kolonien geborenen Europäern aufgenommene Landschaftsmalerei wählt gerade die jungbewässerten Sawahterrassen mit dem Widerspiel des Himmels, dem Spiegelbild der umrandenden Berge und den blauverschleierten Vulkanen im Hintergrund mit Vorliebe als Motiv. Auch der von Übersee zureisende Landschaftsmaler müßte ein merkwürdiger Außenseiter sein, wenn er nicht als Prunkstücke seiner Arbeit Sawahbilder zurückbrächte. Der wunderbar fruchtbare Geruch dieser Felder in der Morgenkühle, das Tag und Nacht nicht verklingende Lied ihrer zahllosen Wasser und Kaskaden, die unvergleichlich friedliche Stimmung am Abend und der zauberhafte Anblick bei Mondenschein, alles das schwingt tief und tönend mit, wenn der Landeskenner seufzend vom „Heimweh nach den Tropen" spricht.

Die übrigen Felderlandschaften der Eingeborenen fallen nicht so sehr ins Auge und ins Gewicht, obwohl sie rein flächenmäßig für den ganzen Archipel zusammengenommen sechs Zehntel der Anbaufläche ausmachen, gegen nur vier Zehntel des Reises. Lediglich Mais findet sich in Ostjava, hier und da auch auf Selebes und in sonstigen trockneren Gebieten ebenfalls zu ausgedehnten Kulturflächen zusammen.

Im Küstenland kann die Kokospalme alles beherrschen. Der Laie meint gern, die Kokos sei ein reiner Wildbaum: ihre Nüsse fallen auf den Strand, die See nimmt sie fort, die Strömung spült sie irgendwo wieder an, sie wurzelt, wächst, vermehrt sich, und wieder ist ein neuer wilder Kokoswald entstanden. So haben wir uns das wenigstens auf Grund unseres Schulunterrichts vorgestellt. Es soll nicht bestritten werden, daß die Verbreitung auf diese Weise eine Rolle spielen kann. Aber die weitaus größte Zahl der Kokosbäume Inselindiens ist vorsätzlich angepflanzt worden. Wenn man Siedlungen in der Kokoszone besucht, wird man fast an jeder Hütte unter dem Dach aufgehängte und ausgekeimte Nüsse finden. Nach Erreichung einer bestimmten Höhe werden sie ausgepflanzt.

Wo die Bedingungen ihr günstig sind, führt die Kokospalme fast das uneingeschränkte Regiment. Besonders Koralleninseln mit ihrem kalkigen Untergrund, dem leicht brackigen Grundwasser und der salzgeschwängerten feuchtwarmen Meeresluft, also lauter günstigen Bedingungen für die Palme, sind oft in reine Kokoswälder verwandelt. Ich erinnere mich sehr gut des überraschenden Eindruckes, den die Tausende und aber Tausende von lückenlos zusammengeschlossenen, zierlich geschnittenen Wipfel bei mir auslösten, als ich einmal auf den Leuchtturm von Hinako, einem weltverlorenen Atoll nordwestlich der Insel Nias, gestiegen war. Noch nie in meinem Leben hatte ich eine solche Masse von Palmen beisammen gesehen, jedenfalls nicht aus der Vogelschau. Als ich einige Jahre später die Landschaften an der Westküste Borneos kennenlernte, konnte jenes und konnten alle Koralleninselchen freilich nicht mehr konkurrieren. Denn was ich nun von einem inselartig aus der Küstenebene aufsteigenden Hügel aus an Palmen unter mir sah, war so unermeßlich bis zum äußersten Rande des Blickfeldes, daß ich annehmen möchte, die größte aller Kokoslandschaften unserer Erde genossen zu haben. Dort haben sich zugewanderte Chinesen ihres Anbaues bemächtigt und ihn zur Quelle großen Wohlstandes für das Land gemacht.

Kokoslandschaften sind nur von See her oder aus der Höhe gesehen malerisch. Innerhalb der geschlossenen Bestände wirken sie langweilig. Die schnurgeraden Entwässerungskanäle im nassen Küstenland schwächen diesen Eindruck nicht ab, sondern tragen noch dazu bei. Immerhin gewähren sie einen Vorteil. Die Gezeiten können in ihnen weit ins Land greifen und bei Überschwemmung des Landes mit der geregelten Durchspülung die Brutplätze der Malariamoskiten zerstören. An solchen mangelt es gerade in den Kokoswäldern nicht. Jede von den Kokosratten angenagte und herabgefallene Nuß, jede achtlos fortgeworfene

Schale kann sich mit Wasser füllen und zu einem bevorzugten Brutplatz der Mücken werden.

In meinen Tagebüchern steht bei der Bereisung großer Kokoshaine manchmal der Satz: „Kartoffeläcker können auf die Dauer nicht eintöniger wirken als diese ‚Klapperbäume'..." So heißen sie im Lande, verbalhornt aus dem malaiischen „kelapa" für „Kokosnuß". Dazu haben sie als sehr unangenehme Beigabe den seifig durchdringenden Gestank der Kopraräuchereien. Er gehört zu ihnen wie die Farbe zum Bild und der Klang zur Musik. Wenn einheimische Kautschukgärten in der Nähe sind — und sie sind seit dem Aufschwung der Eingeborenen-Kautschuk-Kultur immer in der Nähe —, gesellt sich der widerwärtig faulige Geruch der frischen Gummikuchen hinzu, die überall in den kleinen Sammelhütten aus dem grobgereinigten Latex in flachen Schalen bereitet werden. Kommt man gar in einen Markt oder einen Küstenplatz, wo Kopra und Rohkautschuk gemeinsam aufgestapelt werden, dann kann es zu viel für die Nase werden. Sicher wird daneben auch noch mit Trockenfisch gehandelt, strömt aus den Kramläden der muffige Geruch von Knoblauch und Zwiebeln, und werden an allen Ecken Gerichte mit Kokosölzusatz fabriziert. Dann hat der typische Geruch malaiischer Küstensiedlungen den Grad der Vollkommenheit erreicht.

Auch die Stadtlandschaft Inselindiens teilt sich dem Beobachter nicht nur durch Auge und Ohr, sondern ebenso einprägsam durch den Geruchssinn mit. Bratendes Kokosöl, aufgestapelter Dörrfisch, Weihrauch, Melatiblumen und inländische Zigaretten mit ihrem Zusatz von gemahlener Nelkenblüte haben den stärksten Anteil an der nicht fortzudenkenden Duftmischung der indonesischen Stadt. Das Ohr des Europäers muß sich ebenfalls auf manches neue Geräusch einstellen. Es muß nicht nur die hemmungslosen Hupentöne unzähliger Autos, die teils warnenden, teils schmeichelnd auffordernden Glockenzeichen ebenso vieler Pferdekutschen, die Ausrufe von Händlern aller Branchen in allen Tonhöhen und Steigerungsgraden der Inbrunst aufnehmen, sondern auch die bei uns fehlende Musikreklame der Kinotheater. Mit Pauken und Trompeten durchfahren gemietete Kapellen unablässig die Straßen und schmettern darauf los, daß die Ohren gellen. In kleinen Städten, wo der geringere Zulauf die Unkosten für eine solche Kapelle nicht decken würde, sah ich statt dessen alle möglichen Ersatzerfindungen, etwa einen Dreiradfahrer, eingebaut in dachartige Reklameschilder, mit einer auf dem Gepäckträger angebrachten sinnvollen Kombination von Pauke und Becken, die durch eine ebenso raffinierte Klöppelanlage am Hinterrad beim Fahren selbsttätig in Betrieb gesetzt wurde. Krach um jeden Preis. Je mehr Krach, um so mehr „ist los". Mit dem Worte „Ramai-Ramai" erfaßt der Malaie diesen Zustand; es umfaßt alles, was Betrieb und Spektakel bedeutet. Das Gerücht von solchem „Ramai-Ramai" zieht ihn hundert Kilometer weit an. Ramai-Ramai ist der beste Menschenmagnet Inselindiens. —

Jene gemischte Landschaft aus Kokoshainen und Kautschukwäldern möchte ich im Sinne der Ästhetik als den Superlativ des Häßlichen bezeichnen. Wie können solch entgegengesetzte Landschaften wie die lieblichen Sawahgebiete Javas oder Balis und diese reizlosen Baumsteppen unter den gleichen malaiischen Himmel gehören! Sicher liegt es mit daran, daß in den letzteren vielfach der Chinese dominiert. Manches, was dieser baut und schafft, ist zwar malerisch, jedoch, die Tempel und Grabstätten vielleicht ausgenommen, nur aus der Entfernung gesehen. In der Nähe ist alles scheußlich bei ihm. Holzhäuser in langer Doppelreihe abwechslungslos aneinandergereiht, mit aufgehöhter, aus Lehm gestampfter Laufstraße unter den vorgezogenen Dächern, bilden seine betriebsamen Dörfer und Marktsiedlungen im Lande. Jeder kleine Markt nennt sich natürlich „Kota", „Stadt". Das übt einen ganz anderen Reiz auf den einkaufenden Landesbewohner aus, als wenn er nur „Kampong", also „Dorf" wäre. Nüchterne Auslagen von allerlei billigem Zeug liegen auf den Verkaufstischen der überhäuften Läden. Scharen von verstaubten und verschmierten Kindern tummeln sich zwischen Hühnern, Schweinen und Hunden auf den Gassen. Magere. halbnackte, verkniffene Typen lauern im Halbdunkel der Ladenhöhlen. Hinter den Läden oder auch in einem aufgesetzten Oberstock haust die Familie. „Wohnen" kann man die gelegentlich zum Essen und Schlafen erfolgende Zusammenkunft in unaufgeräumten, schmutzigen, schmucklosen Räumen nicht nennen. Staub im Hause bedeutet Glück, nach chinesischer Auffassung. Eine bequemere Lebensregel kann man sich kaum denken. Die Hinterfronten der Häuser wollen wir nicht näher untersuchen. Der große Steinkrug mit den für Düngezwecke gesammelten Fäkalien übt jedenfalls auf den Fremden eine nachhaltigere Wirkung aus als ein bissiger Hofhund.

Die Einzelhäuser der chinesischen Bauern in den Kokoswäldern und Kautschukgärten sind nicht minder prosaisch. Der Malaie setzt seine Hütte wenigstens auf Pfähle, und ein Pfahlbau wirkt immer freundlich, so armselig er auch sein mag. Der Chinese geht aber auch in der Fremde nur in unumgänglichsten Fällen von seiner heimischen Bauweise ab. Selbst in dem Überschwemmungsgürtel des Küstenlandes baut er, wie daheim, gern zu ebener Erde, bestenfalls auf niedriger Wurt; und es ist ihm gleichgültig, daß er zur Regenzeit seine Behausung nur barfuß durch schmutziges, gärendes Wasser erreichen kann, und daß sie zu anderen Zeiten auf einer kahlen, ausgebrannten Schlammkruste liegt.

Solche Ausgeburten der Häßlichkeit mit all den dazugehörigen negativen Nachwirkungen auf den Beschauer sind glücklicherweise nicht allzu häufig im Inselparadies. Wohl sind auch die europäischen Plantagen oft eintönig und schematisch. Aber sie erfreuen doch durch ihre Sauberkeit und sinngemäße Ordnung. Wenn man längere Zeit von der Wildnis der Wälder umgeben war und dann eine Plantage erreicht, ist es stets wie eine Befreiung, wie eine Rückkehr zur dankbar empfundenen „Kultur".

Auf Java ist es vor allem das Zuckerrohr, das auf weite Strecken hin das Bild der Plantagenlandschaft prägt. Zumindest war es so bis zu dem in den dreißiger Jahren erfolgten Zusammenbruch der Zuckerwirtschaft. Diese Zuckerrohrlandschaft ist im einzelnen jedoch keine bleibende. Sie wechselt Jahr für Jahr den Standort und fügt sich daher nicht als Dauererscheinung dem Gesamtbild ein. Auch der Tabak wandert — dieser in achtjährigem Turnus — von Feld zu Feld. Wo er heute steht, baut nächstes Jahr die Bevölkerung Reis, und dann folgt sechs Jahre lang Brache mit einem rasch nachwachsenden Jungbusch. Anders ist es mit den Agaven, mit Kaffee, Tee und vor allem mit den Baumkulturen wie Kautschuk, Ölpalme, Muskat oder Chinarinde. Sie stehen jahrzehntelang am gleichen Platz und gehen als Dauererscheinung ganz in das Landschaftsbild ein. An der Ostküste Sumatras sind es, neben dem Tabak im Hinterland von Medan, vor allem die ausgedehnten Kautschukbestände und Ölpalmenwälder, die sie zum höchstproduktiven Plantagenbezirk und zu einer ausgesprochenen Wirtschaftslandschaft umstempeln. Vor achtzig Jahren war dort alles noch Wald und Sumpf. Eingeborene Siedler hatten lediglich die Ufer und Mündungen der namhaften Flüsse lose besetzt. Heute haben Pflanzungen und Fabriken, Straßen, Bahnen und Brücken, Masten und Drähte, Märkte, Häfen und eine in die Millionen gehende international zusammengewürfelte Bevölkerung das Wort. Eine Wirtschaftskarte vom „Kulturgebiet Sumatra—Ostküste" ist eine ununterbrochene Kleckserei von Farben, als Kennzeichen der einzelnen Plantagenbetriebe. In normalen Zeiten kommen Jahr für Jahr randlich ein paar neue Kleckse hinzu, als Zeichen fortdauernden Kampfes des Menschen gegen die Wildnis. Es ist ein sehr aufreibender Kampf, der da geführt werden muß, denn der Gegner, eben die Wildnis, greift oft mit den unmöglichsten Zufälligkeiten in ihn ein und gefährdet dadurch den Erfolg jahrelanger Mühen.

Wie erbittert Natur und Kultur sich bekämpfen können, auch dort, wo die letztere bereits das Feld zu beherrschen scheint, erzählte mir einmal der Leiter einer großen elektrischen Zentrale aus seiner Praxis auf mehreren der Inseln. „Da laufen nun von meiner Zentrale aus die Drähte in das Land hinein", sagte er, „und bringen ihm im wahrsten Sinne des Wortes das Licht der Zivilisation. Wir schalten ein und schalten aus als souveräne Herren der Technik. Aber wir sind in den Tropen, Mijnheer, und die können wir niemals ausschalten. Zu Hause gibt es keine Vogelspinnen, die durch ihren klebrigen Netzbau Kurzschlüsse hervorrufen können. Wohl aber gibt es sie hier. Und finden Sie einmal in einer zehn Meter hohen Stromleitung ein haarfeines Spinnennetz! Oder es können nagende Baumratten schwere Störungen in den Drähten hervorrufen. Während meiner Tätigkeit auf Java veranlaßten immer wieder Fliegende Hunde beim Durchsegeln der Leitungen schwer auffindbare Kurzschlüsse; und im waldreichen Borneo hatten wir die Bantengs, die Wildrinder, zu fürchten." — „Nanu!" warf ich zweifelnd dazwischen, „springen die etwa auch durch die Drähte?" — Er lachte. „Ihre Logik, Mijnheer! Ihre Logik! Die Sprünge dieser Tiere hatten wir natürlich nicht zu befürchten. Aber sie scheuerten sich gern so heftig an den Leitungsmasten, daß diese mehr als einmal umgeworfen wurden. Ich ließ daraufhin scharfe Stacheldrähte unten um die Pfähle wickeln und hoffte, das würde sie abhalten." — „Ihre Logik, Mijnheer! Ihre Logik!" beeilte ich mich, spottend zurückzugeben. — „Sie haben Recht!" gab er kleinlaut zu. „Ich hätte es wissen müssen. Natürlich bevorzugten die Biester diese herrlich kratzenden Prickel nun erst recht, wie die vielen Haarbüschel zwischen den Stacheln und die vermehrten Störungen bewiesen. Es blieb mir nichts übrig, als meine schöne Erfindung wieder beseitigen zu lassen."

Unter den künstlich umgestalteten Landschaften Inselindiens muß ich auch die Industriefelder nennen. Immer stehen sie im Zusammenhang mit den Bodenschätzen, während die Verarbeitungsindustrie bisher nur eine recht untergeordnete Rolle spielt. Auch ohne Zutun des Europäers haben auf der Suche nach Bodenschätzen große Wandlungen in der Landschaft stattgefunden. So etwa dort, wo Malaien und Chinesen nach Gold gruben. An der Westküste Borneos sind weite Landesabschnitte durch das Umwühlen ganzer Berge und Talungen verwüstet worden. Kleineren Ausmaßes, aber ebenfalls nicht zu übersehen, sind die Diamantenfelder dieser Insel. Ich besuchte solche unfern des Städtchens Martapura im Hinterland von Bandjermasin. Ohne Führer findet man sich in diesem seit Jahrhunderten immer wieder durchsuchten Gelände kaum mehr zurecht. Es ist ein wahlloses Gewirr von Abraumhalden, voll Wasser gelaufenen Mulden, zusammengestürzten kleinen Schächten, verrottenden Resten von abgeschlagenem Wald und Buschwerk, Hütten und Brücken und voll in Produktion befindlichen Feldern mit einem Gewühl von schlammbespritzten Wäschern und Wäscherinnen.

Erst wo der Europäer eingreift, zeichnet sich sehr bald das Planmäßige der Anlagen ab. Aber auch sie wirken fast immer wie ein gewaltsamer Eingriff in das Bestehende. Es gibt Bergbauunternehmen, die in ganz abgelegenen Landstrichen unvermittelte Kulturinseln, betriebsame Wirtschaftsoasen inmitten der toten Wildnis erstehen ließen. Die großen Goldwäschereien am Edi auf Neu-Guinea, Hunderte von Kilometern von der Küste entfernt, stehen ja mit dieser überhaupt nur auf dem Luftwege in Verbindung; nicht einmal eine Straße hat man nach dort gebaut. Ich denke da ferner an ein bekanntes Goldbergwerk in der Provinz Bengkulen in Südsumatra. Vom gleichnamigen Städtchen aus hatte ich einen ganzen Tag erst mit dem Autobus, dann mit einem Motorboot, anschließend mit einem Frachtauto und zum Schluß noch mit einer Werkbahn durch nahezu menschenleeren Urwald fahren müssen, bis ich plötzlich in einem engen Tal ein wahres Wunder erlebte. Im Schein der zahllosen Lampen bei der bereits hereingebrochenen Dunkelheit wirkte es noch elementarer als im Tageslicht. Fabrikanlagen, Gleisnetze, Kontore, Arbeiterunterkünfte drängen sich auf der schmalen Talsohle. Die Häuschen der Angestellten, freundlich erleuchtet, erklimmen weit verstreut die steilen Hänge. Mit dem Brausen des Bergflusses mischt sich das Dröhnen und Krachen der Erzmühlen, das Poltern der aus den Stollen heranrollenden Förderwagen, das Pfeifen der Maschinen und Rufen der Aufseher. Das alles stürmt so übergangslos auf den Besucher ein, daß er es tatsächlich für einen Traum halten kann.

Andere Minenfelder dagegen künden sich schon lange vor dem Erreichen ihres Zentrums an. Da sind beispielsweise die langen Kohlenzüge, die vom Hochland Mittel- und Südsumatras zur Küste hinunterrollen, mit den dazugehörigen Verschiebebahnhöfen und Siedlungen. Aus der Ferne schon tauchen die Fördertürme der Zechen und die rauchenden Schlote auf. Betriebsame Städte scharen sich um sie. Namen wie Sawah Lunto oder Muara Enim haben für den Landeskenner einen häßlichen Beigeschmack von Rauch und Ruß und schmutziger Arbeit in heißen Schächten.

Sogar ganze Inseln des Archipels sind von der Minenindustrie künstlich umgewandelt worden. Es sind die Zinninseln Bangka und Belitung — oder Billiton — östlich von Sumatra, neuerdings auch Singkep und die Bauxitinsel Bintan im Riau-Archipel. In größtem Ausmaße ist dort der Wald verbrannt oder abgeschlagen und zu Holzkohle für die Schmelzhütten verarbeitet worden. Die Erde ist aufgewühlt und fortgespült, künstliche Seen oder versumpfte Binsenflächen sind zurückgeblieben, neue Pflanzen und eine vorher unbekannte Vogelwelt haben sich auf ihnen eingefunden. Bagger fressen sich in den Flüssen aufwärts, Straßen ziehen kreuz und quer, belebt von geschäftigen Fahrzeugen. Fremde Arbeiter, Chinesen, fanden sich in Scharen ein, brachten ihre Bauweise, ihre Sitten, ihre Sprache und Religion mit, wurden zu seßhaften Bauern, wenn sie aus dem Dienst der Zinngesellschaften ausschieden, führten als solche neue Kulturen ein, wie etwa die der Pfefferranke, gründeten Märkte und Gewerbezentren, Tankstellen und Werkstätten; und der Weiße baute seine Villen, Klubhäuser und Sportplätze, seine Fabriken, Kasernen und Hafenanlagen. Die vor Entdeckung ihrer zufälligen Schätze völlig bedeutungslosen Inseln aber bekamen Weltruf und entscheidenden Einfluß auf Welthandel, Finanzwirtschaft und Außenpolitik.

Freilich, selbst auf Bangka, das nun schon zweihundert Jahre lang in dieser Wandlung begriffen ist, gibt es noch Wildnis und Unkultur genug. Man braucht nur diejenigen Gebiete zu besuchen, die als frei von Zinnerz erkannt wurden. Dann hat man sie in schönster Vollendung. Wen sollten sie interessieren? Da sie nicht besonders fruchtbare Böden aufweisen, finden sich nicht einmal eingeborene Kolonisten von anderen Inseln ein. So bleiben sie eben liegen, wie sie sind. Zu Eingang dieses Kapitels sagte ich schon, daß in den Tropen Kulturlandschaft und Naturlandschaft sehr oft wie abgehackt nebeneinander stehen.

Das Extrem eines solchen Nebeneinanders bieten die Erdölfelder. Mitten im Busch kann da plötzlich ein kleiner Freiplatz gerodet sein, vielleicht noch nicht hundert zu hundert Meter im Geviert. Darauf steht ein Bohrturm oder ein Pumpgerüst. Ein schmaler Straßenstrang verbindet diese einzelnen Inseln der Technik. In einer ebenso gewaltsamen Schneise verlaufen ein paar Rohre zu den Tanks und Verarbeitungsstätten. Auf Borneo sind wir einmal zwei Tage lang von morgens bis abends an einer solchen Leitung entlanggelaufen, über Berg und Tal, über Flüsse, durch Palmensümpfe und Mangrovenmoräste. Es war kaum faßbar. Zu beiden Seiten stand undurchdringlich der Wald, der gleiche ungeheuerliche, elementare, allmächtige Wald, wie er die ganze Insel erfüllt, und wir liefen bequem auf einem schnurgeraden Strich, den der Mensch hindurchzulegen beliebte.

An seinem Ende ballte sich eine moderne Stadt — Balik Papan heißt sie —, vielleicht die modernste, zivilisierteste, mondänste und exklusiveste Stadt des ganzen Inselreiches, überdies seine jüngste, entstanden binnen weniger Jahre durch den Zauberschlag des Wörtchens „Öl". Ihren Kern bilden die großen Raffinerien und deren Hilfsfabriken. So hervorragend, so hochprozentig nach allen technischen und sozialen Errungenschaften der Gegenwart sind sie eingerichtet, daß, wie ein Anschlag am Hauptbüro kundtat, trotz der Gefährlichkeit ihrer Betriebe und der teilweisen Unerfahrenheit der Belegschaften, für das laufende Jahr nicht mehr als 1,4 vom Hundert der Beschäftigten einen Unfall erlitten hatten, und insgesamt nur ein einziger war tödlich verlaufen. Der Voreingenommene würde sicherlich in einem solchen tropischen Fabrikbetrieb lediglich ein kapitalistisches Unternehmen ohne jede Spur von Arbeitsschutz und Fürsorge erwartet haben.

Man kann die Städte Inselindiens nicht alle in ein Schema zwingen. Denn sie gehen auf recht unterschiedliche Ursachen zurück und haben auch ganz getrennte Aufgaben zu erfüllen. Zudem sind Wuchs und Wandel von mannigfachen Faktoren abhängig gewesen. Das ist alles nicht anders als bei unseren Städten auch. Wenn man die beiden alten „Kaiserstädte" Mitteljavas, die Residenzen des Susuhunan[1]) von Surakarta — oder Solo, wie es heute heißt — und des Sultans von Jogjakarta besucht, versinkt trotz Autos, Bahnhöfen und Asphaltstraßen Europa weit dort hinten, wo es in Wahrheit liegt. Denn diese Städte standen schon, nicht mit den Häusern der Gegenwart, wohl aber als festumrissene Begriffe, ehe je ein Europäer den Boden der Insel betrat. Hier atmet alles „Java", wie es immer war und vielleicht immer sein wird. In den Hallen und Höfen der Paläste nicht minder als in den Hütten des Volkes; in der Kleidung, der Würde, dem Anstand, in den Interessen und Intrigen, im Handeln und Werken und Freuen, im Pulsschlag des ganzen Lebens und im gemächlichen Tempo seines Ablaufs. Hier bestimmten immer noch die Fähigkeiten und Neigungen der Fürsten einzig und allein das Wünschen und Tun von Hunderttausenden von Untergebenen. Die fremden Berater und Vertreter der Kolonialgewalt standen zwar machtvoll im Hintergrund und leiteten in Wahrheit die Geschicke. Aber in das innere Geschehen griffen sie kaum ein. Was sollte der nicht aus diesem Land herausgeborene Gast in solchen Zentren einer uralten bodenständigen Kultur auch Wesentliches zu verändern haben? Er kann ein bißchen sanieren und modernisieren, finanzieren und emanzipieren. Aber er kann am Geist, am Hauch, an der Seele dieser Städte nichts ändern.

Wie anders die Gründungen der Europäer, in diesem Falle der Holländer; denn von den ihnen voraufgehenden Portugiesen ist nichts mehr übrig, ein paar verfallene Mauern und vergrünspante Kanonen ausgenommen. Soll ich die echt holländische Atmosphäre des alten wie des neuen Batavia rühmen, die jeden Besucher stets so tief beeindruckt und je nach seiner Einstellung anheimelt oder abstößt? Diese alten behäbigen Häuser der Unterstadt und die schmucken Villen der Oberstadt, diese Grachten und Brückchen, Gärten und Gitter, diese Emsigkeit der Kontore und Behaglichkeit der Wohnungen, diesen altväterlichen Standesdünkel und unsterblichen Stadtklatsch, diese einmalige Mischung von felsenfester Tradition und fortschrittheischendem Ehrgeiz? Oder soll ich besser aus der Geschichte Batavias erzählen, die ebenso gut, nur in engeren Grenzen die mancher anderen alten Hafenstadt des Archipels sein könnte, etwa von Semarang, Palembang oder Padang? Es würde sich lohnen, einen Roman aus diesem Kampf des nordischen Eindringlings gegen den tro-

---

[1]) Kaiser.

pischen Raum zu formen, einen Roman mit leidenschaftlich einsetzendem Vorspiel, einem langen tragischen Hauptteil und einem endlichen triumphalen Ausklang. Nur fünfzig Jahre hatte man gebraucht, um aus Jan Pieterszoon Coens kleiner Gründung an der sumpfigen Mündung des Tji Liwung eine „Kota Intan“, eine „Juwelenstadt“ zu machen, die allen Kennern als der „Stern des Ostens“ galt. Aber nach hundert Jahren war sie zum „Grab des Weißen Mannes“ geworden, zweihundert hat man gebraucht, um die Ursachen dafür zu erkennen, dreihundert, um sie auszuschalten, und noch länger, um zum Beispiel endlich einen Tropfen wirklich trinkbaren Trinkwassers im Hause zu haben.

Es gibt andere Städte, die weniger bekannt und wichtig sind als die großen Handelsmonopolen, deren Geschichte bei näherer Betrachtung aber noch viel abwechslungsreicher und spannender als die vielbeschriebene Vergangenheit Batavias ausfällt. Es sei einmal Bandjermasin herausgegriffen, die Hauptstadt Borneos. Schon bezüglich der Bauschwierigkeiten übertrifft es mit seinen tief anmoorigen Schwemmböden alle anderen Küstenstädte. In ihnen garantieren ausreichende Unterpfeilerung und geschickte Gewichtsverteilung immerhin eine einigermaßen ausreichende Standfestigkeit. In Bandjermasin jedoch muß man die üblichen Ziffern multiplizieren und potenzieren. Man zeigte mir unter anderem ein Hospital, zu dessen Bau Spezialpfeiler aus Beton angefertigt worden waren. Vierzehn Meter waren sie lang. Schon beim Aufsetzen sackten sie ganz von selbst fast zur Hälfte weg. Als die Ramme einsetzte, rutschten sie bei jedem kleinen Schlag um mehr als einen Meter weiter, und im Handumdrehen waren sie verschwunden. Man mußte neue, weit längere bestellen und die Anzahl verdoppeln, um schließlich zum Ziele zu gelangen.

Doch das sind äußere Erschwernisse. Hemmender sind die inneren. Hier gibt es nicht nur eine „Geschichte der Niederländisch Ostindischen Companie“, der anfänglichen Auseinandersetzungen der Holländer mit eingeborenen und fremden Interessenten, der englischen Zwischenherrschaft, der Übernahme des Besitzes durch den Staat und der späteren, eigentlich recht geschichtsarmen Weiterentwicklung im Auf und Ab der Zeitumstände, wie sie Batavia zu verzeichnen hat. Nein, hier gibt es neben den Neuankömmlingen über Jahrhunderte hinaus bis in die Gegenwart auch noch alte selbstherrliche Fürstenhäuser, die allein schon genug „Geschichte“ machen durch Widerstand und Verrat, geschickte Annäherung, undurchsichtiges Spiel und offenen Aufstand, durch ewige Thronstreitigkeiten und Grenzfragen, Erbschaftsstreit, Heiraten und Vasallenangelegenheiten. Hier gibt es ferner, wieder ganz im Gegensatz zur stetig fortschreitenden Entwicklung Batavias, sehr abwechselnde Perioden des vorwärtsstürmenden Tatendranges, des vorsichtigen Status quo und des entmutigten Rückzuges seitens der Eroberer. Überdies gibt es tausenderlei Schwierigkeiten, die sich aus der Größe und Leere des Hinterlandes, aus der Verschiedenheit und Spärlichkeit der einheimischen Völker, der ungenügenden Möglichkeiten für die Schiffahrt und der schwierigen Verbindung mit der Außenwelt ergeben. Das alles sind erschwerende Umstände, wie sie auf dem kleineren, in jeder Beziehung günstiger gestellten, ziemlich einheitlich und dicht bevölkerten Java nicht annähernd entstehen konnten. Wenn man liest, daß eine aufständische Sultanspartei in Bandjermasin einmal fünfzig Jahre lang verfolgt werden mußte, ehe es überhaupt gelang, an sie heranzukommen, — geschweige sie schon zu schlagen —, wird man die Schwierigkeiten dieses Landes und der Behauptung eines kolonialen Stützpunktes erahnen. Es kann auf Borneo nicht anders sein, die Unermeßlichkeit seines Raumes bedingt einen langsamen Gang des Geschehens.

Das ist es aber nicht allein. Es kommt immer auch darauf an, wohin das konzentrierte Interesse der Unternehmer gerade fällt. Wo später zum Beispiel Medan seine glänzenden Geschäfte und weltbekannten Luxushotels, seine fürstlich anmutenden Kontore und märchenhaft komfortablen Wohnhäuser in gepflegten Straßen zur „schönsten Stadt Inselindiens“ vereinigte, standen vor einem gut bemessenen Menschenalter nur eine Handvoll armseliger Fischerhütten im Sumpf. Dann traten ein gewisser Mijnheer Nienhuys und sein „Delideckblatt“ auf die Bühne des Weltgeschäfts, und das internationale Kapital witterte Zukunft. Das „Kulturgebiet Sumatra—Ostküste“ ist das Ergebnis, und Medan — es ist heute an der Hunderttausendgrenze angelangt — wurde die städtische Krönung der Hunderte von Pflanzungen, auf die kein Plantagenbewohner als sein notwendiges wirtschaftliches und kulturelles Zentrum verzichten möchte. — Die Bedeutung von Makassar, dem Hauptplatz von Selebes, steigt und fällt mit den Absatzmöglichkeiten für Rotan, das bekannte Stuhlrohr. Surabaja hat der Zucker zur „reichsten Stadt“ des Archipels gemacht, und als die große Zuckerkrise kam, zur „ärmsten“, zumindest zu der am meisten verschuldeten. Kürzlich hat Andries Voortland, Redakteur einer führenden Surabajaschen Zeitung, in seinem aufsehenerregenden Buch „An der Zeit vorbei“ den Werdegang dieser Stadt während der letzten Jahrzehnte in glänzende Milieuschilderungen eingeflochten. Es ist meines Wissens zum erstenmal, daß diese lebhafteste Handelsstadt des ganzen Archipels einem breiten Publikum derart plastisch vorgeführt wurde.

Von modernen Verwaltungszentren und ruhigen Pensionärsstädtchen in der gesunden Höhenzone war weiter oben schon die Rede. Bandung, die „neue Hauptstadt“, und Malang, die „Blumenstadt“, nannte ich dort unter anderen. Ich will neben diese Schöpfungen eines ausgeklügelten europäischen Kulturwillens als Beispiel ganz anders gearteter Stadtlandschaften Inselindiens noch einmal ein besonders krasses

Gegenstück setzen, und zwar die ausgesprochene Chinesenstadt Bagan si Api-Api, die Fischereizentrale des Archipels an der mittleren Ostküste Sumatras. Einer mit der glühenden Aufnahmefähigkeit des Neuankömmlings gegebenen Schilderung Bandungs durch Erwin Berghaus[1]) entnehme ich einige Stichworte, aus denen die Atmosphäre dieser Stadt lebendig ausströmt: „... Zimmerflucht in diesem tropischen Märchenhotel ... Spiegelscheiben ... palastartige Verwaltungsgebäude und Banken ... Blumenbäume voll blauer Bougainville ... ein Gebirgswind wie aus nördlichen Zonen weht über einen äquatornahen Garten ... sitze da im hellen Leinenanzug ... mit einer schönen Frau Sekt trinken ... zehn Russen in Operettenuniform machen Musik ... geschorene Rasenflächen unter einem phantastischen Sternenhimmel ..."

Und hier, was ein holländischer Beamter über das Leben in der City von Bagan si Api-Api zu sagen weiß: „... Es ist ein Zentrum von chinesischem Leben, wo die Sinkehs — die neu Zugewanderten — ihren Stempel unauslöschlich auf das Städtchen gedrückt haben und in der Mehrzahl sind. Überall macht sich chinesischer Charakter bemerkbar, von den kleinen Füßen der chinesischen Frauen — die heute allerdings im Verschwinden begriffen sind —, den Holzaugen an den Schiffen, ohne die sie angeblich nicht sehen können, von der Kleidertracht und den Gewohnheiten der Chinesen an, im ganzen öffentlichen Leben, bis zum erzväterlichen alten Vorleser, der, mit einem Lämpchen neben sich und umgeben von einer dichen Menge, jeden Abend auf der Macaostraße alte Geschichten aus dicken Büchern zum Besten gibt. Der chinesische Sinkeh, von Freunden und Verwandten aus seiner Heimat nach hier gerufen, todarm ankommend — seine ganze Habe besteht aus der einem Geigenkasten ähnlichen Kiste, die ihm zugleich als Kopfkissen dient —, hier fühlt er sich von Beginn an zu Hause. Er kommt nach hier, in sich die echte chinesische Abneigung gegen Steuerzahlen, Paßrevision, überhaupt gegen Maßregeln von Ordnung und Reinlichkeit, aber mit seiner traditionellen Gastfreundschaft, die sich auch gegenüber dem Europäer äußert, dem bei einem Besuch sofort eine Tasse Tee und etwas Tabak angeboten werden. Er hat das Bedürfnis, viele Kraftausdrücke zu gebrauchen, die diejenigen eines holländischen Matrosen bei weitem in den Schatten stellen ..."

Zwei Welten! Und doch beides Städte Inselindiens. Nur dominiert in der einen das weiße, in der anderen das gelbe Element, wie in Jogjakarta und Solo das braune die Herrschaft führt. Normalerweise gehören zur indonesischen Stadt alle drei Elemente, und diese Dreiteilung ist ihr Charakteristikum: das europäische Gartenviertel, das betriebsame, echt städtische chinesische Kamp, und die Kampongs, die

[1]) Siehe Literaturverzeichnis am Schluß des Buches.

dörflich anmutenden Wohnplätze der Landeskinder. Zwar ist unter den Holländern nicht jede Rasse unbedingt verpflichtet ausschließlich in ihrem Bezirk zu wohnen. Der Gelbe und Braune kann sich, wenn er Neigung und Mittel dazu hat, jederzeit auch unter den Weißen ansiedeln und hat es in den letzten Jahrzehnten tausendfach getan. Umgekehrt findet man manche vom Schicksal verstoßene Weiße im Kampong. Doch in den großen Zügen ist diese Dreiteilung nicht zu verwischen, und sie macht aus jeder Stadt eigentlich drei ganz verschiedene.

Nur wenn es Abend wird, und die Dunkelheit die greifbaren Formen des Grundrisses und Aufrisses verwischt, werden sie alle einheitlich „indisch". Selbst Bandung oder sonstige Hochburgen des Weißen Mannes sind dann nicht mehr europäisch. Denn Eingeborene beherbergen sie alle in der Überzahl, und abends beginnt der Tag des Malaien. Dann gehört die Stadt ihm, als Objekt seines Verdienstes, seiner Muße, Neugier und Erholung. Der flackernde Schein von den ungezählten Öllämpchen seiner wandelnden Läden und fliegenden Küchen, die vielfältigen Gerüche seiner Märkte, das Läuten seiner Gamelane und das unaufhörliche Wummern seiner Trommeln, das Rufen seiner Badenden am Fluß und das Lachen seiner Mädchen im Schatten der Kanarien und Waringinbäume sind dann stärker als alle anderen Elemente. Jeden Abend aufs neue bringen sie dem Fremden zum Bewußtsein, daß er nur Gast dieser Tropenwelt ist, nur ein dünnes Häutchen auf der Masse ihrer ureigenen Bevölkerung, ein Gefangener in der künstlich geschaffenen Atmosphäre, die ihm die Heimat ersetzen soll. Und diese Atmosphäre wirkt dann wie ein mißglücktes Abziehbild in einer prunkvollen Mappe voll künstlerischer Farben und Figuren.

MÜDER TROPENABEND

Nun wird es Nacht...
Sehr schnell sind violette Schatten aufgezogen.
Schon schwärzen sich die Palmen, die bald steil, bald malerisch
Vor weißen Mauern in den Himmel streben. [verbogen
Aus regendunklen Wolken fahlt ein Wetterleuchten.
In allen Gräsern, allen Büschen schwängert tausendfältig Tropen-
Und aus dem grünen Land, dem immerfeuchten, [leben,
Schwimmt schwüler Duft in schweren, warmen Wogen.

An allen Flüssen und Kanälen steigen
Die Mädchen ab zum Wasserholen,
Wo rosa Lotosblumen sich vor ihnen neigen.
Unter den Tamarinden und Kanarienbäumen
Irrt helles Lachen, lockend und verstohlen.
Und alle eilen sich, gewohntes Bad nicht zu versäumen;
Die bunten Sarongs quellen lustig auf im lauen Wasser.
Um die Laternen seh ich Fledermäuse, flappend
Wie Teufelsspuk, bald schwarz und böse, bald im Lichtschein
magisch blasser,
In scharfem Winkelflug nach Motten und Moskiten schnappend.

Auf den Veranden flammen Lampen hinter bunter Seide,
Und tagesmüde Menschen liegen lässig, satt, verdrossen
In tiefen Rotanstühlen ausgestreckt.
Was zu genießen war, sie haben es genossen. —
Verführerisch in schmeichelnd leichtem Kleide,
Die schmalen Glieder kaum davon verdeckt,
Geht manche schlanke Frau in halber Dämmerung an mir vorbei.
Zuweilen zuckt aus nimmersatten Augen ein heißer Blick
Von ihr zu mir und umgekehrt, in stummer Liebelei.
Was wissen wir von uns? ... Braucht man denn wirklich etwas
wissen?
Genügt der Tropenabend nicht zum ungefragten Küssen?
Denn in die Dunkelheit, der es entblüht, flieht es sogleich zurück.
— — — — — — — — — —
Ein Waldhorn weint im Radio aus fernem Äther...
Was schnalzt der Gekko doch so plump in meiner Nähe,
Wo meine Träume weit im süßen Frühling sind!
Versunken denk ich an Vergangenes, an Später,
Und sehne mich zurück zur Heimat meiner Väter.
Wie ein verlorenes Kind
Bin ich. — Ob ich sie noch einst wiedersehe? —

Lebender Liebreiz am steinernen Dämon

Balinesen und Blumen, ein untrennbarer Begriff

VOM VOLK

JAVA, WIEGE DES MENSCHENGESCHLECHTS?

Eine Schleife des Solo-Flusses im Herzen von Java, ein wenig stromauf vom völlig unbedeutenden Dörfchen Trinil; eine niedrige Schotterterrasse an einem Steilufer, das die Schwankungen des Wasserspiegels im Wechsel der feuchten und trockenen Jahreszeiten deutlich erkennen läßt; in der Nachbarschaft schütteres Buschwerk, einige Tabakfelder, ein paar einsame Bäume; darüber ein verglühter Himmel und eine zum Ersticken heiße Luft — das ist die Stelle, die jeder Erdenbürger respektvoll in seinem Wissen und seiner Vorstellung hegen sollte: der Fundplatz der ältesten uns bisher bekannt gewordenen menschlichen oder zumindest menschenähnlichen Überreste.

Aber ich wette, daß nur wenige der Leser vom wissenschaftlichen Zauberklang dieses Wörtchens „Trinil", mit dem der Fachkundige den gesamten mit den Funden zusammenhängenden Fragenkomplex zu umschreiben pflegt, jemals berührt wurden. Das ist bedauerlich, zumal in der Reihe der bemerkenswertesten deutschen Forschungen in Übersee eine unter dem speziellen Namen „Trinil-Expedition" geführt wird und als solche in die Literatur und in das Rüstzeug des Menschenkundlers und Kulturforschers eingegangen ist. Sie wurde 1907 und 1908 von der Frau des nach einer voraufgehenden Reise verstorbenen Münchener Zoologieprofessors Selenka geleitet, in Fortsetzung des aufsehenerregenden Schädelfundes, den 1891 der Kolonialarzt Dubois auf eben jener Terrasse des Solo getätigt hatte. „Pithecanthropus erectus", das ist: „aufrecht gehender Affenmensch", nannte er den leider nur noch in letzten Bruchstücken vorgefundenen vorzeitlichen Eigentümer dieses Schädels, und dieser Pithecanthropus wurde nach genauesten Messungen und Untersuchungen seiner uns freundlichst hinterlassenen wenigen Knochen und Zähne zum frühesten in der Reihe unserer sich auf nur zwei Beinen bewegenden Vorfahren erklärt.

Wer für halbvermorschte Knochenteile und den stets damit verbundenen Streit der Gelehrten kein Interesse aufbringen kann — es ist das durchaus verständlich! —, der möge wenigstens anmerken, daß Dubois' Funde Anstoß zu einer überaus intensiven Kulturforschung geworden sind, und daß diese ihrerseits unser Wissen um die Zusammenhänge der Menschheit ein gut Stück vorausgebracht hat. Nicht nur bei Trinil selber, sondern auch an vielen anderen Orten Javas und der übrigen Inseln sind während der letzten Jahrzehnte so viele Funde von Skelettresten und menschlichen Gebrauchsgegenständen verschiedenster Kulturperioden zutage gefördert worden, daß man gerade in diesem Teil der Welt die Entwicklungsreihe vom Gibbon, als nächstem tierischen Verwandten, über den vermutlich ersten Vertreter unseres Geschlechtes bis zu den gegenwärtig lebenden Rassen fast lückenlos schließen kann. Vorgeschichtler und Altertumsforscher, Rassenkundler, Biologe und Geologe sind ebenbürtig an diesen bemerkenswerten Ergebnissen beteiligt. In der Tat war kaum ein anderer Teil der Erde in gleichem Maße als Forschungsfeld geeignet, denn über die malaiische Brücke sind vom asiatischen Festland her die verschiedensten Rassen und Kulturen nach Australien und in die Südsee gezogen. Hier und da haben sie länger verweilt und ihre Spuren hinterlassen.

An Geheimnissen fehlt es dabei nicht. Die verworrenen Inseln, der unübersichtliche Urwald und die blühende Phantasie der einheimischen Völker fordern sie ja geradezu heraus. Felsenfest glaubt jeder Malaie zum Beispiel noch an den „Kurzmenschen", den „Orang Pendek" in der malaiischen Sprache, als seltsames Bindeglied zwischen unserem eigenen Geschlecht und dem der Tiere. Selbst die Wissenschaft ist nicht abgeneigt, den darüber kursierenden Fabeln und Jägerlatein ihr Ohr zu leihen und neue Entdeckungen zu erhoffen. Immer wieder tauchen „Augenzeugenberichte" von diesem Orang Pendek auf; und wenn man auch nicht ihn selber sah, so doch die Spuren seiner sonderbaren Füße im weichen Boden. Als 1933 aus den Wäldern Sumatras die Kunde kam, endlich sei ein erstes Exemplar dieses Fabelwesens richtig und wahrhaftig erbeutet, scheute man sich nicht, Fachleute sofort an Ort und Stelle zu entsenden, und die Presse der ganzen Welt geriet in Aufregung. Leider war es viel Lärm um Nichts gewesen. Der erlegte Orang Pendek stellte sich als eine geschickte Täuschung gerissener malaiischer Jäger heraus; es war ein präparierter Affenbalg mit aufgeklebten Federn.

Doch die Gerüchte um dieses Bindeglied wollen trotzdem nicht verstummen. Warum, so fragt selbst der ernsthafteste Rassenkundler, soll es in den weithin von keines Menschen Fuß betretenen Rimbu dieser Inseln nicht doch vielleicht noch ganz tiefstehende Wesen geben, die es bisher verstanden, sich jeder Berührung mit der höher entwickelten Menschheit zu entziehen, ganz gleich, ob diese Wesen nun bereits zur Klasse der Menschen oder noch zum Tierreich gezählt werden müssen? —

Umgekehrt wäre es mehr als anmaßend, alle heute noch in den Wäldern lebenden und aus diesen allmählich herausgewachsenen Völker der Inselwelt zu Geschöpfen stempeln zu wollen, die vor der Beeinflussung seitens höher stehender Kolonisatoren den Tieren noch näher als den Menschen gestanden hätten. „Noch zu Beginn dieses Jahrhunderts", erklärt mir mein liebenswürdiger Führer im Museum zu Batavia, „war man allgemein der Ansicht, daß die Völker unseres Archipels früher überhaupt keine Kultur besessen hätten. „Primitive" und „Wilde" nannte man sie und wollte ihnen bis weit in ihre Fortentwicklung hinein bestenfalls ein Leben gleich den Affen in den Bäumen zubilligen. Erst die Hindu, so wurde erklärt, haben ihnen Kultur beigebracht. Aber nun sehen Sie bitte, was wir dem heute entgegenhalten können!"

Ich sehe in Schränken und Schaukästen, sauber gereiht und numeriert, verschiedenste Geräte aus Knochen, Stein und Bronze. — „Alles das", fährt der sachkundige Gelehrte fort, „ist aus Flußablagerungen und Vulkantuffen auf Java, aus Muschelhügeln auf Sumatra, aus Fledermaushöhlen auf Selebes und wo sonst noch überall ans Tageslicht gebracht worden. Und wir erkennen daraus heute, daß auch hier, genau wie in Europa, eine ältere und eine jüngere Steinzeit, eine Bronzezeit, und mit gewissen Einschränkungen auch eine Eisenzeit vorhanden gewesen ist, ehe überhaupt an die Hindu zu denken war. — Sehen Sie einmal hier!" — Er führt mich zu einem Schrank mit auffällig sauber abgearbeiteten Beilen, Pfeilspitzen und sonstigen Geräten. „Das wurde zum Beispiel vor einigen Jahren nicht weit von Bandung gefunden. Sind es nicht prachtvolle Stücke? Sie sind aus Obsidianglas geschlagen und tadellos beschliffen worden."

„Und welche kulturgeschichtlichen Zusammenhänge lassen alle diese Funde erkennen?" erkundige ich mich, denn mein Interesse ist beim Anblick einer solchen nicht erwarteten Reichhaltigkeit vorgeschichtlicher Dokumente lebhaft gestiegen. — Mit Eifer geht er auf meine Frage ein, und seine Ausführungen belehren mich darüber, daß man an Material, Form und Mustern dieser Gerätschaften erkennen kann, wie jene Vormenschen bereits Jagd auf Großwild betrieben, den Urwald rodeten, vielleicht auch schon den Boden bearbeiteten, ihre Pflanzennahrung durch Mahlsteine aufbereiteten und ihre Wohnstätten zum Teil auf kleinen künstlichen Plateaus anlegten. Daneben aber lassen Vergleiche mit den Funden Hinterindiens, Ostasiens und Zentralasiens die Wanderwege der Menschen und ihrer Kulturen teils über die Philippinen und Korea bis nach Japan, ja, bis in die Mongolei, teils über die hinterindischen Länder bis in das Grenzgebiet von Burma und Assam einerseits, bis Mittelchina andererseits zurückverfolgen.

„Kommen Sie!" sagt er nach einer Weile, während welcher ich mir mehrmals verstohlen den Schweiß von der Stirn getrocknet habe, denn es geht allmählich auf den Mittag zu. „Lassen Sie uns noch einen

Augenblick in den Hof gehen und damit in die jüngere geschichtliche Zeit; — die Temperatur ist hier in der Tat nicht mehr angenehm."

Mehrfach habe ich schon für mich allein diesen Hof mit den reihenweise aufgestellten Steinbildern von hindujavanischen Tempeln und sonstigen Monumenten besucht. Nun freue ich mich, von kundiger Seite wertvolle Erläuterungen zu bekommen. Zu all den sagenumwobenen Stätten einer bis in die Anfänge unserer Zeitrechnung zurückreichenden Kultur, die ich im Laufe meiner Reisen und Wanderungen kennengelernt habe, werde ich nun im Geiste noch einmal zurückgeführt; von uralten Terrassenheiligtümern an den Hängen und Gipfeln von Vulkanen über verlassene Wallfahrtsorte im einsamen Hochland, verwucherte Opferstätten in öder Steppe und bizarre Göttergärten im dichten Urwald bis zu den wiederhergestellten riesigen Tempelanlagen des Prambanan, Sewu und Barabudur[1]) in den fruchtbaren Ebenen Mitteljavas, den weltbekannten Höhepunkten jeder Inselindien-Reise.

Aber weit interessanter als diese Kleinodien einer hochentwickelten und durch die Forschung aufgehellten Kulturperiode erschienen mir doch die rätselhaften Dokumente jener Epoche, die man kurz als das Zeitalter der Megalithkultur bezeichnet hat. Über den ganzen Archipel bis in den fernsten Osten sind sie verbreitet und sie mögen teilweise bis 1500 vor Christi zurückreichen. Am vollkommensten dürften sie auf der Insel Nias sein; in seltsamsten Ausführungen erregten sie dort meine Aufmerksamkeit. An sich schon ist der Niasser ein ausgezeichneter Steinbauer und beschränkt sich auch heute noch nicht, wie die meisten Malaien, auf die Verarbeitung von Holz und Bambu in seinen Siedlungen. Jeder Fremde wird überrascht sein über die tadellos gelegten Steintreppen, das geglättete Pflaster auf den breiten Dorfstraßen über die sorgsam in Mauern aus Felsblöcken gefaßten Quellen und Bäder. Aber darüber hinaus sind die Dörfer oder die Plätze, wo einstmals solche standen, voll von behauenen Steinmalen verschiedenster Form und Bestimmung. Da sind Menhire und Dolmen, wie auch unsere Vorfahren sie als Totensteine für die männlichen bzw. weiblichen Verstorbenen errichteten, und wie sie von Irland über ganz Europa bis in die ferne Südsee hin als eindrucksvolle Zeugen rätselhafter Zusammenhänge gefunden worden sind. Da sind ferner steinerne Tische und Thronsessel für die Geister, mit Krokodilen, Schildkröten, menschlichen Figuren und schemenhaften Fußabdrücken versehen. Da sind dem Lingam ähnliche, in dämonischen Gesichtern auslaufende Opfersäulen, groteske Tierstandbilder und seltsame Steinhäuschen in phallischer Form mit stumpfem Kegeldach auf bizarr bemeißelten Mauern, in denen die

[1]) Neuere Schreibweise für „Borobudur". Es handelt sich bei dem „o" bzw. „a" genau genommen um einen dumpfen Zwischenlaut.

auf den Kopfjagden erbeuteten, sorgsam präparierten Schädel verwahrt wurden.

In auffälliger Reichhaltigkeit sind auch bei den Batak auf Sumatra Reste der Megalithkultur erhalten, und noch heute schwingt sie dort, etwa bei der Anlage von Grabstätten, unbewußt nach. Hier sind es vor allem mächtige Steinsärge und Urnen, die den Besucher fesseln; erstere mit den Knochen, letztere mit den Schädeln verehrungswürdiger Häuptlinge und Stammesväter. Unter riesenhaften Waringinbäumen vor den Dörfern oder am Ufer des heiligen Tobasees gelegen, zwingen sie in ihrer Weihe und ruhigen Größe unwillkürlich zur Achtung. Ein bestberufener Kenner dieser Sarkophage vergleicht sie in ihrer Würde mit den Sphinxen der Wüste. Er hat den Eindruck richtig getroffen. Die Form der Särge erinnert ohnehin an diese. Über dem eigentlichen Behälter ist der Deckel gewöhnlich vorn zu einer halben menschlichen Figur aufgebogen, die mit starren Augen in unergründliche Welten schaut. Oder die Särge haben die Form von Tieren; übrigens nicht nur hier, sondern auf verschiedensten Inseln des Archipels. Büffel und Krokodile, Schlangen und Nashornvögel sind mit Vorliebe gewählt worden. Sie tragen die Seelen der Verstorbenen ins Totenreich oder haben andere Funktionen auf dem Wege vom Diesseits ins Jenseits zu erfüllen.

In die große hinduistische Kulturepoche sind manche Äußerungen dieser Megalithzeit eingedrungen, wie die Hindu, nach neueren Forschungen, überhaupt auf vieles zurückgriffen, das schon vor ihrer Einflußnahme bestanden hatte. Selbst die Form ihrer uns hinterlassenen berühmten Tempel glaubt man heute in vielen Fällen auf den „Himmelsberg“ der alten Indonesier zurückführen zu können. Doch das soll ihre starke und fördernde Einflußnahme auf die malaiischen Völker nicht abschwächen. Wertvollste Gaben sind ihnen zu danken. Nicht nur, daß der Reisbau und die Bewässerungsmethoden durch sie vervollkommnet wurden, daß sie neue Fruchtgewächse, die Bearbeitung des Eisens, die Schrift mitbrachten, Literatur und Kunst zu segensreichem Auftrieb verhalfen, das Rechtsleben ordneten und erste Städte bauten, haben sie vor allem auch politisch große Taten vollbracht. Mit Hilfe von Eroberungen und Einigungen, Verträgen und Lehen haben sie gut fundierte Staatswesen aufgebaut. Wahrscheinlich hat schon um 400 nach Christi in Westjava ein erstes Hindureich unter der Bezeichnung „Taruma“ bestanden. Später sind „Mataram“ und „Madjapahit“ zu echten Groß-Staaten auf Java ausgewachsen. Madjapahit wußte auch das bedeutende Reich „Criwijaja“ in Südsumatra unter seinen Einfluß zu bringen und seine Macht über den ganzen Malaiischen Archipel einschließlich der Halbinsel Malakka und der südlichen Philippinen auszudehnen. Das alles vollzog sich etwa zwischen 1200 und

1500, so daß also schon im Mittelalter, lange vor dem Auftreten Europas, echte Ansätze zu dem heute erträumten „Pan-Malaya“ vorhanden waren.

Freilich, wenn dieses heute zustande kommen würde — und es ist seit Beendigung des Pazifikkrieges auf dem besten Wege dazu — wäre es eine andere Macht als damals. Allein die Insel Java hat heute weit mehr Einwohner, als zu jenen Zeiten das ganze Reich Madjapahit. Sie hat wohl zu allen Zeiten mehr als die übrigen Inseln gehabt, obwohl sie doch längst nicht die größte unter ihnen ist. Sie macht ihrem Namen als „Wiege der Menschheit“ wahrhaftig Ehre. Die Wiegen der Menschen werden dort nicht leer, und je länger sie unter Fremdherrschaft stand, um so mehr schwoll ihr Geburtenüberschuß an, weil sich immer neue Arbeitsmöglichkeiten auftaten, mit Hilfe der fremden Hygiene, Technik und Kapitalien immer neue Ansiedlungsgebiete geschaffen wurden. Es ist allerdings möglich, daß Java vor Ankunft der Europäer mehr Einwohner hatte als hundert Jahre nach deren Erscheinen. Der erste Zusammenprall mit den Fremden und die Auswirkungen ihrer neuen, dem Lande noch nicht angepaßten Methoden haben vielleicht ein großes Sterben zur Folge gehabt. Doch Genaues läßt sich darüber nicht sagen, weil damals noch keine ausreichende Kontrolle über die ganze Insel bestand.

An Zählungen war noch lange nicht zu denken. Zu Beginn des vorigen Jahrhunderts ist überhaupt zum ersten Male eine einigermaßen gründliche Schätzung vorgenommen worden, natürlich zu Steuerzwecken. Man kam damals auf rund 4½ Millionen Seelen für Java. Heute, das heißt nach den Ergebnissen der allumfassenden Zählung von 1930, sind es genau zehnmal soviel, nämlich 45 Millionen! Die gesamte übrige Inselwelt, an Flächeninhalt fünfzehnmal so groß wie Java, hat dagegen noch keine 20 Millionen Köpfe, selbst wenn man einwerfen könnte, daß auf manchen der Außenbesitzungen das Zählen schwieriger ist als auf Java, und die Ergebnisse dort vielleicht nicht ganz stimmen könnten. Nach allem, was ich selber sah, ist jedoch sehr ordentlich gezählt worden. Auch in den allerentlegensten Winkeln, in denen ich nach 1930 herumkroch, waren bestimmt vorher schon die Zähler gewesen und hatten an jedes Haus mit schwarzer Farbe eine Ziffer gemalt, als Grundlage ihrer Aufnahme. Ich will nur nicht dafür garantieren, daß ihnen immer ganz richtige Auskünfte erteilt worden sind.

Auf einer Insel, die nur viermal größer als Holland ist, sind 45 Millionen — und heute sind es sicher schon an die 50 Millionen — Menschen, das heißt dreihundertfünfundfünfzig auf den Quadratkilometer, eine beachtliche Bevölkerung. Man darf nicht vergessen, daß eine Industrie dort kaum entwickelt ist, vielmehr fast alles von der

Landwirtschaft leben muß. Nur die hochentwickelte Sawahtechnik, verbunden mit äußerster Bescheidenheit jedes einzelnen aus dem Volke, macht solche Siedlungszahlen möglich. Sie entsprechen etwa denen unserer hochindustrialisierten Provinz Sachsen. Was der nasse Reisbau aber in Wahrheit zu leisten vermag, erkennt man erst, wenn man auf Java persönlich umherreist und statt der Gesamtheit die einzelnen Teile vornimmt. Dann scheiden nämlich große Ödgebiete mit einer nur recht spärlichen Bevölkerung so gut wie aus, und in den intensiv bebauten kommt man statt dessen nicht selten auf tausend Menschen je Quadratkilometer. Damit ist jedoch das Leistungsvermögen auch des besten Reisbaues erschöpft; darüber hinaus beginnt die Not. Wir haben keine deutsche Provinz, die damit konkurrieren kann, wir müßten zum Vergleich schon kleine Bezirke aus ihnen herausnehmen, etwa das Gebiet um Bitterfeld oder an der Wupper. Dort lebt jedoch fast alles von der Industrie. — Nicht nur die Wiege der Menschheit ist Java, sondern auch ihre dichteste Zusammenballung.

ETWAS VON DEN MALAIEN

Es soll hier keine gelehrsame Rassenkunde geschrieben werden. Dann müßte ich die Vormalaien, die Altmalaien und die Jungmalaien sezieren, auf die weddid und negrid beeinflußten Restgruppen, auf die Papuwas und schließlich auf alle die aus den gegenseitigen Berührungen entstandenen Mischungen eingehen, die das Inselmeer bevölkern. Auch dürfte ich die deutlich erkennbare Aufnahme vorderindischen Blutes bei manchen Völkern nicht außer acht lassen und müßte versuchen, die sehr viel weniger deutlichen Einflüsse des Vorderen Orientes zu ergründen, die von den vielfach „egyptisch“ anmutenden Zügen auf der Insel Nias möglicherweise über die sehr alten Kolonien von Bagdadjuden in Singapore und Malakka bis nach Babylon und Assyrien reichen. Das aber wäre ein ebenso platzraubendes wie schwieriges Kapitel, denn über viele rassische Fragen fehlen noch einwandfreie Unterlagen. Ich will auch keine Völkerschau aufmarschieren lassen, wie sie im Laufe meiner Reisejahre langsam an mir vorbeizog, und wie ich sie einmal sogar in fast lückenloser Geschlossenheit beisammen sehen konnte. Das war gelegentlich des „Vierten wissenschaftlichen Pazifik-Kongresses“, den ich zufällig miterlebte. Er wurde im Jahre 1929 auf Java abgehalten und war mit einer großen, in solcher Vielseitigkeit erstmalig zusammengebrachten Schau der einzelnen Völker und ihrer gewerblichen Erzeugnisse in Batavia verbunden. Es war eine Leistung allerersten Ranges und für die Teilnehmer ein unvergeßliches Erlebnis, hier Vertreter aller namhaften Völker zwischen Asien,

Australien und der Südsee in ihrer gewohnten Aufmachung bei ihren Handwerken zu sehen, ihren Tänzen beizuwohnen und ihrer Musik zu lauschen.

Auch die einzelnen Merkmale und Unterschiede, Sitten und Gewohnheiten will ich nicht langatmig erklären, sondern dies und das erzählend herausgreifen. Aus ihm mag dann ersehen werden, wie weit diese malaiischen Völker anders oder ebenso wie wir sind, wie sie dem Leben gegenüberstehen und von diesem mit Freud und Leid bedacht werden. Für den Laien will ich lediglich vorausschicken, daß er sich unter den „Malaien" Inselindiens an die zwanzig verschiedene Großgruppen mit einer Unzahl von Unterteilungen vorstellen muß, die insgesamt nicht weniger als rund zweihundert Sprachen sprechen. Wenn sich auch viele von diesen ähneln, so bleiben amtlich doch immer noch neunzehn völlig getrennte Gruppen übrig, und jede davon mit einer ganzen Anzahl von Untersprachen, deren Vertreter sich gegenseitig nicht im geringsten verständigen können. Glücklicherweise gibt es eine Verbindungssprache über alle Inseln. Die seefahrenden Küstenvölker Sumatras und des Riau-Archipels haben sie verbreitet; und die Regierung hat später dieses kurzweg als „Malai" bezeichnete Idiom zur Elementarsprache in den Schulen und zur Verwaltungssprache gemacht. So kommt man mit „Malai" an den Küsten, bei den Verwaltungsorganen und unter schulgebildeten Eingeborenen überall durch. Sobald man diesen Kreis aber verläßt, hapert es, und die Schwierigkeiten wachsen um so mehr, je weniger die betreffende Gemeinschaft Handel treibt und mit den malaiischen bzw. den Malai sprechenden chinesischen Händlern in Berührung kommt.

Mehrfach in meinen Ausführungen habe ich schon der Lubu in Mittelsumatra Erwähnung getan, als eines recht rückständigen Völkersplitters. Mit den vielgenannten Kubu in Südsumatra, dem Vorbild der primitiven Waldschwärmer, bin ich nicht in Berührung gekommen, auch nicht mit den Sakai an den Sumpfküsten Ostsumatras. Wohl aber weilte ich in den Wäldern Borneos bei Menschen, die noch fast am Anfang einer nennenswerten Kultur stehen, etwa den sanftmütigen Ot in den wüsten Wäldern zwischen dem mittleren Barito und Mahakam, oder den gastfreien Orang Bukitan in den schroffen Ketten des Meratus-Gebirges. Arm an materiellen Dingen waren sie wie keine anderen; dafür aber von einer wunderbaren Geradheit des Charakters. Er stach besonders bemerkenswert von ihrem an sich scheuen und vorsichtigen Wesen ab. Die unerklärlichen Elemente der Natur, der Geisterspuk des Waldes und die Mißgunst ihrer höherentwickelten Nachbarn legten sich lähmend auf sie. Doch durch ihre edle charakterliche Unverdorbenheit schafften sie sich selber die innere Freiheit als Gegengewicht.

Auch die Orang Sekah muß ich hier einstufen, die bescheidenen Wassernomaden Belitungs. Sie gehören bezüglich ihres Kulturniveaus ebenfalls ganz hinten an den Schwanz der Völkerschau. Doch gibt es tapferere Menschen als diese, die mit ihren kaum fünf Meter langen Booten mit Kind und Kegel bei jedem Wetter auf der See herumvagabundieren, um allerlei Verkaufbares an Fischen, Agar-Agar und sonstigen Meeresgütern aus ihrer Tiefe zu holen? Sie haben nicht einmal feste Häuser als Wohnungen. Ihr eigentliches Zuhause mit der Feuerstelle, ein paar Gerätschaften, den Schlafmatten und einem Blätterdach darüber ist das Boot. Nur zu Beginn der großen Fischsaison errichten sie bescheidene Pfahlhütten bald hier, bald dort im Uferwasser, nicht aus dem Antrieb, darin zu wohnen, sondern um feste Plätze zu haben, an denen sie ihre Fänge in der Sonne dörren können. Trotzdem kennen sie schon etwas wie eine soziale Gemeinschaft. Je sechs bis zehn ihrer Prauen schließen sich zusammen, und dem Kundigsten unter ihnen wird stillschweigend die Führung überlassen. Wenn sie im Hafen liegen, sieht man ihnen ihre trotzige Kühnheit nicht an. Sie verbirgt sich hinter einer rücksichtsvollen Bescheidenheit. Sie kam mir fast schon wie die erbarmenswerte Demut eines getretenen Tieres vor.

Man macht sich bei uns vom Malaien oft ein falsches Bild, sieht in ihm gern nur den abenteuerlichen Seefahrer, den zähen Jäger, den indolenten Bauern oder trägen und aufsässigen Kuli, wenn nicht gar nur den verschlagenen Meuchelmörder und skrupellosen Giftmischer. Und doch ist der Grundzug im Wesen der meisten Angehörigen dieser Rassengruppe eine wohltuende Sanftmut. Ihr ganzes Glücksgefühl gipfelt im „senang" sein, in einer Verfassung, die wir nicht recht mit einem Worte wiedergeben können. Es kann „zufrieden" heißen, unbeschwert, wunschlos, froh, gesund und sorgenfrei. Der Zustand ist leicht erreicht. Man braucht nicht, wie wir, ein ganzes Leben lang darauf hinzuarbeiten und ihn dann doch nicht erreichen. Ein Bad im Fluß, ein Zigarettchen, ein Nichtstun und Beinebaumeln, ein Spielchen mit dem Kind, ein Scherzen mit der Frau, all das macht schon im tiefsten Wesen „senang", und die ganze Welt mag ringsherum in Flammen stehen.

Die fatalistische Lebenseinstellung mag zu diesem Grundzug des Wesens beitragen, und vor allem hilft sie, auch nach außen Gleichmut, Ruhe und Würde zu bewahren. Hier ein kleines Beispiel dafür, wie weit das gehen kann. Im Hause eines meiner Gastgeber war mir zur Bedienung eine junge Babu zugeteilt. Eines Abends erschien sie in ihren besten Kleidern. Sie müsse gleich noch in die Stadt hinunter, es sei ihr eine Botschaft über eine ernstliche Erkrankung ihrer Schwester zugetragen worden, sagte sie. — Als sie am nächsten Morgen, heiter scherzend wie immer, den Kaffee brachte, fiel mir die Kranke wieder ein. „Nun, wie fandest du deine Schwester?" fragte ich. „Ach", antwortete sie freundlich lächelnd, „sie war bereits zwei Stunden tot, als ich hinkam. Ein schönes Tuch war über sie gebreitet. Als ich es zurücknahm, sah ich einen mächtig geschwollenen Bauch, und ihre Augenhöhlen waren schon ganz schwarz geworden." Sie lachte dabei herzhaft, als habe es sehr spaßig ausgesehen. — „Aber das kann ich nicht glauben", warf ich ein, „wie könntest du da lachen, wenn sie wirklich gestorben ist!" — Sie war entrüstet über meine Ungläubigkeit und erzählte mir nochmals genau alle Einzelheiten. „Geweint", meinte sie, „habe ich doch gestern abend schon! Sudahlah!" „Und das genügt doch! fertig!" könnte man es übersetzen. — Merkwürdiges Volk! mußte ich nur denken. Wäre doch auch für uns das Sterben der Nächsten so leicht!

Zu einer solchen Einstellung gehört neben dem Fatalismus allerdings auch Mangel an Mitgefühl, und einen solchen muß man den Malaien in der Tat vorwerfen. In Sonderheit Tieren gegenüber entbehren sie es vollständig. Trotzdem, meine ich, müßten diese Menschen wohl von Grund auf gut sein. Erst fremde Einflüsse und der unvorbereitete Übergang zu einer anderen Ethik haben oft üble Folgen. Bei den unbeeinflußten Völkern findet man immer wieder edle Gesinnung und duldsame Seelengröße, Fleiß, Hilfsbereitschaft, heitere Fröhlichkeit der Herzen, tapferen Lebensmut. Selbst das Verhältnis des Herrn zu seinem Sklaven ist dort nicht schlecht. Offiziell ist die Sklaverei zwar abgeschafft. Doch das hindert nicht, daß mancherorts auch heute noch sehr wohl zwischen freien und unfreien Familien unterschieden wird und die letzteren von den Häuptlingen oder anderen „Herren"familien zu Sklavendiensten herangezogen werden.

Bei den Dajak auf Borneo bin ich oft in Häusern gewesen, in denen Freie und Unfreie nebeneinander wohnten. Als Fremder merkt man die Unterschiede jedoch kaum. Wohl werden die dienenden Familien nicht als vollwertige Menschen betrachtet; sie sind nur „anak olo": „Kind eines Menschen", oder „batang olo": „Stück eines Menschen", oder auch wohl nur „pai lengeh": „Arme und Füße", also nur das, was für andere arbeiten kann, aber nicht Vollmensch. Eine schlechte Behandlung oder spürbare Mißachtung ist jedoch nicht damit verbunden. Sie sind übrigens nicht Besitz des Einzelnen, sondern Eigentum des Stammes. Sie stehen dem Einzelnen nur zur Verfügung, können aber von diesem weder verkauft noch vererbt oder bei Fortzug mitgenommen werden. Die Gesetze, die diese Völker sich selber schufen und auferlegten, sind immer sehr streng, so daß dort, wo die Eigenkraft des Individuums nicht zu einer gerechten Handlungsweise und einem guten Wandel ausreicht, doch der sittliche Druck des traditionellen Imperativs ihre Einhaltung erwirkt. Das gilt unter anderem ganz besonders auch in moralischer Beziehung für den Verkehr der Geschlechter untereinander.

Man wird dem entgegenhalten: aber man hat doch oft die Sklaven, insonderheit bei den Dajak, an gewissen Festen unvorstellbar gemartert, lebendig begraben oder gar geschlachtet. Wie verträgt sich das mit den edlen Eigenschaften dieser Völker? Es läßt sich nicht bestreiten. Der Antrieb dazu und zu vielen anderen Grausamkeiten ist jedoch religiöser Natur. Er beruht auf Überlegungen, die uns absurd oder verdammenswert erscheinen, jenen aber durch uralte Bindungen an das Mysterium des Todes, ferner durch Einflüsse der Umwelt und der kulturellen Unreife zum Leitmotiv ihres Handelns wurden und daher entschuldbar sind, so lange die Ausübenden nicht von der Unmoral ihres Tuns überzeugt werden konnten. Gerade das haben sich die Missionen zur Aufgabe gesetzt, und ihre segensreichen Erfolge in dieser Richtung stehen außer Zweifel.

Als letzte innere Schwingung bei vielem uns unverständlichen Tun dieser Menschen muß die Angst angesehen werden. Nicht erbärmliche Angst vor greifbaren Gefahren und Mächten; die kennen sie nicht. Wohl aber respektvolle Furcht vor imaginären Kräften. Allen voran sind ihnen die Toten unheimlich. Die Seelen der Abgeschiedenen fürchten sie nicht, denn diese haben nichts Furchtbares an sich. Sie wohnen mit in den Häusern der Lebenden und sind auch sonst allgegenwärtig. Aber der Tote als solcher ist eine Gefahr, denn sofort nach dem Auszug der Seele ergreifen die Geister Besitz von dem leblosen Körper. Selbst wenn nur Scheintod vorliegen und die Leiche plötzlich zum Leben zurückkehren würde, müßte sie gewaltsam daran gehindert werden. Nicht der Mensch selber wacht dann wieder auf nach dem Glauben des Naturmenschen, sondern ein gefährlicher Geist hat sich des toten Körpers als Hülle bedient. In Südborneo erzählte mir einmal ein Missionar, daß er selbst zugegen gewesen sei, wie in einem Dorf der Dajak ein erwachender Scheintoter sofort getötet wurde, ohne daß der Missionar es hindern konnte; und wie ein andermal bei einer Leichenverbrennung ein sich in den Flammen aufblähender Körper wütend mit den Speeren niedergestochen wurde.

Auch durch Träume kann die Angst geweckt werden. Nur für uns aufgeklärte Realisten hat ja das Traumleben keine Bedeutung mehr; wohl aber für das spekulativ empfindende Naturkind. Es braucht nicht einmal der eigene Traum zu sein, der die Handlungsweise bestimmt. Auch der eines Gliedes der Gemeinschaft oder selbst eines Fremden kann für das Tun und Lassen der Gesamtheit maßgebend werden. Es gibt Waldvölker in Inselindien, die den Tagesablauf sozusagen nur nach den Träumen der vergangenen Nacht einrichten und auf Grund schlimmer Bedeutung immer dieses oder jenes nicht tun dürfen; ja, oft wochenlang untätig im Dorf herumliegen, und vom unwissenden Fremden dann als eine „faule Bande“ verschrien werden. Doch selbst der emanzipierte Malaie ist nicht frei von dieser Traumbindung. Der Europäer hat oft Nachteil davon, kann sie sich in anderen Fällen aber auch manchmal zunutze machen. Ein Maschinist auf Bangka erzählte mir lachend, wie er seinen Hauptmandur daran gehindert habe, die vorher von diesem ausgesprochene Kündigung wahr zu machen und eine andere, besser bezahlte Stellung anzunehmen. Denn es war ein tüchtiger Mann, den er nicht gerne laufen lassen wollte. Ganz beiläufig erzählte er ihm kurz vor dem-Endtermin, er habe letzte Nacht einen furchtbaren Traum gehabt. „Noch nicht acht Tage warst du in deiner neuen Stellung, da explodierte der Dampfkessel dort, und alle deine Arme und Beine wurden abgerissen, und dein Körper ohne Glieder lag da, ganz schrecklich, und deine Frau und deine Kinder kamen und weinten ...“ Die Wirkung blieb nicht aus: „Tuan Besar!“[1]) rief der Mann, „wenn es so ist, werde ich bestimmt nicht fortgehen!“ Und so behielt der Maschinist seinen Aufseher.

Es ist für uns schwer, in solchen Fällen nicht von einer kindlichen Naivität zu sprechen. Sie mag in den Respekt vor Übersinnlichem mit hineinspielen, ist aber nicht das bestimmende Moment. Oft mischt sich beides. Auf einer Expedition in Neu-Guinea wurden zum Beispiel Träger vom Volk der Iban aus Westborneo verwendet, weil sie als beste Träger des Archipels gelten. Im Wilhelmina-Gebirge kamen diese erstmalig in ihrem Leben mit Eis und Schnee in Berührung. Jeder knüpfte sich ein Tuch voll ein, um diesen seltsamen Fund später mit nach Hause zu bringen. Aber schon bald schmolz der Inhalt dahin, und die Iban waren sehr böse über solchen „batu antu“, wie sie das Eis nunmehr nannten, den „Geisterstein“. Denn was solche für sie übernatürliche Eigenschaften besitzt — sich von Stein in Wasser zu verwandeln —, kann nur mit Geisterkraft begabt sein. — Auch als mich auf einem Marsch durch ein Steppengebiet Sumatras ein alter Batak, der uns entgegenkam, um mein Fernglas bat, wurde diese Mischung offenkundig. „Was willst du denn damit?“ fragte ich den Alten. „Ich möchte meinen Sohn sehen!“ gab er hoffnungsvoll zur Antwort. — „Ja, aber es ist weit und breit niemand zu erblicken!“ — „So ist es!“ entgegnete er mit größter Selbstverständlichkeit. „Er hat sich vor drei Tagen verirrt. Seitdem suche ich ihn und kann ihn nirgends finden. Ich fürchte schon, der Tiger hat ihn gefressen. Wie freut sich meine Leber, daß ich den Großen Herrn mit seinem Geisterglas treffe. Nun werde ich meinen Sohn gleich sehen!“ — Wie sehr war dieser arme Vater enttäuscht, daß die Wunderkräfte meines Glases doch nicht so groß waren, wie er sie sich vorgestellt hatte.

---

[1]) „Großer Herr!“. Achtungsvolle Anrede des Europäers.

Auch ohne Fernglas sieht der einfache Malaie im Weißen gern ein Wesen, das mit besonderen Kräften ausgerüstet ist und mehr sehen und hören kann, als er selber. Ich erinnere mich an eine kleine Begebenheit auf einem langen Marschtag auf Borneo unfern der Serawakschen Grenze. Plötzlich tauchten vor uns auf dem Urwaldpfad zwei schwerbepackte junge Männer auf. Uns sehen, ihre Kiepen absetzen und sich schützend davorstellen, war eins. „Es ist gar nichts darin, Herr! Gar nichts!“ riefen sie schon von weitem in einer Mischung von Angst und Bestimmtheit, die uns lachen machte. Sie glaubten, wir könnten aus der Ferne schon mit unseren Augen den Inhalt wahrnehmen und sie vielleicht darüber zur Rede stellen. Dabei waren die Kiepen so schwer, daß ich sie kaum heben konnte; vielleicht von Schmuggelware, die über die Grenze sollte, vielleicht von anderen Dingen, die keinen Fremden etwas angingen. Wir sahen auch nicht hinein, es ging uns ja in der Tat nichts an. Die behende Verteidigung der beiden und die für uns lustige Situation genügten uns als gern hingenommene Abwechslung. Hier mischte sich mit dem Glauben an die Wunderkraft wieder die Angst. In tausend anderen Fällen war es vielleicht die Neugier, etwa dann, wenn die noch nicht mit Weißen in direkte Berührung gekommenen Leute bald vorsichtig, bald sehr energisch unsere Arme und Beine befühlten, um sich zu vergewissern, daß die helle Hautfarbe auch wirklich echt sei.

Oft entbehren solche Situationen nicht des Humors. Nicht nur für uns; auch die Malaien selber pflegen sie gerne ins Humoristische umzusetzen. Es geschieht vielleicht, um sich dadurch vom Verdacht der eigenen Dummheit zu reinigen, vielleicht auch nur, weil sie die Fröhlichkeit lieben. Wo immer auch eine Gelegenheit winkt, fröhlich zu sein, ergreifen sie sie gerne. Wie sehr können sie etwa über sprachliche Mißverständnisse lachen. Kein Kind bei uns kann so herzlich, so hemmungslos lustig werden, wie eine javanische Babu, die den Auftrag erhält, die „tanga“ zu fegen, was für sie „die Wanze“ bedeutet, während die „tangga“ — mit einem dem Sprachkundigen deutlich vernehmbaren Doppel-G —, die Treppe, gemeint war; und welches vergnügte Kichern des Boys, wenn die nervöse junge Herrin ihn anherrscht, die „tjelana“ zu öffnen, die Hose nämlich, wo doch „djendela“, das Fenster, gemeint war. Sie selber werden mit fremden Worten übrigens schneller fertig, sie werden einfach mundgerecht vermalaiisiert. Gelegentlich eines Gebirgsmarsches wurde ich von den Bewohnern eines Dorfes in Kenntnis gesetzt, daß vor kurzem auch der „Tuan Petro“ hier gewesen sei. Ich zerbrach mir den Kopf, wer dieser Herr Petro sein könnte, da ich über jeden zur Zeit weit in der Runde anwesenden Weißen unterrichtet war. Nur langsam kam ich dahinter, daß „Petro“ allmählich aus „Pètor“ und dieses wieder aus dem der malaiischen Zunge noch unangenehmeren portugiesischen „feitor" — das seinerseits auf das lateinische „factor" zurückgreift — hervorgegangen war, womit zum guten Schluß der „Herr Inspektor" gemeint war. Der ihn angeblich begleitende „Tuan Sebar" entpuppte sich in gleicher Deduktion über manche Zwischenformen als der „Herr Gezaghebber". So werden gewisse niederländische Verwaltungsbeamte betitelt.

Es gibt auch andere Gelegenheiten, bei denen man als Europäer herzlich lachen muß, etwa beim Studium der Inschriften in kleinen malaiischen Hotels. Da las ich in einem: „Die Tuans werden gebeten, beim Verlassen ihrer Kammer sich doch, bitte sehr, so weit anzuziehen, daß der Nabel nicht mehr zu sehen ist!"; und in der Badekammer eines anderen hing ein Schild mit der hygienischen Aufforderung, während des Badens — das dortzulande allenthalben mit Hilfe eines Gajong, eines Schöpfgefäßes, durch ein Übergießen des Körpers mit Wasser vor sich geht —, doch aus Gründen der Sauberkeit und Selbstzucht gefälligst nicht gleichzeitig sein „kleines Wasser wegzuwerfen"; dafür sei die Kammer mit den beiden Nullen da, womit man drüben allgemein — als „kamar seratus", „Zimmer Nr. 100" — die Toilette bezeichnet.

Es war davon die Rede, daß bei den Malaien gern ungehemmte Neugier einsetzt, sobald die Angst nicht mehr die Vormacht hat. Manchmal bleibt es für uns jedoch schwer, die wahren Beweggründe einer Handlung zu erkennen. Wenn ein Mann, bei dem ich einkehre, meine Zigaretten raucht, obwohl sie ihm nicht schmecken, so kann das gewiß Neugier auf das fremde Kraut sein, aber auch Höflichkeit gegen den Gast. Vielleicht sind ihm auch die eigenen ausgegangen, und er schmachtet nach etwas zu Rauchen. Wenn er aber, wie ich es einmal mit ansehen mußte, auch sein kaum fünfjähriges Töchterchen veranlaßt, tüchtig von diesen Zigaretten mitzurauchen, so wird der Fall schon schwieriger. Sollen aus der fremden Gabe besondere Kräfte in das Kind übergehen, so wie man in anderen Fällen auch dargebotene kleine Kostproben unserer Mahlzeit in unzähligen winzigen Stückchen an alle Anwesenden eben dieser Kräfte halber verteilte? Oder geschieht es einfach, weil man die Kinder gerne schon früh an allem teilnehmen läßt, das auch dem Erwachsenen zusteht? Ich vermag es nicht zu entscheiden; und ein direktes Befragen führt in solchen Fällen nicht zum Ergebnis. Man würde doch nur eine ausweichende Antwort bekommen.

Die frühe Einbeziehung in den Kreis der Erwachsenen wirkt sich naturgemäß nach einer Seite, nämlich nach der erotischen, ganz besonders folgenreich aus. Nicht nur die tropisch geile Atmosphäre als solche macht die in ihr großwerdenden Menschen frühreif, sondern auch der Mangel an einer strikten Trennung der verschiedenen Altersstufen und Geschlechter in den Häusern wirkt sich aus. Sie setzt für die letzteren erst ein, wenn die Pubertät beginnt, und wird dann, den Vorschriften der Adat, der traditionellen Sittenordnung, entsprechend sehr ernst genommen. Aber bis dahin haben die Kinder schon genug gesehen, und oft heimlich auch selbst erlebt. Wenn sie sich außerhalb der dörflichen Sittenordnung wissen, etwa auf einer Reise, lassen sie gerne nach außen hin ihren Regungen mehr Freiheit, als sie es zu Hause wagen würden. Man könnte gerade dieses Thema ins Grenzenlose ausführen. Hier nur eine kleine Episode aus dem täglichen Leben, beobachtet an Deck eines Küstendampfers. Sie soll keine erotischen Heimlichkeiten aufdecken — das ist nicht der Sinn dieses Überblickes —, sondern soll nur zeigen, daß auf diesem Gebiet die Unterschiede zwischen den Jugendlichen bei uns und bei jenen Völkern nicht sonderlich groß sind. Man muß bei denen der Tropen nur das Alter entsprechend niedriger einsetzen. Vielleicht besteht die beste Übereinstimmung zwischen allen Menschen der Erde überhaupt in ihrem Triebleben während der erwachenden Pubertät. — Dies meine Aufzeichnung:

„Unfern von meinem Feldbett" — ich fuhr der knappen Devisen und des engeren Kontaktes mit der Bevölkerung halber auf den Küstenschiffen stets als Deckspassagier — „hat eine junge javanische Mutter mit ihrer zwölfjährigen Tochter und ihrem achtjährigen Sohn ihr Lager aufgeschlagen. Ich habe das Alter von den Kindern selbst erfragt. Nachdem sie den Tag verschlafen haben, plagt sie gegen Abend die Langeweile. Der spielerische Sinn erwacht, genau wie er bei unseren Kindern in ähnlicher Lage erwachen würde. Das Mädel ist die tollste dabei, offensichtlich, weil es sich beobachtet fühlt. Es hat seine pechschwarzen Zöpfe gelöst, und das Haar hängt lose über die reifenden Schultern und Brüste. Schulmädchenhafter Schalk, gemischt mit jugendlicher Erotik und dem Wunsch des Backfisches, die Hauptrolle zu spielen, beherrschen sie. Sie prügelt ihren kleinen Bruder mit einer zusammengefalteten Zeitung, stülpt ihrer Mutter den Hut des Bruders über den Kopf, wehrt sich mit kleinen Fäusten gegen die Angriffe des Jungen, übertölpelt ihn immer wieder, steckt ihm unversehens ein Stückchen bitterer Betelnuß aus dem Täschchen der Mutter in den Mund oder knallt ihm beide Hände auf das Achterteil. Sie hat selbst keine Bedenken, dasselbe auch bei der Mutter zu tun. Die ist noch jung genug, um mitzutollen. Sie wälzen sich alle drei durcheinander an Deck, räkeln und stoßen sich. Die Kinder sind dabei bedacht, gewisse Teile ihrer Körper mit Vorliebe zu berühren, und wenn die nackten Füße des Jungen sich gar zu heftig gegen die Brüste des Mädchens stemmen, kommt ein halb entrüstetes, halb wollüstiges ‚adu!' (etwa: ach! es tut weh!) aus ihrem kleinen Munde. In ihren runden braunen Augen liegt ein flimmernder Glanz, und um so heftiger packt sie nach schmerzhaften Stellen des Knaben. Zuweilen blinzelt sie zu mir herüber, ob ich auch alles sehe. — Der fast nackte junge Chinese, der seit Stunden neben der Familie auf einer Matte lag und schlief, ist nun ebenfalls erwacht und sieht bald interessiert, bald scheinbar unbeteiligt auf die Szene. Aber dann steht er an der Reling und singt leise vor sich hin; und aus der plötzlichen Verwirrung des Mädchens erkenne ich, daß sein Liedchen ihr gilt. — Als ich in der Nacht einmal aufwache, sehe ich ihn unmittelbar über ihrem Gesicht auf der Schwelle einer Außenkammer sitzen, und sehe, wie sie unter leicht geöffneten Lidern heiß in seine Augen sieht..." — Natürlich waren es einfache Leute aus dem Volke. Bei Kindern einer vornehmen Abkunft wären solche Freiheiten unmöglich, zumindest in der Öffentlichkeit. —

Der erwachsene traditionsgebundene Malaie dagegen verbirgt der Außenwelt alle inneren Regungen, nicht nur die seines Liebeskomplexes, und hält sich ganz im Rahmen des ihm von der Sitte Vorgeschriebenen. „Du hast keine ‚aturan', keine Sitte, im Leibe!" ist die schlimmste Zurechtweisung, die man einem Malaien erteilen kann. Heute gibt es allerdings auch genügend solche, die sich diesen Selbstzwang nicht mehr auferlegen. Am unangenehmsten wirkt dabei auf uns stets die über den Rahmen einer gesunden Neugier hinausgehende Dreistigkeit. Sie braucht sich nicht nur gegen den Europäer zu richten, sondern kann auch gegen den Höherstehenden eigenen Blutes in der traditionsgelockerten Gegenwart schon durchbrechen. Das bringt das Zeitalter der Aufklärung so mit sich. Nimmt man die Selbstsicherheit, mit der etwa der einfache Mann eines rauhen, demokratisch denkenden Bergvolkes seinen Häuptling korrigiert, in der Überzeugung hin, daß dergleichen für beide Seiten selbstverständliches Bedürfnis ist, so möchte man doch mit einem Donnerwetter dreinfahren, wenn es sich in anderen Fällen um hemmungslose Flegeleien handelt. Ich saß einmal bei einem Gegading, einem Dorfhaupt, auf Bangka und wartete auf einen Autobus. Es war ein feiner würdiger Herr; seine wohlgesetzte Ausdrucksweise in hochstehendem Literatur-Malai war mir besonders angenehm. Er hatte Rubberbons[1]) an die Bauern auszugeben, und diese drängten sich zu ihm herein. Nun steht der Bangkanese an sich nicht gerade in bestem Ruf. Er hat von sich aus keine Kultur, und die Nähe der Zinnminenbetriebe mit den chinesischen Kulis verfeinern ihn bestimmt nicht. Aber was ich da zu sehen bekam, trieb mir doch die Zornesröte ins Gesicht. Alle fühlten sich durchaus heimisch in dem Raum, flegelten sich in die Rotansessel, rülpsten in allen Tonleitern, rauchten, kauten und spuckten nach Herzenslust, und redeten in ihrem wüsten Bangka-Platt schreiend durcheinander. Der Gegading machte zu allem ein freundliches Gesicht und versuchte, jeden zu befriedigen. Ein junger

[1]) Verkaufsberechtigungsscheine für Rubber, Kautschuk.

Batakfrau am Webstuhl

Malaiischer Goldschmied

Ohne Markt kein Leben

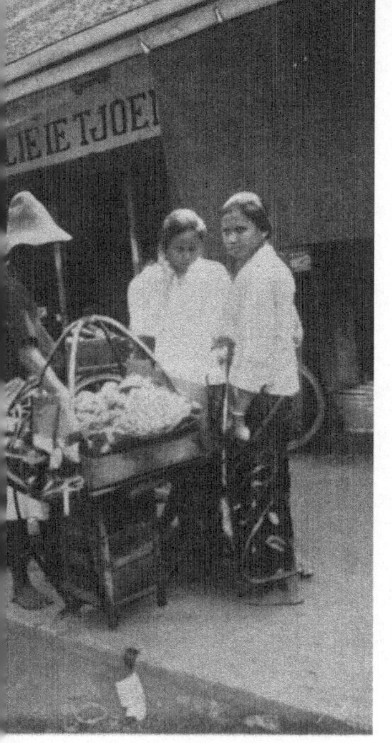

Sundanesinnen am Stand eines „Fliegenden Händlers"

Bursche übertraf an schlechten Sitten alle anderen. Er wollte mehr Bons haben, als ihm ausgehändigt wurden und wahrscheinlich auch zustanden, und wich nicht von der Stelle. Im Gegenteil, er legte sich gemütlich in einen Langstuhl, verschränkte die Arme unter dem Kopf und schimpfte weiter. Mitten im Redestrom nahm er vom Schreibtisch des Dorfhauptes dessen Tabakdose, kurbelte sich eine Zigarette und blies genießerisch den Rauch gegen die Decke. Man hätte ihn hinauswerfen sollen; aber zu einer solchen Grobheit konnte sich der Gegading nicht entschließen. Er hätte sich ja dann auf gleiche Stufe mit diesen Rüpeln gestellt.

Übrigens klang die Sitzung doch noch ergötzlich für mich aus. Endlich hatten die Verhandlungen zu einem befriedigenden Schluß für alle geführt und nun sollte unterschrieben werden. Jeder zog umständlich eine Brille aus der Tasche, obwohl alle des Schreibens unkundig waren und auch sonst bestimmt kein Augenglas nötig hatten. Aber der Gegading trug eines, ihm hatten sie es wohl abgesehen und wollten ihm nicht nachstehen. Dann setzten sie feierlich ihre Räuberzinken oder Daumenabdrücke in das Abrechnungsbuch.

Nun, solche kleinen Eitelkeiten mögen ihnen gerne gegönnt sein; wer von uns wäre ganz frei von ähnlichen! Gefährlich wird es nur, wenn sie das Maß verlieren und mehr scheinen wollen, als sie in Wirklichkeit sind. Läßt sich auch der Europäer von solchen Aufspielern nicht imponieren, so können sie doch für die Entwicklung ihres eigenen Volkes äußerst gefährlich werden. Denn in der Regel sind diese Art Leute grenzenlose Despoten und unbarmherzige Blutsauger. — Am Rande des Plantagengebietes an der „Ostküste“ wohnte ich einmal bei einem malaiischen Distriktoberhaupt übelster Sorte. Ich möchte den Mann hier als Typ dieser „Angeber“ vorstellen. „Tungku Machmud“ nannte er sich, laut der mir überreichten Visitenkarte aus Glanzkarton.

Er hatte mich mit einer großartigen Redewendung aufgenommen, wies mit schauspielerischer Gebärde auf sein Besitztum und stellte mir anheim, mich nach Belieben zu bewegen und zu bedienen. Man denke aber nicht an einen fürstlichen Palast und gepflegten Park. Weit entfernt! In einem zerwühlten Stück Land, auf dem ein paar Reihen Kassavestauden wuchsen, lag ein ärmliches Bambuhaus, mit Wänden voller Ritzen und einem verrotteten Grasdach. Diplomatie des reichen Herrn Machmud! Er wollte die Behörden zwingen, des Prestiges halber für ihn, den Höchstregierenden dieser Landschaft, ein neues und ansehnlicheres Haus zu bauen. Vielleicht haben sie es inzwischen auch getan, denn solche Gewaltmenschen, die das letzte aus den Eingeborenen herausholen, sind immerhin für eine florierende Kolonialwirtschaft von Nutzen.

Immer wieder suchte mich mein Gastgeber unversehens zu verblüffen. Ich hatte ihn jedoch sofort durchschaut und tat ihm nicht den Gefallen, darauf hineinzufallen. Nachdem wir uns schon stundenlang malaiisch unterhalten hatten, fing er beispielsweise plötzlich an, holländische Brocken einzuflechten und sich bald darauf gänzlich in ein fließendes und einwandfreies Holländisch umzustellen. Ich tat, als wäre das selbstverständlich. — Statt Reis und Huhn, wie man es erwartet hätte, ließ er Weißbrot, Dosenbutter und Corned Beef auftischen, mit einer lässigen, übersättigten Banalität, als gäbe es niemals etwas anderes in seinem Hause. Doch ich tat ihm wiederum nicht den Gefallen, in Verwunderung darüber auszubrechen, sondern setzte mich hin und langte tüchtig zu, daß seine seltenen Kostbarkeiten im Nu zusammenschmolzen. Als er dann weiter erklärte, es gäbe bei ihm niemals Kaffee, sondern nur Tee und Schokolade, und als er die letztere tatsächlich hereinbringen ließ, trank ich mit der größten Selbstverständlichkeit Schokolade; obwohl ich schon ein Jahr im Lande wanderte und noch niemand mir jemals welche vorgesetzt hatte. „Trinken Sie nur! Trinken Sie nur! Meinetwegen zehn Tassen!" prahlte er ermunternd. Ich trank zwar keine zehn, aber erleichterte ihn schadenfroh immerhin um deren fünf.

Er schickt, als fühle er sich peinlich belästigt, einige Dorfleute fort, die ihm ihre Angelegenheiten vortragen wollen. Er wirft sich mit der Geste eines Cäsar einen schäbigen, widerlich schmutzigen Bademantel um und schlürft in sein Bad; notabene einen windschiefen Bambuschuppen mit schlüpfrigen Steinen und brauner Lehmbrühe, die man sich mit einem alten Benzinbehälter aus einem Loch schöpfen und dann vermittels einer halben Kokosschale über den Körper gießen muß. Er jagt die Bedienten hin und her, diktiert dem Schreiber, stirnrunzelnd und mit dem Zeigefinger an der Nase, einen völlig unnötigen Brief. Er ruft seine Kinder zu sich und betätschelt sie mit auffälliger Besorgtheit. Er tyrannisiert seine diensteifrige Frau und knüpft mit meinem Boy ein herablassendes Gespräch an, das er mit falsch ausgesprochenen Sprichwörtern aus dessen heimischer Batakspradhe würzt. Er befiehlt abends mit donnerndem Organ dem erschrockenen Mandur, Moskiten-Obat anzuzünden. (Obat = Medizin; es sind spiralig aufgerollte Räucherschnüre aus einer grünen Masse, die, angezündet, langsam verglimmen und einen beizenden, die Moskiten vertreibenden Rauch entwickeln.) Dann läßt er mich auf einem wackligen Korbsessel gleich von einem halben Dutzend solcher stinkenden Opferflammen umräuchern, obwohl eine völlig ausgereicht hätte.

Später, als wir uns ins Haus zurückgezogen haben, läßt er die Obat nachbringen, obwohl keine einzige Mücke im Zimmer ist. Der Mandur, gereizt ob all der seltsamen Befehle, die er heute schon hat ausführen müssen, wagt einzuwenden: „Das haben wir ja noch nie getan!" — Doch der Tungku wird krebsrot und brüllt: „Ganz egal, verfluchter Affe! Aber jetzt holst du sie!"

Dann läßt er sich eine Batterie Medizinfläschchen auffahren. Er behauptet, Amöbendysenterie zu haben, und will sich durch Vorheucheln dieser schweren Tropenkrankheit besonders interessant machen. Wenn er sie wirklich hätte, säße er gewiß nicht so vital neben mir. Nachdem er sämtliche Pulver, Pillen und Mixturen zwar unter schrecklichen Grimassen, aber doch mit wahrem Heldenmut durchprobiert hat, befiehlt er dem immer verdutzteren Aufseher: „Nun noch den Lebertran!", worauf dieser gänzlich den Kopf verliert und mit einem wütenden „Bangsat!" — „verflucht" — nach dem anderen sämtliche Kisten, Betten, Truhen und Kleidungsstücke durcheinander wühlt, um die längst vergessene Flasche wieder ans Tageslicht zu bringen. Schließlich findet er sie triumphierend in der benachbarten Kammer des Postläufers. Der hat ihren öligen Inhalt seit geraumer Zeit zur Haarverschönerung und als Konservierungsmittel für seine Ledertasche verwandt. Herr Machmud spuckt Gift und Galle und wirft dem zitternden Sünder einen bezschmetternden Blick hin. Dann gießt er sich mit fanatischer Begeisterung den Rest der ranzigen Transchmiere gluckernd in den Hals.

Ich habe aber auch — und das ist gewiß nichts Ungewöhnliches — viele emanzipierte Eingeborene kennengelernt, die sich makellos zu benehmen wußten. Was mich jedoch in ihren Häusern immer wieder mit Betrübnis, wenn nicht gar mit Entsetzen erfüllte, war die unvollkommene Geschmacksentwicklung bei der Auswahl europäischen Zivilisationsgutes. Selbst die Fürstlichkeiten stehen dem Fremdgut hilflos gegenüber und verfallen leicht in die fälschliche Überlegung, daß Teures auch immer gut sein müsse. Oft aber wird minderwertigste Ware durch gerissene Agenten für sie eigens teuer gemacht, und da viele dieser Fürsten sehr reich sind, so kaufen sie mit vollen Händen. Trotz ihrer Zahlungsfähigkeit kaufen sie übrigens am liebsten gegen Schulden. Sie sind darin nicht anders als jeder einfache Malaie auch. Denn es bringt ihnen großen „untung", will sagen Nutzen und Gewinn, wenn sie sterben, ohne ihre Schulden bezahlt zu haben.

Einmal hatte ich Gelegenheit, beim Sultan eines ostsumatranischen Reiches das Fest der Einweihung des neuen Kronprinzenpalastes mitzumachen. Das war in vieler Beziehung sehr interessant, nicht nur zum Studium der einheimischen und europäischen Typen, die hier zusammengekommen waren, der Garderoben, Gesprächsstoffe und Trinksprüche, sondern vor allem auch betreffs der neu beschafften Wohnungseinrichtung. Eine ganze Flucht von Zimmern und Empfangsräumen war vollgestopft mit modernen Korbmöbeln, Ledersesseln, holländischen Gemälden, Grammophonen mit Platten wie „Was macht der Meier auf dem Himalaja" oder „Paris, wie ich dich liebe!" und ähnlichem, das für ein europäisches Fürstenhaus nicht gerade passend sein würde. Die diensteifrigen jüngeren Prinzen legten die Platten persönlich auf, und die Großwesire schnalzten den Takt mit. Neben grellfarbigen, in Europa unverkäuflich gebliebenen Teppichen lagen andere von kostbarer Schönheit. Das benutzte Porzellan war teils feinste, zerbrechliche Chinaware, teils aber auch billigster Warenhausschund. Pompös aufgemachte Kissen kleinbürgerlichen Geschmacks und ohne jede persönlich-fürstliche Note stachen neben sehr geschmackvollen Lampen mit künstlerischen Pergamentschirmen auffällig ab. Aber diese Lampen waren zum Teil an ganz billigen Kordeln aufgehängt. Nüchterne Blumentöpfe und wunderschöne Vasen — ohne Blumen — standen auf den Tischen. Sie wurden von den größtenteils nicht mehr ganz nüchternen Gästen unbekümmert als Aschenbecher benutzt. Man bot Zigaretten an aus albernen japanischen Kästchen, die beim Aufklappen des Deckels ein unpassendes Liedchen spielten; und wenn die Tür eines Schreibtisches geöffnet wurde, schrie ein Kuckuck, worüber sich die wohlgenährten Reichsgroßen, denen übrigens ein redseliger Pflanzer die neuesten nicht ganz stubenreinen Witze erzählt, jedesmal halbtotlachen wollten. — Die zierliche, wunderbar kultivierte Frau des Kronprinzen und dieser selber, eine tadellos gepflegte, liebenswürdige Erscheinung, taten mir leid in diesem stillosen Rummel. Hätten sie ihr Haus doch mit gewerblichen Erzeugnissen ihres eigenen Volkes ausgestattet! —

Aus solcher Unfähigkeit einer fehlerfreien Umstellung auf übernommenes Fremdgut schließt man gern, daß der Malaie auch nicht fähig sei, das gleiche Leistungsvermögen wie ein Europäer aufzubringen. Man sollte das nur mit sehr vielen Einschränkungen tun! Gewiß gibt es manche Arbeit, zu dem seine Körperkräfte einfach nicht ausreichen. Es ist nun einmal nicht jedes Volk geeignet, beispielsweise schwere Hüttenarbeiten zu verrichten oder Schiffskessel zu beheizen. Für manches fehlt dem Malaien auch die Begabung und Neigung. Immer wird man unter den Studierenden mehr solche finden, die sich den Rechtswissenschaften, der Medizin, den philosophischen und volkswirtschaftlichen Fächern zuwenden, als jene, die das naturwissenschaftliche oder technische Studium bevorzugen. Der einfache malaiische Arbeiter zieht mechanische, selbst stumpfsinnige Arbeit der anspruchsvolleren Beschäftigung oft vor, erfüllt diese aber ohne Ermüdung mit immer gleicher Begeisterung. Ich sah in Laboratorien Leute, die mit unvermindertem Eifer jahrelang von morgens bis abends Moskiten im Mikroskop auf Malariabazillen untersuchten, wobei auf je tausend Objekte vielleicht fünf Bazillenträger und somit ein paar wenige Abwechslung bringende Augenblicke kamen; und andere, die aus ganzen Bergen von Sand bei nie nachlassender Präzision mit der Pinzette winzigste Muschelbruchstücke für die Geologen aussuchten. Man bedenke auch, daß die letzte feine Auslese des Tees von eingeborenen Frauen und Mädchen mit den Fingerspitzen vorgenommen wird, und daß jedes einzelne Tabakblatt mehrmals durch die Hände geübter Sortiererinnen geht und dabei ganz genau nach Länge, Form und Farbe unterschieden werden muß. Das alles sind Arbeiten, die nun einmal gemacht werden müssen; und man ist drüben glücklich, in den Eingeborenen brauchbarste Kräfte dafür zu haben.

Darüberhinaus darf behauptet werden, daß die Malaien in vielen schweren, langwierigen und komplizierten Arbeiten ihren Mann zu stehen wissen. Wer die kräftigen Zuckersackträger in den Häfen, die geduldigen Metallschmiede in den Handwerksstuben, die batikenden Frauen an den Färberahmen gesehen hat, wird das gerne bestätigen. Selbst technische Begabung ist durchaus vorhanden, wenn auch die Kenntnis der technischen Zusammenhänge fehlen mag. Ein javanischer Schofför weiß wenig vom organischen Zusammenhang zwischen Benzintank, Vergaser und Zündkerze, nichts vom Vorgang der Kompression, Explosion und Expansion in seinem Motor. Aber in neun von zehn Fällen wird er mit sicherem Instinkt binnen kürzester Frist den Motor wieder in Gang bringen, wenn er stehengeblieben ist. Ich kenne einen jungen Dajak, der mit zwölf Jahren zu einem europäischen Unternehmer kam, um beim Kappen im Wald zu helfen. Da er anstellig und sehr geschickt war, schenkte sein Herr ihm eines Tages eine alte Weckuhr, die nicht mehr ging. Binnen weniger Stunden hatte der Junge sie in ihre Teile zerlegt, wieder zusammengesetzt und das Gehwerk in Gang gebracht. Mit derselben Sicherheit brachte er einen durch Überlastung festgefahrenen Bootsmotor wieder in Ordnung. Später hatte er sich aus alten Batterien eine Leselampe verfertigt und studierte ganze Nächte in technischen Büchern, denn der Europäer hatte ihn eine Schule besuchen lassen. Er zeigte mir eine raffinierte Vorrichtung am Affenkäfig seines Herrn, die er sich selber ausgedacht hatte. Den Affen war es immer wieder gelungen, den Riegel zu öffnen und ins Freie zu gelangen. Der Dajak hatte ihn nun mit einem Kontakt derart verbunden, daß die Tiere jedesmal einen Schlag bekamen, wenn sie den Riegel berührten. Das Auto seines Brotgebers auf ähnliche Weise zu elektrifizieren, damit Neugierige nicht daran herumtasten sollten, war für ihn eine Kleinigkeit. — Ich will nicht behaupten, daß solche Fähigkeiten die Norm sind. Es soll nur beweisen, daß auch im Malaien technische Begabung steckt; das beweisen auch viele andere Hilfsmittel, die sie selbst erfanden. —

Hier sollen auch ein paar Worte über das tadellos organisierte Nachrichtenwesen dieser Völker eingefügt werden. Durch Schläge auf große Gongs oder auf Schlitztrommeln werden Neuigkeiten und Warnungen überall dort weitergegeben, wo die Menschen nahe genug beieinander wohnen, um diese Signale hören zu können. Wo die Entfernungen zu groß werden, überbringen Boten zu Wasser oder zu Lande die wichtigsten Nachrichten von Siedlung zu Siedlung. Man würde keine Ruhe haben, sie für sich zu behalten. In höher entwickelten Landesteilen arbeitet dieser Nachrichtendienst ebenso gut und vielseitig wie bei uns. Bei Ausbruch des Weltkrieges beispielsweise schickten malaiische und chinesische Handelsfirmen in den Küstenstädten unmittelbar Sonderbotschaften bis in die fernsten Urwaldgebiete zu ihren Kleinverteilern, damit diese sofort die Preise erhöhen konnten! Die später erfolgte Verkündigung des „Heiligen Krieges" gegen die Mittelmächte wurde durch die Mohammedaner sogar schon einige Wochen eher im Lande bekanntgemacht, als durch den europäischen Nachrichtendienst. Bei der Abwertung des Guldens Mitte der dreißiger Jahre gingen noch in der gleichen Nacht von den Küsten aus Extraboote die Flüsse hinauf, um gegen geringen Mehrpreis so viel Gold als möglich von den Goldwäschern im Binnenland aufzukaufen. Selbst falsche Gerüchte verbreiten sich oft mit gleicher Windeseile. So waren wir 1937 nicht wenig überrascht, mitten in Borneo nach dem neuen Kriege gefragt zu werden, der angeblich bereits in Europa ausgebrochen sein sollte.

Die Vorstellungen über einen solchen waren allerdings recht unvollkommen. „Werden sie dort nun wieder so viele Köpfe abschneiden wie damals in dem großen Kriege?" fragte ein alter Dajakhäuptling, auf den ersten Weltkrieg anspielend. Mit ihren eigenen Kopfjägerzügen sind sie sich während jenes gewaltigen Völkerringens ganz klein und lächerlich vorgekommen. Und ein anderer fragte dazwischen: „Ist es wahr, was der Missionar erzählte, daß sie dort sogar ihre verwundeten Feinde pflegen und ihnen zu essen geben?" — Sie konnten es nicht fassen, wie man so dumm sein kann. „Den Hals ab!" meinten sie, wäre doch das richtigste. —

Mit vielem Für und Wider wird über die Treue des Malaien gegenüber seinem europäischen Herrn diskutiert. Ich glaube, daß da sehr viele subjektive und nur wenige objektive Urteile gefällt werden. Ich selber will mich eines solchen besser gänzlich enthalten. Trotz langer Reisen war ich doch nicht lange genug unter dem Volke, um Allgemeingültiges darüber aussagen zu können. Ich habe Anzeichen einer sonderlichen Untreue jedenfalls nicht erlebt. Doch oft genug wurde mir geschworen, daß ein Malaie um wenige Cents Mehrverdienst halber auch seinen besten Herrn verläßt, ja, ihn für geringen Judaslohn verrät oder sogar selber umbringt. Schauerliche Geschichten sind mir erzählt worden und ich will sie nicht bezweifeln. Bei vielen spielten eingeborene Frauen mit hinein, und da liegt vielleicht des Pudels Kern für diese Taten. In der Regel waren diese Frauen die Anstifter oder die Ausführenden von Giftmorden. Diese schwer kontrollierbare Art der Beseitigung lästiger Nebenbuhler oder gehaßter Herren soll immer noch die beliebteste sein. Sicher aber ist auch, daß in vielen Fällen der treulos verlassene oder rätselhaft umgebrachte „Herr“ vielleicht bewußt, mit größerer Wahrscheinlichkeit aber unbewußt etwas getan hatte, das ihm Rache und Feindschaft eintrug.

Mir sind jedoch auch genügend Fälle seltener Treue und Anhänglichkeit bekannt. Ich hatte unter anderem einem alten Diener auf Java Grüße seines Herrn zu überbringen, der schon seit mehr als zehn Jahren wieder nach Deutschland zurückgekehrt war. Der Mann geriet ganz aus dem Häuschen. Er fühlte sich zunächst höchst geehrt, denn er meinte nicht anders, als ich habe die weite Reise nur unternommen, um ihm die Botschaft seines Herrn zu überbringen. Dann mußte ich alles peinlichst notieren, was er mir nun seinerseits aufzutragen hatte: die Vermehrung seiner Kinder und Enkel, die Verminderung seines Lohnes, den Zuwachs in seinem Ziegenstall und was noch alles mehr, von dem er annahm, daß es seinen unvergeßlichen „Tuan Besar“ interessieren könne, nebst untertänigsten Grüßen von ihm und all den Seinen. Mir selber wurde mancher braune Diener drüben, wenn freilich oft auch nur für kurze Zeit, zum verläßlichen und getreuen Schatten. So etwas ist beruhigend und wunderbar wohltuend. Denn ein Mensch ohne Schatten ist wie ein Instrument ohne Klang, ist krank und niemals klaren Geistes. —

Die meisten Morde an Europäern oder auch an Gleichrassigen geschehen jedoch in spontaner Aufwallung, nachdem eine schmerzende Verletzung innerer Gefühle vorausgegangen ist. Die europäischen Gerichte wissen das wohl und verhängen daher nur in schwersten Fällen Todesstrafe. Diese jäh durchbrechende Leidenschaft gehört nun einmal zu den Wesenszügen des Malaien. Man kann so etwas nicht einfach negieren oder fortdressieren wollen. Das beste ist, man hütet sich, sie zu erregen. Es ist schon schwer genug, weniger gefährliche Maßlosigkeiten zu bändigen, wie sie bei anderen Gelegenheiten auftreten. Mancher Missionar ist darüber schon in Verzweiflung geraten.

Bei einigen Dajakvölkern ist es beispielsweise die Maßlosigkeit im Trunk, die wohl eines moralischen Kreuzzuges der Gottesboten wert ist. Tolle Orgien habe ich selber dort miterlebt; ich berichtete weiter oben schon davon. Den Höhepunkt erlebten wir, als wir eines Mittags in ein Dorf bzw. Langhaus der Embaloh gerieten, das den soliden Namen „Tandjung Kerdja“ führte. Eigentlich bedeutet das „Arbeitsecke“. Aber es war eher ein großes Wirtshaus. Die gesamte Einwohnerschaft lag in der Vorhalle und ergötzte sich am Papak, einem starken Wein oder, richtiger genommen, Schnaps aus vergorenem Zuckerrohrsaft. Sie tranken nicht aus Bechern oder Schalen, sondern soffen aus einem großen Wasserkessel. Der ging reihum, und sie waren so hoffnungslos blau, daß sie nicht mehr aufstehen konnten. Sofort nötigte man uns, teilzunehmen. Sie hatten sogar richtige Tassen für uns; ein Chinesenmischling, der noch etwas bei Verstand war, holte sie aus seiner Kammer. Wir machten aber nicht lange mit, denn wir wollten noch ein anderes Dorf erreichen. So ließ ich meine Träger die Lasten wieder aufnehmen und wir verschwanden. Doch nach Erreichen des Zieles stellte sich heraus, daß durch ein Versehen ein Handtuch in der „Arbeitsecke" zurückgeblieben war. Es war dort zum Trocknen aufgehängt und dann vergessen worden. Es war unser einziges Handtuch, und wir mochten es nicht missen. So ging Kamerad Schreiter den Weg zurück, um es zu holen.

Als er wieder kam, berichtete er, daß sein erneuter Aufenthalt in dem Haus überhaupt nicht bemerkt worden sei. Über die ganze Horde sinnlos berauschter und röchelnder Zeitgenossen mußte er hinwegsteigen und war auch, da es schon dämmerig war, über mehr als einen gestolpert. Aber nicht einmal die Hunde hatten mehr gebellt; auch sie schienen sich vermittels der Reste aus den Schnapsbehältern in ein schöneres Traumleben hinübergezaubert zu haben.

Vielleicht ist das vielzitierte Amoklaufen bei den Malaien — es kommt durchaus nicht nur bei den Chinesen vor, sondern überall im Fernen Osten — als fortgeschrittenste Äußerung dieser Maßlosigkeit aufzufassen, als eine völlige Ausschaltung des Willens, ein Versagen jeder persönlichen Funktion, ein stures Folgen einer unerklärlichen Triebkraft. Nur irgendeine Reizung braucht vorzuliegen, und schon kann der Zustand eintreten. Wir nennen ihn gern eine vorübergehende Verdunkelung des Geistes. Der Malaie nennt den Amokzustand viel treffender „mata gelap": verdunkelten Auges sein. Der Geist spielt schon vor dem Ausbruch des Wildwerdens gar nicht mehr mit.

Auf Sumatra erlebte ich einmal einen Fall von echtem Amok unmittelbar mit. Gerade kam ich von einer Mine im Süden des Landes, auf der just ein tollgewordener Chinese im Amok fünf Opfer angefallen hatte. Die Frau eines europäischen Angestellten war dabei gräßlich zu Tode gekommen. Nun fuhr ich, kurze Zeit später, an einem entsetzlich heißen Tage in einem stickigen Autobus vom Hochland hinunter nach Medan. Es war Mittagszeit, als wir dort ankamen, und ich saß nun während der unerträglichsten Glut in der ausgestorbenen Gartenhalle eines Restaurants. Während der Fahrt hatte ich mit brummendem Kopf und klopfenden Schläfen mehrmals denken müssen: gleich schnappst du über!, es ist unmöglich, diese Atmosphäre noch länger auszuhalten. Mit kühlem Getränk beruhigte ich jetzt mein kochendes Blut und sortierte dabei meine Schriftsachen.

Plötzlich ist draußen ein wahnsinniges Geschrei. Ein Autobus fährt an dem Platz vor dem Restaurant entlang. Der Fahrer bremst mit allen Kräften. Aus der Tür und aus den Fensteröffnungen springen eingeborene Reisende. Unmittelbar vor dem Garten kommt der Wagen zum Stehen. Wenige Schritte weiter ist ein Wachthäuschen der Stadtpolizei. Das ist ein Glück. Einige Polizisten stürzen herbei mit gezogenen Klingen. Der Schofför ist als letzter aus dem Wagen gesprungen. In der Tür steht ein Mann und fuchtelt mit einem Messer. Sichernd pürscht sich die Polizei heran. Aber der Messerschwinger springt auf die Straße. Er rennt wie ein Tier. Die Menschen stieben johlend unter Angstschreien nach allen Seiten. Er rennt gegen ein flüchtendes Fahrrad. Ein Mädchen stürzt herab, schreit... schreit! Es geht durch Mark und Bein. Sein Messer fährt der Halbwüchsigen hinter dem Ohr in den Kopf.

Alles hat bisher nur erst Sekunden gedauert. Man hat noch gar nicht recht erfaßt, was eigentlich los ist. Die bedienenden Boys haben sich ins Haus geflüchtet. „Awas, Tuan! Amok!“, „Achtung, Herr! Amok!“ schreien sie mir zu. — Was soll ich tun? Die Situation ist mir neu. Amokläufer sind unberechenbar, und ich habe keine Waffe bei mir. Aber ich bin der einzige Weiße weit und breit in dieser verschlafenen Mittagsstunde und fühle die Pflicht in mir, einzugreifen. — Da rast der Fremde plötzlich von der Straße in die Halle herein, geradeswegs auf mich zu. Hinter ihm sind die Polizeisoldaten. Zwei, drei der schweren Rotansessel stoße ich ihm in den Weg und springe selber hinter den nächsten Pfeiler. Blindlings jagt er in die Hindernisse hinein, stürzt. — Da ist der erste Verfolger schon bei ihm. Mit der flachen Klinge schlägt er ihn über den Kopf. Er liegt willenlos mit verdrehten Augen und schäumendem Mund. Schon ist er in Handschellen und wird abgeführt. Die Polizei Indiens ist eingefuchst auf solche Fälle.

Was war geschehen? Der Autobus kam — gleich dem, den ich selber benutzt hatte — vollbesetzt aus den Bergen hinunter in die Glut des Tieflandes. Vielleicht ist in dem Kopf des Mannes dasselbe vorgegangen wie in dem meinen: „Gleich schnappst du über!“ — Er hat sich sehr aufgeregt, sagt er vor Gericht aus. Hinter ihm haben immer einige Leute wie Schweine gegrunzt. Das hat ihn angewidert, denn er ist Mohammedaner. Aber sämtliche übrigen Insassen des Wagens haben nichts von Schweinegrunzen gehört. „Hat jeder bezahlt?“ hat der Beifahrer gerufen. Jawohl!, er hatte bezahlt! Triumphierend hat er in die Tasche gegriffen, um sein Ticket zu umklammern. —

Aber da hat er plötzlich ein Messer in der Hand gefühlt. Ja, und dann weiß er nichts mehr, dann war er eben „mata gelap", „verdunkelten Auges".

Die anderen wissen sehr wohl, was geschah, und in dem Wagen liegen die Opfer in ihrem Blute. Die beiden angeblichen Grunzer sind tot, durchschnittene Kehlen. Zwei andere sind schwer verletzt, auch die Radfahrerin. — Er wird eingesperrt, es muß ja gesühnt werden. Doch die Richter wissen selbst, daß er nichts dazu konnte. Wäre es einer der nicht seltenen fingierten Anfälle mit dem Ziel der vorsätzlichen Beseitigung eines Gegners oder eines Kafirs, eines verhaßten Christenhundes, gewesen, hätte er mit dem Tode büßen müssen.

FREMDE FRACHT — Der Seelenfährmann

Ahoi! Ich bin der Kapitän auf dem Regenbogen!
Woher ich komme? fragt ihr? — Aus dem Abgrund, aus der fernsten Ferne!
Der Äther, der Regenstaub und das Mondenlicht sind für mein Schiff die Wogen,
Von denen selbst der Kiel nichts spürt.
Und mein Steuermann steht stolz und stur am Steven und starrt in die Sterne,
Zu denen unsre Reise führt.

Meine Fracht sind, seltsam genug, weinende Menschenherzen,
Gesammelt in Palmblatthütten im Wald und hinter dunklen Hofportalen.
Denn ich bin der Kapitän über Tränen und Qualen.
Schwer wiegt die Fracht. Fast droht mir mein Boot zu versinken.
Flammen zucken schwach wie aus sterbenden Christbaumkerzen,
Und manches der Herzen scheint schon ganz am Ertrinken.
Aber ich blase sie an zu blutrotem Glühen,
Daß die Wolken ihrer Seelen mit den Nachtvögeln von dannen ziehen.

Und ich nehme zwischen Wetterleuchten und dem Kreuz des Südens
Meinen Kurs in Richtung auf das junge Morgenrot.
Fern schon blüht es über den Vulkanen
Als das Tor zur Ewigkeit...
Im Südostpassat
Kringeln aus gezackten Kratern krause Schwefelfahnen
Festlich um das schwarze Urwaldkleid,
Und aus buntem Farbenmeere junge Sonne strahlend naht.
Rauschend fährt mein Schiff mit vollen Segeln
Zwischen Katarakten, Wirbeln, jähen Felsenkegeln
Unbeirrbar, siegessicher, ein Triumph über den Tod.

VON MORGEN BIS MITTERNACHT

Nicht umsonst heißt die äußerste der Kleinen Sunda-Inseln „Timor". Timor bedeutet „der Osten", und für die Malaien ist der Osten eben die Insel Timor. Denn sie alle wohnen westlich von ihr; östlich beginnt das Reich der Kraushaarigen. Von Timor her kommt die Sonne. Dort beginnt sie jeden Morgen ihren Lauf über der Welt der Malaien, um fern im westlichen Indik zum abendlichen Bade unterzutauchen. Dann wandert sie, nach malaiischer Ansicht, unter der Erde entlang wieder nach Osten und kommt am folgenden Morgen bei Timor erneut herauf.

Es ist eine weite Strecke vom Westen Inselindiens bis zu seiner östlichsten Insel. Fünfmal müßten wir auf ihr die Uhr verschieben, wenn wir sie durchfahren wollten. Denn in sechs verschiedenen Zeitzonen mit Standardzeiten von je einer halben Stunde Unterschied ist seit 1932 die Inselwelt amtlich eingeteilt. So ist also nicht überall zu gleicher Zeit Mittag oder Mitternacht im Archipel. Wenn der Javane beim ersten Sonnenstrahl, fröstelnd in sein Tuch gewickelt, vor die Türe tritt und die steifgewordenen Glieder reckt, arbeitet der Timorese schon ein paar Stunden lang fast nackt in seinem Kaffeegarten und wischt sich den Schweiß von der Stirn; während in Nordsumatra noch die Sterne glitzernd am Himmel stehen und nicht der kleinste Streif der Morgenröte sich an der Kimm abzeichnet. —

Der Ablauf eines Tagesgeschehens vollzieht sich bei den malaiischen Völkern nach anderer Zeiteinteilung als bei uns. Wie der Monsun die Jahresteilung mit einer ruhigen und einer eiligen Zeit für die Menschen bewirkt, so diktieren die Tropen mit ihrer Äquatorsonne den Tagesrhythmus. Ihrethalben sind hier übrigens die Standardzeiten auch auf nur halbstündliche Verschiebungen beschränkt. Wollte man sie vollstündlich einteilen wie in den gemäßigten Zonen, so würde in den Randgebieten die Uhr der Menschen mit der des Alls zu wenig harmonieren. Denn die Sonne hat es in den niederen Breiten eiliger als in den höheren. Der Tropenfahrer weiß, daß sie sich dort nicht langsam wie bei uns vom Horizont erhebt, sondern so rasch, als würde sie emporgeworfen, und daß sie schon um halb acht des Morgens höher steht als bei uns sommertags um zehn. Wenn es aber in den Tropen zehn Uhr ist, hat für die Mehrzahl der Menschen bereits der Mittag begonnen. Die Bauern sind von den Feldern in die Dörfer zurückgekehrt, um erst am späteren Nachmittag vielleicht nochmals hinauszuziehen. Die Marktgänger sind an ihren Zielen eingetroffen, und die Straßen werden ruhiger. Wer möchte sich ohne dringenden Anlaß in der immer höllischer werdenden Glut noch bewegen? Die Arbeit ist für den Malaien keine Peitsche, nicht Sinn und Inhalt seines Lebens. Sie soll nur dazu dienen, ihn und seine Familie vor Not zu schützen, niemals aber, um sie als Mittel zur Bereicherung zu mißbrauchen. Das mag den Fremden überlassen bleiben, und sie mögen sehen, ob sie glücklicher dabei werden.

Die „höllische Tropenglut“ muß ich noch näher erklären. Die Mitteltemperaturen der Inselwelt klingen eigentlich ganz zahm. Von den Plätzen, in denen Europäer in größerer Zahl wohnen, ist Surabaja der wärmste, mit nicht mehr als 27 Grad Celsius Jahresdurchschnittstemperatur. Für Berlin beträgt diese freilich nur acht Grad, und selbst der „kühlste“ Europäerplatz in Inselindien, nämlich Tosari im Tenggergebirge, hat genau das Doppelte von Berlin. Wenn ich nun noch hinzufüge, daß nur ganz wenige und besonders ungünstig gelegene Abschnitte mittags einmal mehr als vierzig Grad Lufttemperatur verzeichnen, wird mir mancher triumphierend entgegenhalten: „Da haben wir es in Wiesbaden oder in Freiburg wärmer!“

Richtig! Aber dort hat man es lediglich einige Male in den Sommermonaten; und in der übrigen Zeit ist es erträglich warm oder kühl oder kalt. Außerdem kommt dort regelmäßig abends die Erfrischung, und zwischen Mittag und Mitternacht eine Temperaturspanne von zwanzig oder gar dreißig Grad. In Batavia erreicht dagegen die tägliche Schwankung ihr Höchstmaß im September mit achtundeinemhalben Grad, und ihr Mindestmaß im Februar mit noch nicht einmal sechs Grad. Der mittlere Unterschied zwischen dem heißesten und dem kältesten Tag jeden Monats beträgt nur 2,7 Grad, und zwischen dem heißesten und dem kältesten Monat noch nicht einmal so viel; alles draußen im Freien gemessen. In den Häusern ist die Temperatur noch viel gleichmäßiger. Da hat man beispielsweise im Monat Mai morgens um sechs Uhr 26 Grad, um fünfzehn Uhr, zur Stunde der größten Hitze, 29 Grad, und um Mitternacht immer noch 27 Grad. In allen übrigen Monaten sind die Schwankungen ebenso geringfügig. Das eben ist das „Höllische“ an der Temperatur, daß sie so ungeheuer beständig ist.

Im Tiefland fehlen außerdem spürbare Winde. Es herrscht ein „steter Friede im Luftozean“, wie es Franz Wilhelm Junghuhn einmal treffend erläuterte. Wenn über Mittag von See her die übliche ganz kleine Brise einsetzt, atmet jeder sie gierig ein. Ohne sie würden diese heißesten Stunden noch schlimmer als die Hölle sein. Der grelle, schmerzende Sonnenreflex auf den Straßen und an den weißen Häusern ist ohnehin für viele unerträglich. Glücklicherweise sind die Tropen aber gar nicht immer so strahlend, wie sie der Fernstehende sich gerne denkt. Über das ganze Jahr gerechnet entfallen in Batavia auf je zehn Tagesstunden immerhin mehr als drei ohne Sonnenschein; im Bergland sind es bis zu sechs und sieben. In der trockenen Zeit können freilich im Tiefland monatelang von je zehn Tagesstunden neun mit strahlendem Sonnenschein angefüllt sein. Wer aufmerksam durch die Städte geht, wird unzählige Hufeisen der Pferdchen im Asphalt eingeschmolzen finden. Dieser wird regelmäßig mittags plastisch. Daß die Inländer es trotzdem fertigbringen, mit bloßen Füßen darüber hinzulaufen, erscheint wie eine Fakirleistung. Halten wir es doch selbst in soliden Lederschuhen nicht lange außerhalb des Schattens aus.

Die Wärme wäre weit erträglicher, wenn die Luft nicht gleichzeitig einen hohen Feuchtegrad besäße. Erst diese Kombination erwirkt die bekannte Erschlaffung beim Tropenfremdling. Die mittleren monatlichen Werte relativer Feuchtigkeit liegen in der Regel zwischen 85 und 90 vom Hundert in den nassen, und nicht unter 70 vom Hundert in den trockensten Monaten. Bei uns sind fünfzig vom Hundert schon viel. So herrschen immer starker Taufall und hohe Verdunstung, also feuchte Luft.

Nachmittags verdichten sich in der Regel die schneeweißen Wolkenhaufen zur schmutzig dunklen Regendecke. Gegen vier oder fünf Uhr birst sie, oft von heftigen Gewittern begleitet. In der Zeit der Monsunkenterung — das ist für weite Gebiete im April/Mai und im Oktober — erreicht die Zahl der Gewitter ihr Maximum. Die Luft ist dann still und warm, und die vertikalen Strömungen steigen zu großen Höhen auf. Selbst Städte im breiten Tiefland, wie Batavia, verzeichnen jährlich noch 130 und mehr Tage, an denen Donner gehört wird. Aber Bandung, die Stadt auf der Hochfläche, hat im Durchschnitt schon 218, und Buitenzorg mitten in den Bergen sogar 322 Gewittertage je Jahr. Das dürfte ein Rekord sein. Noch in Batavia ist die Zahl sechsmal höher als in Holland.

Bitte, hier sind auch noch ein paar Zahlen über die Intensität der Niederschläge; es sollen dann auch die letzten in diesem Kapitel sein. In Batavia fällt eine Jahresregenmenge von 1828 Millimetern in insgesamt 374 Regenstunden; in Potsdam eine solche von 576 Millimetern in 657 Stunden. Genügt das, um eine Vorstellung davon zu vermitteln mit welcher Stärke dort die Wassermassen herabprasseln? Und das sind immer noch die Durchschnittszahlen. Bei einzelnen Böen kann das Wasser wie in geschlossenen Mauern die Luft erfüllen. Die städtischen Bauverordnungen in Batavia und anderen Städten schreiben vor, daß der Flur jedes Hauses mindestens dreißig Zentimeter über Straßenniveau liegen muß. Sonst hätte man alle Augenblicke Überschwemmung in der Wohnung.

Diese Zahlen mußten einmal genannt werden. Nichts ist für den Menschen, seine Gesundheit, Arbeitskraft und Leistung, seine Ausdauer und Stimmung so maßgebend, wie gerade Klima und Wetter. Der in den Tropen arbeitende Europäer weiß das am besten. Viel mehr als anderswo steht hier das „Stimmungsbarometer“ in unmittelbarem Einklang mit der natürlichen Wetterlage. Sehr viel größer ist die Zahl jener, die seelisch an den Tropen, ihrem ewigen Gleichmaß und Mangel an jahreszeitlichem Wechsel zugrunde gegangen sind, als derjenigen, die sie körperlich nicht ausgehalten hätten. Selbst bei den einheimischen Malaien kann man Unterschiede in der psychischen Verfassung bei Wetterumschlag leicht beobachten. Wenn sie im allgemeinen auch jede atmosphärische Äußerung gleichmütig hinnehmen und sich durch nichts beirren lassen, so beginnt die eigentliche Munterkeit doch auch bei ihnen erst, wenn die Sonne verschwunden ist, oder wenn es nach langer Trockenheit einmal regnet und auffrischt. Wie umgewandelt können sie dann sein.

Ich muß da gerade an eine junge Frau denken, die ich einmal längere Zeit beobachtete. Ich hatte mich vorübergehend in einem weltverlorenen Pasanggrahan[1]) einquartiert, und sie wohnte gegenüber. Es war lange sehr heiß gewesen. Von meinem Platz auf der Vorgalerie aus hatte ich sehen können, wie meine Nachbarin apathisch auf einem Bänkchen im Schatten des Hausdaches lag und buchstäblich kein Glied rühren mochte. Nicht einmal den Fliegen wehrte sie, sich auf den Mund und in die Augenwinkel zu setzen. Als sich ihre weiße Katze ebenso schläfrig auf ihrem Körper einen Schlafplatz suchte, brachte sie nicht die Energie auf, den herabhängenden Arm zu heben und das Tier fortzuscheuchen, sondern sie rief ihren Sohn herbei, daß er es verjage. So müßte man „die Faulheit“ malen, dachte ich im stillen.

Am Nachmittag jedoch bricht ein heftiger Regen aus, und meine Malaiin ist plötzlich nicht wieder zu erkennen. Geschäftig eilt sie ins Haus und holt ein großes Blechgefäß. Immer wieder läßt sie es unter dem Dach voll Wasser laufen und trägt es in die Badekammer. Der Regen stört sie nicht, obwohl er sie in wenigen Augenblicken bis auf die Haut durchnäßt. Sorgsam rafft sie mit der freien Hand den Sarong bis zum Knie. Ein spitzes Blätterhütchen hat sie von einem Pfahl genommen, der wohl eigens als Hutständer vor der Tür eingerammt ist, und hängt es jedesmal wieder auf, ehe sie das Haus betritt. Schon ein Dutzend und mehr mal ist sie hin und her geeilt, ohne der Beschäftigung überdrüssig zu werden. Der strömende Regen nimmt nichts von ihrem wiegenden Gang und der Grazie ihres schöngeformten Körpers. Unter der nassen Kleidung zeichnet er sich vorteilhaft ab. Als sie endlich genug Wasser geholt hat, nimmt sie sofort eine Hacke und gräbt einige Ubiknollen[2]) aus dem Garten, wäscht sie behende unter dem vom Dach herabschießenden Wasserstrahl und lacht dabei mit ihren prächtig weißen Zähnen lustig zu mir herüber.

[1]) Regierungsrasthaus.

[2]) Kartoffelähnliche Knollen der Kassare- oder Tapiokastaude.

Jetzt steht sie im Hintergrund des dämmerigen Hauses, wirft die nassen Kleider ab und schlüpft in trockene. Ein Liedchen summt sie dabei und scherzt mit ihrem Söhnchen. Nun lehnt sie an dem Türrahmen, um ein Zigarettchen zu rauchen, spielt mit der Katze, nimmt sie wiegend auf den Arm wie ein kleines Kind, und ruft schließlich eine vorübergehende Frau zu einem Schwatz herein. Dann sitzen beide am Tisch. Ihr Lachen und Erzählen reißt bis zum Abend nicht mehr ab, und ihr Eifer steigert sich derart, daß meine Nachbarin sogar mehrmals zur Bekräftigung auf die Tischplatte schlägt. Noch stärker kann eine Malaiin ihre Lebhaftigkeit nicht zum Ausdruck bringen. Wer hätte geglaubt, daß ein bißchen Regen in meinem „Modell der Faulheit" eine solche Wandlung erwirken würde. —

Man darf nicht glauben, daß die schweren und oft auch langen Regen eine wesentliche Unterbrechung der Arbeit mit sich brächten. Nur in den Häfen wird beim Laden nässeempfindlicher Güter, wie Zucker, Kaffee und ähnlichem, gestoppt. Die Kulis selbst würden es nicht einmal tun, wenn sie nicht Befehl dazu bekämen. Den Malaien stört so etwas nicht. Er legt sich höchstens ein Tuch auf den Kopf. Auf dem Marsch sucht er sich ein breites Blatt einer Bananenstaude oder einer Alocasie, das einen Menschen vollständig verbergen kann, und trägt es wie einen Schirm, wenn er nicht einen solchen bei sich hat. Manche Völker sind auch für die Arbeit in den Feldern ganz auf regenreiche Tage eingestellt. Sie führen steife geflochtene Matten mit sich und befestigen sie bei Bedarf auf dem Rücken. Wenn sie dann gebückt beim Pflanzen oder Jäten durch die Sawahs gehen, sehen sie von ferne aus wie unheimliche Riesenfalter. Im Dorf und in der Stadt hat natürlich jeder seinen Regenschirm. Teils sind es importierte europäische aus Großvaters Tagen, teils die hübschen bunten Ölpapierschirme landeseigener Fabrikation. Eine Statistik der Bedarfsgüterindustrie von Niederländisch-Indien wies aus, daß rund vierzig vom Hundert aller im Lande verbrauchten „Pajungs" — so heißen die Schirme drüben — im Lande selbst hergestellt würden. Allein das waren jährlich schon mehrere Millionen Stück. Denn eine sehr lange Lebensdauer hat ein Ölpapierschirm nicht. Selbstverständlich hat auch der Verkehrspolizist an der Straßenkreuzung seinen Pajung. Man kann billigerweise nicht von ihm verlangen, daß er die Sintflut unbeschirmt über sich ergehen läßt.

Da es fast immer erst am Nachmittag und Abend regnet, locken morgens Sonne, Klarheit und wunderbar wohltuende Luft. Dann arbeiten die Bauern in ihren Feldern und Gärten, ohne sich vorher Zeit zu einer Mahlzeit zu nehmen. Die Eingeborenen haben selten etwas Fertiges zu essen im Haus. Flaues Brot und sonstiges Gebäck sind mehr Leckereien als Volksnahrung. Diese ist der Reis, und der muß immer erst gekocht werden. So ißt der Bauer gewöhnlich erst nach Rückkehr vom Felde, bei höher steigender Sonne. Anders jene Völker, die in den Wäldern roden und sammeln. Sie nehmen sich morgens Zeit zu einer ausreichenden Mahlzeit und bleiben dann den ganzen Tag draußen, wenn sie nicht gar zeitlich auf die Rodungen ziehen und dort bis zur Ernte in bescheidenen Nothütten verbleiben. Bei den Dajak hörten wir oft noch spät abends bei Mondschein das Krachen und Rauschen der gefällten Bäume. Wenn die Leute dann endlich zurückkamen, brachten sie einen Appetit mit, der uns für eine Woche gereicht hätte.

Wer nicht mit der Arbeit in Wald und Feld zu tun hat, beschäftigt sich vielleicht mit einem Handwerk. In den erschlossenen Gebieten ist das alte Hausgewerbe weitgehend erloschen; allerlei zusätzliche Lohnarbeit ist dort an seine Stelle getreten. Doch bei den weniger berührten Völkern blüht es noch wie von jeher. Während es bei den Javanen, Balinesen und anderen hochentwickelten Handwerksvölkern oft auf bestimmte Gilden beschränkt bleibt, ist es bei tieferstehenden Gemeinschaften noch universales Volksgut. Jeder Mann versteht dort zu schmieden, zu schnitzen und zu flechten, jede Frau zu färben, zu knüpfen und zu weben, und jeder ist sein gewerblicher Selbstversorger. Hier betreibt man das Handwerk nicht berufsmäßig, und vor allem bindet man sich nirgends an feste Arbeitszeiten. Man greift zu ihm nur, wenn Neigung verspürt wird.

Wo der Europäer die Eingeborenen in seine Betriebe einzuspannen wußte, konnte er ihnen auch für Zeit und Leistung bestimmte Maße vorschreiben. So vollzieht sich auf den Plantagen, auf den Minen und in den Städten alles genau nach dem abgezirkelten Gang wie bei uns. Morgens ruft das Tong-Tong der Schlitztrommeln die Kulis zur Arbeit. Man verwendet hier übrigens nicht die feststehenden bootförmigen Trommeln der Südsee, sondern ausgehöhlte und frei aufgehängte Stammabschnitte, wie der Javane sie in seinen Dörfern als Signalinstrument in Gebrauch hat. In den Großstädten bimmeln die Straßenbahnen, lärmen die Kraftwagen, trappeln die Pferdchen vor leichten Wagen, windet sich die endlose Schlange der Radfahrer zu den Betrieben, und Geschäftigkeit erfüllt alle Straßen. Die Hausbedienten eilen, sauber und appetitlich in ihren blendend weißen Anzügen oder farbig frohen Tüchern zu ihren Tagesstellen. Denn viele von ihnen ziehen es vor, statt in einer Bedientenkammer bei der Herrschaft, besser bei ihren Familien im Kampong zu wohnen. Die Läden werden geöffnet, in den Kontoren und Büros beginnt fleißiges, angestrengtes Arbeiten. Nichts ist unsinniger, als vom Europäer in den Tropen anzunehmen, daß er ein faules, drohnenhaftes Dasein führe. Die Arbeitszeit mag hier und da in der Stadt — bestimmt nicht auf den Plantagen! — ein wenig kürzer sein als in der Heimat, aber die Leistungen stehen hinter denen der gemäßigten Zonen nicht zurück. Für Nichtstuer ist kein Platz in den Kolonien; es sei denn, daß sie bereits lange genug tätig waren, um ihre Ruhe verdient zu haben.

Auch die jungen Mädchen aus europäischen und mischblütigen Familien sind heute fast ausnahmslos in den Produktionsprozeß eingeschaltet. Sie arbeiten auf den öffentlichen Ämtern, in Büros und Laboratorien, im Schuldienst und sonstigen Erziehungswesen, als Gehilfinnen bei Ärzten, oder sie sind auch selbständig tätig als Modistinnen, im Konfektions- und Blumengewerbe. Einzig für die unbeschäftigten verheirateten Frauen kann es noch etwas wie Langeweile und Überdruß an solcher geben. —

Das Straßenleben der Städte steht vormittags im Zeichen der Einkäufe auf den Märkten für die täglichen Mahlzeiten. Wer nicht den Weg nach dort auf sich nehmen will oder knapp an Bedienten ist, kann auch beim Händler an der Türe seine Einkäufe tätigen. In Inselindien gibt es nichts, das man nicht an der Tür kaufen könnte. Selbst mit größeren Möbelstücken schleppen sich die Händler ab, und außerdem verpflichtet sich jeder, alles nur Gewünschte in kürzester Frist zu beschaffen. Malaien und Chinesen wetteifern in dieser Art Kundendienst. Nur die „Bombayer“, wie man die vorderindischen, meistens jedoch nicht aus Bombay stammenden Kaufleute drüben nennt, halten es für ihr Vorrecht, die Kundschaft ausschließlich in ihren reichbeschickten Basars zu befriedigen. Auch die Japaner hielten es selbstverständlich weit unter ihrer Würde, an die Türen zu gehen.

Es kam in normalen Zeiten niemals vor, daß in den Läden der Städte irgend etwas fehlte, an dem auch der anspruchsvollste Europäer gelegentlich Bedarf haben könnte. Man macht sich keinen Begriff davon, was alles in den Bäuchen der Schiffe über die Ozeane geführt wurde. Namhafte Neuerscheinungen auf dem Büchermarkt etwa waren drüben fast im gleichen Augenblick greifbar als in der Heimat. Von den neuesten Moden ganz zu schweigen. Mangel an täglichen Lebensbedürfnissen war völlig unbekannt; das Gespenst der Hungersnot war in Inselindien längst durch weitgreifende Maßnahmen der Behörden beseitigt. Wo einmal die Menschen vor einem Gebäude Schlange standen, konnte es eigentlich immer nur ein Pfandhaus sein, aber niemals ein Laden. Man muß daraus nicht auf große Not unter der Bevölkerung schließen. Aus solcher verpfändet der Malaie nur ausnahmsweise; in der Regel dagegen, um sich für eine bevorstehende Festlichkeit oder einen besonderen Einkauf rasch Bargeld zu verschaffen, mit der festen Absicht, das Pfand so schnell als möglich wieder einzulösen. Wenn es nicht dazu kommen sollte, hat es Allah wohl anders gewollt. Diese Pfandhäuser sind staatliche Kreditinstitute von hohem volkswirtschaftlichen und moralischen Wert. Sie halten den Wucher, wie Chinesen und Araber ihn mit den unkapitalistischen Eingeborenen gar zu gerne betreiben, in erträglichen Grenzen. Auch dem Bauern stehen in vielen Gebieten schon manche Kreditmöglichkeiten zur Verfügung. Am wichtigsten sind solche, die in Zeiten schlechter Ernten Reis auf Vorschuß ausgeben. Bei der nächsten guten Ernte wird er mit geringer Mehrleistung zurückgegeben.

Mittags zur Essenspause ist erneut Hochflut in den Straßen der Städte. Aber nachdem die Beschäftigten wieder an ihre Arbeitsplätze zurückgekehrt sind, trocknet das Leben draußen für einige Stunden vollkommen ein. Die Frauen zu Hause, die Bedienten, die Marktleute und Händler schlafen. Es kann so still werden wie mitten in der Nacht. Unter jedem Baum und wo sonst es bei der senkrechten Sonne ein wenig Schatten geben sollte, liegen Schläfer und Dösende. Erst die Teestunde oder der programmäßige Nachmittagsregen sind der Zauberstab, der das Leben wieder erwachen läßt. Die Tageszeitungen haben fieberhaft gearbeitet, um auf die Minute pünktlich zu erscheinen. In den Badekammern plätschert überall das erfrischende Wasser. Die Hausbedienten überholen Anzug und Kopfbedeckung — Schuhwerk tragen sie nicht —, um tadellos zum Servieren zu erscheinen. Und die Damen haben das Duftigste und Vorteilhafteste an Kleidern und sonstigen zierlichen Dingen aus den Schränken geholt. Denn die Teestunde bringt gewöhnlich Besuch und anschließend die aufmunternde Fahrt ins Geschäftsviertel mit Besichtigung der Basars, begehrlichem Bewundern und langem Handeln um begehrte Waren. Die Stunden zwischen fünf und sieben Uhr nachmittags sind die aktivsten der unbeschäftigten Frau. Der vom Dienst zurückgekehrte Mann genießt sie lieber im Bad, bei der Zeitung oder auf dem Tennisplatz. Der Mann im Kampong aber hockt mit hochgezogenen Beinen vor dem Warong[1]) über einem Täßchen Kaffee, während seine Kinder draußen bei Fangen und Verstecken tollen, und die Frauen mit kleinen, wohlbemessenen Schritten durch die schmalen Wege gehen. Wenn die Sonne sinkt, beginnt in den Städten der Tag.

Zur gleichen Zeit versäumt der fromme Gläubige nicht, auf seiner Matte sichtbare Gemeinschaft mit Allah und seinem Propheten zu suchen. In den Dörfern der Heiden aber hallen um dieselbe Stunde die Trommeln, oder schwingen ängstliche Mütter seltsame Rasseln aus Amuletten und großen Schneckenhäusern, in denen die Nabelstränge ihrer Kinder verwahrt werden. Denn die Stunde um Sonnenuntergang ist die Stunde der Antu, der bösen Geister. Im Abendrot ist ihr Zuhause. Sie fernzuhalten vermag nur der Lärm, die Beschwörung und

[1]) Einheimische oder chinesische Verkaufsbude, kleiner Laden.

das Opfer. Wo sie in das Dasein der Lebenden gewaltsam eindringen und spürbar werden, sind einzig und allein sie es, um die sich das ganze Tagesgeschehen dreht, von Morgen bis Mitternacht und wieder bis zum Morgen. Kein Raum und keine Zeit sind dann für andere Dinge frei. — Wie weit, wie unfaßbar weit ist jenes Inselindien von dem der großen Kolonialstädte!

In ihnen setzt nun das abendliche Feiern an, beginnend mit einem behaglichen Essen sowohl in der ärmlichen Kulihütte wie im reichen Europäerhaus, im bescheidensten Straßenrestaurant und im Luxushotel. Chinesische Klontongs[1]) und einheimische Händler sind an allen Türen unterwegs. Jetzt, in den beschaulichen Abendstunden, wo jeder heiter, aufgeschlossen und empfänglich ist, bieten sie das Beste an kunstgewerblichen Erzeugnissen, Stoffen, Schmuckwaren und Raritäten an. Sie wissen, daß um diese Zeit jeder am wenigsten der Lockung widerstehen kann. Es ist ein hartes Feilschen, denn auch der erfahrene Käufer kennt die Preise und Schliche. Ein Verdienst von wenigen Centen löst jedoch schon Befriedigung aus. Gerade in diesem Erwerbszweig ist die Konkurrenz groß, und die Kauffreudigkeit sinkt in wirtschaftlich schlechten Zeiten rasch. — In den zeitgemäßen Lokalen beginnen verwöhnte Kapellen ihren Geigen, Blasinstrumenten und Schlagzeugen sehnsuchtsvolle Heimatklänge, tropisch ekstasische Synkopen und schmachtende Hawaiantakte zu entlocken; und die kleinen Liebesmädchen schmücken sich mit billigem Tand und aufreizenden Düften, um im Dunkel der Alleen mit schmeichelnd zaghaften Stimmchen um freundlichen Besuch in ihren gastlichen Hütten zu bitten.

Nur in den Wohnbezirken der Chinesen rattern noch die Nähmaschinen, dampfen die Bügeleisen, wird gehämmert, gehobelt und gestichelt. Erst wenn der Tag mit der mitternächtlichen Stunde endgültig scheiden will, verstummen auch dort die Klänge der Arbeit, die für den gelben Mann das Leben heißt. Ein Licht nach dem anderen verlöscht. Nüchterne Bretterverschalungen werden vor die tagsüber offenen Werkstuben und Läden gesetzt; und der späte Wanderer spürt nichts davon, daß diese toten Straßen in Wahrheit die nährenden Pulse allen wirtschaftlichen Lebens sind.

TIONG HOA UND DER „VREEMDE OOSTERLING"

Der Chinese Inselindiens hört es heute nicht mehr gern, wenn man ihn „Orang Tjina" nennt: China-Mann, obwohl das bis vor kurzem die übliche Bezeichnung war. Er legt Wert darauf, sein Heimatland

---

[1]) Hausierer.

mit der alten nationalen Bezeichnung „Tiong Hoa“, das ist: „mittlere Blume“, in der Bedeutung von „Zentrum der Erde“, benannt zu wissen. Die zu kulturellen Zwecken aufgerichteten chinesischen Auslandsvereinigungen, die „Hwee Koan“, beginnen denn nunmehr auch alle mit der Bezeichnung „Tiong Hoa Hwee Koan...“ Diese neue Ausrichtung ist in dem erwachenden Nationalbewußtsein verankert und bricht mit einem Zustand, der tausend Jahre unverändert stagniert hatte.

Denn so lange ist es her, daß Chinesen begannen, in die Welt der Malaien einzuziehen. An der Nordküste Javas, am Rande des immer schon lebhaft befahrenen Malaiischen Mittelmeeres, dürften bereits im neunten Jahrhundert ihre ersten Niederlassungen gegründet worden sein. Für das Jahr 971 ist ein erstes Handelskontor in Südsumatra verbürgt, und zwar in Criwijaja, der Vorgängerin Palembangs. Von Südchina, von bedeutenden Häfen wie Tschang-tschou (Hang-tsjiu) und Tsüen-tschou (Tsoan-tsjiu) in Fukien und von Kanton kamen sie, wie auch später alle weiteren Zuwanderungen nur aus dem Südteil des Chinesischen Reiches erfolgten.

Manche alten Handelsplätze des Archipels gehen in ihrer Gründung auf chinesische Initiative zurück. Als die Europäer mit der Besitzergreifung der Inseln begannen — das war seitens der Portugiesen ab 1509, seitens der Niederländer ab 1596 —, hatten sich Kolonisten aus dem Reich der Mitte bereits eine wirtschaftliche Machtstellung geschaffen, die zur Behauptung ihrer Anwesenheit und zu fortschreitender Ausdehnung ausreichte. Weder die Portugiesen noch die Holländer haben sich dazu verstiegen, die mächtigen Konkurrenten im Handelsgeschäft drakonisch auszuschalten, wenn auch die Stimmung nicht immer für sie war und selbst gelegentliche Pogrome als dunkle Flecken in der Kolonialgeschichte nicht fehlen. Die einen dankten ihnen die Kenntnis des Seeweges nach China, die Gründung Makaos und damit die Möglichkeit zur Ausschaltung des arabischen Handelsmonopols. Die anderen erkannten bald die vorzüglichen händlerischen Qualitäten der gelben Gäste und ihre Eignung zu Vermittlern zwischen ihnen selbst als der weißen Oberschicht und den Eingeborenen. Durch planmäßige Förderung haben sie die Chinesen zu einer ausgesprochenen „bangsa tengah“ gemacht, zur „Zwischenrasse“. Ohne Hilfe dieser Mittelsmänner wäre die Durchdringung des riesigen Neubesitzes einfach nicht möglich gewesen, und ohne die Chinesen würde Inselindien niemals der Rohstofflieferant und der Absatzraum sein, als welcher es heute dasteht.

Bei den Händlern und Kaufleuten ist es nicht geblieben. Auch als Handwerker und Gewerbetreibende wußten sich die Chinesen unentbehrlich zu machen. Manche Erwerbszweige sind, zumindest in den Städten, fast ausschließlich auf sie monopolisiert, etwa die Zimmerleute und die Rotanflechter, die Schmiede, Goldarbeiter und Fuhrunternehmer. Als Seefischer sitzen sie zu vielen Tausenden an den Mündungen der großen sumatranischen Ströme, als Reisfeldbauern, Kokos- und Kautschukpflanzer in Nord- und Westborneo. Dort haben sie ursprünglich als Goldwäscher begonnen. Als Besitzer von Pfeffergärten haben sie größte Bedeutung im Riau-Archipel und auf Bangka. Nach hier sind sie ursprünglich als Zinnwäscher geströmt und kommen immer noch als solche in Scharen. Als Schweinehalter, Obstbauer und Gemüsezüchter siedeln sie in Westjava und im Hinterland von Medan, als Holzfäller und Köhler an den Inselküsten der Malakka-Straße. Von 372 Brotbäckereien und Teigwarenfabriken Niederländisch-Indiens waren vor dem Kriege 280 in chinesischen Händen, von 245 Druckereien 110, von 94 Gerbereien 64, dazu Seifenkochereien, Öl-, Eis- und Limonadefabriken, Betriebe zur Herstellung von Möbeln, Schuhen und Kleidung, mechanisierte Batikwerkstätten, Reismühlen, Zuckerfabriken und vieles andere mehr. Als Büroangestellte sind sie in den Handelshäusern und öffentlichen Ämtern tätig. Sie sind Beamte bei den Bahnen und der Post, im Flugwesen und am Rundfunk. Nachdem sie durch europäische, indische und japanische Konkurrenz nicht mehr die absolute Führung im Zwischenhandel behaupten konnten, schickten sie ihre Söhne auf die Hochschulen und steuerten bald Ärzte und Chemiker, Ingenieure, Rechtsvertreter und Presseleute von hohen Qualitäten in das öffentliche Leben. Scharenweise sind sie in der See- und Küstenschiffahrt zu finden. Außerdem sind jeweils große Mengen von Arbeitern zeitlich auf die Plantagen, Minen und Erdölfelder verpflichtet; wenn auch in diesen Unternehmungen starke konjunkturbedingte Schwankungen ihre Zahl oft binnen kurzer Zeit um Zehntausende absinken oder anschwellen lassen können.

Kurz, der Orang[1]) Tiong-Hoa ist universal eingeschaltet und nicht mehr fortzudenken. In manchen Landesabschnitten beherrscht er völlig das Bild der Siedlungen, der Wirtschaftsanlagen und der kulturellen Äußerungen. Auf Bangka zum Beispiel besteht die Hälfte der Bevölkerung aus Chinesen; an der Westküste Borneos stellen sie abschnittsweise noch weit mehr als die Hälfte. In Britisch-Nord-Borneo sind die ununterbrochenen Zuwanderungen ein ernstes Problem. Neben zweihunderttausend Eingeborenen beherbergte diese Kolonie um 1940 bereits fünfzigtausend Chinesen, und China betrachtet sie regelrecht als „chinesisches" Siedlungsland. Von 1920 bis 1930 betrug in Niederländisch-Indien ihre jährliche Zunahme vier vom Hundert, und ihre Gesamtzahl in Inselindien mag heute reichlich einundeinehalbe Million Seelen betragen. —

---

[1]) Malaiisch: Mensch. Vergleiche: Orang-Utan, wörtlich Waldmensch.

Neben den Chinesen verzeichnen die Bevölkerungsstatistiken noch andere „Vreemde Oosterlingen“ — was so viel wie „fremde Asiaten bedeutet —, und zwar hauptsächlich Araber und Vorderinder. Gleich den Chinesen waren beide Gruppen längst im Inselreich heimisch, ehe das sehr viel weiter abgelegene Europa sich herangetastet hatte. Ja, schon ehe die eigentliche Islamisierung der malaiischen Welt durch Vertreter dieser beiden Völker einsetzte, hatten sie ihre Beziehungen bereits aufgenommen. Von den alten kolonialen, kulturellen und religiösen Bestrebungen der Hindu, die im Archipel bis Christi Geburt und wahrscheinlich noch weiter zurückreichen, soll hier ganz abgesehen werden. Sie dürften zur Hauptsache vom Südteil Vorderindiens ausgegangen sein. Die später zuströmenden indischen Handelsleute und Gewerbetreibenden dagegen, die drüben kurzweg als „Bombayer“ und als „Klingalesen“ oder „Orang Keling“ — von „Kalinga“, der altheimischen Bezeichnung für die Koromandelküste — bezeichnet werden, kamen aus Gujerat, von der Malabarküste und aus dem Gebiet um Madras. Nachdem in jüngerer Zeit die Plantagengebiete Sumatras auch noch große Mengen von indischen Viehpflegern, Fuhrleuten und sonstigen Arbeitern aufsogen, war ihre Gesamtzahl im Archipel bis zum Jahre 1940 auf etwa fünfzigtausend Köpfe angestiegen, die der Araber auf fünfundsiebzigtausend. Die letzteren haben den Orang Keling das größere Ansehen bei der einheimischen Bevölkerung voraus, denn fast alle stammen aus Hadhramaut, dem Vaterlande Mohammeds, und somit für den gläubigen Malaien aus dem „Heiligen“ Lande.

Man darf wohl über die Klings, nicht aber über diese Hadhramiten hinwegsehen. Ihre Zahl mag geringfügig erscheinen; ihr Einfluß ist jedoch groß. Viele führen ihre Abkunft direkt auf Mohammed zurück und haben Anspruch auf den Titel „Sajjid“ oder Said. Andere, die „Sjech“ oder Scheichs, stammen aus hochstehenden geistlichen und rechtsgelehrten Familien in ihrer Wüstenheimat. Mit ihr besteht dauernde engste Verbindung, sei es durch die Söhne der reichen Geschlechter, die dort ihre Ausbildung genießen, sei es durch regelmäßige Besuchsreisen der Begüterten oder durch neuen Zuzug. Sie sind die wahren Träger des islamitischen Gedankengutes unter den Malaien und setzen sich in ihrer Wahlheimat eifrig dafür ein. Jeder des Lesens kundige Malaie hat gewiß einige der vielen religiösen Kampfschriften und Traktate vom Sajjid Uthman gelesen, einem angesehenen, im Jahre 1914 verstorbenen arabischen Rechtsgelehrten in Batavia. Er ist gegen viele animistische Mißbräuche der Eingeborenen geharnischt zu Felde gezogen, war aber klug genug, die Herrschaft der „Ungläubigen“ über das Land als unumstößliche Tatsache hinzunehmen und mit der Regierung niemals in Konflikt zu kommen. Er hat für die Malaien fast den Namen und die Bedeutung eines Martin Luther.

Andere Hadhramiten haben sich dagegen auf die politische Kampfbahn begeben; keiner mehr als der in die Geschichte eingegangene Sajjid Abdurrahmân, der „Diener des Barmherzigen". Er war einer jener Anstifter, die 1870 den vierzigjährigen Krieg des Landes Atjeh in Nordsumatra gegen die Holländer entfesselten. Daß diese gefährlichste aller Aufstandsbewegungen in Inselindien schließlich doch noch zerschlagen wurde, ist gewiß nicht auf schlechte Qualitäten ihres Anführers zurückzuführen. Abdurrahmân muß im Gegenteil ein Mann von ganz besonderem Format gewesen sein. Der eine und andere Landsgenosse von ihm hat mehr Glück gehabt. Verschiedene noch heute bestehende Sultanate auf Sumatra und auf Borneo sind vor Jahrhunderten durch hadhramitische Usurpatoren gegründet und bis in die Gegenwart durch alle Widerstände hindurchgerettet worden.

Was diese „anderen Vreemden Oosterlinge" vom Orang Tiong-Hoa besonders unterscheidet, ist ihre Beschränkung auf bestimmte lokale Siedlungsräume. Die Klings sind außerhalb des Plantagengebietes an Sumatras Ostküste und einiger namhafter Handelsstädte kaum zu finden, es sei denn als reisende Handelsvertreter. Die Araber verzeichnen namhafte Kolonien mit mehreren Tausend Angehörigen nur in Surabaja, Palembang und Batavia, kleinere in anderen Städten über das Inselreich bis in die Molukken hin verstreut. Fast immer wohnen sie nur in geschlossenen Kamps, abgesondert von den übrigen Bewohnern.

Auch die Chinesen waren bis 1919, gleich allen anderen Fremden, in bestimmte Wohnquartiere verwiesen und durften außerhalb ihrer „Wijk" nicht siedeln. Eine persönliche oder gar rechtliche Beschränkung war jedoch nicht damit verbunden. Sie lieben das enge Beisammenwohnen ohnehin. Nur daß es ihnen zwangsweise auferlegt wurde, hat heftige Erbitterung bei ihnen genährt. Durch die in genanntem Jahre erfolgte Abschaffung des sogenannten „Wijken-Stelsels", also der Wohnbezirksbestimmungen, zunächst auf Java und Madura, kam man ihnen endlich entgegen. Die Emanzipation des jungen China, die revolutionären Ideen Doktor Sun Yat-sens und die gerade in den auslandchinesischen Kolonien rasch emporlodernde nationale Besinnung haben viel dazu beigetragen, die Chinesen aus dem Verband der übrigen Asiaten zu lösen und ihnen die gebührende Sonderstellung einzuräumen. Auch das europäische bürgerliche Recht wurde ihnen damals zuerkannt. Inzwischen haben sich ihre soziale Anerkennung und ihre innenpolitische Gleichstellung immer weiter vorausentwickelt. Zuletzt hatten sie auch in der Volksvertretung, dem Niederländisch-Indischen „Volksrat", durch mehrere Abgeordnete ein Kontrollrecht an den Regierungsmaßnahmen. Ein Araber fehlte in ihm ebenfalls nicht. — Nach außen hin hat übrigens die chinesische Revolution in Inselindien, genau wie im Mutterland selbst, im Abschneiden der Zöpfe seinen sichtbarsten Ausdruck erhalten.

Es wird von ergötzlichen Szenen berichtet, die sich an den Bahnhöfen und Kajen abspielten, wenn von den revolutionären Neuerungen noch unberührte Ankömmlinge dort von fanatischen Zopfabschneidern in Empfang genommen wurden.

Etwa die Hälfte der gegenwärtig im Inselreich lebenden Chinesen ist dort bereits geboren, zum sehr großen Teil mit malaiischen oder mischblütigen Frauen verheiratet und in der Sprache ganz vermalaiisiert. Man nennt sie „Peranakan", „Mischkinder" von malaiischen Müttern. Die andere Hälfte sind neue Zuzügler, sogenannte „Sinkeh", eigentlich Sin-kh'eh, Neugäste. Viele kommen mit einem unbeirrbaren Glauben an ihr baldiges Glück bettelarm in das Paradies herüber. Sie wissen, daß es schon so mancher ihrer Landsleute hier zu Wohlstand und Ansehen brachte. Zwar ist es heute nicht mehr so leicht, vom armen Kuli oder kleinen Klontong bis zum reichen Handelsherrn aufzusteigen. Aber der Glaube an das Glück wird auch durch härteste Gegenschläge nicht beirrt.

Auf einem Küstendampfer unterhielt ich mich einmal mit einem lebhaften chinesischen Handelsmann. Er studierte in Reiseprospekten und rechnete eifrig an seiner Rechenmaschine. Er fragte mich gründlich aus über die Hotelverhältnisse in Deutschland und anderen Ländern. „Sind Sie im Begriff, eine Europareise anzutreten?" fragte ich. — „Noch nicht", beeilte er sich zu antworten. „Aber ich spiele seit Jahren in einer Lotterie, und ich werde demnächst das Große Los gewinnen. Dann werde ich nach Amsterdam, London, Paris und Berlin fahren. Ich habe mich bereits über alle Schiffahrtslinien, Fahrpreise und Reisezeiten unterrichtet!" — Er sagte das mit einer so sicheren Selbstverständlichkeit, als trüge er den Gewinn schon in der Tasche.

Einen ganz ähnlichen unerschütterlichen Glauben hegt jeder Chinese für die Auskünfte, die ihm die Ahnen sehr präzise erteilen. Man braucht nur unter Einhaltung bestimmter Gebetsformeln im Tempel oder vor dem Hausaltar gewisse orakelhafte Stäbchen mischen, bis eines aus dem Behälter herausspringt. Dieses sagt dann Genaueres darüber aus, welcher Rat aus der vorliegenden Sammlung von Anweisungen der Ahnen in Frage kommt. — Im Tempel von Samarinda beobachtete ich einmal längere Zeit unbemerkt eine geplagte Frau bei dieser Tätigkeit. Unter zahlreichen Verneigungen und Kniefällen vor dem Altar schüttelte sie immer wieder die Bambustäbchen im Becher. Nach Prüfung der herausgefallenen bekam sie dann vom Priester die entsprechenden geschriebenen Ratschläge ausgehändigt. War sie mit einer Verzweiflung im Angesicht hereingekommen, die Mitleid erregte, so ging sie nach Erhalt der Weisung mit einer abgeklärten Sicherheit davon, als habe sich nun alles schon zum Besten gewandelt.

Glaube an Wunderkräfte gesellen sich dazu. In dieser Beziehung unterscheidet sich der Chinese Inselindiens kaum vom Eingeborenen. An der berühmten „Heiligen Kanone“ in der Unterstadt von Batavia hat man täglich Beweise dafür. Dieses alte Rohr aus der frühesten Europäerzeit steht im Rufe, Kindersegen zu bewirken. Es ist daher zu einem beliebten Fruchtbarkeitsfetisch der weiblichen Bevölkerung geworden. Ein eigenartiges Verschlußstück in der Form des weltweit verbreiteten und ursprünglich rein sexuellen „mano i fica“-Symbols, das heißt einer geballten Faust mit dem Daumen zwischen Zeigefinger und Mittelfinger, ist die Ursache. Durch Reiten auf dem Rohr und eine Opfergabe glauben die Benutzer seiner segnenden Kraft teilhaftig zu werden. Dort kann man neben braunen, weißen (!) und besonders mischblütigen Frauen auch zur Genüge gelbe Mütter beobachten. Ich bin dort oft vorbeigekommen, und immer hatte die Kanone gerade Besuch.

Einmal sah ich, wie sich eine vornehme chinesische Familie in feiertäglichen Gewändern näherte. Es waren eine ältere Matrone mit ihrem wohlgenährten Mann, zwei jüngere Frauen, anscheinend ihre Töchter, und deren Verlobte oder junge Ehegatten. Es ist dort ein fetter malaiischer Hadji als Wächter tätig. Er setzte sofort das kleine Opferfeuer in Brand. Die Frauen, später auch der Alte, knieten nieder und beteten. Dann füllte die Matrone einen Becher in dem mit heiligem Wasser gefüllten Gefäß neben dem Rohr und reichte es herum. Alle tranken. Nun stiegen die jungen Frauen über den Geschützlauf, und das Antlitz der beiden Alten war dabei wie verklärt. Die reichliche Nachkommenschaft der Familie schien ihnen allein schon durch diese einleitende Handlung vollständig garantiert. —

Übrigens gingen sie nicht davon, ohne dem Hadji eine sehr ordentliche Gabe in den Kasten gesteckt zu haben. Als besonderes Opfer hatten sie sogar eine lebendige Ziege mitgebracht. Das wäre wohl nicht erforderlich gewesen. Doch der reiche Chinese verbrämt seine Dankbarkeit gerne mit ein wenig Großmannssucht und Prahlerei. Sie wirkt nicht aufdringlich, eher ehrlich naiv. Ich weiß da unter anderem von einem angesehenen Chinesen auf Borneo, der allen Leuten ganz unumwunden zugibt, daß der große niederländische Verdienstorden auf seiner Brust ihn bare sechstausend Gulden gekostet habe!

Bis zu solchem Ansehen und Reichtum ist es selbst für den Chinesen im Paradiese Inselindiens ein dornenvoller Weg. Es müssen viele Eigenschaften vereint sein, um ihn durchzuhalten. Unermüdlicher Fleiß ist wohl die am meisten hervorstechende Qualität bei allen Angehörigen dieses Volkes. Ich sagte früher schon, daß nur an ganz wenigen hohen Feiertagen die Arbeit einmal für sie ruht. In den Jahren des Aufbaues kommt eine unglaubliche Sparsamkeit sich selbst gegenüber dazu. Sie ähnelt oft schäbigem Geiz. Wir haben es in chinesischen Kleinbauernhäusern tatsächlich erlebt, daß die Leute aus alten Konservendosen tranken und auch uns solche kredenzen mußten, wo doch der ärmste Malaie mindestens ein Glas oder eine Tasse sein eigen nennt. Es war allerdings in Gegenden, in denen üblicherweise nicht mit fremdem Besuch zu rechnen war. Im übrigen aber war auch bei den ärmsten die Gastfreundschaft dem Fremden gegenüber stets untadelig. Sie ist für jeden Chinesen angeborene Pflicht und Bedürfnis.

Flinke Wendigkeit, gepaart mit Freude am Beruf, gehören ebenfalls dazu, sowie Dienst am Kunden in vollendeter Form. Man braucht nur einmal bei einem chinesischen Straßenkoch eine Mahlzeit einzunehmen, um diese Eigenschaften bewundern zu können. Da stecken wahrhaftige Talente! Jeder Handgriff sitzt wie hingegossen. Er kratzt und schabt seinen Hackklotz von links nach rechts und kreuz und quer mit rasender Geschicklichkeit, ehe er das Zwiebelkraut kunstgerecht darauf zerkleinert. Er gießt mit der vollendeten Routine eines Jonglörs eine Schöpfkelle voll Öl in die breite Pfanne, die er mit ebensolchem Schwung von der Wand genommen und aufs Feuer gesetzt hat. Gleich darauf streut er mit tanzenden Fingern die aufgeweichten langen Nudeln in das brutzelnde Fett. Dann tritt der Fächer in Tätigkeit, um das Holzkohlenfeuer anzufachen. Allerlei weitere Zutaten werden im Handumdrehen herbeigeholt, zerkleinert, mit Schwung gemischt und mit Eleganz verrührt. Es sind nicht drei Minuten verstrichen, da fliegen die fertigen Portionen schon auf die Teller. Löffel und Gabel werden mit einem — was tut's! — scheußlich dreckigen Wischtuch „gesäubert", der Tisch ein Dutzend mal abgewischt. Noch ein höflich freundliches Grinsen über das ganze Gesicht, im Umwenden mit dem wirbelnden Tuch eine rasche Reinigung der Atmosphäre von lästigen Fliegen — und schon widmet er sich einer neuen Bestellung. —

Gesunder Unternehmungsgeist ist eine der besten händlerischen Eigenschaften des Chinesen. Er muß auch gelegentliche Verluste lächelnd zu tragen wissen. Wo immer ein chinesischer Kaufmann einen Bedarf bei seinen Abnehmern spürt, wird er versuchen, ihn zu befriedigen. Das erst ist Kundendienst in Reinkultur. Hierzu ein Beispiel: Wir saßen eines Abends in einem entlegenen Städtchen bei einem deutschen Arzt. Ein guter Entenbraten war voraufgegangen, und nun erfreuten wir uns an einem noch besseren Wein. „Donnerwetter! Das ist ein Tropfen. Wie kommen Sie hier, sozusagen mitten in der Wildnis, an derart erstklassige Sachen?!" — Unser Gastgeber ließ das Glas in drehender Bewegung vor der Lampe funkeln. „Ja", erklärte er dann, „durch die Holländer bestimmt nicht! Die trinken keinen Wein, und somit haben sie auch kein Interesse daran, welchen einzuführen. Der Kundenkreis wäre eben zu klein und die Verdienstchance zu gering, meinen sie, und da machen sie nicht mit. Aber es gibt andere Leute, die gerne einmal Wein trinken. Ich hielt einigen Kaufleuten vor, sie möchten sich doch auch um gute Getränke kümmern. wo sie höchst überflüssigerweise Kuckucksuhren, elektrische Zigarettenanzünder in Gestalt von Eulen aus Gips mit glühenden Augen und dergleichen unsinnigen Kram einführten, weil der natürlich in Massen gekauft wird. Schließlich fand sich einer bereit, das erste beste zu beschaffen, das billig und mühelos in Singapore oder in Japan oder sonstwo zu bekommen war. Sie hätten diese schaucrlichen Krätzer einmal trinken müssen, die da als „deutsche Rheinweine“ verkauft wurden! Schließlich wandte ich mich an einen Chinesen. Er ließ sich sofort überzeugen, daß ein wirklich guter Tropfen auch seine Käufer finden werde. So wurde hier ein Chinese, beileibe kein Holländer, zum ersten Importör echter deutscher Weine. Bereut wird er es nicht haben, denn seine besten Rheinweinkunden sind heute seine eigenen Landsleute.“

Hat ein chinesischer Händler an einem bestimmten Platz guten Verdienst gefunden, dann gibt er den Platz nicht gern wieder auf. Als die Hafenanlagen in Bandjermasin von dem ungeeigneten Martapura-Fluß an den viel besser geeigneten nahen Barito verlegt werden sollten, stammten bezeichnenderweise die meisten eingegangenen Proteste von den chinesischen Ladenbesitzern. Hier gehts mir gut, hier bleibe ich! ist ihre Parole.

Mitunter bleiben sie sogar, wenn es ihnen nicht mehr gut geht. Denn im Grunde sind sie sehr anhänglich. In einem kleinen Nest am Mahakam im östlichen Borneo traf ich eines Tages mit einem solchen Orang Tiong-Hoa zusammen. Der Ort war früher weit größer gewesen, und der Laden war gut gegangen. Später waren die meisten Einwohner fortgezogen, weil ihre Brandrodungsfelder immer weiter abrückten. Der Mann zeigte mir seinen Laden. „Alles, was Sie hier in den Regalen sehen“, klagte er und wies auf Dosen, Flaschen und Packungen, „ist nicht mehr laku[1]). Kein Mensch braucht mehr etwas, denn es wohnt ja kaum noch jemand hier. Was soll ich machen? Die Dosenmilch gebe ich meinen Kindern. In der Margarine brate ich meinen Satee[2]), dazu esse ich die Sambals[3]) und Cutchaps[4]), die mir doch nur stehenbleiben würden, und auch den Bami[5]) da koche ich selber.“ — Er machte, sagte er, den ganzen Tag zwei Gulden Umsatz, und es war glaubhaft. Da kann man sich den Nettoverdienst leicht ausrechnen. Trotzdem mochte er nicht aufgeben. Es war ihm hier

---

[1]) Begehrt, gefragt.

[2]) Gewürzte Fleischstückchen auf Holzstäbchen.

[3]) Scharfgepfefferte Beigaben.

[4]) Soßen.

[5]) Schmale Nudeln.

schon gut gegangen, also würde das Glück auch eines Tages erneut zu ihm kommen.

Zu rühmen sind ganz gewiß die Ehrlichkeit und Geduld jedes chinesischen Partners. Wort und Handschlag sind ihm bindender als Kontrakte und Unterschriften. Er drängt auch nicht und treibt nicht in die Enge, liebt es allerdings auch selber nicht, wenn man mit ihm so verfährt. Was er versprochen hat, wird er halten, wenn die Umstände es auch einmal verzögern sollten. Wenn man ihm das nicht glaubt, rächt er sich auf seine Weise, und es kann einem vielleicht ergehen wie jenem „Baba Batu" in Sambas. „Chinesenvater Stein" bedeutet der Name dieses weitbekannten Mannes, und es hat damit seine Bewandtnis. Er hatte nämlich einem gleichrassigen Geschäftsfreund in Singapore Geld geliehen und drängte immer wieder auf die Rückzahlung. Er war eben eine Ausnahme. Schließlich schickte er sogar seinen Sohn hinüber; der sollte es holen. — „O, gewiß!" sagte der schlaue Schuldner, als der junge Mann bei ihm erschien, und öffnete seinen Geldschrank. „Sehen Sie, hier liegen tausend Gulden. Aber das reicht nicht. Ich werde gehen und den Rest zusammenholen." — Er ging, und blieb fort, bis das Schiff, auf dem der andere Rückpassage hatte, wieder abfahren wollte. Als es schon die Trossen gelöst hatte, kam er mit einem schweren Beutel angestürzt. „He! He! Hier ist das Geld! Aber erst eine Quittung, bitte!" — Nun, der unerfahrene Jüngling schrieb sie, ließ sie an der Bordwand herunter und angelte dafür hocherfreut den Beutel herauf. — Doch der enthielt nur Steine. Seitdem hieß der Gläubiger nur „Baba Batu". — Aber ist das nun Betrug? Auf chinesisch ist das nur die rechte Antwort auf die unziemliche Drängelei.

Man wird von den Kolonialeuropäern genug Erzählungen aufgetischt bekommen, die gerade gegenteilige Eigenschaften des Chinesen geißeln, nämlich Unzuverlässigkeit und Betrug. Selten allerdings werden diese den chinesischen Kaufleuten zur Last gelegt, und wenn doch, wird sich fast immer feststellen lassen, daß die Betreffenden vorher selber von den Betrogenen übers Ohr gehauen worden waren und dann den Verlust wettzumachen versuchten. Höflichkeit kann sie gegebenenfalls dazu führen, auf eine allzu drängende Unterbietung ihres Partners einzugehen und einen Handel mit Verlust abzuschließen. Den holen sie bei der nächsten besten Gelegenheit dann natürlich wieder heraus. Weniger skrupellos ist der einfache Kuli, in Sonderheit auf den Plantagen und Minen. Er wendet vorsätzlichen und raffiniert ausgeklügelten Betrug nicht selten an. Zwar sind die meisten einwandernden Kulis ehrliche, verarmte Bauernsöhne aus den übervölkerten südchinesischen Provinzen und ganz gewiß kein Ausschuß. Leider strömt solcher aber nebenher leicht mit herein. Manchmal mögen schlechte Behandlung und Ausnutzung seitens der europäischen Unternehmer und Vorgesetzten hinzukommen, um zu solchen Betrügereien und sonstigem nachteiligen Schabernack seitens der sich geschädigt fühlenden Arbeiter zu führen. Jeder Pflanzer und Aufseher hat dergleichen erlebt, und oft sind Schäden ganz großen Ausmaßes dadurch entstanden. Ein Pflanzer erzählte mir, wie es seine Kulis fertiggebracht hatten, ihn um den Schlaglohn für nicht weniger als zehntausend Raummeter Holz zu prellen. Sie hatten das erstemal die Stämme etwas länger als erforderlich geschnitten. Nachdem er die Kopfstücke in der üblichen Weise hatte anzeichnen lassen, sollte nun die gleiche Menge nochmals geschlagen werden. Aber statt dieser mühevollen Arbeit sägten die Leute einfach die angezeichneten Schnittflächen ab und transportierten das Holz an einen anderen Platz. Dort nahm es der Auftraggeber nach einigen Wochen im guten Glauben als neuen Posten ab. Erst später, als er auch die erste Lieferung mit abfahren lassen wollte, kam er hinter den Schwindel. Zu seinem eigenen Schaden hatte er versäumt, sich gleichzeitig nach beiden Stapelplätzen umzusehen. Die schlauen Holzfäller waren natürlich längst über alle Berge. —

Meister sind die Chinesen im Schmuggel; ich kam in einem früheren Kapitel schon darauf zu sprechen. Was man ihnen sonst noch an üblen Eigenschaften nachsagen mag, wird durch ihre sehr viel mehr guten Qualitäten reichlich aufgewogen. Aus der Tatsache, daß sie zuweilen für Geld sogar ihre eigenen Frauen und Kinder verkaufen, stempelt man sie gern zu charakterlosen Egoisten, ja, zu vertierten Rohlingen. Doch selbst hierbei liegen unzähligen Fällen bei näherer Beleuchtung ganz andere Motive zugrunde. Oft kann es Not sein und der Wunsch, den verkauften Angehörigen ein besseres Dasein zu verschaffen. Ja, auch hierbei kann wieder die übergroße Höflichkeit des Ostasiaten im Spiel sein. Ich lernte einen europäischen Kaufmann kennen, der eines Tages im Hause seines chinesischen Geschäftsfreundes dessen reizendes Töchterchen bewundert und mit kleinen Liebkosungen bedacht hatte. Am anderen Morgen kam der Vater mit der in ihr schönstes Kleidchen gehüllten Kleinen zu dem Kaufmann und wollte sie ihm zum Geschenk machen, da er doch offensichtlich Freude an ihr hätte. Nur mit Mühe konnte der überraschte Europäer den Chinesen von seinem Vorhaben abbringen.

Trotz, oder vielleicht auch gerade wegen seines rastlosen Eifers bei der Arbeit und seines nüchternen Geschäftssinnes ist der Mann aus Tiong-Hoa fröhlich und aufgeschlossen. Gerne genießt er materielle Freuden, so bald er sie sich leisten kann. Daß er die beste Küche der Welt entwickelt hat und auch zu gebrauchen versteht, ist allbekannt.

Wenn er sich einen freien Abend gönnt, weiß er ihn bestimmt zu nutzen. Die Billardstuben und Kaffee-Shops sind niemals unbesetzt. Der Begüterte erscheint im tadellosen weißleinenen oder naturseidenen Anzug, die Jüngeren kommen ohne Jacke, im Oberhemd mit knallfarbigem Binder und aufgestreiften Ärmeln, den sportlichen Filzhut oder den Strohdeckel keck nach hinten geschoben; der Tropenhelm verschwindet immer mehr. Sie benehmen sich gern ein bißchen salopp, ziehen die Füße auf die Stühle oder hängen die Beine über die Lehnen und schlürfen ihren Tee oder Stroop[1]) sehr hörbar. Doch die Eleganz, mit der sie die Stäbchen führen und ihren Bami in den Mund werfen, söhnt mit diesen weniger erfreulichen Manieren wieder aus. Sie lieben die Geselligkeit. In Gegenden, wo sie nur verstreut wohnen, ist gewöhnlich ein Toko, einer ihrer Allerweltskramläden, an einem Verkehrspunkt ihr abendlicher Treffplatz. Zu Fuß, auf Fahrrädern oder mit dem Boot kommen sie herbei und sitzen schwatzend oder rauchend auf den Bambubänkchen unter dem vorgezogenen Dach.

Abends treten auch die Frauen in Erscheinung. Sich liebevoll mit den Kindern abgeben und rührig Stadtklatsch verbreiten, liegt ihnen gleichermaßen. Auf sorgfältige Frisur und Kleidung legen sie größten Wert, wenn sie sich beobachtet wissen. Das lange, etwas hochgezogene Beinkleid aus schwarzem Taft und die schwarze, oder bei Trauer weiße Chinesenjacke findet man noch sehr häufig bei den Frauen; die „goldenen Lilien", wie ja eigenartigerweise die verkrüppelten Füße mit der heimischen Bezeichnung umschrieben werden, jedoch nur noch bei wenigen älteren. Die jüngere Damenwelt liebt heute den rosa, grün oder blau gemusterten Anzug aus leichten Stoffen im Pyjamaschnitt oder den sehr kleidsamen Ishyang-Dreß mit dem straffanliegenden Schlitzrock und der Stehkragenbluse. Das Schmuckbedürfnis ist groß. Überhaupt kauft die Chinesin gern für sich ein, wenn der Mann gut verdient hat. Er läßt sie gewähren, eine gut ausgestattete Frau hebt seine Kreditwürdigkeit.

Dazu dient auch das weniger prächtig als vielmehr solid und würdig ausgestattete Haus des Begüterten. Er hat zwar selten Sinn und Gelegenheit für eine hübsche Lage und ist bezüglich Grundriß und Aufriß an viele einengende geomantische Vorschriften seiner heimischen Tradition gebunden. Doch es bleibt ihm genügend Spielraum seiner Fantasie und seines Geldbeutels für die Gestaltung der Einzelheiten. Das Schnitzwerk an Portalen und Firsten, die Drachenwächter, die roten und goldenen Bemalungen sind oft überaus kunstvoll und kostbar. Das Mobiliar ist dagegen selbst beim reichen Mann oft sehr einfach, abgesehen von einigen schöngeschnitzten Möbelstücken im Empfangsraum. Leider fehlt

[1]) Fruchtsaft, Limonade; vom holländischen „siroop", Sirup.

dem Chinesen der Sinn für eine ansprechende Wohnkultur. Er räumt nicht gerne im Hause auf und ändert auch nichts an den einmal geschaffenen Anordnungen und Ausstattungen. Das würde nur den anwesenden Geistern neue Belästigung bringen. Genug, daß man sie schon bei der ersten Anlage reichlich stören mußte. So wirkt das Innere eines Chinesenhauses auf uns in den meisten Fällen enttäuschend.

Nehme ich etwa die nüchterne Behausung von Lim Long Lap, einem mir bekannt gewordenen Großkaufmann. Er war während meines Aufenthaltes in Tapanuli das Haupt der Chinesenkolonie in der Hafenstadt Sibolga. Er ist einer jener Patrizier, deren Geschlechter schon seit Jahrhunderten in makelloser Reinheit und vorbildlicher Tüchtigkeit auf Sumatra wirken, und der reichste der ganzen Gemeinde. Sein langes Haus birgt unermeßliche Schätze. In der Wohnung selbst sieht man nur nichts davon. Ein Tisch mit ein paar Stühlen herum in der Mitte; Kisten, Säcke und Gerümpel längs der Wände, das ist die profane Ausstattung des Hauptraumes. Daneben wirkt die kultische, in Gestalt des Hausaltars, überwältigend. An ihm erst offenbart sich der Reichtum des Besitzers. Prachtvolle rote Gewebe mit stilistischen Motiven in schwerem Goldbrokat verhängen den unteren Teil des Altars. Auf der reichbeschnitzten Platte stehen Götzenfiguren aus seltenem Holz, ebensolche Behälter für die Räucherstäbchen, große Öllampen aus feinstem geschliffenem Glas, Opferschälchen aus zartestem Porzellan mit leckeren Konfitüren, eine Teekanne und einige Täßchen voll des köstlichen heimatlichen Getränkes. Alles das ist für die Ahnen; und es ist erhebend zuzuschauen, wie Lim und seine Familie mit kindlicher Hingabe und rührender Bescheidenheit in ihren schlotternden Gewändern vor dem Altar stehen, ihre rhythmischen und klangreich abgestimmten Gebete sprechen und die Stirn in tiefer Verehrung neigen. Ein großes Bild des verstorbenen Vaters hängt über den Opfergaben. Wie alle chinesischen Ahnenbilder zeigt es weniger die tatsächlichen Züge und Charaktereigenschaften des Toten, als vor allem seinen Stand und Reichtum.

Auch lange Bildstreifen mit Blumen, Vögeln und Insekten fehlen nicht in der Wohnung, wie sie in keiner chinesischen fehlen. Aufs feinste sind alle Einzelheiten herausgearbeitet, übrigens niemals in Ölfarben. Sie verwendet der Chinese nicht; er liebt statt dessen matte Pastelle und zarte Wassertuschen. Perspektive, Licht- und Schattenwirkung sind ihm fremd. — Der auffälligste Schmuck in Lims Haus sind jedoch zwei mächtige Standbilder aus rotbraunem Holz. Einer der zahlreichen holländischen Freunde hat sie dem Hausherrn verehrt. Sie stellen den ersten Generalgouverneur der Niederländisch Ostindischen Compagnie, Pieter Both, und seinen berühmten Nachfolger Jan Pieterszoon Coen dar. Lim, der sehr stolz auf diese Prachtstücke ist, meint freilich, der eine wäre Pieterszoon und der andere wäre Coen.

Dieses Haus der lebenden Familie Lim ist jedoch nur ein armseliger Abglanz von dem der Toten. Unfern am Berghang liegt die Begräbnisstätte des Vaters. Zwanzigtausend Gulden hat sie Lim Long Lap gekostet, und ein Drittel davon allein die Steinfassade des geschwungenen Hügels. Pomphafte Chinesengräber sind keine Seltenheit, denn alles irdische Streben dieser rastlosen Menschen gipfelt in einer verschwenderischen Bestattung und einem erlesenen Ruheplatz. Hier in Inselindien mit seinem vielen leeren Raum kann man die Grabstätten geräumiger gestalten als in dem engen südchinesischen Heimatland, wo jedes Fleckchen Erde kostbar ist. Ich sah auf Bangka Gräber von chinesischen Pfefferkönigen und Zinnminenverwaltern, die Palästen ähnelten. Das Grab des alten Lim in Sibolga gehört in die gleiche Gruppe.

Der Chinese gräbt seine Särge nicht ein, sondern stellt sie auf die ebene Erde und umhüllt sie dann mit einem geschweiften Erdhügel. Alles das hat tiefgreifende Bedeutung. Vor allem bezüglich der Lage der Gräber spielt das „Feng-Shui“ — oder „Hong-Sui“, wörtlich „Wind und Wasser“, in der Bedeutung von „Wirkung der Naturkräfte“ — eine ausschlaggebende Rolle. Der geschwungene und ausgebuchtete Hügel gilt als Symbol der Mutterschaft und damit der Fruchtbarkeit. Seine gefällige Form läßt sich künstlerisch aufs beste verwerten.

Hier bei Lim senior hat man zunächst eine Plattform von sicherlich zwanzig Metern im Geviert geschaffen, sie ummauert, mit wertvollen Fliesen belegt und auf ihr den Grabhügel errichtet. Auch dieser ist in Stein gefaßt und mit den üblichen Tier- und Blumensymbolen für Regen und Fruchtbarkeit, Glück, Weisheit und Kindersegen, Gesundheit, langes Leben und offenes Gemüt in bunten Fliesenreliefs versehen. In lasurblauen und meergrünen, schwarzen und goldenen Majoliken wetteifern Götterfiguren und Drachenbilder. Lange vergoldete Inschriften, reiches Opfergeschirr und Räuchervorrichtungen vervollständigen die Ausstattung. Ein Dach beschattet die ganze Anlage; sie würde Raum für hundert Tote bieten. Der alte Lim hat einen guten Tausch gemacht, als er von seinem dunklen, ungepflegten Hause dort unten in der Stadt hier hinauf zog in diesen künstlerischen Totenpalast über der flimmernden Bai von Tapanuli. Just auf den Zuckerhut, das wunderlich gestaltete Lava-Inselchen mitten in der Bucht, fällt der Blick. Weit schwingen sich die tiefgrünen Berge Sumatras mit steilem Abstieg um das tiefblaue samtene Tropenmeer. Nie würde es einem Chinesen einfallen, sich zu Lebzeiten einen solchen bevorzugten Platz zu leisten.

Wandnische in einem Tempel der Chinesen

Letzte Ruhe in der Wildnis

Natürlich fehlten auch Tische und Stühle für die zum Grabe pilgernden Angehörigen nicht. Besonders am Tsing-Bing-Fest zu Anfang April finden sich diese für den ganzen Tag ein. Dann werden die Gräber gesäubert, wird den Geistern der Ahnen, der Tugend, des Glückes und der Macht geopfert und mit Musik, Speise und Trank frohe Gemeinschaft mit den Abgeschiedenen gefeiert. Der Chinese lebt ja mit ihnen, wie auch mit seinen Göttern im Tempel in einem viel vertrauteren Verhältnis als wir es tun. Er scheut sich auch nicht, oft schon zu Lebzeiten seinen eigenen Sarg im Hause aufzubewahren. Pietätvolle Söhne schenken diese zentnerschweren, mit dunklem Wachs getränkten letzten Ruhebetten rechtzeitig den Eltern, damit sie nicht in Sorge um ein künftiges würdiges Totenhaus zu sein brauchen. Oft genug kann man sehen, wie diese Särge unter dem Vordach oder im Hof ganz selbstverständlich auch als Ruhebänke von den Lebenden gebraucht werden. — Was heißt schon groß das Sterben für den Chinesen? Es ist nichts anderes als eine Reise zu den Ahnen, auf die jene warten und mit der man selbst sein Leben lang gerechnet hat. —

Es gibt Leute, die sich für die Orang Tiong-Hoa nicht erwärmen können. Manche meinen, allein schon durch den Körpergeruch angewidert zu sein. Ich muß sagen, daß ich davon nichts weiß, obwohl ich mich eines recht guten Geruchssinnes erfreuen darf. Ich will auch niemanden beeinflussen und Sympathien zu erwecken versuchen, wo sie nicht vorhanden sind. Aber ich meine doch, e i n e Eigenschaft dieses Gelben Volkes müsse jeden und gerade uns Deutsche, die wir selber so sehr daran kranken, tief berühren, nämlich ihre unerschütterliche Anhänglichkeit an die Heimat, die Familie und die Ahnen. Das Glück der einstigen Rückkehr in das Land der Väter ist das höchste Glück. Wem es lebend nicht möglich ist, heimzukehren, dem wird in der Sterbestunde doch China immer vor Augen stehen. Ja, hat man nicht auf den Zollbehörden mehr als einmal rückkehrende Chinesen aller Stände angehalten, die in ihren Koffern und Packen, vielleicht auch nur in das armselige Tuch eines Kulis geknüpft, einige Knochen eines in der Fremde verstorbenen Angehörigen mit sich führten? Mit in die Heimat wollte man sie nehmen, um sie in den Boden der Väter beizusetzen; und Ackererde aus China zum Bestreuen der Grabstätten ist in allen Ländern Südostasiens jahrhundertelang ein wichtiges Handelsgut gewesen. —

Auch mit den Chinesen Inselindiens geht seit der großen heimischen Umwälzung im Jahre 1911 eine rasche, unaufhaltsame, das ganze Wesen revolutionierende Wandlung vor sich. Schule, politische Betätigung, planmäßige Werbung und Kontrolle seitens des Mutterlandes sind stärkste Förderer dieser neuen, dieser „jung"chinesischen Gedankenwelt. Aber doch bringt jeder Zuwanderer, auch der ärmste Kuli, ja, dieser vielleicht noch eher als der Intellektuelle, selbst heute im Zeitalter aller Traditionslockerung noch ein gut Maß von Anhänglichkeit an die von den Vätern übernommene religiöse Bindung aller Daseinsäußerungen mit. Welche chinesische Gemeinde möchte ohne ihren Tempel sein; und wo zur Anlage eines solchen nicht genügend Gemeindeglieder vorhanden sind, wird jeder für seine eigene, und sei es auch noch so bescheidene Kultstätte sorgen. Nicht einmal in der letzten Zinnmine fehlt der kleine Altar, an dem man durch Vermittlung der allgegenwärtigen Ahnen die Gottheit um guten Erfolg anruft. Und es ist ein rührendes Erlebnis, vor diesen einfachen, mit Wellblech gedeckten Opferkästen einen verschwitzten, schlammüberkrusteten Kuli einen Augenblick andächtig verweilen, aus zerknittertem Papier ein paar ärmliche Kostbarkeiten auf die Opferschälchen schütten, ein paar Räucherstäbe anzünden zu sehen. Denn trotz allen materiellen Endzweckes dieser Handlung mag doch auch die seelische Bindung an Ahn, Familie und Heimat für eine kurze Spanne im Herzen des Opfernden zum glücklichen Durchbruch kommen.

Wohl hat sich an Stelle des Konfuzius nunmehr Sun Yat-sen den Platz über dem Hausaltar erobert. Aber es ist immer ein hundertprozentiger Chinesenführer geblieben, den man dort verehrt und zu Rate zieht. Niemals wurde es der Beherrscher des Gastlandes, also hier die Königin der Niederlande, obwohl in den Schulen ihr Bild obligatorisch ist. Das chinesische Element in Inselindien hat sich in seinen Uranfängen schon vor tausend Jahren von der einstigen Heimat gelöst; es ist von Europäern und Eingeborenen bald abgelehnt, bald gefördert, viel beargwöhnt, ja gehaßt, aber doch immer geduldet und schließlich als unentbehrlich und selbstverständlich hingenommen worden. Doch kein Aufstieg und kein Abstieg, keine Gewöhnung, keine noch so weitgehende Vermischung mit fremdem Blut und Kulturgut hat es in seinem Wesen, seiner Bindung, seiner unbeirrten Standhaftigkeit und seinen Qualitäten erschüttern können: es ist immer chinesisch geblieben.

Ein kleines freundliches Erlebnis zu diesem Thema mag das Kapitel über den Orang Tiong-Hoa beschließen. Ich zitiere aus meinem Tagebuch: Wir sitzen an dem langen Pier von Tandjung Pandan, dem Hauptplatz der Insel Belitung, im Motorboot und warten auf den Dampfer, der über Westborneo nach Singapore fahren soll. Unter den wenigen Chinesen, die mit Sack und Pack nach jahrelangem Schaffen und nach Erlangung eines kleinen Vermögens nun heimkehren wollen, fällt mir ein feingliedriges Herrlein besonders auf. Es steht auf der schmalen Back des Bootes, schaut über Bord und spricht unablässig in wohltönender und wohlgeformter Rede. Von meinem Platz aus kann ich wohl den Chinesen, nicht aber seinen Partner sehen. Auch dessen Antwort höre ich nie. Das kommt mir sonderbar vor, und so steige ich neugierig hinauf. Der Kleine läßt sich dadurch nicht beirren. Ohne Unterbrechung spricht er weiter.

Nun sehe ich, daß er zu dem schmutzigen Hafenwasser hinunter schaut, das Ölflecke, Papierfetzen und allerlei Abfälle vorbeitreibt, und daß er diesem in einer Art dichterischen Verzückung seine Worte widmet. Seinen besten Anzug trägt er, einen leichten Filzhut, und seine schmalen, langen Hände halten einen sichtlich noch ungebrauchten Schirm. In seinen Augen liegt ein Glanz, den man nicht beschreiben kann; er scheint der Ausdruck höchsten Glückes und seligster Versunkenheit zu sein. Der Redende neigt den Kopf dem Wasser zu, lauscht wie auf Antwort, hebt die gespreizte Hand wie in einer entgegenkommend liebkosenden Geste und fährt dann fort in seinem Gespräch, das nach Versen klingt. Verstehen kann ich es nicht, nur das Wort „Shanghai" vermag ich immer wieder aufzufangen.

Da glaube ich zu wissen, was seine Worte sagen wollen. „Du Wasser", sagen sie, „an dem ich jahrelang lebte, an dem ich rastlos arbeitete vom ersten Tagesschimmer bis in die Tiefe der Nacht, mit dem schweren Handelspacken auf dem gebeugten Rücken, hinter der ewig surrenden Nähmaschine, in der dunklen, stinkenden Ladenhöhle, du Wasser, an dem ich mir nichts gönnte, an keinem Werktage, an keinem Feiertage, und an dem ich nicht nachließ, für meine Zukunft besorgt zu sein, an dem ich Wohlstand suchte und fand, weil die Götter und der Geist meiner Ahnen mir gnädig waren, an dem ich Silber häufte und knisternde Scheine, — du Wasser bleibst nun hinter mir. Denn siehe, ich kehre zurück in mein heiliges China, in das Land meiner Väter, zu meinem geliebten Shanghai. Du trugest mir den Duft der Ferne in meine kleine Kammer. Du ließest die gleiche göttliche Sonne aus dir emporblühen, die auch mein China schaute an jedem Tage. Grolle mir nicht, du Wasser, wenn ich dich undankbar verlasse und lasse mich leichten Herzens ziehen. Denn siehe, es warten das Land meiner Väter, meine alte, einsame Mutter, die Freunde, die ich zurückließ, und die Mädchen Chinas, die zart sind und bleich wie Pflaumenblüten, mit Augen wie dunkle Mandeln und Hüften so schmal wie die der zierlichen Heuschrecken, mit Kleidern aus blumiger Shantungseide, mit goldenem Zierrat an allen Gelenken und mit dem Duft des sommerlichen Mondlichtes. Es warten China auf mich und Shanghai, mein glühend geliebtes Shanghai ..."

Als wir längst draußen in der Chinesischen See sind und ich an Deck des Dampfers liege, ist immer und unablässig noch dieser jubelnde, betende Zweiklang „Shanghai" um mich, und vor meinen Augen das leuchtende Gesicht des kleinen heimkehrenden Chinesen.

ZWISCHEN DEN RASSEN

Auf einem Mischlingskongreß im Jahre 1938 in Liberia tat ein Abgeordneter den ebenso verzweifelten wie bemerkenswerten Ausspruch: „Gott hat den Kaffee gewollt: das sind die Schwarzen. Und Gott hat die Milch gewollt: das sind die Weißen. Aber den Milchkaffee: uns Mischlinge, hat Gott nicht gewollt!" — Es ist ein klares Bekenntnis dafür, daß auch die Mischlinge selber die nachteiligen Folgen ihrer blutmäßigen und charakterlichen Zerrissenheit erkannt haben und diesen Zustand keineswegs fortgesetzt wünschen. Zwischen zwei Rassen zu stehen, bedeutet für die Betroffenen immer das Bewußtsein einer Unvollkommenheit. Seine Folge ist eine Unsicherheit, die ein klares Handeln nicht leicht macht. Bei den mischblütigen Gruppen zwischen zwei oder mehr farbigen Rassen scheinen Bedenken solcher Art nicht vorzuliegen. Ein Malaio-Araber oder ein Malaio-Chinese dürfte sich weder anthropologisch oder biologisch einer Sonderstellung bewußt sein, noch psychologisch darunter leiden. Sobald aber eine Komponente des Halbblutes weiß ist, beginnt die Mischung sofort ein Problem zu werden.

Von den uns rassisch verwandten Kolonialvölkern haben die Niederländer in ihrem Indien teils der Not gehorchend, teils aus einer natürlichen Einstellung heraus ein großes Experiment gewagt und es zur allgemeinen Verwunderung, ganz besonders zur Verwunderung der gerade entgegengesetzt eingestellten englischen Kolonisatoren, mit einem sehr erfreulichen Ergebnis belohnt gesehen. Sie haben die Mischlinge aus ihrem eigenen und aus malaiischem Blut rechtlich, sozial und bürgerlich den Europäern ohne Einschränkung gleichgestellt. Weitgehend haben sie sogar alle gesellschaftlichen Bedenken zurückgestellt, sobald es sich bei den Mischlingen um die höhere Intelligenz handelt.

Es ist müßig, darüber zu streiten, ob ein Volk von Selbstbewußtsein es überhaupt zu einer solchen Mischung hätte kommen lassen dürfen Die Naturgesetze sind stärker als die Moral der Nachwelt; und die Verhältnisse in neu erschlossenen Tropenländern waren stets so gelagert, daß die Naturgesetze in Kraft treten mußten. Es gibt keine weiße Nation, die sich diesbezüglich einer Ausnahme rühmen könnte. Auch im britischen Indien laufen Mischlinge zu vielen Tausenden herum. Man erwähnt sie nur nicht gern und klassifiziert sie dort einfach zur farbigen Komponente.

Ich behandle die Mischlingsfrage gern als ein Anhängsel der Frage nach den Verkehrsverhältnissen. Das berührt im ersten Augenblick verblüffend. Tatsächlich aber stehen beide Fragen in engstem Zusammenhang. Mit der Verbesserung der Verkehrsmöglichkeiten und Verkehrsmittel in den Kolonien wuchs auch die Möglichkeit zum geselligen Austausch innerhalb der Europäer selbst über große Entfernungen hin, wuchsen gleichzeitig die Annehmlichkeiten der Lebensführung, und wuchsen damit die Grundbedingungen für einen gesteigerten Zuzug weißer Frauen. Solange diese Voraussetzungen nicht geschaffen sind, kommt die weiße Frau nicht oder doch nur ungern und selten herüber, und damit ist das Mischlingsproblem geboren. Sobald aber weiße Frauen vorhanden sind, fällt die Vermischung mit den Farbigen systematisch fort. Noch vor kurzem betrug in Niederländisch-Indien das Verhältnis der Indoeuropäer zum reinen Weißen etwa vier zu eins; und noch 1900 kamen auf je tausend europäische Männer nur rund fünfhundert ebensolche Frauen, 1940 dagegen bereits rund neunhundert. Für die Zukunft wird doppelblütiger Nachwuchs darum fast nur noch aus der bereits bestehenden Mischlingsgruppe zu erwarten sein, kaum aber mehr aus neuen Verbindungen zwischen Weiß und Farbig. Das trifft übrigens für alle Kolonien zu, und es ist eigentlich müßig, die Frage der Rassenmischung in den Kolonien der Zukunft noch so heftig und eingehend zu diskutieren, wie es häufig geschieht. Es ist eine Frage, der die wichtigste Voraussetzung entzogen ist.

In der Welt der Malaien hat sie in dem Augenblick eingesetzt, als die ersten Schiffsleute und Soldaten Europas diese Welt betraten. Es gibt heute dort noch zahlreiche Mischlingsfamilien, die mühelos ihren Stammbaum bis in jene Zeiten zurückführen können. Daß Nachkommen europäischer Väter im Laufe der Zeiten ganz im braunen Volke aufgegangen wären, kommt kaum vor. Dazu wurde jedes Tröpfchen weißen Blutes innerhalb einer braunen Sippe allzusehr gehegt, weil es sozialen Aufstieg verbürgte. Daß andererseits der Mischblütige aber gerade auch von seinen braunen Rassengenossen als Verräter am eigenen Blut nur mit Skepsis, wenn nicht gar mit Haß betrachtet wird, vermehrt nur das durch die Kreuzung hervorgerufene Dilemma.

Der Holländer war großherzig genug, die Gruppe der „Europäer" bis zum allerwinzigsten Anteil echten Blutes auszudehnen. Es ist nicht leicht, diese Zugehörigkeit immer allein an der Hautfarbe zu erkennen. Aber selbst wenn lange Zeit kein frisches Blut nachgeflossen ist, bleibt in den dunkelfarbigen Nachkommen der traditionsbewußte Stolz lebendig, auf Grund des weißen Zuschusses im Ahnen oder Urahnen immer noch „Europäer" zu sein und sich als solche zu geben. Es gibt unfern von Batavia sogar noch einige kleine Gemeinschaften, die gemischtes Blut aus der lang zurückliegenden portugiesischen Zeit in sich tragen, mit Holländern aber nicht mehr in rassische Berührung traten. Selbst sie denken nicht daran, sich als Eingeborene zu betrachten, obwohl ich nicht einen Hellhäutigen unter ihnen sah. Sie sind Christen, sprechen eine portugiesich-malaiische Mischsprache mit niederländischen Brocken darin und sehen den sie besuchenden Europäer als ihresgleichen an. Nicht mit „Tuan“, mit „Herr“ reden sie ihn an, sondern, dem Holländischen entlehnt, mit „oom“. Genau so rücken alle anderen Mischlinge weit vom Eingeborenen ab. Die Bezeichnung „Indo“, die der unerfahrene Neuling gerne, anstatt der richtigeren „Indoeuropäer“, anwendet, fassen sie als Beleidigung auf, denn sie weist nur auf das farbige Erbteil in ihnen, nicht aber gleichzeitig auf das europäische hin.

Hier und da in entlegenen Gebieten sind solche Mischlinge lang zurückliegender Zeit naturgemäß allmählich aus dem Gesichtskreis gerückt und sich selbst überlassen geblieben. Eigenartige Verhältnisse haben sich mitunter daraus entwickelt. So ist auf der Insel Kisar in der Nachbarschaft von Timor ein kleiner Stamm von Soldaten aus der Zeit der Ostindischen Companie um 1750 regelrecht „vergessen“ worden. Durch Abschluß von der Außenwelt und Mischung mit Angehörigen einiger einheimischer Bevölkerungsgruppen ist dann eines der eigenartigsten Mestizenvölker unseres Wissensbereiches entstanden, mit wahrscheinlich niederländischem, deutschem, englischem, schweizerischem, französischem und verschiedenem malaiischen, auch wohl chinesischem und papuwanischem Blut. Von niederländischer Sprache und europäischen Sitten ist kaum etwas erhalten, die Tradition jedoch blieb lebendig. Professor Ernst Rodenwaldt, ein lange im Archipel tätig gewesener deutscher Arzt und Rassenforscher, hat nach eingehenden Untersuchungen über diese „Mestizen von Kisar“ vor mehreren Jahren ein dickleibiges anthropologisches Werk veröffentlicht und dadurch geholfen, daß diese längst vergessenen Soldaten doch noch wieder entdeckt worden sind und die Wissenschaft mit wertvollstem Studienmaterial überrascht haben. — —

Man rühmt am jungen Mischling, besonders am weiblichen, die verwirrende Schönheit des Gesichtsausdruckes und die wunderbaren Körperformen, — und entsetzt sich beim älteren über die völlig gegenteiligen Eigenschaften. In der Mehrzahl der Fälle stimmt das genau. Warum es so ist, mögen die Ärzte entscheiden. Man schließt gern daraus daß der betörte europäische Liebhaber in einer späteren Ehe an dieser schrecklichen Tatsache zugrunde gehen müßte. Aber man vergißt gern, daß auch bei uns die Frauen nicht ewig jung und schön bleiben, und daß es auch in den Tropen so etwas wie eine tiefe und treue Liebe geben kann. Es gibt jedenfalls „reine Blanke“ genug, die auch mit ihrer häßlich gewordenen doppelblütigen Ehepartnerin noch sehr glücklich sind, und selbst solche, die ehrlich zugeben, außer durch das hübsche Gesicht und den entzückenden Körper auch durch manche sympathischen Charakterzüge angezogen worden zu sein.

Warum sollten nicht auch solche wirklich vorliegen? Das Erbteil der Väter mag manchmal etwas problematisch gewesen sein, denn zu allen Zeiten sind nicht immer nur die Besten aus Europa in die Kolonien gegangen. Seitens der malaiischen Mütter, möchte ich meinen, sind aber wohl nur selten bedenkliche Eigenschaften dazugekommen. Zwar darf die biologische Tatsache auch hier nicht ganz beiseite geschoben werden, daß bei Kreuzungen oft das Beste verloren geht und das Minderwertige sich durchsetzt. Doch Ausnahmen bestätigen die Regel, und die Ausnahmen sind hier glücklicherweise so zahlreich, daß jener gleiche deutsche Professor Rodenwaldt in einer überaus anerkennenswerten Abhandlung zu der Überzeugung kam, daß im Falle der malaio-europäischen Mischlinge die allgemeinen Bedenken gegen das Halbblut fehl am Platze sind. Hier müssen die sozialen und ethischen Beweisgründe, wie sie aus der geschichtlichen Entwicklung und der Gestaltung der Auffassungen erwachsen sind, die biologischen Bedenken in den Hintergrund drängen. Jede andere Haltung, also die Zurückweisung der Mischlinge in die Eingeborenenklasse — zwecks rassischer Reinhaltung der Europäer — ist unmöglich. Selbst wenn sie wissenschaftlich zu rechtfertigen wäre, würde sie beim Indoeuropäer Inselindiens — wie Rodenwaldt es formuliert — einen „Schritt zurück" bedeuten.

Der Mischling weiß selber um seine Mängel. Es ist klar, daß aus der inneren Unsicherheit und Wurzellosigkeit ein Angstgefühl entspringen muß, für weniger intelligent und hochwertig gehalten zu werden als der vollweiße Gehirnkulturmensch. Wird er das aber, dann verliert er auch die Anwartschaft auf eine Gleichstellung in Beruf, Entlohnung und politischer Freizügigkeit. Um diese drei Ziele aber geht es ihm gleichermaßen. Darum versucht er um so eifriger, seine Mängel nach außen hin durch Übersteigerung seiner tatsächlichen Werte zu übertrumpfen. Als solche sind seine hohe Auffassungsgabe, ein unübertreffbares Lernvermögen verbunden mit glänzender Beredsamkeit, kurz, die Eigenschaften des Intelligenzlers — nicht des echten Intelligenten — zu nennen. Mit ihnen versucht er bei jeder Gelegenheit zu glänzen. Pieter Johannes Veth, im vorigen Jahrhundert einer der besten Kenner der javanischen Verhältnisse und Verfasser eines mehrbändigen Standardwerkes darüber, sagt dazu: „... Er liest viel, in vielen Sprachen, nicht immer das beste. Er redet über alles, mit wichtiger Stimme und lebhaften Handbewegungen, über die fernliegendsten Probleme, meist das, was er kurz vorher gelesen hat und ohne sich im Leben auch nur im geringsten danach zu richten ..." Er kannte sie gut, diese halbblütigen Schwätzer, — — aber ich kenne ähnliche, die nur ein einziges Blut in ihren Adern tragen!

Mir sind aber auch manche Indoeuropäer bekannt, die brav und fleißig durch das Leben gehen, auch solche von einer liebenswerten Gutmütigkeit und Hilfsbereitschaft; andere, die über die größere Leistung des Europäers echte, ehrliche Bewunderung hegen, sie nicht mit Neid, sondern nur als Ansporn zum Nacheifern betrachten; und wieder andere, die mit einer abgeklärten Reife und einem schönen Stolz auch das gute Erbe des farbigen Blutes in sich hegen und trotz allen europäischen Lebenswandels doch auch dem Traditionsgut ihrer Mütter treu bleiben. Ich habe sehr dunkelfarbige Europäer auf verantwortungsvollen europäischen Verwaltungsstationen und Militärposten gefunden, die mit einer erstaunlichen Wendigkeit und instinktmäßigen Erfühlung aller notwendigen Maßnahmen ihre Plätze wahrhaft vorbildlich ausfüllten; allerdings auch andere, die sie zu rücksichtsloser Brutalität gegen den Schwächeren, also den Farbigen, ausnutzten. —

Handarbeit verrichtet der Mischling nicht gern. Beim Studium wendet er sich, wie auch der Eingeborene es tut, lieber den geistigen als den technischen Fächern zu. Aber Anleitung und Erziehung vermögen hier großen Wandel zu schaffen. Nachdem erst einmal Handwerksschulen geschaffen worden waren, Lehranstalten für den Nachwuchs im Bergbau, auf den Ölfeldern und in den Industriewerkstätten, fand sich auch das Mischblut mehr und mehr ein und bewährte sich. Selbst Landbaukolonien sind während der Weltkrise für stellungslos gewordene Indoeuropäer geschaffen worden. Doch sie sind noch zu jung, um abschließend über die Erfolge urteilen zu können. Wie ihnen die körperliche Leistungsfähigkeit des reinblütigen Eingeborenen und die schöpferische Kraft des reinblütigen Weißen fehlt, so verlieren sie auch nach Mißerfolgen leicht den Mut. Es gibt Beispiele dafür, die sich kolonialwirtschaftlich, ja, sogar im Antlitz der Natur sehr bemerkenswert auswirkten. So liegt im westlichen Bali ein ungeheurer Komplex von sechzigtausend Morgen Land völlig brach und unbesiedelt. Man ist geneigt, das auf klimatische oder sonstige natürliche Ungunst zurückzuführen, und ist erstaunt, wenn man dann die tatsächlichen Ursachen erfährt. Durch die Gunst eines balinesischen Fürsten kam dieses Gebiet um die Mitte des vorigen Jahrhunderts in das Eigentum einer javanischen Mischlingsfamilie. Nach schweren Gegenschlägen gleich zu Beginn der Erschließung verloren die Besitzer den Mut zur Weiterarbeit und ließen das Land einfach als Wildnis liegen. Erst vor wenigen Jahren konnte es nach langen Prozessen vom Staat enteignet und der Kolonisation zugänglich gemacht werden. —

Im „Indoeuropäischen Bund“ war das Mischlingselement des Inselreiches organisiert und wußte durch geschickte Vertreter und eine äußerst loyale Haltung gegenüber der Regierung seine Interessen zu sichern. Zwar steuerte es aus den Kreisen jener, die mißlicher Verhältnisse halber auf dem Wege zum Erfolg ihr Ziel nicht erreicht hatten, gefährliche Agitatoren und selbst Revolutionäre großen Formates gegen die bestehende Ordnung bei. Aber der größere Teil war durchaus verläßlich und bezeugte durch hervorragende Führer gerne seinen ehrlichen

Willen zur Mitarbeit an der bestmöglichen Lösung der innen- und außenpolitischen Probleme. Volkswirtschaftlich sind diese Halbblütler durchaus nicht entbehrlich. Sie stellen mit ihren unteren Schichten, gemeinsam mit Chinesen und bewährten Eingeborenen, das Aufsichtspersonal in unzähligen Betrieben, mit ihren mittleren das Hauptkontingent der öffentlichen Beamten und sogenannten „kleinen Kopfarbeiter“ mit ihren höchsten eine hervorragende Intelligenz. Sie hat ihre absolute Vollwertigkeit mit jeder reinblütigen so einwandfrei bewiesen, daß — um nochmals Professor Rodenwaldt zu zitieren — „nur verbohrtes Theoretisieren hier von Minderwertigkeit sprechen könnte“.

DER „ORANG BELANDA“

Der „Orang Belanda“ ist in Inselindien der „Weiße“, ganz gleich, welcher Nation, obwohl das Wort in vermalaiisierter Form über „Wolanda“ auf „Hollandia“ zurückgeht und somit eigentlich nur die Holländer erfaßt. „Orang Belanda“ sein verbürgte bis vor kurzem seitens der Mehrzahl der Eingeborenen einen Respekt, der sich oft bis zum Nimbus steigern konnte. „Belanda“sein verpflichtet aber auch, sich dieses Respektes würdig zu erweisen; und damit hapert es leider oft. Es ist nur ein Glück, daß der einfache Eingeborene es nicht immer gleich in der ganzen Schwere erfaßt, wenn sich der Europäer dieser Würde begibt; und ein weiteres Glück ist, daß dieser, wenn nicht mit genügender sittlicher Kraft, so doch mit Talent und Raffinessen ausgerüstet ist, um seine Mängel wenigstens geschickt zu tarnen.

Was die Kolonien in Inselindien betrifft, so ist es eine Legende, der Europäer ginge in die Tropen, um dort ein von Arbeit unbeschwertes Herrenleben zu führen. Ich sagte das früher schon, aber man kann es nicht oft genug betonen. Ich glaube, daß es in den übrigen Tropenländern nicht anders sein wird. Gewiß gibt es Leute, die viel Geld verdienen, mehr noch solche, die es einmal verdient haben, damals, lange bevor die Weltkrise kam. Aber arbeiten mußten sie trotzdem; der Lohn dafür floß nur etwas reichlicher als in der Heimat. Dafür sind Tropenjahre für die Gesundheit aber auch Kriegsjahre und zählen doppelt. Die Zeiten, daß neben dem Gehalt ein paar tausend Gulden Tantième im Monat nichts Ungewöhnliches waren, sind jedoch „für gut“, das heißt: endgültig vorüber, und der Ehrgeiz, selbst als kleiner Mann erst dann nach Europa zurückzukehren, wenn die Ersparnisse „die Tonne“ erreicht haben, desgleichen. Die „Tonne“ — das ist das Hunderttausendguldenmaß des Holländers. Ich spreche davon, wie es vor dem großen Umbruch in Ostasien war, also ehe die europäische Vormachtstellung durch die japanische und neuerdings durch die indonesische ersetzt wurde. Wie es heute mit der Arbeit und dem Verdienst der Belanda drüben aussieht, muß unberücksichtigt bleiben; wir wissen noch nicht genug darüber.

Man kann den Belanda nicht typisieren, ebenso wenig wie die Menschen bei uns. Es ist erwiesen, daß nicht einmal zu Beginn der Kolonisation alle nach Übersee Gehenden nur entweder Abenteurer oder Glaubensfanatiker gewesen sind. Damals schon hat es Charaktere und Bestrebungen aller Abstufungen unter den Auswanderern gegeben. Wieviel mehr erst heute, wo sich Berufsleben und Alltag des Europäers drüben dem Maßstabe der Heimat immer mehr angeglichen haben und ein sehr großer Teil der Orang Belanda schon gar nicht mehr von Europa stammt, sondern seit Geschlechtern im Lande selbst geboren wird und mit dem einstigen Mutterland unmittelbar vielleicht nur durch ein paar Ausbildungsjahre und Besuchsreisen verbunden ist. Gerade diese „alten Indier", die fast immer mit dem Mischlingselement verschwägert sind, haben mit dem „Totok", dem frischen Blut aus der Heimat, nur wenige Interessengemeinschaften. Bezeichnend ist, daß sich viele von ihnen nicht rein europäischen Organisationen angeschlossen haben, sondern, selbst wenn sie noch ganz unvermischt geblieben sind, lieber dem „Indoeuropäischen Bund", also der Mischlingspartei, beigetreten sind. Sie wollen dadurch ganz klar bezeugen, daß sie echte Landeskinder sind und ihr Geburtsland als ihre Heimat betrachten, sich aber nicht, wie die Totoks, nur als „Gäste im Hotel Indien" fühlen. —

Glücklicherweise ist der Abenteurertyp aber nicht ausgestorben. Es würde sonst, zwar nicht der wichtigste und vielleicht auch nicht der wertvollste, sicher aber der interessanteste Bestandteil in der Gemeinschaft der Orang Belanda fehlen. Wir kennen ihn ja, nur leider in der Regel recht verzerrt und für bestimmte Zwecke zugestutzt, aus den Vorbildern für viele Überseeromane und Filme. Der echte Abenteurer hat allen anderen Zuzüglern eine besondere Gnade voraus: er kommt nicht mit falschen, nicht mit voreingenommenen, sondern mit gar keinen Vorstellungen, und darum wird er am ehesten mit allem fertig. Er schlägt ganz aus dem bürgerlichen Rahmen, packt jede Verdienstmöglichkeit an, die sich bietet; nimmt aber auch vom Leben, was immer er kriegen kann. Diese Leute können alles, was von ihnen verlangt wird, und sie trauen sich selber Dinge zu, die einen gewöhnlichen Menschen erschrecken lassen würden. Es braucht sich gar nicht immer gleich um gefährliche Jagden auf wilde Tiere und aufregende Intermezzos mit verschlagenen Eingeborenen zu handeln; es können ganz friedliche Betätigungen sein. Da ist in einem Städtchen Borneos ein weggelaufener Matrose, der eine Zeitung gründete. Es war Bedarf an einer solchen. Warum sollte er es nicht wagen? Er hatte schon andere Dinge gewagt. Was tuts, daß er von Berichterstattung keine Ahnung hat! Man konnte in seinem Blättchen vom „reichen Herrn Wallstreet“ lesen, und aus den Maschinen der R. A. F. wurden „raffinierte“ Flugzeuge Deswegen wird Borneo nicht gleich untergehen; und wenn seine Leserschaft nicht mehr mitmacht, nun, dann wird er den Zeitungsbetrieb zum Teufel gehen lassen und statt dessen Wege durch den Urwald bauen oder Telefonstrippen ziehen oder einen kleinen Produktenhandel auf irgendeiner Molukkeninsel begründen; und wenns gar nicht anders geht, wird er sich einfach auf die Gutmütigkeit und den Geldbeutel der anderen verlassen. Das ist „in Indien“ alles möglich, und man kann selbst als Fremder leicht daran kommen.

Vor Beginn unseres Marsches durch Borneo kehrten wir eines Tages bei einem solchen Typ ein. Er war Wegeaufseher. Weit und breit war er nur als „der Nassauer“ bekannt. Nicht eigentlich, weil er als solcher im Rufe stand, sondern weil sein Name tatsächlich ganz ähnlich lautete. Er hatte gerade Besuch von einem seelenverwandten Landsmann; und obwohl die Sonne noch nicht hochstand, waren beide schon dabei, einen echt Rotterdamschen Rundgesang in haarsträubender Dissonanz in die unschuldigen Lüfte zu senden. Eine säuberlich ausgerichtete Schwadron leerer Bierflaschen gab beredte Kunde von der früheren soldatischen Laufbahn des „Nassauers“ und der bisherigen Vormittagsbeschäftigung der beiden. Es war nach ihren Ermittlungen ein malaiischer oder arabischer oder ihretwegen auch sabbatistischer Feiertag und das Arbeiten verboten. Sie fanden fast täglich einen anderen Feiertag in ihrem vielseitigen Kalender, versicherten sie. Wir wurden ohne jedes Federlesen in Rundgesang und Flaschenorgie einbezogen. Dabei übereiferten sich die beiden, uns am Schatz ihrer Erfahrungen teilnehmen zu lassen. Alle nennenswerten Stationen bis zur fernen Grenze der Residentschaft kennen sie. Überall haben sie tatsächliche oder eingebildete „Freunde“ jeder Rasse und Religion. Für alle geben sie uns Grüße mit. Bei allen werden wir, wenn wir nur ihre Namen nennen, bewirtet werden, daß uns die Knöpfe von der Weste springen; und wenn sie nicht sofort von selbst eine Kiste Bier auffahren, sollen wir sie nur kategorisch verlangen, das steht uns zu. Prost! — — Da war ich also richtig an der Quelle, wo das „Nassauern“ geboren wird. Und wenn wir alles hätten ausnützen wollen, was uns so mit der Zeit von dieser Art Leuten an guten Empfehlungen mitgegeben wurde, hätten wir uns wahrscheinlich auf allerbequemstem Wege biertrinkenderweise durch die ganze Inselwelt hindurchnassauern können.

Ob das Aufschneiden zum Gewerbe aller Abenteurer gehört, weiß ich nicht. Die ich kennenlernte, waren jedenfalls fast alle gut darin bewandert. Wehe, wenn nicht jeder ihnen rückhaltlos glaubt! — Einer tat sich einmal ganz besonders hervor. Wir saßen im Hause eines Pflanzers, und es ging wieder einmal hoch her. Gerade erzählt der Aufschneider eine haarsträubende Geschichte, wie er als junger Soldat bei einem Flugzeugabsturz aus vielen hundert Metern Höhe unversehrt zu Boden gekommen ist. Da fällt ihm ein Tjitjak[1]) schnalzend ins Wort. „Hören Sie!“, ruft lachend die Hausfrau in Anlehnung an den Glauben der Eingeborenen, „jemand bezweifelt Ihre Ausführungen!“ — Da wird der lächerlich gemachte Held derart wütend, daß er sein Bierglas nach dem Tierchen wirft: „Verfluchtes Biest, warum wartest du nicht, bis ich fertig bin?“ — Dann nämlich bedeutet das Schnalzen des Eidechs: „Ja, ja! So ist es!“

Ist es erstaunlich, daß diese Leute meistens das sind, was wir „echte Naturburschen“ nennen, und auch ihren Naturgesetzen jederzeit folgen? Sie werden den Teufel tun und sie unterdrücken. Da wird nicht viel herumgeredet, da wird genommen, was einem gefällt, im schlimmsten Falle gegen bar „gekauft“. Dann kann es einem wenigstens niemand streitig machen und man hat ständig zur Hand, was man braucht. Für hundert Gulden findet sich immer ein Chinese oder Malaie, der etwas Hübsches anzubieten hat. „Es ist billiger so“, sagte mir einer, „als wenn ich alle vierzehn Tage in die Stadt fahre und mich dort auslebe, und auch gesünder!“ —

Zu dieser Art Moral muß man geboren sein. Sie ist glücklicherweise auch in den Tropen nicht die übliche. Es gibt auch dort andere, ganz andere! — An einen zurückgezogenen Junggesellen in einem Städtchen am Rande der Wildnis muß ich denken, einen jener schweren, immer suchenden und nie findenden Einsamen. „Er ist ein Sonderling!“ hatte man mir zugeraunt, und „zuweilen betrinkt er sich fürchterlich!“ — Eines Nachts vertraute er sich mir plötzlich in vorgeschrittener Gesprächigkeit an, mit ein paar Worten nur, als die sündige Schwüle der Tropennacht uns lockend umschmeichelte: „Mein ganzes Leben lang habe ich darauf gewartet, daß sich einmal ein kleiner Schmetterling zu mir setzen möchte. Es ist aber nie einer gekommen ...“ — Da enthüllt sich mir mit einem Schlage die riesengroße Tragik dieses alternden Irrfahrers, der die halbe Welt durchwanderte und durchsuchte, und ich fahre gedanklich alle jene bigotten Ehefrauen, die mich naserümpfend über seine gelegentlichen stillen Zechereien in Kenntnis setzen zu müssen glaubten, mit groben Worten an: Schweigen Sie! Was wissen S i e davon! —

Viele Abenteurer bleiben, einmal gefangen von der „Ferne“ ihrer Fantasie, in dem Lande hängen, das sie zuerst aufnahm und abenteuern dann in ihm weiter bis an ihr Ende. Es gibt auch solche, die ganz

---

[1]) Kleine nützliche Eidechsen, die an den Wänden und Decken der Häuser nach Mücken und anderen Insekten jagen.

solide herüberkamen und dann erst merkten, welcher Unruheteufel in ihnen steckte. Zu meinen besten Freunden gehört ein solcher. Er saß zunächst ein paar Jahre lang ganz brav und bieder auf einem Kontorschemel in Batavia. Bis er durch eine dumme Geschichte herausflog. Und nun flog er weiter, hierhin und dorthin, landete schließlich in den Wäldern Sumatras und trieb sich nicht weniger als ein volles Jahrzehnt in ihnen als Elefantenjäger herum, bis neue Schongesetze seiner Tätigkeit dort ein Ende setzten. Jeder Tag dieser zehn Jahre ist ein Abenteuer für sich gewesen; der Mann ist beinahe gestorben vor Sehnsucht, als er der Not gehorchend dieses Waldleben aufgeben mußte.

Man muß sich hüten, die „Globetrotter" im gleichen Atem zu nennen. Sie sind etwas ganz anderes. Während der Abenteurer selten eine Enttäuschung erlebt, weil er stets das Aufregende zu finden weiß oder eben alles dazu macht, kommen jene aus den Enttäuschungen nicht heraus. Denn sie suchen mehr, als es wirklich gibt. Darum drängen sie immer weiter; sie sind nur Gast, und meistens ein nicht gern gesehener. Es fehlt ihnen der Zug ins Große, der jeden Abenteurer völlig beherrscht. Viele von ihnen sind nüchterne Gesellen, wenigstens in übertragener Bedeutung. Sie taugen nicht, um in den Tropen zu bleiben. Sie taugen überhaupt selten zu einem Beruf und einem festen Vorhaben. Es fehlt ihnen die Ausdauer, das Ideal und der Zug ins Geniale. Manche besitzen zwar großen Ehrgeiz, sie saugen alles in sich hinein, was sich an Neuem bietet. Aber sie vermögen es nicht zu verarbeiten; sie bleiben immer der enge Kleinbürger mit dem großen Gedankenflug. Aber diese unter ihnen sind wenigstens ehrliche Kerls; sie machen es sich oft schwerer, als es nötig ist und flüchten immer wieder zu ihrem Ehrgeiz, wenn es anders nicht gehen will. Es gibt andererseits auch sehr leichtes und billiges Volk unter ihnen, aus allen Ständen, bis hinauf zu fürstlicher Abkunft. Die gefährlichsten unter ihnen bringen ein gut Teil Anmaßung und Brutalität mit. Welche Wonne für die Alteingesessenen, solche Leute in die Finger zu bekommen! Inselindien war immer ein beliebter Tummelplatz für sie. Man reiste dort ungefährdeter als in den meisten übrigen Tropenstrichen; und es war doch so interessant für die zu Hause, wenn einer „in den Tropen" war.

Wer es sich leisten kann, tarnt seine Reise gern als „Jagdexpedition". Dann klingt es noch interessanter. Welchen Effekt ruft es hervor, das bekannte Bild mit dem erlegten Tiger vorzuweisen, auf dessen Nacken der Fuß des stolzen Jägers steht! Wenn die harmlosen Betrachter wüßten, wie oft diese Tiger in der Falle erschossen wurden, und manchmal eher an — Bleivergiftung, als an einem sicheren Steckschuß starben! Die Orang Belanda drüben halten nicht viel von diesen Jagdreisen. —

In Pontianak waren einmal zwei italienische Fürstlichkeiten zu einer solchen eingetroffen. „Prinz Makkaroni“ und „Prinz Spaghetti“ waren sie bald getauft worden. Sie kamen zum ersten Male in die Tropen. Ihre Ausrüstung war fantastisch, erzählt man; ihre Pläne waren es noch mehr. Sie selber hatten schwere Jagdgewehre kreuzweise umgehängt, als die Reise losging, ferner Patronengürtel und Taschen, Hirschfänger und Fernglas, Brotbeutel und Trinkflasche, Filmapparat und Leica und wer weiß was noch alles. Dazu trugen sie riesenhafte Korkhelme mit Nackenschutz — wie weiland Lord Kitchener an den Pyramiden —, Sonnenbrille, Jagdrock und hohe Gamaschen. Wenn das nicht Eindruck machen mußte! Aber der Eingefuchste trägt Shorts, Polohemd und leichten Hut, und überläßt alles übrige seinen farbigen Begleitern. — Nun, die Geschichte läuft darauf hinaus, daß die beiden Hohen Herren nach wenigen Stunden Marsches auch ihrerseits ein Stück nach dem anderen an die Träger abgegeben hatten, schon am Mittag ihren fürstlichen Leib ausschließlich noch mit Hemd und Hose belasteten, und am Abend von dieser und allen künftigen Jagdexpeditionen gründlich genug hatten. Ob sie d a s nach ihrer Rückkehr auch erzählt haben?

Ich hätte diese Gruppe von Weißen eigentlich gar nicht zu erwähnen brauchen, man zählt sie drüben nicht als Dazugehörige. Gleich den Studienreisenden, Journalisten und sonstigen Neugierigen sind sie ja nur vorübergehende Erscheinungen, tauchen auf und verlöschen eines Tages ebenso schnell wieder „für gut“. Merkwürdig ist aber, daß der Durchschnitt der Weißen in den Kolonien auch die Missionare nicht gerne zu sich zählt, obwohl sie doch gerade das beständigste Element unter den Orang Belanda bilden. Viele von ihnen kommen als junge Leute herüber und wirken bis zu einem späten Tode ununterbrochen. Manche der katholischen Ordensschwestern, die zu irgendwelchem Liebeswerk hinüberfahren, verpflichten sich sogar, niemals mehr, auch nicht auf Urlaub, in die Heimat zurückzukehren. Welches unendliche Maß von Idealismus gehört zu solchem Entschluß; oder ist es Überdruß der heimischen Verhältnisse?

Daß viele Europäer drüben wie in der Heimat die Missionare mit scheelen Augen ansehen, beruht hier wie dort auf falschen Vorstellungen. Für den Pflanzer und Stadtmenschen sind sie drüben räumlich genau so weit entfernt, wie für uns hier. Man sieht sie kaum. Sie hausen „irgendwo da oben in den Bergen“ oder „dahinten im Wald bei den Heiden“ als fanatische Sonderlinge oder kuriose Einsiedler und bringen den braven Eingeborenen verderbliche Zivilisation bei. So denkt man sich das. Welcher Unsinn! In Wahrheit sind sie Wegbereiter der Befriedung, Ursache des allmählichen Verschwindens unzähliger Grausamkeiten, sorgsame Wächter darüber, daß der unerfahrene Naturmensch nicht unvorbereitet in eine materialistische Welt gerissen wird, die er nicht versteht und an der er zugrunde gehen müßte. Darüber hinaus sind sie beste Kenner der Volksseele und der Volksbräuche, Experten in zahlreichen Sprachen, die uns ohne sie ein ewiges Rätsel bleiben müßten, und ausgezeichnete Sammler einheimischer Kulturwerte, ohne die unsere Institute und Museen größte Lücken aufweisen würden. — „Frömmelnde Jesuiten" mit nichts als der Bibel in der Hand? Meinen Sie? — Da muß ich lachen. Sie sollten sie einmal zu Pferde durch die Steppe traben, im Boot auf den Urwaldflüssen über donnernde Schnellen rutschen oder hinter dem Lenkrad ihres Autos sehen, wo sich ein solches verwenden läßt!

Die meisten von ihnen sind beneidenswerte Praktiker, passen in die Welt, und es gibt nichts, darin sie sich nicht selber zu helfen wüßten. Gartenbau und Viehwirtschaft, Handwerk und Rechnungsführung, Krankendienst und Schulwesen liegen mit der Seelsorge gleichermaßen auf ihren Schultern, und in allem stehen sie ihren Mann. Selbst in der Küche wissen sie auch ohne Frauen Bescheid, wenn es sein muß, und überraschen den Gast, der sich in ihre Einsamkeiten verirrte, mit dankbar empfundenen Genüssen. — Im tiefsten Borneo kehrten wir wieder einmal bei zweien solcher frauenlosen Gottesdiener ein. Sie überboten sich in rührender Weise in ihrer Gastfreundschaft. Sogar Kuchen hatten sie eigenhändig gebacken, und jeder einen besonderen. Nun saßen wir um den Kaffeetisch und prüften. „Siehscht!" meinte der eine, ein junger baumlanger Schweizer, der gerade erst frisch ins Land gekommen war, „ich habe dir gleich gesagt, es müsse wohl Butter hinein; dann würde er schmackhafter." Doch sein Amtsbruder, ein sparsamer und erfahrener Württemberger, verwahrte sich: „Das isch scho' recht, Bruder! So man solche hat. Aber merksch dir: ohne Butter wird er halt lockerer und hält sich länger." — Er kam in diesem Falle nur nicht dazu, sich lange halten zu müssen.

Über die Pflanzer, das hundertprozentige Gegenteil der Missionare, will ich mich hier nicht weiter verbreiten. In einem meiner früher erschienenen Bücher[1]) widmete ich ihnen bereits ein besonderes Kapitel. Auch andere Darsteller sind zu dem erfreulichen Schluß gekommen, daß der drüben vielgehörte Ausspruch „Die einzigen Wilden im ganzen Archipel sind die besoffenen Pflanzer!", durch ein Übermaß guter Eigenschaften dieser seltsamen Leute gehörig abgeschwächt wird. Komme mir einer mit den lächerlichen Einseitigkeiten über diese „gottähnlichen Despoten" aus veralteten Sensationsschmökern! Was bei ihnen neben der Arbeit am größten geschrieben wird, ist jedenfalls das schwerwiegende Wort „Gastfreundschaft". Hat die „Indische Gastfreundschaft" ohnehin schon einen weltweiten Klang, so ist die der Pflanzer noch die

[1]) Tuan Gila, ein „verrückter Herr" wandert auf Sumatra. Verlag Brockhaus, Leipzig.

Krone darauf. Eigenartig, daß die Bereitschaft des Menschen, einen anderen, auch den wildfremdesten, vorbehaltlos bei sich aufzunehmen und an allem teilnehmen zu lassen, mit jedem Breitengrad gegen den Äquator hin im Quadrat zunimmt.

Schade, daß der echte, kernige Pflanzer heute mehr und mehr vom zahmen studierten Nachwuchs und vom Durchschnittstyp des Stadtmenschen überwuchert wird. Die Mechanisierung der Plantagenbetriebe, die Einschaltung der gelben und braunen Arbeitskräfte auch in den verantwortlicheren Aufsichtsstellungen trägt noch mehr zu seinem allmählichen Verschwinden bei. Mit ihm geht ein wichtiges Stück Kolonialgeschichte zu Ende, nämlich das Zeitalter der großzügigen Erschließung der Wildnis. Sie begann in den gleichen Jahren wie unsere „Gründerzeit". Aber als diese längst an der Enge und Unvollkommenheit ihrer eigenen Schöpfungen erstickt war, begab sich jene erst, getragen von einem Heer kraftsprühender Pioniergestalten aus der ganzen Welt, mit freien Flügeln in den imponierendsten Auftrieb, der je über den ganzen Fernen Osten sein Licht warf. Erst die allerjüngste Zeit mit Weltkrise, autarken Wirtschaftsbestrebungen, Absatzmangel, Abbau und Einsparung brach ihr die kühnen Schwingen. —

Die Mehrzahl der Orang Belanda ist heute farblose Masse. Sie hat weder Antrieb noch Gelegenheit, durch Außergewöhnlichkeiten zu glänzen. Wenn einer besonders auffällt, braucht er deshalb nicht gleich Überdurchschnittliches geleistet zu haben. Wo der Europäer nur in kleinen Gruppen beisammensitzt, hält er mehr als in der Heimat Ausschau nach jemandem, von dem er reden kann. Vielleicht ist einer durch eine besonders sture Unerschütterlichkeit seiner Lebensart ausgezeichnet. Oder er hat auch nur gewisse Schrullen, die ihn „berühmt" machen, wie beispielsweise jener „Herr W. C.", von dem an der Küste Borneos manches Singen und Sagen ging. Zu seinen Eigenarten gehörte es, auf seinen Inspektionsreisen im Urwald neben manchem anderen überflüssigen Gepäck auch ein zusammenklappbares W. C. mitzuführen, weil seine Körperfülle im gegebenen Augenblick nach einem bequemen Sitz verlangte und ihm die natürlichen Gelegenheiten der Wildnis nicht zusagten. Seine Träger ärgerten sich jedoch über diese Einrichtung und rieben sie einmal gründlich mit Zuckersaft ein. Folge war bei der nächsten Sitzung ein geharnischter Überfall durch ungezählte Ameisen — „dimana ada gula, disana ada semut!" sagt ein malaiisches Sprichwort: „wo es Zucker gibt, da gibt es auch Ameisen!" — und ein elektrisch geladener Wutanfall des thronenden Gewalthabers. Der erhoffte Erfolg blieb jedoch aus. Herr „W. C." verzichtete in der Folge keineswegs auf seinen Kultursitz. Er ließ vielmehr ein verschließbares Futteral dafür anfertigen, zu dem er selber den Schlüssel verwahrte; und die Träger mußten sich auch noch mit diesem abschleppen.

Eingang zu einer Fürstenresidenz auf Borneo

Missionsschule auf Sumatra

Leprakranke

So etwas spricht sich herum, so etwas erhebt in einer Welt bescheidener Ereignisse über den Durchschnitt! Der Herr W. C. hat gezeigt, daß er ein Mensch von Charakter und Humor ist, das genügt, um ihn für eine gewisse Zeit unsterblich zu machen.

Es fehlt natürlich auch in Inselindien nicht an schöpferischen Kräften, die zu einer künstlerischen, wissenschaftlichen, reformistischen oder sonstigen Sonderleistung des Geistes berufen sind und in Wahrheit über dem Durchschnitt stehen. Man braucht nur eine der zahlreichen Fachzeitschriften des Archipels durchzublättern, um das wirklich hohe Maß der geleisteten Arbeit sofort zu erkennen. In einer tropischen Umwelt mit ihren vielen geisteslähmenden Gegebenheiten kann das nicht hoch genug veranschlagt werden. Es ist ein Genuß, aus dem stumpfen Trott der materialistischen Allgemeinheit plötzlich in das Haus eines solchen Erleuchteten zu kommen.

Was soll ich vom Durchschnittstyp des Stadtmenschen berichten? Sie haben alle das gleiche Ziel: so zu arbeiten, daß sie möglichst bald ausscheiden und heimkehren oder sich im Hochland ansiedeln können, seit der Weltkrise mehr und mehr unter dem bitteren Druck der Erkenntnis vom baldigen Ende der Vormachtstellung des Europäers, und doch durchdrungen von dem Pflichtbewußtsein, dieses Land und sein Volk nicht unfertig, nicht auf dem schwankenden Grund einer noch nicht völlig gefestigten neuen Lebensordnung zurücklassen zu dürfen. — Sie brauchen nicht immer „in der Stadt" zu wohnen. Auch der Angestellte einer entlegenen Mine, der Beamte eines winzigen Verwaltungsfleckens kann getrost eingerechnet werden; es ist fast immer das gleiche Niveau. Man schätzt die Arbeit und Leistung dieser Stadtmenschen. Aber danebenher gibt es manches, das einem weniger behagen will. Man muß die Umwelt und die Verhältnisse zur Rechenschaft ziehen, um es zu verstehen und zu entschuldigen.

Da ist die häßliche gesellschaftliche Abstufung je nach der Höhe des Gehalts. Fünfzig Gulden können dabei schon zur unüberbrückbaren Kluft werden. Da sind der üble Stadtklatsch und die gegenseitige Verfeindung aus Argwohn, Langerweile und Überdruß, das viele leere, am höher Interessierten spurlos vorbeirauschende Gewäsch in der gesellschaftlichen Unterhaltung. Da sind die Aufgeblähten mit den großen Worten und noch größeren Hohlheiten, Typen, die in der Sachlichkeit des kolonialen Lebens weit unangenehmer auffallen als in der heimischen Gemeinschaft. Da sind andere, die im Bewußtsein einer falsch aufgefaßten Macht über den willigen und duldsamen Eingeborenen die Gewalt über sich selbst verlieren; weitere, die den Unbilden des Daseins durch ein Übermaß von Alkohol begegnen zu müssen glauben und dadurch nur um so schwereren Reizungen unterliegen. Nicht zu vergessen sind jene, die an einem geringen Bildungsgrad und an ihrer geistigen Armut im Gleichmaß des Tropenablaufes doppelt schwer zu tragen haben und die schönsten Jahre ihres Lebens wahrhaft an diesem vorbeileben; und schließlich noch jene, die von der geistigen und sittlichen Armut ihrer Umwelt so tief berührt werden, daß sie daran zugrunde gehen können. Es ist gewiß nicht für jeden Orang Belanda ein glückliches Paradies, dieses Inselindien. Vielen wird es zur Tragik, sie büßen es ab wie eine Strafe und böse Verdammnis.

Es ist bei solchen Verhältnissen nicht verwunderlich, daß man selbst in den Städten Menschen findet, die einsam sind. Manche bauen sich innerlich eine eigene Welt, werden zu Träumern, Asketen oder Sektierern. Insonderheit buddhistische Gedankengänge und Lebensformen erscheinen hier, wo Buddhas Lehre so tief in die Menschheit eindrang, daß selbst die Sturmflut des Islams sie nicht gänzlich zu verdrängen vermochte, auch manchem suchenden Europäer als die einzige Möglichkeit, das verlorene Gleichgewicht wieder zu erlangen. Es geht ein stilles Leuchten von diesen Menschen aus, wenn man mit ihnen in Verkehr kommt. Aber es ist nicht leicht, zu ihnen vorzudringen. Sie sind scheu bis zur Befremdlichkeit.

An einer äußerlichen Einsamkeit zu leiden, müssen sich viele der Orang Belanda gewöhnen. Die Verhältnisse bringen das leicht mit sich. Es gibt Pflanzersfrauen, die Tag um Tag an Gleichrassigen nur ihren Mann für ein paar Stunden sehen, und dann ist er gewöhnlich todmüde. Es gibt Missionare, Verwaltungsbeamte, Soldaten, die nur in monatelangen Abständen mit anderen Europäern zusammenkommen. In der siebenjährigen Ehe einer deutschen Familie in einem Minenstädtchen waren mein Kamerad und ich die ersten Gäste im Hause, und es war durchaus möglich, daß weitere sieben Jahre bis zu einem nächsten Besuch vergehen konnten. Daß noch ein paar andere weiße Familien in der Nachbarschaft wohnen, kann die Einsamkeit nicht abschwächen. Immer wieder die gleichen Gesichter bringen sie eher noch stärker zum Bewußtsein. Wo es sich einigermaßen lohnt, auf Plantagen und Bergbausiedlungen, hat man Klubhaus, Tennisplatz und wenn es hochkommt ein Schwimmbad. Aber oft genug lohnt es sich nicht. Dann bleibt nur das „'t huis“ und die gelegentliche Fahrt zu Freunden in der Nachbarschaft oder in die Stadt. Was für diese Menschen die Erfindung des Radio, die tägliche Verknüpfung mit der übrigen Welt und besonders mit der Heimat bedeutet, kann man zu Hause nicht entfernt ermessen.

Man feiert mit den paar Erreichbaren, was sich nur irgend feiern läßt, um eine Abwechslung zu haben: die Ankunft eines Neuen, den Antritt eines Urlaubs, die Versteigerung des Mobiliars von einem Heimkehrer. Schon die „blecherne“ Hochzeit bei sechseinvierteljähriger und gar erst die kupferne bei zwölfeinhalbjähriger Ehe sind Anlaß außergewöhnlicher Veranstaltungen. Die silberne erlebt man ohnehin gewöhnlich nicht mehr drüben, oder hat zumindest nicht die Absicht. Man gibt sich auch gern leiblichen Genüssen hin, wenn sie sich beschaffen lassen. Unter diesen hat die „Indische Reistafel“ Weltruf erlangt, sie ist der Superlativ dessen, das einem Magen überhaupt zugeführt werden kann. Hier die Zusammenstellung einer „kleinen“ mit nur sechzehn verschiedenen Beigaben, wie man sie schon unter mittleren Verhältnissen vorgesetzt bekommt. Die „großen“ lassen sich nach dem Talent des Küchenmeisters und dem Geldbeutel des Veranstalters beliebig weiter ausbauen. Ich verzeichnete sie einmal als Mittagskost im Pasanggrahan[1]) eines Hafenstädtchens:

„Als Grundlage Reis, dazu gebratenes Huhn, Beafsteak, kleingeschnittene Leber in bräunlich grüner Würztunke, gebratener Fisch, Ölgebackenes aus Sagomehl und zerstampften Krabben — der berühmte „krupuk“ der Malaien —, ein ähnliches Gebäck aus Menindjufrüchten statt Krabbenmehl, gedämpftes spinatähnliches Gemüse — der „bajam“ — mit Erbsenkeimen, gekochte Gurkenstreifen in gelber Currytunke, frische geschnittene Gurken, Goulasch in Pfeffertunke mit Brechbohnen, Kohl in Pfeffertunke mit Garneelen, Gurken- und Zwiebelscheiben gemischt als Salat, große gekochte Garneelen trocken serviert, in Öl knusprig geröstete Erdnüsse, in Scheiben geschnittene hartgekochte Eier in Kurkumabrühe, gestoßener roter Pfefferbrei; die Bananen und sonstigen Früchte nicht eingerechnet.“

In den größeren Städten fehlt es nicht an Abwechslung, Lichtspieltheater, Künstlertruppen und Lokale, gesellschaftliche Empfänge und die nirgends fehlende „Soos“ — als Abkürzung für die „Societeit“, den beliebten holländischen Zirkel mit Gasthausbetrieb — beleben die Abende. Doch die beste Abwechslung, zu jeder Stunde hinaus ins Freie gehen, wandern, Körper, Geist und Seele Abwechslung verschaffen zu können, entfällt durch die Ungunst der tropischen Verhältnisse. Das ist die größte Armut im Leben des Orang Belanda und der tiefste Grund seiner ewigen Sehnsucht nach der Heimat.

Man muß die Ankunft und Abfahrt eines Postdampfers oder Europa-Flugzeuges mitmachen, dieses lebhafte Getümmel, diese Farben, Düfte und beschwingten Klänge der Kapellen, diese plötzlich aufgeblühten Frauen, dieses befreite Lachen innerlich längst ergrauter Männer, diese Berge von Blumen und kostbaren Geschenken! Dann erkennt man, daß nur die unmittelbare Verknüpfung mit dem Heimatland die Sonne über diesen Tropenmenschen wahrhaft scheinen läßt, und die tatsächliche

---

[1]) Rasthaus.

Sonne ihnen nichts als die Quelle des dumpfen Bewußtseins ihrer Verbannung bedeutet. Wie sehr verständlich ist es, daß im Wesen jener, denen eine Rückkehr in die Heimat nicht mehr ganz sicher ist, die Wehmut alle anderen Gefühle überschattet.

Ich will den Lesern am Schluß meiner Ausführungen über den „Orang Belanda" die Bekanntschaft mit einigen Vertretern dieser Gruppe nicht vorenthalten; und was liegt näher, als daß ich Landsleute von uns herausgreife. Fast siebentausend davon gab es vor Ausbruch des großen Krieges im Niederländischen Indien, und sie machten unter den „Europäern" fast drei vom Hundert aus. Neben den Holländern waren sie das am stärksten vertretene weiße Volk. — Ich zitiere ein paar Seiten aus meinem Tagebuche am Ende meiner Durchquerung Borneos:

Zum Abschluß meines Aufenthaltes auf Borneo schenkte mir dieses Land noch ein besonders freundliches Erlebnis. Zwar hatte es mit Borneo selber eigentlich gar nichts zu tun. Es hätte sich in Argentinien oder Kanada oder an der Wolga vielleicht ebenso abspielen können. Trotzdem war es etwas so Großes für mich und paßte überdies so gut an den Schluß, daß sich das unfreundliche Urteil über dieses Land, wie es aus dessen Leere, Eintönigkeit und Feindseligkeit, aus tausend Beschwernissen und Widerwärtigkeiten oft entsprossen war, nunmehr endgültig glättete und mich mit einer wahrhaft gehobenen Stimmung scheiden ließ. Die beiden guten alten Leute, die mir dieses Erlebnis verschafften, werden sicher nicht geahnt haben, welches Wunder sie auszulösen vermochten.

An einem der letzten Abende unseres Verbleibens in Bandjermasin hatten sie mich und meinen Begleiter zu sich geladen. Ich hatte sie vorher schon kurz als biedere, rechtschaffene und fleißige Landsleute aus dem Schwabenlande kennengelernt, und gerne folgte ich ihrer Einladung. Unweit meines Quartieres lag das Geschäftshaus; aber einige Kilometer außerhalb der lauten Stadt am einsamen, ungeheuer breiten Barito-Strom sind Wohnhaus und Landbesitz gelegen. Um sechs sollte mich der Wagen holen. Pünktlich, als der übliche Kanonenschuß bei Sonnenuntergang über die Häuser dröhnt, die jäh zerrissene Luft mir in sausender Vibration in den Ohren klingt, und gleichzeitig die Heulsirene heiser aufbellend die Abendstunde verkündet, fährt der Schofför vor. Vor seinem Kaufhaus steigt kurz darauf der behäbige alte Herr selber ein. Man sieht ihm die Sorgen um die erschreckend zunehmende Konkurrenz der Chinesen und Eingeborenen, den täglich stockender werdenden Geschäftsgang, die immer dunkler werdende Zukunft wohl an. Vielen Europäern sieht man sie heute an, und mancher von ihnen gibt sie freimütig zu. So tut es auch dieser; aber er verscheucht sie mit ehrlicher Freude an Gastlichkeit und Feierabend.

Als wir den Barito erreichen, bauschen sich gerade tiefrote Vorhänge am dunkelnden Himmel und tauchen die spiegelglatte Fläche des majestätischen Stromes in Feuer und Blut. Dann empfängt uns vor der Tür die Hausfrau. Es ist eine Freude, ihrem lustigen Schwabendeutsch zu lauschen. In den dreißig Jahren ihres Hierseins verlor es auch nicht den kleinsten Akzent seiner Ursprünglichkeit.

Wir sitzen in den altmodischen, gar nicht tropengemäßen und doch so wundervoll heimischen Plüschmöbeln. Eisgekühlte frische Milch aus der eigenen Viehwirtschaft wird uns gebracht; und als wir uns nicht genug darüber wundern können, zeigt man uns peinlich saubere Viehställe mit langen Reihen blitzblanken, schwarzweißen Milchviehes, wie es in einem Stall daheim nicht prächtiger zu finden sein kann. Mit unendlich gutmütigen Augen schaut es uns von allen Seiten an, und ein paar gewaltige Stiere mit glatten Rücken und edlen Köpfen lassen ein sattes zufriedenes Brummen ertönen. Scharen von rosahäutigen Schweinen in allen Stufungen des Alters und der Mast schnüffeln nebenan wollüstig in ihrem Abendfutter. Knechte mit Forken voll jungem Gras und knusprigem Reisstroh gehen hin und her, und der gesegnete Duft von Stall und Bauerndorf der Heimat ist urplötzlich um mich. Ja, ist denn so etwas wirklich möglich in diesem scheußlichsten aller Tropenländer? Sahen wir in ihm wochen- und monatelang doch nicht einmal einen indischen Wasserbüffel, geschweige denn ein Stück Milchvieh! — Die Hausfrau lächelt glücklich über meine Freude. Ihr untersteht der ganze Betrieb. Eifrig erzählt sie von ihren Tieren und deren Erträgen, aber auch von all den Mühen und Nöten, die mit dem Aufbau und der Erhaltung eines solchen Unternehmens im gras- und weidearmen Sumpfland der heißen Küstenebene verbunden sind, und von all den Schwierigkeiten, die schablonenhafte Behördenmenschen auch in den Kolonien auszustreuen vermögen.

Wieder zurückgekehrt in den behaglichen Wohnraum, setzt der Hausherr das Gespräch fort. Von seiner Ankunft hier in diesem Lande erzählt er, als Bandjermasin noch nichts als ein großes Dorf war, von seinen Geschäften, seinen Kokosgärten und Kautschukpflanzungen. Doch es liegt manche Tragik darin, seitdem Überproduktion, Absatzmangel, Währungskrisen und farbige Konkurrenz dem weißen Mann das Dasein in den Kolonien von Jahr zu Jahr bitterer gestalteten. Es zeugt von der zähen Tapferkeit und dem klaren Willen des Erzählenden, daß er trotzdem ausharrte. — „Man bietet mir einen halben Gulden für hundert Kokosnüsse. Doch das Pflücken allein kostet mich ebensoviel. Da lasse ich sie lieber hängen, bis sie herunterfallen, und verfüttere sie an mein Vieh. — Der Kautschuk? Du lieber Himmel, der hat es in den letzten Jahren nie zu etwas anderem als aufgetriebenen Scheinblüten gebracht, denen ein um so dürreres Welken folgte. Was ist übrig geblieben von der anfänglichen Hausse dieses Jahres? Nichts als ein großer Katzenjammer bei denen, die mit großen Hoffnungen spekulieren zu dürfen glaubten. — Das Ladengeschäft? Könnte man es nur vorteilhaft verkaufen! Denn man hält es doch nur noch, um nicht herauszugehen und das, was man aufbaute, zerfallen zu sehen. — Die Milchwirtschaft? Mehr Unkosten als Nutzen, weil der Kundenkreis klein und verstreut ist, die Erträge kaum die Hälfte von denen daheim sind. — Der Schlachtviehbetrieb? Durch tausend Verordnungen derart erschwert, daß man die Lust verliert. — Ja, man möchte tatsächlich alles hinwerfen und heimgehen. Aber man hat nach all den Jahrzehnten harter Arbeit kaum das Reisegeld. Und was soll man als alter Mann daheim noch anfangen? Da bleibt man halt lieber hier. Man ist ja doch entfremdet, trotz aller Liebe und aller Sehnsucht nach Schwaben. Ein Trost nur, daß ein Teil der Kinder in der Nähe ist, hier auf Borneo, drüben auf Selebes, auf Java."

Ja, die Kinder! Auf sie lenkt sich immer wieder das Gespräch. Immer wieder gelten ihnen die Worte der Mutter, der Stolz des Vaters. — Nach dem Abendessen, das mit lang entbehrten Leckerbissen und liebevollster Mütterlichkeit die Gäste stärken und erfreuen soll, holt man die Fotoalben. Das ist wohl in jedem Hause in der Fremde so üblich, wenn nach der ersten Flut der Unterhaltung der Stoff vorübergehend ausgeht. Aber hier ist es ganz anders. Hier ist es kein „Bilderzeigen". Hier ist es ein „Lebenaufrollen", den Werdegang von Kindern miterleben lassen und die eigenen Schicksale, wie sie in Dutzenden von kleinen charakteristischen Einzelmomenten festgehalten wurden und aus ihrer Zeit heraus Bände erzählen. „Und dös bin i!" fügt der Hausvater manchmal hinzu, wenn er eine Gruppe erklärt, und weist mit dem Finger auf eine jugendliche Erscheinung. Er freut sich selber daran, wie jung und schlank und patent er einmal war. Jetzt ist er der behäbige Weinbauer vom Neckar, der gutmütige Wirt aus der Schwarzwaldoperette geworden; und es ist gut so, denn so erst wird er zur eigenen Persönlichkeit, zur originellen Verkörperung seines Herkunftslandes.

Ist doch alles in diesem Hause Schwaben geblieben und wird es immer sein, solange diese Menschen noch darin leben. Da sitzen wir zum Beispiel in der traulichen Nische, die einst die Kinderspielecke war. Noch heute sind die Wände voller Bildchen, wie Kinder sie lieben und wie die Mutter sie ängstlich hütet als ihren schönsten Erinnerungsschatz. Ach, Bilder sind überhaupt so viele in diesem Hause. Alle Wände sind voll davon. Nein, man hält hier nicht auf übermoderne Sachlichkeit, die ein einziges unenträtselbares Produkt einer dem normal Veranlagten schwer verständlichen Kunstepoche an kahler Tünchwand vorschreibt. Nein, hier will man in den Bildern leben, spazierengehen, in ihnen versinken und verträumen. Da sind Burgen aus dem Kochertal, der engeren Heimat, und Landschaften am Neckar. Da sind Blumen, von der Mutter selbst gemalt in jungen Jahren, und gemütvolle Kleinstadtszenen, die einer der Söhne mit schwärmerischem Pinsel und unvergänglich leuchtenden Farben auf die Leinwand zauberte. Da sind Berge und Winter und alle Jahreszeiten, sind Fotos und Bleistiftskizzen von Menschen, die man einmal wertschätzte und die man nie vergessen möchte.

Nichts gibt es hier, das der persönlichen Note entbehrt. Hier ist der Nähkorb der Mutter, und dort schmücken Blumen stilvoll und häuslich eine hübsche Ecke. Hier, spürt man, wird der Vater am liebsten sitzen und in die Zeitung schauen. Dort wieder wird man fröhlich speisen, wenn die Kinder zu Besuch sind. Und nun, hinter jener Tür, geht es in die Sphäre anmutiger Muse. Der schwarzpolierte Flügel klingt schon beim bloßen Ansehen in sinnigen Weisen und klangvollen Akkorden, auch ohne daß die kunstfertigen Hände eines begnadeten Wesens ihn berühren. Es wird die Tochter sein, die ihn zum Singen brachte und mit ihrer Musik dem Hause die letzte Nuance anheimelnden Familienlebens gab. Denn hinter der Tür zeigt man uns die „Künstlerecke" jenes Mädchens. Da hängen sie in vielen Porträts, Ausschnitten, Köpfen, flüchtigen Skizzen, tiefgehenden Studien: die großen Meister der Kunst und der Töne, der Worte und Reime, die über die Erde gingen.

Ein Weilchen stehe ich davor und vergesse schier alles andere. Wo je sah ich auf dieser Insel solch hohe Kunst der häuslichen Gestaltung! Meistens waren es nüchterne Wohnungen. Sie entsprachen ganz dem, was Indien für die meisten ist: ein Hotel voll ewig wechselnder Gäste. Und oft waren sie angefüllt mit einer Unzahl teils mehr, teils weniger geschmackvoller Kostbarkeiten. Sie sollten dem Besucher in betörender und prahlerischer Aufdringlichkeit den irdischen Wohlstand der Besitzer vor Augen führen. — Der fehlt nun einmal hier. Freimütig gibt man es zu, und würde lieber sterben, als es jenen nachtun, die im bestaunten Luxuswagen ihre Besuche machen und daheim über trockenem Reis und unbezahlten Rechnungen brüten. Und das eine spürt man sofort: wenn auch das Schicksal gnädiger gewesen wäre und wohlverdiente Reichtümer in den Schoß dieser beiden Menschen geschüttet hätte, — dieses Haus würde doch nicht anders aussehen. —

Dann ist es Zeit zum Gehen. Nur mit Bedauern folge ich dem warnenden Finger der alten Schwarzwalduhr über dem Simse. Doch ich sehe, daß Müdigkeit unsere Gastgeber beschleicht. Denn ihre Tage sind lang und sind nichts als Schaffen. Sagte nicht vorhin die Mutter, daß sie um drei Uhr in der Nacht schon in den Ställen nach dem Rechten zu schauen pflege? — So gehen wir denn, und länger als üblich hält der Händedruck an. „Auf Wiedersehen!" sagt man sich. — Ja, wo wohl? — „Wenn Sie der Weg einmal wieder über Borneo führen sollte, dann vergessen Sie nicht, bei uns hereinzuschauen, Sie dürfen stets zu uns kommen, — — wenn wir dann noch leben sollten.“

Und wie um einen trübenden, ahnenden Gedanken hinwegzubannen, sucht die rührend mütterliche Frau nach einem anderen Pfad für die letzten Worte; und sie meint, wohl mit einem Gedanken an die Heimat jenes vorausgeahnte, unerbittlich näherrückende Abtreten von der irdischen Bühne verdrängen zu können. Und doch klingt auch dieses Heraufrufen der Heimat, mit dem sich sonst alle trüben Gedanken bannen lassen, nur wieder in einem letzten Weh aus: „... Ach, daheim in Deutschland werden wir uns noch viel weniger sehen, weil wir wohl nicht mehr heimkehren werden ...“ — — —

Ich weiß heute, daß ihnen nicht einmal mehr die Gemeinsamkeit des Lebensabends vergönnt war. Der Krieg, der dieses Mal ja selbst die Einsamkeiten Borneos nicht verschonte, hat sie für ihre letzten Jahre auseinandergerissen. Als unfreiwilliger Gast Japans die eine, in einem Internierungslager Britisch-Indiens, aus dem der Tod ihn abberief, der andere — so riß das Leben sie auseinander.

Und hier noch ein Fall vom Schicksal eines Landsmannes von uns, ein nicht ganz alltäglicher, wert, bekannt zu werden. Die zurückgelassene Gattin trafen wir, zusammen mit dem stattlichen Sohn, auf einer weitabgelegenen Kautschukpflanzung Borneos, und das liebenswerte Wesen dieser stillen Dame war für uns rauh umhergeworfene Weltenfahrer wie das sanfte Streicheln von Mutterhänden.

Andere erzählten uns von der großen Tragik, die während des ersten Weltkrieges in ihr Leben griff und sie so still machte. Ihr Mann war schwer erkrankt am Kehlkopf und hatte sich im allerletzten Stadium doch noch nach Java begeben, um dort vielleicht eine Heilung zu erreichen. Aber er war nicht mehr zu retten. Speisen konnte er kaum mehr zu sich nehmen, und nur mit Medikamenten hielt man ihn mühsam am Leben. Er aber wollte, wenn er nun schon sterben mußte, noch einmal seine Familie sehen. Doch inzwischen war der Krieg ausgebrochen, und er konnte nicht nach Sambas, dem seiner Pflanzung nächstgelegenen Seehafen an der Westküste, zurückfahren. Britische Kreuzer hatten sich dort vor der Küste postiert und holten jeden Deutschen von den passierenden Schiffen herunter.

Da setzt die Tragödie ein. Aber sie ist ein Hoheslied der Liebe und übermenschlicher Leistung. Der Deutsche kann mit Hilfe eines befreundeten Kapitäns nach Bandjermasin kommen, dem Java nächstgelegenen Hafen im Südosten Borneos, ein halbes tausend Kilometer von seiner Besitzung entfernt. Von da aus schlägt er sich durch auf Wagen und Booten und läuft schließlich über Land, auf Pfaden, die kein Weißer vor ihm jemals kannte, läuft mutterseelenallein, ohne noch

Mittel für einen Träger oder Führer zu haben, läuft, läuft drei Wochen lang durch Sumpf und Wildnis und hunderttausend Gefahren, nur mit ein paar Spritzen und Tabletten sich am Leben haltend; immer getrieben, immer wieder aufgepeitscht durch den einen großen starken Wunsch, seine Familie noch einmal zu sehen.

Dann hat er es beinahe geschafft, Pontianak ist erreicht. Nur noch zweihundert Kilometer auf erträglichen Straßen und von Freunden unterstützt. Aber er holt es nicht. Unterwegs bricht er zusammen, ein völlig erschöpftes Gerippe. Man schafft ihn ins nächste Städtchen. Seine Gattin kann eben noch herbeigeholt werden, um ihm die Augen zuzudrücken. — — —

Tropentragödien! Heldentum, für das es keine Orden und keine Denkmäler gibt, sondern nur die tiefe Achtung derjenigen, die darum wissen.

ÜBERDRUSS

Aller fremden Welten weite Urwaldparadiese
Schenkt' ich gerne fort für ein paar schlanke Buchen.
Magst du doch den Erdball rings umreisen und umsuchen,
Wirst nichts finden, was mit ihnen sich vergleichen ließe.

Alle zäh verstrickten Riesenbäume mit den bleichen
Stämmen, Vogelfarnen, Moosen, Orchideen,
Deren Kelche kalte Lippen sind, die Gift verwehen,
Ließ' ich achtlos stehn vor einer Gruppe alter Eichen.

Alle Farben, allen Duft aus schwülen Tropengärten
Kannst du missen, doch nicht einen Weg in Tannen,
Die mit ihrem herben Atem deine Schmerzen bannen,
Daß du frei dich fühlst von allen Schicksalshärten.

Alle Schönheit, reich entsprossen aus des Schöpfers Säerhand,
Seh ich staunend zwar mit forschenden Interessen;
Möchte auch nicht ruhn, bis ich sie ganz durchmessen — — —
Um dann selig heimzukehren in mein Kindheit-Wunderland.

AMERIKANISMUS

Mit dieser Erscheinung am Körper Inselindiens will ich mich kurz fassen; denn es ist nicht lauter Erfreuliches, was über sie zu sagen ist.

Ein amerikanisches Bevölkerungsproblem gab es außerhalb der Philippinen kaum im Archipel, und somit auch kein amerikanisches Bevölkerungsproblem. Im niederländischen Indien haben vor dem Krieg nur rund sechshundertundfünfzig Staatsangehörige der U.S.A. gelebt, großenteils als Angestellte von Plantagen, Erdöl- und Handelsfirmen; einige weitere im britischen Borneo, hier hauptsächlich auf den Ölfeldern von Serawak und Brunai. Wohl aber darf man von Amerikanismus in wirtschaftlich-kapitalistischer und in zivilisatorischer Hinsicht sprechen.

Rein anteilmäßig stand Amerika im investierten Kapital durchaus nicht im Vordergrund. Man kann die Dollarbelegungen in Niederländisch-Indien auf nicht viel mehr als fünf vom Hundert der Gesamtanlage schätzen. Aber wo es sich unmittelbar in den Wirtschaftsprozeß einschaltete, wie auf den Ölfeldern und Pflanzungsunternehmungen, verkörperte es sich auch gleich in Reinkultur. Die kapitalistische Großzügigkeit des U.S.A.-Unternehmers, die abstrakte Seelenlosigkeit der Geldherrschaft stach so offensichtlich von dem sparsameren, vorsichtigeren und konservativeren Geist des Niederländers ab, daß sie geradezu wehtat. Ich kenne sie von den Anlagen der „Standard Oil" bei Palembang oder den Kautschukplantagen der „Good Year Company" an der „Ostküste". Von Tebingtinggi bis Siantar fährt man dort stundenlang fast ununterbrochen durch Pflanzungen dieses großen Reifenkonzerns, und zwischen dem Bila und dem Barumun hatte sich bereits ein neues Herrschaftsgebiet gebildet.

Nehme ich „Wing Foot", eine der jüngsten Good-Year-Plantagen unfern des Verwaltungsstädtchens Rantau Perapat. Zehntausend Hektar Urbusch wurden dort auf einmal gekappt. In zwei Jahren war man damit fertig. So etwas hält nur eine amerikanische Firma durch. So etwas hatte Sumatra noch nicht gesehen; und dort hatte doch wirklich auch vorher schon das Kapital wahre Orgien in der Waldvernichtung gefeiert. Zwei Millionen Gulden wurden allein für Angestelltengehälter und Kulilöhne ausgegeben, ehe überhaupt an eine Bepflanzung gedacht werden konnte. Aber dann wurde diese, wiederum mit einem Schlage, in die Wege geleitet. Zehntausend Hektar junger Heveabäumchen standen binnen eines Jahres! Fast zwanzig Kilometer führt die Autostraße hindurch, ununterbrochen Hevea, Hevea, Hevea der „Good Year". Wenn sie groß waren, konnten sie vierzig Prozent des Bedarfs an Reifengummi dieser Weltfirma decken. Noch vor Ausbruch des letzten Krieges waren sie so weit.

So beglückend es ist, von enger Urwaldwildnis in offene Kulturstrecken zu kommen, so trostlos wirken diese, wenn sie allzu schematisch und umfangreich angelegt sind. Dann ist der artenreiche, wuchernde Rimbu einer solchen öden Baumkultur weit vorzuziehen. Nichts, aber auch nichts ist auf „Wing Foot" vom Busch geblieben, selbst nicht in den kleinen Flußtälern, obwohl das eigentlich aus hydrografischen Gründen richtiger wäre. Der Amerikaner duldet innerhalb seiner

Kunstlandschaft keinen Fremdkörper. Nicht einmal bei den Häusern der Angestellten hat man einen Baum geschont, oder eine hübsche Buschgruppe als freundliche Einfahrt. Natürlich sind sie ganz modern aus Stein und Wellblech aufgeführt, während der Holländer gern die leichten Baustoffe des Eingeborenen als tropenentsprechend und landschaftsharmonisch übernommen hat. Glühend und flimmernd vor Hitze liegen sie auf dem brennenden Boden, bis nach ein paar Jahren ein abgezirkelter Garten sie vielleicht ein klein wenig freundlicher erscheinen läßt. Daß die Innenausstattungen und Bequemlichkeiten echt amerikanisch raffiniert sind, ist Selbstverständlichkeit. Trotzdem mögen die Bewohner nicht gerade vom Paradies, viel eher von der Hölle ihrer Brutkästen gesprochen haben. Geschäft! Geschäft! schreit es aus jedem Quadratmeter der ganzen zehntausend Hektar.

Kolonialwirtschaftlich gesehen sind solche Anlagen ungeheure Leistungen. Sie sind ja gleichzeitig Erschließungswerk ganz großen Stils, und noch dazu nicht auf Kosten des Staates. Für die Kautschukwirtschaft im allgemeinen brachten die Amerikaner aber noch einen besonderen Aufschwung: sie pflanzten nicht gewöhnliche Heveabäume, wie es vordem üblich war, sondern gepfropfte, und die ergaben einen zwei- bis dreifachen Ertrag der früheren Ernten. Überall in Inselindien wurde diese neue Methode mit Eifer übernommen. Schon im Jahre 1935 bestand dort ein Viertel der rund sechshunderttausend Hektar an Plantagenkautschuk aus okulierten Bäumen. Welche Steigerungen des Ertrags, der Ausfuhr und Gewinne damit verbunden waren, brauche ich wohl nicht näher zu erläutern.

Amerika hat seine Kautschukpflanzungen nicht nur deshalb gerade in Inselindien angelegt, weil dort der Heveabaum die besten Wachstumsbedingungen findet, sondern es hat rechtzeitig erkannt, daß hier auch ein ganz großes Absatzgebiet für Kautschukerzeugnisse, insbesondere für Autobereifungen zu erwarten war. Das kam den amerikanischen Erdölfirmen ebenso zustatten. Sie haben sich nicht verrechnet, die Zahl der Kraftwagen und der Benzinverbrauch stiegen mit fortdauernder Verbesserung des Straßennetzes unaufhörlich. Natürlich sicherte man sich rechtzeitig auch den Absatzmarkt für die Wagen, nicht nur für Betriebsstoff und Bereifungen. Ford und General Motors beherrschten bald die Straßen. Die letzteren hatten in Tandjung Priok, dem Hafen Batavias, sogar ihre eigene Montagefabrik, um die Wagen unter besserer Ausnutzung der Schiffsladeräume in einzelnen Teilen hinüberbringen zu können; und ihr billiger „Chevrolet" war Hans in allen Gassen.

An der übrigen Einfuhr Inselindiens beteiligten sich die U.S.A. nicht über die Maßen, obwohl sie auch nach dort den Typ ihrer modernen Warenhäuser exportierten. Um so eifriger interessierten sie sich für das, was ihnen das Land anzubieten hatte. Kautschuk, Zinn, Kopra und manches andere Produkt wanderten, unterstützt durch regelmäßige Linienfahrt einiger Reedereien zwischen dem Archipel und den beiden Küsten Amerikas, in Massen hinüber. Bewundernswert ist dabei die Elastizität, mit der die U.S.A. sich jeder Situation anpaßten. Schon im ersten Weltkrieg, weit mehr aber noch bei Ausbruch des zweiten, steigerten sie, die Unterbrechung des Verkehrs zwischen der Inselwelt und Europa ausnutzend, ihre Einfuhr aus dem Archipel sozusagen von heute auf morgen um hundert bis hundertfünfzig Prozent, bei entsprechender Bevorzugung kriegswichtiger bzw. in Amerika fehlender Güter.

Halt! Eine andere Warengattung kam doch noch in bemerkenswerter Menge aus Gottes ewigem Land zu den staunenden Völkern des Inselparadieses, nämlich die Erzeugnisse Hollywoods. Es fehlt unter ihnen nichts, von der Wochenschau über Micky Maus, Charly Chaplin und Tom Mix bis zum welterschütternden Drama in amerikanischer Aufmachung, manchmal auch in einer besonders für den Eingeborenen zurechtgemachten. Einmal las ich sogar an der schreienden Reklamewand eines Kinos: „Heute abend dreimal Dantes Inferno!", und ein besonderer Zusatz versicherte, daß es „hundertprozentig malaiisch" gespielt würde. Leider fehlte mir an dem Abend die Zeit, diese Sensation zu genießen. Doch in anderen Fällen habe ich die Lichtspieltheater des Volkes mit Vorliebe besucht und Studien dabei gemacht. Der zweitrangige amerikanische Film schwelgt ja sehr gerne in kitschigen Liebesmotiven oder in aufregenden Verbrecherthemen. Es ist erfreulich, wie sehr der Malaie in unverdorbener Moral die ersteren ablehnt oder einfach nicht versteht. Die staatliche Zensur sichtete ohnehin sehr scharf; aber auch was sie durchließ, erregte noch oft das Mißfallen des Publikums. Vor aufreizenden Reklamen konnte man immer wieder ablehnende Bemerkungen der Vorübergehenden hören; und während der Vorstellungen erlebte ich es oft genug, wie Kußszenen durch Pfeifkonzerte gestört, allzu leicht bekleidete weibliche Mitspieler durch die Lichtkegel zahlloser Taschenlampen unkenntlich gemacht wurden. „Was bedeutet das?" fragten die Anwesenden bei für uns ganz unmißverständlichen Handlungen den Nachbarn; und als einmal eine Diva ihre Liebesbeteuerung mit allzu scharfem Diskant schmetterte, drückte sich neben mir eine junge Malaiin spontan an ihren Begleiter mit dem bangen Ausruf: „Takut saja!': Ich fürchte mich! Selbstverständlich schrien alle reichlich mitanwesenden Säuglinge und Kleinkinder Mord bei dieser Gelegenheit.

Gefährlicher ist der Detektivfilm. Zwar finden in ihm hauptsächlich Mut, Schlagkraft und geschickte Beherrschung der Situation den Beifall, ja, ausgelassenen Jubel. Doch auf manchen moralisch nicht mehr ganz gefestigten Eingeborenen wirkt eben doch auch das Verbrechen als solches anreizend. Die Zunahme der Kriminalistik, glücklicherweise zunächst meistens noch in der harmlosen Form von Fahrraddiebstählen und sonstigen kleineren Vergehen, ging auch in Inselindien parallel mit der zunehmenden Verbreitung des Kinos. Der dort neben dem minder guten selbstverständlich ebenfalls gezeigte hochwertige Film konnte die Wirkungen dieser Gangsterromantik leider nicht mehr ganz ausschalten. Erfreulicherweise waren unter den guten Filmen viele von deutscher und niederländischer Herkunft.

Ebensowenig ließ sich der „Amerikanismus" in der Musik aufhalten; ohne für diese und manche andere übermoderne Erscheinungen ausschließlich „Amerika" verantwortlich machen zu wollen. Natürlich wirkten auch hierbei als Überträger der Film und das Grammophon. Die „His Masters Voice"platte wurde führend. Was sie, neben manchem Guten, im Durchschnitt zu bieten hat, ist recht billig; das profanste davon war gut genug für die Farbigen. Man kombinierte, in völliger Verkennung der tatsächlichen Wesensart des Volkes und seiner Ansprüche, schläfrig wehmütige Melodien mit schmelzender Hawaienlyrik und grotesken Niggersynkopen. Das ganze wurde eine neue Art Song, der „Malayan song", mit einer ebenso gewaltsamen Kombination von heimischen und fremden Instrumenten. Ein Abend in den Städten ist ohne diese Art Musik überhaupt nicht mehr denkbar, aus allen Häusern strömt sie unaufhörlich. Auch der Rundfunk mußte sie schließlich übernehmen, denn die große Volksmasse weiß es nicht mehr anders. Die modernen eingeborenen Sänger und Musikanten schwelgen in ihr, noch mehr der Indoeuropäer. Ihm wurde der Jazz regelrecht zum Lebensrhythmus.

Das Krontjong, wie sich die leichte malaiische Volks- und Tanzmusik nennt, wird heute schon fast ganz durch diesen Song beherrscht, und die Ronggengs, die öffentlichen Tanzmädchen, versuchen sich ihm anzupassen. Damit freilich hapert es noch oft; noch mehr mit der Einbürgerung der, letzten Endes ebenfalls aus Amerika stammenden, Revue. Trotzdem gab es schon bald nach dem ersten Weltkrieg rein malaiische Revuetruppen für die Volksmassen der größeren Städte, und sogar „Sterne". Miß Ribu war lange Zeit ihre gefeierte Königin. Die alten, echten Kulturbestrebungen innerhalb der traditionsgebundenen Teile der Bevölkerung, namentlich einiger mitteljavanischer Fürstenhöfe, führen einen fast aussichtslosen Kampf gegen dieses neue Fremdgut.

Selbstverständlich wurde das europäische Element innerhalb der Bevölkerung noch mehr zum Opfer solcher amerikanisierten „Kunst" Vor allem in Surabaja, der nicht nur reichsten, sondern auch verderbtesten Europäerstadt im Inselparadies, schossen Bars und Kabaretts übler Art nur so aus dem Boden, und die Sittenpolizei hatte alle Hände voll zu tun, die meisten davon als Tarnungen raffinierter Geschäftemacherei zu entlarven und als unerwünschte Erscheinungen zu beseitigen.

Der „Amerikanismus“ geht noch weiter. Er ist auch in die kleine Alltagsdichtung des Volkes eingedrungen. In den bekannten „pantuns“, den oft recht hübschen Vierzeilern, die spontan bei allen möglichen Gelegenheiten entstehen und gewöhnlich an eine allgemeingültige Strophe eine Folgerung für die Liebenden knüpfen, ist heute schon von Whisky und von Autos, von trunkenen Kavalieren, großen Schiffen, die in fremde Länder fahren, und vielen anderen zeitgemäßen Erscheinungen die Rede. — Daß Amerika sich auch das vielseitige Gebiet der Reklame sicherte, versteht sich von selbst. Das geht so weit, daß heute mancher malaiische Quacksalber auf den Jahrmärkten seinen Schund schon nicht mehr selber anpreist, sondern seinen Redefluß durch eine Schallplatte abschnurren läßt. Großer Erfolg ist diesen supermodernen Propagandisten jedoch nicht beschieden; das Volk will auch die Gesten und das Mienenspiel dazu.

Wohl aber beugt es sich mehr und mehr gewissen Modeströmungen, wie solche in der amerikanisierten Welt an der Tagesordnung sind. Jahrhundertelang war die Mode etwas unverrückbar Feststehendes bei diesen Völkern. Erst nachdem die heimische Tracht zugunsten der europäischen zu verschwinden beginnt, fängt sie auch an, gleichzeitig der Mode zu unterliegen. Bald diese, bald jene Farbe zeigt jetzt das Tuch der Frau. Heute wird es so, dann wieder so geschlungen. Ebenso wechselt die Form des Schuhes bei dem modernen Mann. Hier werden Strohhüte oder solche aus Filz, dort sogar Wollmützen verlangt. Ja, in einem Falle weiß ich, daß eine Importfirma irrtümlich statt einer Sendung von bestellten Fezen eine solche von Pelzmützen erhielt. Verärgert wollte man sie zurückgehen lassen, doch die eingeborenen Gehilfen waren anderer Meinung. Sie erwarben diese prächtigen neuen Kopfbedeckungen zu herabgesetztem Preis, und bald wollte niemand in der Nachbarschaft etwas anderes tragen; mehrfach mußte die Firma nachbestellen. Unmittelbar am Äquator! — Während der letzten Jahrzehnte hat der Pyjama alle anderen Bekleidungsmöglichkeiten weit überholt, er ist Haus-, Arbeits- und Straßenanzug großer Teile der einfachen Bevölkerung geworden, einschließlich der dazugehörigen lässig gelockerten Lebensform. Es ist nicht abzusehen, wohin diese „Pyjamakultur“ noch führen wird.

Ich will nochmals ausdrücklich betonen, daß alles dieses nun nicht unmittelbar von Amerika kommen muß. Vielleicht wird mancher der Filme in China gedreht, die Schallplatte in Japan fabriziert, die Bar von einem Franzosen begründet und die neue Modeware aus Manchester bezogen. Ich meine nur, die Brücke, auf der dieser Geist in alle Welt wandert, müsse mit ihren Wurzeln in den U.S.A. stehen. Hier formte er sich aus einem tatsächlich vorhandenen Niveau, lief durch die Schule der zivilisatorischen Propaganda, und wurde durch deren bewußte oder unbewußte Jünger in alle Winkel des Erdballs reflektiert.

Auf eine bedenkliche Erscheinung unmittelbaren amerikanischen Einflusses aber muß ich noch kurz hinweisen. Sie dürfte durch die Einbeziehung des Inselreiches in die japanisch-amerikanischen Auseinandersetzungen allerdings vorübergehend verschwunden sein; außer den aktiv Beteiligten wird niemand „leider!" dazu sagen. Ich meine die Mission verschiedener amerikanischer „Sekten". Es genügte wahrhaftig, daß die beiden großen christlichen Lager der Protestanten und Katholiken sich um die Bekehrung der Andersgläubigen bemühten. Es brachte nur Verwirrung, daß sich noch Methodisten, Sabbatisten, Pfingstler und was sonst noch an amerikanischen Sonderbestrebungen einmischte. Wenn es sich immer noch um reine Seelsorge gehandelt hätte! Aber man müßte nicht Yankee sein, um nicht selbst Gottes Wort noch zu mancherlei Nebenbestrebungen auszunützen.

Seien wir gerecht! Es hat der Amerikanismus auch segensreiche Wirkungen gezeitigt, insonderheit bezüglich der Wohnkultur. So ist mit der Übertragung des „Flat" oder „Boarding House" auch in die Großstädte des Malaiischen Archipels für zahlreiche einzelstehende Europäer oder berufsgebundene Ehepaare eine einzigartige Erleichterung geschaffen worden. In einem kultivierten Hause mit allen modernen Erleichterungen eine geschmackvoll ausgestattete Wohnung einschließlich Verpflegungsmöglichkeiten, Unterhaltungsräumen, Bedienung, Wäsche, Telefon, Radio, Blumen auf dem Tisch und was sonst dazugehört, für einen erschwinglichen Preis mieten zu können und trotzdem eigener unumschränkter Herr in seinen Räumen zu sein, ist gewiß nicht zu verachten. Gerade für die Tropen mit ihren vielen Erschwernissen ist es eine nicht zu unterschätzende Kulturtat. — Eine noch größere war die Einbürgerung des Frigidaire, des wohlfeilen Kühlschranks für den Privathaushalt. Nicht nur der elektrische wurde Inselindien beschert, sondern für abgelegene stromlose Gebiete auch ein solcher, der mit Petroleum beheizt werden kann. Was diese, zwar in Deutschland erfundene, aber erst in Amerika zu ebenso billiger wie vollkommener Massenware ausgebaute und von dort übernommene Neuerung für das Leben des Europäers in den Tropen bedeutet, ist so ungeheuerlich, daß man getrost sagen kann: mit ihrer Einbürgerung hat in der Eroberung der Tropen durch den Weißen ein neues Zeitalter begonnen, das glückliche Zeitalter des Frigidaire.

WO ABER WAR JAPAN?

Meine Leser werden zu Recht verwundert darüber sein, daß der Japaner, als der zeitweiligen Herren über Inselindien, bisher kaum Erwähnung getan wurde. Es geschah aus zweierlei Gründen. Einmal sollen meine Ausführungen, wie schon in der Einführung betont wurde, eine Inventur am Abschluß einer großen, nämlich der vorherrschend europäischen, Periode sein. Sie sollen also die Zustände schildern, wie sie vor Inbesitznahme des Landes durch Japan vorlagen. Zum anderen... war bis dahin über die Japaner im Inselreich tatsächlich noch nicht viel zu berichten. Ihr erster nennenswerter persönlicher Auftritt beginnt dort erst in den zwanziger Jahren dieses Jahrhunderts und ihre „eigentliche" Geschichte erst mit dem Augenblick der Besetzung der Inseln. Das gerade ist das Erstaunliche, wenn man ihre zu Beginn des Krieges überraschend schnell erlangte Machtposition in diesem Raum damit vergleicht. Das wenige, das der Besetzung vorausging, ist auch mit wenigen Worten erzählt. Was nach ihr folgte, mag einer späteren kritischen Berichterstattung vorbehalten bleiben.

So stürmisch der Chinese von jeher aus den Grenzen seines Landes herausdrängte, so bewußt blieb der Japaner innerhalb der seinen. Für ihn gibt es kein schöneres, kein idealeres Land als sein Dai Nippon. Wie könnte es ihm also außerhalb besser gehen? Aber nach dem ersten Weltkrieg begannen die Zielsetzungen seines Staates eine Abänderung dieser Einstellung zu fordern. Japan sollte räumlich und wirtschaftlich größer werden. Planmäßig übernahm der Staat die Vorbereitungen dazu. Beobachter — die betroffenen Länder nennen sie gerne „Spione" — und Pioniere wurden in die in Frage kommenden Räume entsandt. So wuchs auch in Inselindien die Zahl der bis dahin nur erst ganz dünn verteilten Japaner. Doch bis zum Ausbruch der ostasiatischen Auseinandersetzungen waren es insgesamt in Niederländisch-Indien noch nicht mehr als siebentausend geworden, drei vom Hundert aller Europäer, die Einwohnerzahl einer ganz kleinen Stadt bei uns.

Ebenso belanglos war die Beteiligung des japanischen Kapitals bis dahin; nicht, weil keines vorhanden gewesen wäre oder es an Unternehmungsgeist gemangelt hätte, sondern aus einer abwartenden Haltung heraus. Man wollte erst die übrigen wirtschaftlichen Pläne und Forderungen erfüllt sehen. Nach einer japanischen Schätzung waren 1939 in Niederländisch-Indien nur 42 Millionen Yen angelegt. Das entsprach etwa 22 Millionen Gulden, nicht viel bei einer Gesamtanlage des Privatkapitals von 3½ Milliarden Gulden, von denen vergleichsweise allein die Engländer und Amerikaner nicht weniger als eine halbe Milliarde beigesteuert hatten. Nur ein einziges Prozent betrugen die japanischen

Belegungen im gesamten Plantagenkapital. Verhältnismäßig sehr viel stärker hatten sie sich in Britisch-Nordborneo engagiert. In diesem kleinen Gebiet arbeiteten weitere 20 Millionen Yen, 14 davon in der Landwirtschaft, der Rest in der Forstwirtschaft. Allerdings lag Nordborneo auch näher zum japanischen Interessenbereich als der niederländische Besitz.

Nippons Söhne kamen als Angehörige weniger Berufe und Erwerbsgruppen. Als Barbiere, Fotografen, Hotelpersonal waren sie in den Städten zu finden; als Orchideensucher und Sägewerksunternehmer in den Wäldern; als Fischer an den Küsten. Alles das, sagten die Holländer, sind Erwerbszweige, die sich bestens zum Beobachten und Aushorchen eignen. Sie gründeten Plantagen für Kautschuk, Ölpalme, Kokos oder Baumwolle, und da sie die Konzessionen dazu sehr geschickt verteilt über die verschiedensten Inseln von Sumatra und Borneo bis nach Neu-Guinea hin anfragten, entstand der Verdacht, daß sie sich auf diese Weise erste Stützpunkte sichern wollten. Fast immer wurden sehr entlegene Gebiete in der Wildnis gewählt. So sehr die Regierung des Gastlandes das sonst auch als Erschließungswerk begrüßte, so skeptisch stand sie ihm doch jetzt gegenüber, weil eine Kontrolle dort nicht immer möglich war. Auch war es bemerkenswert, daß Japaner trotz und mitten in der Weltkrise, bei allgemeinem Absatzstillstand und Kapitalmangel im Lande, neue Plantagen eröffneten, wo jeder andere Unternehmer die begonnenen Arbeiten abstoppte. Zudem mögen manchmal Dinge geschehen sein, die den Herren des Landes unbehaglich erschienen und ihren Verdacht verstehen lassen, wie etwa allzu peinliche Vermessung und Kartierung des Geländes oder gar solcher Gebiete, die nicht zu den Konzessionen gehörten. Das ist häufig japanischen „Fischer"-fahrzeugen in den Küstenstrichen vorgeworfen worden. Oft genug konnte man in den Häfen erleben, daß die Küstenüberwachung solche mit erstaunlich guten Motoren und Besatzungen ausgerüstete „Fischerei"-fahrzeuge einschleppte, weil sie innerhalb der Dreimeilenzone bei seltsamen Beschäftigungen angetroffen worden waren.

Bald bemühte sich auch ein japanischer Großkonzern sehr eifrig um Erdölkonzessionen auf Borneo und ruhte nicht, bis sie bewilligt wurden. An ihre immer wieder betonte „Offene-Tür-Politik" gebunden, konnten die Niederländer sie nicht verweigern. Nach Tarakan und anderen niederländisch-indischen Ölhäfen kamen überdies regelmäßig japanische Schiffe zum Ölbunkern und Tanken. Natürlich mußte es auffallen, daß sie übermäßig starke Besatzungen hatten, die noch dazu zum großen Teil gar nicht nach gewöhnlichen Seeleuten aussahen, und daß fast jeder Mann einen hochwertigen Fotoapparat besaß. Der wurde bei Landgang fleißig in Tätigkeit gesetzt. Aber wenn in einem Lande das Fotografieren sogar von Hafenlandschaften und Ölanlagen nicht verboten ist, kann man es schlechterdings auch nicht Angehörigen einer bestimmten Nation untersagen; und man kann diese auch nicht daran hindern, ihre Schiffsbesatzungen nach jeder Reise auszuwechseln.

Trotzdem mag es übertrieben sein, alle ins Land gekommenen Japaner einfach als „Spione“ zu bezeichnen. Viele kamen als ausschließliche Schrittmacher der aufblühenden japanischen Industrie, und solche schickt jeder Industriestaat in die Welt, ja, er muß sie schicken, wenn seine Volkswirtschaft gedeihen soll. Das ist eine Art Naturgesetz aus Selbsterhaltungstrieb. Solange sich der Japaner nicht entschließen konnte, sich von seiner einseitigen Reisnahrung auf den Anbau anderer Nahrungsmittel umzustellen, für den ganz sicher noch viel leeres Land auf seinen eigenen Inseln brauchbar ist, oder aber so lange keine neueroberten geeigneten Siedlungsräume in Übersee vorlagen, konnte der rapide wachsende Bevölkerungsüberschuß Japans nur in der Industrie beschäftigt werden. Diese wieder mußte bei den geringen Eigenansprüchen des japanischen Volkes hauptsächlich auf den Export gerichtet werden. Inselindien mit seinen sechzig Millionen Menschen war dabei kein zu verachtendes Absatzgebiet. Nur hieß es dort den Kampf aufzunehmen mit der europäischen Ware und deren chinesischen Verteilern.

Das erstere war anfänglich nicht das schwerste, denn geringere Herstellungskosten, Frachten und Verdienstspannen sicherten der japanischen Ware vor der europäischen einen weiten Vorsprung. Jeder bei uns hat vor dem Kriege von den sagenhaft niedrigen Preisen für japanische Textilien, Glas- und Kleinwaren, Werkzeuge, Fahrräder, Fotoapparate und dergleichen mehr gehört. Zwar hätte die Industrie Chinas noch billiger arbeiten können. Doch Japans baldiges Einschreiten in diesem Lande beschnitt ihr vorbeugend die Flügel. Und noch wieder billiger würden es die vorderindischen Fabriken können. Aber sie sind bisher noch kaum dazu gekommen, den Export nach Übersee aufzunehmen.

Sehr viel schwieriger war es, für die japanische Ware auch den Verteiler zu finden. Der Chinese war dazu aus nationalen Gründen nicht bereit; im Gegenteil, er boykottierte die Bestrebungen seines alten Erzfeindes und Widersachers, wo und wie er nur konnte. So mußte der japanische Händler selbst ins Land, und der malaiische durch gute Verdienstaussichten gewonnen werden. Es ist jedoch eine Tatsache, daß weder der eine noch der andere dem chinesischen Händler gewachsen ist, wenn er den Kampf allein führen muß. Hier kann nur wieder der vorderindische antreten. Tritt aber der interessierte Erzeugerstaat mit einer solchen Intensität für die Verteilung der Waren ein, lenkt, arbeitet vor, erleichtert und schützt, wo er nur kann, so wie es der japanische in diesem Falle mit allen Kräften tat, dann muß die Einschaltung auch gegen die zäheste Konkurrenz gelingen.

So sah sich Japan bald für viele Warengruppen als Sieger auf dem Markt Inselindiens; und es war — das darf gerne gesagt werden — ein Segen für die Malaien, daß der Siegeszug der billigen Ware gerade mit dem Tiefstand der Weltkrise zusammenfiel. Denn wie hätte sonst wohl der einfache Mann Südostasiens seine geringen Bedürfnisse noch decken können? Daß ihm neben dem Notwendigen an Textilien, Haushaltsgeräten, Werkzeugen usw. auch vieles unnütze Zeug aufgedrängt wurde, mußte dabei in Kauf genommen werden. Wenn auf einem Markt Manschettenknöpfe, Krawatten, Strumpfhalter und tausenderlei Tand immer und immer wieder angeboten werden, dann kauft sie schließlich auch der Malaie, selbst wenn er keinerlei Verwendung dafür hat. Europas ohnehin schon schwindender Absatz geriet dadurch aber immer mehr ins Hintertreffen. Für die Textilgebiete Hollands in der landschaftlich armen Twente entstand sogar Gefahr des Zusammenbruchs, da sie allzu einseitig auf die Kolonien ausgerichtet waren.

Leider muß ich wieder mit Zahlen arbeiten. Aber wie sollte man anders die allmähliche Verschiebung des Handels von West nach Ost zum Ausdruck bringen? Setzt man für 1913 den Import Niederländisch-Indiens vom Westen gleich 100, so betrug er bereits 1925 vom Westen nur noch 84, vom Osten dagegen 162 vom Hundert, und in den folgenden Jahren verschob sich das Verhältnis immer weiter zugunsten des Ostens. Im Jahre 1913 hatte Japan erst wenig mehr als ein Prozent der Einfuhr gestellt, 1934 waren es 32 Prozent, gegen nur 13 für die Niederlande.

Es blieb nichts übrig, als Schutzmaßnahmen zu ergreifen. Man entlarvte die japanischen Bestrebungen als „Dumping“ und sah in ihnen eine Bedrohung der Politik der Offenen Tür. Aber man vergaß dabei, daß die eigene kapitalistische Wirtschaft längst auf ungesunden Füßen stand und der Ablösung durch jüngere, kräftigere Systeme bedürftig war. Wenn Japan es auf seine Weise versuchte, so sah es darin nur sein gutes Recht. Als es jedoch auf Grund der bisherigen Erfolge und des wirklichen Volksbedarfes noch weit größere Einfuhrquoten verlangte, brach Niederländisch-Indien die wirtschaftlichen Beziehungen ab. Auch die Tatsache, daß Japan sich bemühte, seine eigenen Einkäufe im Archipel zu vergrößern — sie hatten bisher in der Tat wertmäßig nur ein Fünftel bis ein Achtel seiner Verkäufe ausgemacht —, konnte die Niederländer zu keiner anderen Haltung bewegen. Denn sie schwammen auf Grund ihrer geografischen und wirtschaftlichen Bindungen ganz im Schlepp des britischen Nachbarn, der sich längst die weltwirtschaftliche und außenpolitische Kontrolle über die wichtige strategische Inselbrücke zwischen Indien und Australien übereignet hatte.

Es kommt hinzu, daß der Japaner nicht sehr beliebt im Lande war. Im Grunde genommen war er das bei keiner Bevölkerungsgruppe, nicht nur bei der weißen. Es fehlt ihm die Geschicklichkeit und auch der Wille des Chinesen, sich an ein bestehendes Bevölkerungselement anzugliedern. Er fühlt sich ausschließlich zu führenden Aufgaben berufen oder doch zu heranführenden. Er will selber leiten oder aber die anderen dahinbringen, daß sie sich selber leiten, nicht aber will er eine Symbiose oder gar eine Vermischung heterogener Elemente. Vom Holländer in jeder Beziehung als „Europäer" gezählt und rechtlich anerkannt — zum großen Leidwesen der nicht ebenbürtig behandelten Chinesen —, fühlte er sich innerlich doch keineswegs als „Europäer", auch nicht etwa diesem „gleichgestellt", sondern weit überlegen. Seine sehr hochwertige alte Kultur, seine militärischen und wirtschaftlichen Leistungen, so meinte er, berechtigten ihn dazu. Er wünschte aber auch keine Verbindung mit den Eingeborenen, und er war weit davon entfernt, Bürger seiner Wahlheimat zu werden. Er war und ist Japaner und will es immer bleiben. Er heiratet in der Fremde keine einheimische Frau. Er schickt seine Kinder sehr frühzeitig zur Ausbildung nach Japan. Er nimmt persönlich auf das Volk, bei dem er zu Gast ist, keinerlei Einfluß, außer wirtschaftlichen, und er kommt nur, um für sich selbst Geschäfte zu machen und seinem Vaterlande zu dienen. Dieses letztere freilich veranlaßt ihn zu mancherlei rigorosen und gefährlichen Maßnahmen. So ist es erklärlich, daß er ein beargwöhnter oder zuweilen auch ein unbeachteter Fremdling bleiben muß, selbst wenn er dem Volke, das ihn nicht beachtet, die Lebenskosten vermindert und sogar die Absicht hat, es von der europäischen Fremdherrschaft zu befreien. Das ist eine gewisse Tragik im Dasein Japans und war für dieses ein viel schwererer Kampf, als es der seiner Diplomaten und seiner Waffen war.

Als die Haltung der Gegenseite immer weniger entgegenkommend wurde, war der Kampf der Waffen nicht mehr zu vermeiden. Zwar scheint für den Fernstehenden das Inselreich nur beiläufig in den großen Krieg zwischen Japan und Angloamerika einbezogen worden zu sein, gewissermaßen infolge einer fehlerhaften Außenpolitik Hollands. Doch in Wahrheit war es das wichtigste Glied im geplanten Großostasiatischen Reich unter japanischer Führung, das wirkliche Südland, das Japan zum Siedeln benutzen wollte, gleichzeitig die reichste Rohstoffkammer für seine Industrie, der bedeutendste Absatzmarkt für seine Waren, der strategisch unentbehrliche Außengürtel für die Sicherung des erträumten Zukunftsreiches, Glacis, Brücke und Sprungbrett zugleich. Ohne seine Einbeziehung hätte Japans ganzes Ringen um angeblich eine „neue Ordnung im Fernen Osten" des Schlußsteines entbehrt. Ohne seinen Weiterbesitz mußte der schöne Traum vom Großostasien immer nur ein Traum bleiben.

Wir alle haben in den täglichen Nachrichten die atemberaubende Schnelligkeit miterlebt, mit der das kleine, aber bestens vorbereitete Inselvolk seine großen Pläne durchzuführen wußte. Daß ihm auf den Inseln des Malaiischen Archipels, wie auch im übrigen Südostasien, nicht allzu viele und nicht allzu modern ausgerüstete Verteidiger entgegenstanden, und daß ganz sicher viele wertvolle Vorarbeit durch alle jene „Fischer", „Orchideensucher" und sonstigen Beobachter geleistet worden war, hat ihm dabei das Tempo und die Wahl der Ansatzpunkte gewaltig erleichtert. Aber die Leistung allein des Wagnisses, ein Gebiet von der Größe Europas mit einer Küstenlänge, die den Gesamtumfang des Äquators noch übertrifft, von See her angegriffen und binnen weniger Wochen unter Kontrolle gebracht zu haben, wird von der Kriegsgeschichte zweifellos anerkannt werden müssen. — Es seien hier, da es ja nun einmal ein Inventarium sein soll, die wesentlichen Daten wiederholt.

Nachdem schon bald nach Beginn des Pazifikkrieges über Indochina und mit Siams, weiland Thailands, Hilfe die Briten in Burma und Malaya sowie die Amerikaner auf den Philippinen, als dem natürlichen Zwischenglied zu den weiteren „Südgebieten", in kürzester Frist überrannt worden waren, stand der Sprung in die Welt der Malaien unmittelbar bevor. Bereits Mitte Dezember 1941 landeten japanische Truppen an der Nordküste Borneos. Die private Gesellschaftskolonie Britisch-Nordborneo wurde kampflos übergeben; verfügte sie doch nur über rund fünfhundert Mann Polizeisoldaten, fast durchweg vorderindischer Herkunft, ohne Flugzeuge und schwere Waffen. Auch in den britischen Schutzstaaten Serawak und Brunai war kaum Widerstand möglich. Man hatte versäumt, die geringen Truppen dort rechtzeitig zu verstärken. Sie zerstörten in Eile die Ölfelder und Flugplätze und zogen sich dann in die inneren Gebirge zurück, die weitere Verteidigung der großen Insel den Holländern überlassend.

Am 11. Januar 1942 wurde von den Japanern im nördlichen Selebes Niederländisch-Indien betreten. Bald darauf wurde die kleine Kriegsflotte dieser Kolonie, verstärkt durch einige englische und australische Einheiten, in mehreren Seeschlachten schwer angeschlagen. Gleichzeitig erfolgten Landungen in den Molukken, auf Neu-Guinea, Sumatra und schließlich am 2. März an der Nordküste der Hauptinsel Java. Hier stand der Kern der niederländisch-indischen Kolonialarmee, verstärkt durch Freiwillige und überstürzt ausgehobene Kämpfer aller Hautschattierungen. Doch schon sechs Tage später mußte kapituliert werden; die vorhandenen Truppen waren weder der Ausrüstung noch dem unwiderstehlichen Kampfgeist des Angreifers gewachsen. Nur in den schwer zugänglichen Gebirgen Sumatras hielten sich einzelne Militärabteilungen noch ein paar Wochen länger. Nachdem Japan auch den kleinen portugiesischen Besitz auf Timor übernommen hatte, unter der ausdrücklichen Versicherung, daß die Besetzung nur auf Kriegsdauer sein solle, war schon am 19. Februar 1942, also nach nur zwei Monaten seit Beginn der Invasion, militärisch der gesamte Malaiische Archipel in seine Gewalt übergegangen. Es hat drei lange und schwere Jahre gedauert, bis er seitens der von Inselgruppe zu Inselgruppe über den Pazifik her erneut vorrückenden Armeen der Alliierten zurückerobert worden war. Erst mit der Kapitulation Japans am 2. September 1945 mußte auch Inselindien, nun allerdings in einer völlig veränderten Verfassung, an seine einstigen Besitzer wieder abgetreten werden.

Aber eine Rückkehr zum Status der Vorkriegszeit bedeutete das keineswegs. Den Filipinos hatten die Japaner inzwischen die lang erstrebte Unabhängigkeit gewährt. Sie war bereits vor dem Kriege auch mit den Amerikanern vereinbart worden; und da sie gemäß dieses Abkommens ohnehin 1946 Wirklichkeit werden sollte, schieden die Philippinen als Kolonie nunmehr endgültig aus den Vereinigten Staaten, blieben der Union aber wirtschaftlich und in mancher Hinsicht militärisch verbunden. Auch der niederländische Besitz war schon vor dem Kriege keine reine „Kolonie“ mehr gewesen, sondern verfassungsmäßig ein „integrierender Bestandteil des Königreiches der Niederlande“. Selbstverwaltung wurde von diesem letzteren den einzelnen Inseln und Landesteilen in steigendem Maße zugebilligt, wenn eine endgültige Trennung von der Krone auch noch in weiter Ferne liegen sollte, und eine vollkommene Loslösung als ein wahres nationales Unglück kaum diskutabel erschien.

Die Ereignisse am Ausgang des Krieges brachten jedoch eine gewaltsame Wandlung. Japan hatte die Unabhängigkeitsbewegung der „Indonesier“ mit allen Mitteln gefördert; und wenn zwar die Eingeborenen durchaus nicht die erwarteten Sympathien für die japanischen Interventionisten aufbrachten, so wußten sie die fremde Besatzung doch sehr wohl zur Erreichung ihrer Ziele auszuwerten. Die Einzelheiten über dieses ebenso große wie gewagte politische Spiel zu erörtern, ist hier nicht der Raum; sie werden auch erst in der Zukunft aus dem Schleier der Gegenwart klar zutage treten. Immerhin durfte Japan die Genugtuung verzeichnen, unmittelbar nach seiner eigenen Niederlage einen gewaltigen Aufstand der indonesischen Unabhängigkeitskämpfer auflodern zu sehen. Die Gründung und Anerkennung einer große Teile Javas und Sumatras umfassenden „Freien Indonesischen Republik“ sowie die Verselbständigung mehrerer anderer Staatsgebilde auf diesen und weiteren Inseln war das bisherige Resultat. Japans Parole „Asien den Asiaten“ hatte somit auch hier, genau wie in Burma, Indochina und auf den Philippinen, eine konkrete Resonanz gefunden.

VON DER NUTZUNG

DURCH KRIEG UND FRIEDEN ZUM STAAT

„Hier ruht F. J. Sorg, Luitnant-Kolonel der Infanterie, gefallen im Jahre 1850 im Kampf gegen die Aufständischen." —

Eine befremdliche Erschütterung durchlief mich, als ich diese halbverwitterten Worte auf dem morschen, pyramidenförmigen Holzmal entzifferte. Es stand inmitten einiger anderer verwilderter Grabstätten auf der Höhe eines Basalthügels an der Westküste Borneos, unmittelbar über der Südchinesischen See. Weit konnte der Blick von hier aus über das sacht gefältelte Wasser nach Westen und Norden in den grünblauen Horizont gleiten. In endlosen Fernen hinter ihm war meine und auch die Heimat dieses toten Kolonels zu suchen, die er nie wieder gesehen hatte. Gekämpft, gelitten, gestorben, verscharrt und vermodert auf Borneos heißem Boden, viele tausend Meilen von der Heimat entfernt. Voll vom Mut und Abenteurergeist der Jugend war er herübergekommen, und unter der Kugel eines Aufständischen verblutete er für die Sicherheit und den Bestand der Kolonien seines Vaterlandes. Vielleicht fiel er just auf diesem Hügel, und sein letzter Blick glitt noch einmal über das blaue Wasser, das ihn nach hier getragen hatte. Ich möchte es ihm eher gönnen als ein trauriges Sterben im düsteren Gewirr des tropischen Urwaldes, ohne Himmel, Sonne und weiße Wolken in den brechenden Augen.

Es gibt viele verfallene Soldatengräber in der Wildnis Inselindiens, und manche Plätze in den Städten mit einem Erinnerungsobelisken voller Namen von jenen Soldaten und auch Verwaltungsbeamten, die den Opfertod auf sich nehmen mußten. Wenn die Völker, die ihn veranlaßten, für ihre Toten ebenfalls solche Male errichtet hätten, würden die Reihen der Namen noch viel länger werden. Verdient hätten es diese wie jene, unvergessen zu bleiben, denn auch die „Aufständischen" kämpften in heiligem Entschluß für die Erhaltung i h r e s Landes, ihres Rechtes und ihrer Freiheit.

Ich weiß nicht, ob bei der Schöpfung des eindrucksvollen „Atjeh-Monumentes", das vor einigen Jahren als größtes Denkmal des ganzen Archipels in Batavia errichtet wurde, nicht an die gleichzeitige Verherrlichung beider Parteien gedacht worden ist. Es würde ganz in der Linie liegen, nach der die Niederländer ihre Einstellung zu den beherrschten

Völkern mit der Zeit abänderten. Sie haben da manches mit der labilen Toleranz Kolonialenglands gemein. Das kombinierte zum Beispiel den eigenen „Union Jack" mit der niederländischen „driekleur" der unterworfenen Buren zur Nationalflagge der Südafrikanischen Union, und goß Lovis Botha genau so in Bronze wie Cecil Rhodes. Wenn man vor dem Denkmal Bothas, des burischen Freiheitskämpfers, in Kapstadt steht, wird einem die Loyalität des Siegers über den Besiegten sehr drastisch offenbar. Daß es nur Diplomatie sein könnte, will dem harmlosen Beschauer dabei nicht auffallen. „Lovis Botha — Bauer — Soldat — Staatsmann" steht in schlichter Eindringlichkeit auf dem Sockel. Aber vorn und hinten in zwei verschiedenen Sprachen, in Kapholländisch und in Englisch. Sie stoßen nicht gerne jemanden, dem sie etwas verdanken, vor den Kopf, die Briten, und achten ihren Gegner. Aber sie schreiben auch überall klar und deutlich darunter: „Hier bin ich!" Dem Cecil Rhodes nicht weit davon, aber so geschickt aufgestellt, daß der Bothas ihn nicht sehen kann, gaben sie diese Unterschrift zu seinem ausgestreckten Arm: „Your hinterland is there!" Hier nur auf Englisch; und denen er es zuruft, sind auch nur die Engländer. Sie haben sich das reiche Hinterland längst geholt, und die Buren sind in die magere Karroo gezogen.

Vielleicht lassen sich Kolonien heute überhaupt nur noch in dieser labilen Toleranz behaupten. Ich sage ausdrücklich „labil", denn sie ist weit davon entfernt, etwas Beständiges zu sein und sein zu wollen. Im Gegenteil, sie will immer die Möglichkeit offen lassen, im gegebenen Augenblick mit der „straffen Hand" dazwischen zu fahren, wenn es notwendig werden sollte. Die Holländer waren Meister in dieser Beweglichkeit. Während der letzten Jahrzehnte haben „ethische Richtung" oder „brauner Kurs", wie man es auch nannte, mit „straffer Hand" und „weißem Kurs" ein unaufhörliches Alle-Bäume-wechseln-sich gespielt. Als der Oberst und spätere Gouverneurgeneral van Heutsz endlich mit eisernem Besen den endlosen Atjeh-oorlog zu Ende brachte, erlebte die „straffe Hand" eine Hochblüte, wie seit dem franzosentreuen „Eisernen Marschall" Daendels zu Beginn des vorigen Jahrhunderts nicht wieder. Aber gibt es einen größeren Gegenpol im kolonialen Leitgedanken als jenen, den sich später ein Graf van Limburg-Stirum zum Inhalt seines Wirkens setzte? „Die Belange der Farbigen", sagte er, „haben allen anderen Belangen voranzugehen!"

In solcher geradezu brutalen Deutlichkeit ist das später allerdings nicht wieder formuliert worden. Die folgenden Gouverneurgenerale haben immer abwechselnd bald die eine, bald die andere Richtung vertreten. Die Masse der Kolonialeuropäer teilte sich dagegen gleich von vornherein in zwei getrennte Lager und blieb bis zum Schluß getreu bei ihrer Parole. Die Pflanzer und sonstigen Unternehmer, die unmittelbar mit den Farbigen arbeiten mußten, schworen auf die „straffe Hand“ und gingen in die Luft, wenn jemand diese verurteilte. Die anderen aber hielten es fast durchweg mit der „Ethik“ und erwarteten das Heil ausschließlich von einer gutwilligen Zusammenarbeit beider Rassen.

Die koloniale Geschichte der vorigen Jahrhunderte in Inselindien darf ich wohl nicht bei jedem Leser als bekannt voraussetzen. Ich meine jenen vierhundertjährigen spannenden Roman, der mit der ersten Ankunft der Portugiesen am Ende des fünfzehnten Jahrhunderts einsetzt, und mit der endlichen Aufrichtung des sogenannten „freiwirtschaftlichen Systems“ in den siebziger Jahren des vorigen Jahrhunderts seinen idealen Abschluß fand; nachdem alle Möglichkeiten der Nutzung und Beherrschung durchprobiert worden waren und sich aus der „Beherrschung“ langsam die „Betreuung“ entwickelt hatte. Nur kurz sei hier daran erinnert, daß die Portugiesen das arabische Handels- und Schiffahrtsmonopol im Indischen Ozean brachen, die neue Lehre des Christentums bis in die fernen Molukken hinein verpflanzten, und ihrem Königshaus das reichste Kolonialreich aller Zeiten zu Füßen legten. Schon nach hundert Jahren aber lösten die Niederländer die am Reichtum untätig und am farbigen Blutzuschuß schlaff gewordenen Portugiesen ab und nahmen nun durch ihre „Vereinigte Ostindische Compagnie“ die wahre Auswertung der Schätze vor. Allmählich schoben sie die Kontrolle von den Küsten in die Hinterländer vor. Jedoch auch diese mächtigste und reichste Handelsgesellschaft der Vergangenheit brach an der Wende des achtzehnten zum neunzehnten Jahrhundert mit einer noch nie dagewesenen Verschuldung zusammen, unterwühlt durch Korruption der eigenen Beamten und Konkurrenz der übrigen Kolonialmächte, durch Auflehnung der bis zur Entkräftung ausgesogenen Eingeborenen und durch Kriege auf allen Meeren. Nun übernahm der niederländische Staat und nach ihm die Batavische Republik im Verbande des napoleonischen Imperiums die Geschäfte und das Eigentum der Compagnie, das heißt also den Inselbesitz. Der revolutionäre Geist Europas wehte bis dorthin, und Marschall Daendels stellte die Kolonie auf eine ganz neue Grundlage.

Nach der Besiegung Frankreichs durch England löste der weitschauende Sir Stamford Raffles nicht nur Singapore und andere wertvolle Teile aus dem niederländischen Besitz heraus, sondern er wies auch diesem selber durch die Einführung eines gerechten „Landrentesystems“ erstmalig den Weg zur freien Wirtschaft. Dann aber, nach der großzügigen Rückgabe der Kolonien an den jungen Staat der Niederlande, war dieser erneut mit leeren Kassen auf eine gründliche Auswertung der überseeischen Schätze angewiesen. Dazu trat General van den Boschs berüchtigtes „Kultursystem“ — ursprünglich gedacht, die Eingeborenen mit neuen Pflanzungskulturen und geregelter Arbeit bekanntzumachen — in Kraft und artete bald zur schlimmsten Erpresserei aus, die je den unglücklichen Völkern, allen voran den duldsamen Javanen, auferlegt worden war. In der letzten Not des Hungers, der Kindersterblichkeit und des Übermaßes von Zwangsarbeit entfesselten die Javanen unter ihrem Freiheitshelden Dipo Negårå den großen Java-oorlog. Auch auf allen übrigen Inseln flammte es auf, bei Malaien, Batak und Dajak, Buginesen und Makassaren, auf den Molukken und Kleinen Sundainseln, und sogar bei den Chinesen an der Westküste Borneos. Bei der Unterwerfung der letztgenannten hatte jener Oberstleutnant Sorg den Todesschuß erhalten.

Gelegentlich der Bekämpfung aller dieser mehr oder minder gefährlichen „relletjes“ — zu deutsch: Reiberëien, wie der Holländer gern abschwächend auch sehr gefährliche Rebellionen seiner Untertanen zu nennen pflegt — dehnte sich die Macht des Staates stetig aus, und der Besitz wurde immer mehr abgerundet. Gleichzeitig ging aber in den Wirren und der zeitweiligen Ohnmacht der strategisch wichtige Norden und Nordwesten der Insel Borneo an die wachsamen Briten, verkörpert durch James Brooke, den ersten „Weißen Radja von Serawak“, verloren.

Die Not der ausgebeuteten Völker ging aber auch am Herzen manchen Holländers nicht vorüber. Ein unscheinbarer Verwaltungsbeamter, Eduard Douwes Dekker, schleuderte unter dem vielsagenden Pseudonym „Multatuli“ — „viel hab ich gelitten“ — seinen revolutionären Kolonialroman „Max Havelaar“ wie eine aufrüttelnde Bombe vor das wankend gewordene Gewissen seiner Landsleute. Gleichzeitig reichten führende Staatsmänner Denkschriften ein, und in endlicher Konsequenz erließ Minister de Waal am 9. April 1870 das „Agrargesetz“. Dem Eingeborenen sicherte es das unantastbare Besitzrecht an ihrem Grund und Boden. Im gleichen Atemzug erklärte es alles nicht den Eingeborenen gehörende Land zur Staatsdomäne und überließ der europäischen freien Wirtschaft nun endgültig die Initiative zur Auswertung des Kolonialbesitzes.

Gewiß, dieses freiwirtschaftliche System ist liberalistisch und kapitalistisch gewesen. Es hat dem Unternehmer zwar kein Eigentumsrecht am Boden mehr gewährt, ihm aber noch lange Zeit die Möglichkeit zur beliebigen Ausnutzung der farbigen Arbeitskraft belassen. Es war also gemessen nach unserer heutigen Anschauung etwas ungemein Verdammenswertes. Doch sollten wir für ein in großem Maßstabe neu zu erschließendes Land unter anderer Sonne und mit ganz anders gelagerten Verhältnissen bezüglich der einheimischen Völker, ihren Auffassungen und

Entwicklungen, nicht mit den gleichen Normen urteilen wie bei uns. Die Vorteile, die diese „freie Plantagenwirtschaft" Inselindiens den farbigen Völkern in Bausch und Bogen brachte, sind so vielseitig, so unmeßbar, so einmalig, daß es mehr als müßig ist, nachträglich dagegen nichts als Anklagen erheben zu wollen. Denen, die das zu tun belieben, möchte man, in Abänderung eines alten Wahlspruches, nur zurufen: „Geh! Sieh! Und fühle dich besiegt!"

Die Herrschaft der Niederlande im Archipel war mit der Geburt der freien Wirtschaft immer noch keine unbedingte. Sie mußte erst noch den bitteren Atjeh-oorlog auf sich nehmen, ferner verschiedene „Züchtigungsexpeditionen" nach Selebes, Lombok und anderen Inseln durchführen, einen schwierigen Feldzug gegen den Singa Mangaradja, den halbheiligen Priesterfürsten der Batak, inszenieren und die Intervention auf Bali durchstehen. Sie war von allen Unternehmen die bitterste, weil sie mit dem Freitod der fürstlichen Familien und ihrer Anhänger vor den Gewehren der Soldaten ein für die Niederländer ebenso überraschendes wie peinliches Ende fand.

Es sind viele überaus aufregende Jahre darunter gewesen. Die kleine Kolonialtruppe kam ebenso wenig zur Ruhe wie die gegen die Seeräuber eingesetzte koloniale Marine. Die Soldaten sind auf diesen Zügen hart und grausam gegen die vorwiegend aus dem Hinterhalt kämpfenden Gegner geworden. Denn die Unübersichtlichkeit des Raumes — größter Vorteil für die Rebellen — war für sie stärkster Nachteil, und in unendlich vielen Fällen zogen sie den kürzeren. Wehe aber dann, wenn es ihnen gelang, ihre Überlister doch einmal zu stellen. Dann hat es selbst an mittelalterlich anmutenden Racheakten nicht gefehlt.

Auch mit den Chinesen an Borneos Westküste haben sie noch manchen harten Strauß ausfechten müssen, bis in dieses Jahrhundert hinein. Die Chinesen hatten sich dort, aus Goldgräbervereinigungen hervorgehend, zu regelrechten Kleinstaaten zusammengeschlossen, mit eigener Verwaltung, Währung und Bewaffnung, und gerade sie sind die zähesten aller Gegner gewesen. — „...Ein furchtbares Gefecht entbrannte bei der Redoute", heißt es in einem Bericht von der Erstürmung eines chinesischen Festungswerkes bei Pemangkat. „Die Chinesen wichen nicht, und erst mit dem Tod des letzten Verteidigers war die Redoute unser."

Es soll bei dieser Gelegenheit auch der verachteten „Kettenjungens" rühmend gedacht werden. Es sind die in Fesseln gehenden „Schwerverbrecher". Größtenteils sind es „Mörder" und „Totschläger" nach unserer Auffassung und Rechtsprechung, nach ihrem eigenen Bewußtsein und dem ihrer Landsleute aber sehr oft nichts anderes als ehrliche Kerle, die sich für eine angetane Schmach auf ihre Weise gerächt haben. Sie werden den Buschpatrouillen und Kriegstruppen als Träger und

Kapper zugeteilt. Darüber hinaus aber haben sie sich gegen einen in Aussicht gestellten Straferlaß oft bei besonders gefährlichen Unternehmen freiwillig eingesetzt und sie nicht selten zugunsten der Holländer entschieden. Der Atjehkrieg zum Beispiel wäre ohne die tatkräftige Mitarbeit dieser Kettenjungens gar nicht denkbar gewesen.

Ganz außerordentlich straff, um nicht zu sagen grausam, hat nach der Besetzung der aufständischen oder widerspenstigen Gebiete oft auch die Militärverwaltung durchgegriffen. So lange ihm nicht freiwillig Vertrauen entgegengebracht wird, kann sich ein winziger Apparat von weißem Kontrollpersonal gegen eine hundert- und tausendfache Überzahl von Farbigen und einen noch viel feindseligeren Raum nicht anders helfen. Man kann sich als fortgeschrittener Kulturmensch mit den zuweilen angewandten Methoden nicht einverstanden erklären. Sie haben manche scharfe Geißelung im Schrifttum und in der Agitation der Außenwelt erfahren. Jedoch empfinden die eingeborenen Völker diese „straffe Hand" weniger hart. Für eine allzu milde Behandlung würden sie nur wenig Verständnis aufbringen können; sie würden sie als Schwäche und Feigheit brandmarken. Wenn allerdings ein Beamter die Ausübung straffer Ordnung mit eigenem gottähnlichen Gebaren verwechselt, lädt er nicht nur den Haß der Braunen auf sich, sondern nicht minder die Abneigung und das Mißtrauen der kolonialen Europäer. Dafür erlebt man drüben Beispiele genug.

Vielleicht ist es in kolonialen Räumen, wo der Himmel weit und die oberste Kontrolle noch viel weiter ist, wichtig und richtig, daß dem Einzelnen die Möglichkeit belassen wird, sich am Kampf gegen drückende Mißstände persönlich zu beteiligen. Die der Militärverwaltung nachfolgende Zivilverwaltung Inselindiens sollte mit ihren fast demokratisch ausgerichteten Stadträten, Provinzialräten und dem Volksrate jedenfalls dazu dienen. Im übrigen war diese Zivilverwaltung keineswegs einheitlich. Sie richtete sich nach dem Grad der Erschließung des betreffenden Gebietes und dem kulturellen Stand seiner Bewohner.

Selbstverständlich mischte sich der Europäer selber nirgends in die Verwaltungsangelegenheiten der Dörfer und Dorfverbände ein. Ihre Regelung lag ausschließlich bei den Häuptlingen und deren Helfern. Die Regierung verlangte vom Einzelnen nur eine geringe Steuer. Für den gewöhnlichen kleinen Mann lag diese jährlich zwischen zwei und höchstens fünf Gulden. Außerdem waren in einigen rückständigen Gebieten — nicht aber mehr auf dem weitentwickelten Java — jährlich zwanzig oder etwas mehr Tage Dienstleistung an öffentlichen, der Allgemeinheit zugute kommenden Arbeiten zu verrichten. Der Häuptling und seine Familie, auch sein Stellvertreter, waren frei von diesem „Herrendienst". Sie waren überdies mit acht vom Hundert an den Steuereinnahmen beteiligt, und durften zusätzliche sechs Tage Dienstleistung von ihren

Dorfleuten für sich selbst verlangen. Schließlich hatten sie viele Zeitausfälle und manche Unkosten durch den oft langen Anmarsch zu ihren vorgesetzten Verwaltungsstellen in Kauf zu nehmen.

Auch größere, etwa unseren „Kreisen“ entsprechende Gebiete, und auf Java sogar ganze „Regierungsbezirke“ wurden seit langem schon von einheimischen, nicht von europäischen Beamten verwaltet. Selbst viele Fürstentümer und Sultanate waren unter ihren angestammten Herrscherhäusern als sogenannte „Selbstverwalter“ intakt geblieben, und die Bevölkerung spürte kaum etwas davon, daß ihre Fürsten durch bestimmte Erklärungen auf die wichtigsten Sonderrechte verzichtet hatten und daß neben ihnen als „älterer Bruder“ ein beratender Europäer stand. Zu einem solchen Amt gehörten viel Erfahrung und Takt. Man darf sagen, daß die Mehrzahl derer, die es innehatten, es mit Würde zu führen wußten.

Die strenge und nüchterne Art der holländischen Beamten ist bekannt. Sie grenzt oft ans altväterlich Zugeknöpfte und peinlich Abweisende. Es steht mir nicht an, darüber zu rechten, ob das für oder gegen sie spricht. Ich weiß nur, daß drüben viel von ihnen verlangt wurde. Ihre Arbeit erstreckte sich über sehr vielfältige Aufgaben. Ich bin zum Beispiel in Residentschaften gereist, in denen jedes Dorf eine haargenaue Karte seines Grundbesitzes unter Glas und Rahmen geliefert bekommen hatte, um Streitigkeiten vorzubeugen. Jeder Pfeffergarten war genauestens bei den Behörden registriert, jede Veränderung wurde sofort eingetragen. Und es gab auch in der entlegensten Siedlung keinen Kautschukbaum, der nicht in der Liste stand. — Dieses nur als Beispiel dafür, wie weit und wie eingehend die Arbeit des Verwaltungsapparates vorangetrieben war. Dabei wurden diese Aufnahmen nicht etwa nur aus steuerkapitalistischen Motiven vorgenommen, sondern ebenso sehr der Ordnung halber zu statistischen Zwecken oder zum Vorteil der Volkswirtschaft.

Vielleicht liegt in der strengen Gerechtigkeit des Einzelbeamten der Schlüssel für die verhältnismäßig ungestörte „Ruhe“, der sich das Inselreich — im Gegensatz etwa zum ewig gärenden Britisch-Indien — bis vor kurzem erfreute. Das persönliche Verhältnis vom Eingeborenen zum Europäer war in Inselindien fast immer ein sehr ordentliches. Es wäre ja auch verwunderlich gewesen, wenn es sich nach mehr als dreihundert Jahren gegenseitigen Aufeinanderangewiesenseins noch nicht eingespielt haben würde. Wenn Gegenströmungen seitens der Farbigen entstanden, richteten sie sich immer gegen das „System“, aber nicht gegen seine einzelnen Träger.

Es hat an solchen Gegenströmungen auch hier nicht gefehlt, vor allem nicht seit der revolutionären Wende in Europa. Inselindien hat von der nationalistischen bis zur kommunistischen Partei alle Abstufungen und alle damit verbundenen Begehren erlebt; und es gab dort genau so als harmloser „Turnverein“ oder sonst dergleichen getarnte sehr aktive politische Organisationen, wie auch bei uns und in unseren Nachbarländern. Es ist nach 1918 zu einigen richtigen und blutigen Aufstandsbewegungen gekommen. Mancher wird sich der „Kommunistenaufstände“ auf Java und Sumatra im Jahre 1926 erinnern oder der glühenden Anklagerede des Nationalistenführers Soekarno, des späteren ersten Präsidenten der „Freien Republik Indonesien“, vor dem Landrat in Bandung im Jahre 1930 oder der Meuterei auf den „Zeven Provenciën“ einige Jahre später. In einem früheren Kapitel erwähnte ich schon die Konzentrationslager für unliebsame Elemente am Digulfluß auf Neu-Guinea; und es ließen sich noch viele andere Einzelheiten über gewaltsame Aktionen der Eingeborenen gegen die Kolonialmacht anführen.

Doch die Hauptströmung im Lande zielte nicht auf eine Revolution, sondern auf eine Evolution hinaus, das heißt — wie der berühmte javanische Dichterfürst und Rassenpolitiker Raden Mas Noto Soeroto es formulierte — auf eine Gleichwertigkeit des Ostens mit dem Westen, eine Ablehnung des „Herrschers“ und des „Beherrschten“, eine Zusammenarbeit auf der Basis der Gleichberechtigung der Rassen. Nicht einfach deren Mischung, sagte Soeroto, beseitigt die Gegensätze, sondern nur die Rassenanerkennung und Rassensymbiose können es. Wenn sie glückt, steht auch einer alle Teile befriedigenden Staatsform und Verwaltung nichts mehr im Wege.

Die Ereignisse im Fernen Osten haben es nicht mehr dazu kommen lassen. Nicht von innen her, sondern von außen, nicht durch die langsame und langwierige Angleichung zweier nicht zusammengehöriger Teile, sondern durch die spontane Tat der schroffen Lösung des einen vom anderen ist die Beseitigung der bestehenden Form in die Wege geleitet und die Durchführung einer neuen, das wesensfremde Europa mit einem Schlage ausschaltenden Form erstrebt worden. Man darf gespannt sein, ob das braune Volk der Malaien schon weit genug emanzipiert und geneigt ist, die Gelegenheit maßvoll und klug zu verwerten.

EIN IDEALES FORSCHUNGSFELD[1])

Ein andermal stand ich vor einem Grabstein. Es war ein schlanker Obelisk in der Nähe von Lembang im kühlen Hochland Javas, unfern von seiner neuen Hauptstadt Bandung. „Dr. Franz Wilhelm Junghuhn, geboren zu Mansfeld in Preußen 14. Oktober 1810, gestorben zu Lem-

[1]) Inhaltlich entlehnt dem Kapitel „Die kolonial-kulturelle Leistung Europas in Inselindien“ in: K. Helbig: „Studien zur Landes- und Kulturkunde Südostasiens.“ Stuttgart (W. Kohlhammer Verlag) 1949.

bang 24. April 1864“ kündete eine Inschrift auf dem Sockel. Daß das Geburtsdatum nicht stimmt, obwohl seine eigene Frau es daraufsetzen ließ, und in Wahrheit der 26. Oktober 1809 sein muß, fällt für ein Kolonialland nicht ins Gewicht; über solche Kleinigkeiten ist man dort erhaben. Was tut es schon, ob jemand mit vierundfünfzig oder fünfundfünfzig Jahren stirbt; tot ist er so und so. In den amtlichen indischen Papieren und den Akten des Standesamtes in Leiden steht sogar noch ein drittes Datum, nämlich 1812 als Geburtsjahr. Junghuhn hatte es selbst so angegeben, um bei seiner Bewerbung für den ärztlichen Militärdienst nicht als zu alt zurückgewiesen zu werden.

Farnkräuter umwucherten die Schließplatte, und ein stilloser Zaun aus Draht und Ketten wehrte dem weidenden Vieh den Zutritt zu dieser Erinnerungsstätte für einen der größten Deutschen, die je im Indischen Archipel lebten, und einen der bedeutendsten Forscher, die ihn entschleiern halfen. Hier ruhte der „Humboldt von Java“ — wie mehr als ein Biograph Junghuhn genannt hat — von seinem harten und eigenwilligen Lebensgang aus; und ich nahm ehrfürchtig den Tropenhut ab. Denn dieser Mann hatte mir immer als das große Vorbild für meine eigenen bescheidenen Reisen im Archipel vorangeleuchtet.

Es fehlt allenthalben im indischen Raum an den großen, kühnen „Entdeckungen“ und ihrer glühenden Wiedergabe, wie sie Westindien und Amerika uns bescherten. Dort in der neuen Welt ging es um ein sieghaftes Erobern von Neuland, um einen fast zur Gier gesteigerten Trieb, an die Reichtumsquellen der soeben entdeckten Länder heranzukommen. Hier dagegen handelte es sich von vornherein um ein tastendes Anknüpfen von Handelsverbindungen mit durchaus nicht unbekannten Völkern, um ein zähes Verteidigen des Erreichten und um eine vorsichtige, ganz allmähliche Ausbreitung. Sie wurde oft genug eher durch die Schärfe der Diplomatie als durch die des Schwertes erzielt. So fehlt auch den Berichten aus Indien trotz aller Spannungen, Verwicklungen und Heldentaten jenes Feuer des aktiven Entdeckens im großen Stil; man vermißt die Genugtuung, mit der andere eroberte Länder und unterworfene Völker dem hungrigen Europa dargeboten wurden.

Statt dessen beschränken sich die Berichte auf die Beschreibung kleinster Stützpunkte und Küstenstriche. Lange Zeit kam man tatsächlich nicht über sie hinaus. Immer aber handelt es sich um sehr ausführliche, oft geradezu behäbige Schilderungen der neuen Umwelt bis in alle Einzelheiten. Man lese nur einmal Aufzeichnungen über Batavia aus den beiden ersten Jahrhunderten seines Bestehens. Kein Stein und kein Strauch der Besitzung bleiben unbeschrieben, die Lebensverhältnisse, die Kämpfe und Kontrakte mit den Eingeborenen und fremden Konkurrenten, Erfüllungen und Enttäuschungen sowie der Ablauf des täglichen

Geschehens werden liebevoll und peinlich genau aufgerollt. — So hat hier von Beginn an statt der erobernden Entdeckung die planmäßige Aufnahme und erschließende Erforschung ein Betätigungsfeld gefunden. Die Reichhaltigkeit des Raumes, der Völker und Verhältnisse hat später erwiesen, daß ein idealeres Forschungsfeld für alle Zweige der Wissenschaft kaum gedacht werden kann. Daß Deutschland als enger Nachbar der Niederlande von Anfang an in überaus reichem Maße an der Bepflügung dieses Feldes beteiligt ist, darf uns zu Recht mit schönem Stolz erfüllen.

Während der ersten Jahrzehnte der Kenntnisnahme mit der malaiischen Welt stehen die Schiffsreisen und Kriegstaten noch im Vordergrund des Geschehens und der Darstellung. Von einer Sonderforschung einzelner Männer kann naturgemäß noch nicht die Rede sein. Selbst die Fahrten weltbedeutender holländischer Seehelden wie eines Jan Huygen van Linschoten, Bontekoe van Hoorn, Dirk Hartog oder Abel Tasman sind nicht Einzelleistungen, sondern gemeinschaftliche Erkundungen ganzer wagemutiger Schiffsbesatzungen. Sie erstreckten sich teilweise bis zu dem fünften Kontinent Australien hin. Während dieser Zeit treten die Deutschen nur in enger Gesellschaft ihrer Brotgeber oder Gastherren auf. Sie lösen sich lediglich hier und da aus dem Rahmen, um als Einzelpersonen die gemeinsamen Erlebnisse und Erfahrungen zu Papier zu bringen.

Schon aus der portugiesischen Zeit liegen solche Berichte vor. Denn unter den Kauffahrteiflotten Portugals liefen eigene, von den großen Augsburger Kaufmannshäusern ausgerüstete „Schiffe der Deutschen". Balthasar Sprengers „Merfart vun erfarung nüwer Schiffung und Wege zu viln onerkanten Inseln und Kunigreichen" aus dem Jahre 1511 ist die früheste deutsche Darstellung über die damals bekannten von See her erreichten Teile des indischen Raumes.

Aus dem ersten niederländischen Jahrhundert sind neben den gewichtigen „Journalen" der holländischen Expeditionsleiter und Kapitäne gleich eine ganze Reihe inhaltsreicher Tagebücher von deutschen Teilnehmern der Nachwelt überkommen. Manche davon sind heute noch vielgelesenes Allgemeingut unseres Volkes, wie etwa Verkens „Molukkenreise 1607 bis 1612" und die Wurffbains in den Jahren 1632 bis 1646; oder die Reisen von Merklein, von der Behr, Herport und Saar, Hoffmann, Schweitzer und Wintergerst über Vorderindien und Ceylon nach Java. Bald in schillernder Buntheit, bald in nüchtern sachlicher Wiedergabe ist hier alles Bemerkenswerte registriert worden. Es fehlt auch nicht an tragischen Ereignissen. Keiner der alten Berichte liest sich so erschütternd wie der von Elias Hesse über die „Goldbergwerke in Sumatra, 1680 bis 1683". Er schildert, wie eine kleine Schar sächsischer Bergleute unter Führung ihres Hauptmanns Benjamin Olitzsch von

Mitten in Bandjermasin, der Hauptstadt Borneos

Idealer Weg im Sumpfwald

Dresden bis zur Westküste Sumatras kam, um dort ihre Erfahrungen im Goldbergbau für die Niederländisch Ostindische Compagnie einzusetzen, und wie sie alle, bis auf den Berichterstatter selbst, jämmerlich zugrunde gingen. — Wir haben später noch ein anderes Buch vom traurigen Schicksal gleich einer ganzen Gruppe von Deutschen. Es ist „Das Württembergische Kapregiment, 1786—1808. Die Tragödie einer Söldnerschar“ von Johannes Prinz. Von der Ostindischen Compagnie ursprünglich zu ganz anderen Zwecken angeworben, gelangte sie über manche Zwischenstation schließlich bis in den Archipel. Aber von den 3200 „gelieferten“ Offizieren, Soldaten und Rekruten haben mindestens 2300 auf See und in den Kolonien ihr Leben verloren, weitere 800 zerstreuten sich in alle Winde, und nur knapp hundert sahen ihre Heimat widder.

Schon bald nach 1600 liegen, außer von dem neugegründeten Batavia, zahlreiche Beschreibungen von der Nordküste Javas vor, namentlich über die Handelsplätze Bantam und Djapara, ferner über die Pfefferhäfen Atjehs, die wichtigsten Gewürzinseln in den Molukken, wie Banda, Ternate und Ambon, bald auch über Teile der südlichen, westlichen und östlichen Küsten Borneos, über Palembang, Bengkulen und den Abschnitt um Padang auf Sumatra. Bali wurde schon 1597 von de Houtman betreten; und aus frühester Zeit der Compagnie sind selbst von entlegenen Inseln wie Nias, der Karimatagruppe oder aus dem fernsten Osten des Archipels Nachrichten vorhanden. Bereits 1600 brachte der Spanier Torres, 1616 der Holländer Schouten Kunde von Neu-Guinea.

Als Begründer der speziellen wissenschaftlichen Arbeit in Inselindien dürfen wir unseren Landsmann Gerhard Eberhard Rumpf aus Hanau ansehen. Er lebte von 1627 bis 1702, und einen großen Teil dieser Jahre verbrachte er im Dienste der Compagnie auf der Molukkeninsel Ambon oder Amboina, wie sie auch genannt wird. Unter schwierigsten Umständen — ein Teil seiner Sammlungen verbrannte, ein anderer ging bei einem Schiffbruch verloren, und er selber erblindete schließlich — hat er neben anderem von der Pflanzenwelt der Insel ein umfangreiches „Herbarium Amboinense“ zusammengebracht. Es ist in vieler Beziehung noch heute unübertroffen.

Die botanische Forschung hat fortan in Inselindien an führender Stelle gestanden. Besonders nachdem 1817 der berühmte „Plantentuin“, der Botanische Garten in Buitenzorg auf Java, gegründet worden war — übrigens wieder unter Leitung eines Deutschen namens Caspar Georg Carl Rinwardt aus Lüttringhausen im Rheinland —, fand sie in dessen Beständen und Instituten vortreffliche Arbeitsmöglichkeiten. Heute gibt es wenige Tropenbotaniker in der Welt, die nicht wenigstens einige Wochen dort zum Studium geweilt haben. Auch für den Laien ist dieses

Pflanzenparadies mit seinen ebenso eindrucksvollen wie vielseitigen Tropengewächsen eine Stätte staunender Bewunderung und reicher Belehrung.

Mit der schrittweisen Entschleierung der einzelnen Inseln ist gründliche Erforschung ihrer Eigenarten oft Hand in Hand gegangen. Nicht nur viele berühmte Reisende waren ihr verschrieben, sondern gerade auch von den unbekannteren Pionieren, selbst von einfachen Soldaten oder bescheidenen Missionaren ist eine Fülle von Material zusammengebracht worden. Naturwissenschaften, Sprachen und Völkerkunde standen dabei im Vordergrund. Ich will hier nur den Sergeanten F. J. Hartman herausgreifen. Schon 1790 hat er in Südostborneo die Stromgebiete verschiedener Flüsse erkundet und äußerst wichtige Rapporte darüber verfaßt. Im Jahre 1792 mußte er auf einem neuen Zuge sein kühnes Vordringen mit dem Tode bezahlen. „Irgendwo“ am Montalatfluß wurde er ermordet, sagt der amtliche Rapport über sein Ende aus. Unser Landsmann Georg Müller aus Mainz, Major in der Kolonialarmee, teilte das gleiche Schicksal. Er hatte sich, nach eingehender Aufnahme großer Küstenabschnitte und vorfühlenden Flußreisen, zu einer ersten Durchquerung Borneos entschlossen, wurde aber vor Erreichen seines Zieles 1826 im Zentralgebirge umgebracht. Man hat diesen tapferen Pionier später dadurch geehrt, daß man dem gleichen Gebirge, in dem er sein Leben lassen mußte, seinen Namen gab. Noch heute heißt es das „Müller-Gebirge“.

Vor allem seit Beginn des vorigen Jahrhunderts begann die Forschung mit planmäßigem Einsatz. Eigene Gesellschaften und Komitees mit staatlicher Unterstützung nahmen sich ihrer an, rüsteten Expeditionen aus und hielten Ausschau nach geeigneten Männern. Neben diesen fanden sich immer auch solche, die sich aus eigenem Antrieb und Idealismus oft schwierigsten Forschungen unterzogen. Zu den staatlich entsandten Forschern zählen, neben berühmten Niederländern und Engländern, unsere Landsleute C. A. L. M. Schwaner aus Mannheim und Rudolph Friedrich aus Koblenz sowie der Schweizerdeutsche Heinrich Zollinger. Schwaner, Doktor in den Naturwissenschaften, erforschte von 1843 bis 1848 das Stromgebiet des Barito in Südostborneo und ging als erster Europäer vom Katingan aus über wilde, weithin menschenleere Gebirge zum Melawi in die Westhälfte der Insel hinüber. Es war überhaupt das erstemal, daß eine Expedition die Insel von einer Seite zur anderen querte. Auch er wurde durch die spätere Benennung der von ihm gequerten Bergketten als „Schwaner-Gebirge“ bleibend geehrt. So tragen die beiden mächtigsten Zentralmassive Borneos die Namen deutscher Forscher.

Zeitweise reiste Schwaner mit einem anderen Deutschen, dem im holländischen Verwaltungsdienst stehenden Hermann Theodor Wall aus

Gießen zusammen. Später nannte sich dieser „von de Wall“ oder auch „von Dewall“. Ihm ist die Auffindung der Steinkohlenlager am Mahakam zu danken. Ein anderer Deutscher, der als einfacher Füsilier nach Indien gekommene Heinrich von Gaffron aus Grebel (?) in Preußen, entdeckte weitere Flöze im Süden Borneos sowie verschiedene Erzläger auf Sumatra und sonstigen Inseln.

Ebenfalls mit naturkundlichen Untersuchungen wurde in den vierziger und fünfziger Jahren Heinrich Zollinger beauftragt, und zwar hauptsächlich in dem wenig besuchten Osten des Archipels. Viel Neues erkundete er auf Bali, und auf Sumbawa bestieg er als erster Europäer den gewaltigen Vulkan Tambora. — Rudolph Friedrich dagegen war Indologe. Er hat als einer der ersten in der Inselwelt die alten Inschriften auf beschriebenen Steinen aus der Hinduzeit entziffert und dadurch unser Wissen um diese große Kulturperiode sehr wesentlich gefördert. Von mehr als siebzig solcher Steine auf Java, Bali und Sumatra hat er die Texte aufgehellt. Leider ließ es sein Gesundheitszustand nicht zu, noch weitere Reisen durchzuführen; er mußte sich zurück in die Heimat begeben.

Viele andere Forscher haben sie nie wieder erreicht und starben viel zu früh. Schwaner zum Beispiel wurde nur vierunddreißig, Georg Müller sechsunddreißig, Zollinger siebenunddreißig Jahre alt. Was hätten diese tapferen Männer bei einem längeren Leben noch alles leisten können. Allzu leicht untergraben die Tropen, zumal beim harten Forscherleben in der Wildnis, die Gesundheit in einem ganz anderen Maße als es etwa ein arktisches oder ein Wüstenklima tun würde. Da ist, um nur bei unseren Landsleuten zu bleiben, auch noch ein anderer, der viel zu früh vom Tod abberufen wurde: der Arzt und Ornithologe H. A. Bernstein. Mehrere anstrengende naturkundliche Forschungsfahrten führte er in den Molukken durch; bei einer weiteren starb er 1864 an Erschöpfung vor Neu-Guinea. „... Seine Nachrichten über die nördlichen Molukken sind bei weitem das gründlichste und gediegenste, was wir besitzen, und übertreffen die glänzenden Darstellungen seines Vorgängers Wallace ...“ heißt es in einer Würdigung dieses Mannes.

Das ehrenvolle Prädikat „der Vorgänger von Wallace“ hat sich noch wieder ein anderer Deutscher verdient, nämlich Salomon Müller aus Heidelberg. Auf Sumatra, Borneo und Timor reiste er mit zoologischen Zielsetzungen. Ja, im Jahre 1828 ist er bereits auf Neu-Guinea zu finden, als diese Insel noch fast völlig unbekannt war; und schon vor Wallace hat er in großen Zügen die Scheidung der asiatischen und australischen Tierwelt innerhalb des Malaiischen Archipels erkannt.

Dem Botanischen Garten in Buitenzorg blieben die Deutschen immer besonders verbunden. Nachfolger seines Gründers Reinwardt wurde der Braunschweiger C. L. Blume, und in engster Verbindung mit ihm stand auch Justus Carl Haßkarl aus Kassel. Ihm ist 1854 die Verpflanzung der ersten Chinarindenbäumchen von Südamerika nach Java gelungen. Er, und später der Engländer Charles Ledger mit einer noch besser geeigneten Sorte, haben damit Niederländisch-Indien einen wirtschaftspolitischen Machtfaktor allerersten Ranges in die Hände gespielt. Daß ausgerechnet auch noch Junghuhn, jener größte deutsche Forscher auf malaiischem Boden, sich als erster mit der Kultur dieser neueingeführten Heilpflanze befaßte, zeigt uns, wie gerade die Deutschen nicht nur am reinen Forschungswerk, sondern auch an seinen praktischen Folgerungen sehr nutzbringend beteiligt waren. Das Schicksal will es, daß die Brechung des Chininmonopols, das Niederländisch-Indien achtzig Jahre lang behauptete, wiederum von Deutschland ausging, und zwar durch die Erfindung der synthetischen Malariamittel Plasmochin und Atebrin in den Beyerwerken. — Auch die Anfuhr der ersten Teesaat aus Japan ist durch einen Deutschen vorgenommen worden, durch den Arzt von Siebold im Jahre 1826. Heute sind auf Java und Sumatra einhunderttausend Hektar Landes mit Teesträuchern bedeckt, und rund dreihundert Plantagen befassen sich mit der Erzeugung ganz vorzüglicher Teesorten.

Junghuhn war nach einer abenteuerlichen und bitteren Jugend 1835 als Militärarzt nach Java gekommen. Sein Chef, ebenfalls ein deutscher Arzt, namens Fritze, erkannte glücklicherweise sehr bald die überdurchschnittlichen Fähigkeiten dieses jungen Draufgängers. Man gab ihm Zeit und Gelegenheit, seinen naturkundlichen Studien obzuliegen. Er besorgte als erster eine gründlich Aufnahme der gefährlichen Batakländer in Nordsumatra, verfertigte ein großes Werk über „Java, seine Gestalt, Pflanzendecke und innere Bauart“, schuf die erste umfassende topografische Karte von dieser Insel, bestieg und vermaß nicht weniger als fünfundvierzig javanische und drei sumatranische Vulkane. Es gibt noch heute keinen gründlichen Forscher der Inselwelt, der nicht mit größtem Nutzen auf Junghuhns Werke zurückgreift. War er auch kein Naturwissenschaftler vom Fach, so besaß er doch die Gabe einer glänzenden Beobachtung und trefflichen Erkenntnis der Zusammenhänge, dazu einen farbigen, eleganten Stil. Die Lektüre seiner Werke ist ein literarischer Hochgenuß. — Einer der führenden Geographen von Deutschland, der Freiherr Ferdinand von Richthofen, hatte während seines fünfwöchigen Aufenthaltes in Westjava Junghuhn zum Führer, und er sagt selbst, daß er sich keinen vollkommeneren hätte wünschen können.

Durch Junghuhns Schule ging der Baron Carl Benjamin von Rosenberg aus Darmstadt. Als Freiwilliger in der Kolonialarmee wurde er Junghuhn als Assistent bei seinen Zügen auf Sumatra zugeteilt und blieb anschließend sechzehn Jahre auf dieser Insel, hauptsächlich mit der Landesaufnahme beschäftigt. Später führte er noch große Reisen in den Molukken, auf Timor und auf Selebes durch. 1869 durchforschte er die Umgebung der Geelvinkbai auf Neu-Guinea. Seine in niederländischer Sprache abgefaßten wissenschaftlichen Veröffentlichungen sind sehr zahlreich. Seinen Landsleuten schenkte er eine volkstümliche und zu ihrer Zeit weit verbreitete Darstellung in deutscher Sprache: „Der malaiische Archipel. Land und Leute in Schilderungen, gesammelt während eines dreißigjährigen Aufenthaltes in den Kolonien."

Doch ich will mich nicht nur bei den deutschen Forschern aufhalten, so dankenswert es auch wäre. Ihre Namen und Taten sind bis in die jüngste Zeit hinein so zahlreich, daß sie ein ganzes Buch für sich füllen könnten. Ich will statt dessen noch einiges über die enge Verflechtung der Forschungsarbeit im Gelände und in den Instituten mit den praktischen Nutzanwendungen für das Kolonialwerk sagen. Mehr noch als in den Heimatgebieten wird gerade in kolonialen Räumen die Forschung nicht zum Zwecke der reinen wissenschaftlichen Erkenntnis betrieben, sondern immer mit dem Ziel ihres Einsatzes am kolonialen Werk. Die Aufgaben sind da so vielseitig, daß ich sie nur auszugsweise und kurz andeuten kann. Es darf behauptet werden, daß die Holländer ihr Kolonialwerk wissenschaftlich vorzüglich unterbaut hatten. Es gab bei ihnen keinen Zweig der kolonialen Nutzung und Versorgung, dem nicht durch eingehende Forscherarbeit assistiert wurde. Wir dürfen das gerne frei heraus bekunden, auch nachdem die Holländer ins Lager unserer Gegner gehen mußten; und um so mehr dürfen wir es, als wir wesentlich an diesem Werk beteiligt sind.

Mit der Ausdehnung der Verwaltung über immer neue Inseln und Räume ergab sich nicht nur die Notwendigkeit, die Landschaften selber kennenzulernen, die Verkehrsmöglichkeiten und solche der wirtschaftlichen Nutzung in ihnen zu ergründen, sondern man mußte vor allem auch ein umfassendes Bild von ihren Bewohnern bekommen. In dieser Beziehung haben allen voran die Missionare tüchtig gearbeitet. Neben der Sammlung des einheimischen Kulturgutes fiel ihnen andererseits auch die kulturelle Pflege der Völker anfänglich oft ganz allein zu, bis auch andere Organisationen und der Staat selber sie als wichtige Aufgabe übernahmen. Wer einmal den lebhaften Besuch selbst in kleinen Dorfschulen oder den Andrang und die freudige Stimmung vor einem Wanderauto der „Volksbibliothek" miterlebt hat, wird mir zustimmen, wenn ich sage, daß man den Fähigkeiten und Neigungen des Volkes recht geschickt entgegenkam.

Nicht unerwähnt bleiben sollen die Verdienste der Museen. Farbige Völker halten weit mehr von der Anschauung als vom belehrenden Wort. Namentlich das Handelsmuseum in Batavia kommt dem entgegen. In einer auch für den Eingeborenen faßbaren Form macht es mit den Anbaugewächsen und ihren Verwendungsmöglichkeiten bekannt, darüber hinaus mit den Erzeugnissen der Sammel- und Waldwirtschaft, der Fischerei und des Bergbaues. Sein letzter Leiter vor dem Kriege, ein außerordentlich beredsamer Indoeuropäer, erzählte mir, mit welch großem Eifer die wißbegierigen Besucher sich über die Schätze ihres eigenen Landes unterrichten, und wie für ihn und seine Mitarbeiter immer wieder Gelegenheit besteht, erklärend und fördernd einzugreifen. — Das Museum der „Batavischen Gesellschaft für Künste und Wissenschaften" in Batavia-Weltevreden dient der Einführung in vergangene und gegenwärtige Kulturen der malaiischen Völker und hat besonders hohe Besuchsziffern aufzuweisen. Sonderlich an Sonntagen, wenn in der großen Halle gleichzeitig javanische Gamelanorchester musizieren, strömt die Bevölkerung nur so herbei. „Rumah gadja", das ist „Elefantenhaus", heißt das Gebäude im Volksmund. Grund dafür ist ein vor ihm aufgestelltes, ehemals vergoldetes, doch durch den Zahn der Zeit längst grau gewordenes Elefantenmonument, das einst der König von Siam zum Geschenk machte. Einige kleinere volkskundliche Museen sind in anderen Städten untergebracht, ein botanisches und zoologisches in Buitenzorg. An Tiergärten als Stätten der Belehrung des Volkes und der Erhaltung schwindender Arten fehlt es ebenfalls nicht. Darüber hinaus sind große Naturreservate für Pflanzen und Wild während der letzten Jahrzehnte auf den verschiedensten Inseln unter besonderen Schutz gestellt worden. Sie umfaßten zuletzt mehr als 1½ Millionen Hektar und boten ganz ausgezeichnete Studienmöglichkeiten.

Noch mehr beanspruchte die gesundheitliche Fürsorge die Aufmerksamkeit. Es gibt in den Tropen viel mehr als bei uns neben den üblichen Krankheiten auch ausgesprochene Landschaftsseuchen, die an bestimmte klimatische Erscheinungen, an Bodengestalt, Flüsse, Sümpfe, Insekten oder sonstige Überträger gebunden sein können. Gerade diese natürlichen Voraussetzungen für manche Krankheit zu erkennen und zu beseitigen, zählt zu den wichtigsten, aber auch schwierigsten Aufgaben für die Forschung und die Regierung. Wie lange hat man doch beispielsweise in Batavia an dem furchtbaren Fieber herumgerätselt, das noch schlimmer als die Pest unter der Bevölkerung wütete. Jahrhundertelang hat man es für ein geheimnisvolles „Miasma" gehalten. Unsichtbar sollte es aus den Sümpfen vor der Stadt heraufkriechen und die Menschen anfallen. Bis dann endlich die Erkenntnis der Malariabazillen und ihrer Überträger, der Anophelesmücken, einen gründlichen Kampf gegen diesen schleichenden Tod zuließ.

Man hat dann Ausgaben von vielen Millionen und geradezu ungeheuerliche Arbeiten nicht gescheut, um ihn zu bannen. Die ganze Landschaft rings um die Stadt mußte grundlegend umgeändert werden. Denn als Brutstätten der Malariamücken waren hauptsächlich Hunderte von schlecht regulierten und verwachsenen Fischteichen der Eingeborenen erkannt worden. Hier hieß es zu baggern und zu bauen, zu dämmen und zu verbinden, Zufluß und Abfluß, Strömung und Trockenlegung zu regeln, und auch in der Stadt selber das Gefälle der zahlreichen Kanäle zu steigern oder sie, wo das nicht möglich war, durch Zuschütten völlig verschwinden zu lassen. Auch anderenorts wurden Sümpfe ausgetrocknet oder aufgehöht, Flußläufe begradigt, Dünen und sonstige Mündungsbarren durchstochen, gegebenenfalls ganze Landstriche von der Bevölkerung evakuiert, wenn ihre Gesundheitsverhältnisse allzu hoffnungslos waren.

Gegen die Pest wurde eine nicht minder umfassende Bekämpfung eingeleitet, nachdem man als Überträger den Floh und als dessen Gasttier die Ratte erkannt hatte. Man ging dem Übel gleich an die Wurzel. Die Rattennistplätze mußten verschwinden, zumindest aus der Nähe der Siedlungen. Denn sobald eine Ratte an Pest verendet, verläßt der infizierte Floh sie und sucht sich ein neues Lebewesen als Blutspender. Das ist dann häufig der in der Nachbarschaft wohnende Mensch. Nistplätze sind vor allem aber die zum Bau der Häuser verwendeten Bamburohre und Palmblattdächer. Nicht weniger als eine Million Häuser sind auf Veranlassung und mit Hilfe des öffentlichen Gesundheitsdienstes von 1911 bis 1935 in Niederländisch-Indien von Bamburohren auf Bambulatten und Ziegel oder sonstiges geeignetes Material umgebaut worden. Die segensreichen Folgen gehen aus jeder Peststatistik hervor.

Hierher gehören auch die Bemühungen um die Beschaffung einwandfreien Trinkwassers; für uns eine Selbstverständlichkeit, für die Tropen fast in jeder einzelnen Siedlung ein Problem. Für manche Städte, selbst größere mit fünfzigtausend Einwohnern, ist es bis heute noch nicht gelöst, wenn sie in der sumpfigen und brackigen Küstenzone zu weit ab von quellwasserliefernden Höhen liegen. Schon Batavias Wasserleitung ist fast sechzig Kilometer lang, und diese Stadt liegt noch in einem verhältnismäßig schmalen Flachlandgürtel. Ausgedehnte geologische Forschungen mußten der Anlage voraufgehen. — Daß auch die vulkanologische Forschung und die mit ihr Hand in Hand gehenden Überwachungsstationen auf gefährlichen Kratern zum guten Teil für praktische Zwecke arbeiten, führte ich schon aus. Ein tadellos ausgebautes Warnsystem gehört dazu.

Jede koloniale Arbeit hätte für die Kolonialmacht aber weder Anreiz noch Sinn, wenn sie dem Mutterland und den Unternehmern neben aller Sorge um den Besitz nicht auch Nutzen bringen würde. Ihn nach allen Richtungen hin bestmöglich auszuschöpfen, wird immer das Hauptziel der kolonialen Forschung bleiben müssen. Bodenschätze, Reichtum des Meeres, der Wälder und der fruchtbaren Erde, die Viehbestände, die Binnengewässer, die gewerblichen Fähigkeiten und die Arbeitskraft der Bevölkerung, alles das muß ausgewertet werden. Vielleicht sind es gerade die hierfür eingesetzten Institute, die Inselindien in der ganzen Welt die Bezeichnung einer „Musterkolonie" eingetragen haben. — Wir wollen die politischen Fehler und sozialen Mißstände, die den holländischen Kolonisatoren oft zur Last gelegt werden, hier nicht breittreten; wir Deutschen sehen solche bei anderen Völkern viel zu gerne, und überdies ist dieses Buch nicht als Anklageschrift gedacht. Über die Forschungsarbeit der wissenschaftlichen Einrichtungen, die letzten Endes international der gesamten Tropenwirtschaft und kolonialen Verwaltung zugute kommen, kann jedenfalls nichts Abfälliges gesagt werden.

Es lag nahe, in Buitenzorg in Verbindung mit dem Botanischen Garten auch die staatlichen Institute für Pflanzenschutz mit ihren biologischen und bakteriologischen Abteilungen, ferner die Landbauversuchsämter mit ihren Probepflanzungen und Laboratorien zu errichten. Nicht nur der Pflege der Exportgewächse, als vornehmsten Einnahmequellen der Wirtschaft, gilt hier die Aufmerksamkeit, sondern ebensosehr der Förderung der für die Ernährung wichtigen Pflanzen. In der Gesamtsumme sind gewiß weit mehr Bemühungen um den Reisbau der Eingeborenen sowie um die allseitige Verbreitung der zusätzlichen Mais- und Knollenkultur, ferner um die Förderung des Anbaues von fettliefernden Pflanzen wie Erdnuß, Sesam, Rizinus und Sojabohnen getan worden, als um irgendein Plantagengewächs.

Bei der Förderung der letzteren handelt es sich einmal um die vielzitierten Hauptgüter, die den eigentlichen Reichtum Inselindiens ausmachen. Es sind dies Kautschuk, Zuckerrohr, Kokos und Tabak, Chinarinde und Ölpalme. Für jedes dieser Gewächse bestehen staatliche oder private Versuchsanstalten. Gegen Zahlung eines Jahresbeitrages kann jede Plantagenunternehmung sie für Fragen der Sortenwahl und des Saatgutes, des Bodens, der Düngung und für ähnliches mehr in Anspruch nehmen. Die Veröffentlichungen der aus den Anforderungen der Tabakkultur hervorgegangenen berühmten „Deli-Proefstation" in Medan auf Sumatra und der Zuckerversuchsanstalt in Pasuruan auf Java sind in geologischen, biologischen und landwirtschaftlichen Bibliotheken der ganzen Welt unentbehrliches Rüstzeug.

Es sei aus der Arbeit dieser Institute nur der Kampf gegen den Bubuk, den Kaffeekirschenkäfer, herausgegriffen. Am Ende des vorigen Jahrhunderts waren die bestehenden Arabicakaffeekulturen durch eine von Ceylon herüberkommende Blattschimmelkrankheit fast vollständig vernichtet worden. Es blieb nichts übrig, als sie aufzugeben. Glücklicherweise fand sich in dem gegen Schimmelpilze widerstandsfähigeren brasilianischen „Robusta" ein guter Ersatz. Doch mit ihm zog die Plage des Bubuk ein. Man bekämpft ihn heute nicht nur durch künstliche Mittel, sondern teilweise auch schon durch seinen schlimmsten natürlichen Feind, nämlich eine Schlupfwespe. Sie wird in besonderen Instituten auf Java zu hunderttausenden gezüchtet und den Plantagen zur Verfügung gestellt.

Es handelt sich zum anderen — neben den Großkulturen — aber auch um eine ganze Liste von weniger verbreiteten, doch nicht minder wichtigen Plantagengewächsen. Welche Mühe hatte zum Beispiel die Auswahl geeigneter Böden und klimatischer Bedingungen für die während des Weltkrieges aus Ostafrika und dem Sudan übernommene Sisalagave, die Erforschung und Bekämpfung ihrer Schädlinge gemacht! Oder wann hört man einmal von den stickstoffsammelnden Bodenpflanzen in den Kautschukwäldern und Teegärten, von den Erfolgen mit dem Citrusanbau und den Bemühungen um die ganze tropische Obstkultur, geschweige gar von der mühevollen Befruchtung der aus Zentralamerika übernommenen Vanille oder von den Versuchen mit dem Anbau australischer und bengalischer Futtergräser für den Remontebestand des Heeres und die europäischen Milchviehwirtschaften, um nur wahllos einige ganz wenige Beispiele herauszugreifen.

Der „Landbauberatungsdienst“ sorgte für die Verbreitung der gesammelten Erfahrungen. In allen größeren Plätzen des Archipels hatte er seine „Landbaukonsulenten“ stationiert. Wie erstaunt war ich einmal gelegentlich eines Ausfluges in die Nachbarschaft von Samarinda an der Ostküste Borneos, dort javanische Kolonisten zu finden, die den minderwertigen Sandsteinboden durch Gründüngung mit der Tephrosiapflanze verbesserten! — So könnte ich noch manches aus der nutzbringenden Arbeit der Landbauinstitute anführen. Vor allem ist wichtig, daß die Eingeborenen mit dem Anbau vieler neuer Gewächse bekanntgemacht worden sind. Die Zwangskulturen der früheren Jahrhunderte hatten sie schon den Anbau von Kaffee, Tabak, Indigo, Zuckerrohr und anderem mehr gelehrt. Die Arbeit der Landbaukonsulenten und das Beispiel der Plantagen brachten sie noch mit vielen weiteren zusammen. Ein sehr großer Teil der Ausfuhren landwirtschaftlicher Produkte stammt heute aus ihren Gärten und Pflanzungen. Sie lieferten vor dem letzten Kriege reichlich die Hälfte allen Kautschuks, zwei Drittel an Kaffee, ein Fünftel an Tee und praktisch den gesamten Anteil an Mais, Kapok, Gewürzen, Erdnüssen, Kokos- und Kassaveprodukten, dazu aus dem Hochland die neu aufgenommenen europäischen Gemüse, Früchte und Blumen. Trotzdem, und trotz unaufhaltsam steigender Bevölkerung, konnte die Einfuhr von dem lebenswichtigen Reis immer weiter gedrosselt werden. Denn der Ausbau der Reiskultur, ganz besonders mit Unterstützung des staatlichen „Bewässerungsdienstes“, stand bei allen Wirtschaftsfragen stets im Vordergrund.

Selbstverständlich unterlag auch die Viehwirtschaft der Beobachtung und Förderung. Hier war wiederum Buitenzorg mit seinen vorbildlichen Tierkliniken und Versuchsstellen führend. Deutsche Tierärzte, Methoden und Heilmittel befanden sich dort stets mit im Einsatz. Von hier aus wurden die behördlichen Bestrebungen zur Eindämmung der gefährlichen Seuchen befruchtet, namentlich der im ganzen indischen Raum weitverbreiteten Rinderpest und der Surra, einer durch einen Parasiten hervorgerufenen Blutkrankheit bei Rindern und Pferden. Die Organisation der Tierseuchenbekämpfung war sehr weit ausgedehnt. Selbst in ganz abgelegenen Gebieten fand ich oft vor Dörfern Warnungsschilder vor der Surra, genau wie man sie bei uns für die Maul- und Klauenseuche aufstellt. Beispiellos dürfte die Maßnahme sein, die 1880 auf Java ergriffen wurde. Im Westteil der Insel wütete damals die Viehpest verheerend. Quer durch die ganze Insel von der Nordküste bis zur Südküste wurden Bambuzäune errichtet und von Militärposten bewacht, um eine Verschleppung der Seuche weiter nach dem Osten hin zu verhindern. Die Mühe wurde durch besten Erfolg gekrönt.

Ich könnte mich noch über die Aufgaben zur Förderung der holländischen Milchviehbestände, zwecks Versorgung der europäischen Bevölkerung und der Städte mit Frischprodukten wie Milch, Butter, Käse, oder der Sammelgüter und der Waldwirtschaft, der See- und Binnenfischerei verbreiten. Für alles das war die Forschung im Lande selber ununterbrochen tätig, und überall waren deutsche Fachkräfte beteiligt. Nicht minder große Arbeiten aber sind erforderlich für die Verbesserung des Verkehrsnetzes, die Sanierung der Städte und die Wahl neuer Wohngebiete, die Umsiedlung aus zu dicht bewohnten und die Kolonisierung zu wenig besiedelter Strecken, die Versorgung der Plantagen, Industrien und Häfen mit Arbeitern und die bestmögliche Erhaltung der kulturellen Eigenarten der Bevölkerung. Ich habe früher schon über die Forschungen der Rassenkundler, Archäologen und Kunsthistoriker, der Meteorologen, Meereskundler und der Vertreter mancher anderen Zweige der Wissenschaft gesprochen und will sie nicht wiederholen. Nur über die Erforschung der Bodenschätze sei noch einiges gesagt, weil sie neben den Erzeugnissen der Landwirtschaft in immer steigendem Maße zur führenden Reichtumsquelle der Kolonie wurden.

Mit der geologischen Landesaufnahme arbeitet der „Bergbaukundliche Dienst“ in Bandung eng zusammen. Seine Beamten und Hilfskräfte haben große Teile der Inselwelt planmäßig nach verwertbaren Bodenschätzen durchforscht. Ihre Berichte darüber ergänzen die geologischen Karten und deren Erläuterungen ganz hervorragend. Es ist schade, daß die Sparmaßnahmen während der Weltkrise auch die weitere Durchführung der geologischen Aufnahme unterbanden; wir würden anders von den wichtigsten Gebieten der Inselwelt heute neben den topografischen auch schon geologische Blätter vorliegen haben. So beschränken sie sich zunächst auf Teilabschnitte von Java, Sumatra und einigen anderen Inseln, sind aber allein damit schon den meisten übrigen Tropengebieten weit voran. Denn gerade die Erforschung der Struktur der Erde selber bereitet in den Tropen unvorstellbare Schwierigkeiten. Die dichte Pflanzendecke, die mächtigen Verwitterungsschichten, der Mangel an weiten Ausblicken und die Unmöglichkeit, in der Wildnis ohne vorbereitete Wege auch nur ein paar Schritte voranzukommen, stellen die Feldgeologen oft vor fast unmögliche Aufgaben. Neben den staatlich angestellten Wissenschaftlern arbeiten noch die Prospektoren der großen Bergbauunternehmungen und Erdölkonzerne. Die modernsten Methoden der elektrischen Messungstechnik, der Erzeugung künstlicher Erdbeben zwecks Ergründung der Bodenschichten, der Bohrtechnik, der Flugzeugaufnahmen und was sonst noch alles dazugehört, kamen zur Anwendung.

Die Erfolge blieben nicht aus. Inselindien vermochte bereits vor Beginn des Pazifikkrieges jährlich bis zu 30 000 Tonnen Zinn, sieben bis acht Millionen Tonnen Erdöl, reichlich 1½ Millionen Tonnen Kohle, ¼ Million Tonnen Aluminiumerz, daneben teils aus dem niederländischen, teils aus dem britischen Besitz nennenswerte Mengen von Mangan, Nickel, Kupfer und Quecksilber, Gold, Silber und Diamanten, Schwefel, Phosphaten, Asphaltkalkgestein und Zement zu erzeugen. Der gesamte Wert der Produktion an Bodenschätzen betrug damals allein für den niederländischen Raum dreihundert Millionen Gulden jährlich. Dreitausend Europäer und gegen sechzigtausend farbige Arbeiter fanden in ihr Beschäftigung.

IM ANFANG WAR DAS BOOT . . .

„Im Anfang war der Wald", so begann ich die Ausführungen über die ursprüngliche Beschaffenheit des natürlichen Raumes in Inselindien. Wenn nun ein Blick auf die Überwindung dieses Raumes durch den Verkehr geworfen werden soll, muß ich füglich beginnen: „Im Anfang war das Boot."

In weiten Landesabschnitten ist es heute noch das einzige Verkehrsmittel, wichtiger fast als die eigenen Beine. Welcher Eingeborene würde mühsam zu Fuß gehen, wenn er es auf dem Wasserwege viel leichter haben kann! Oft genug gibt es zwischen Dörfern, die am gleichen Flußnetz liegen, überhaupt keine Landverbindung, all und jeder Weg wird ausschließlich im Boot zurückgelegt. Borneo, Neu-Guinea, das Tiefland Sumatras wären ohne es gar nicht zu denken. Dort sind die Flüsse die Straßen für alles. Handel und Wandel, Familienbesuch, Hochzeitsgesellschaften und Begräbnisgemeinden, Post, Verwaltungsorgane und Militärpatrouillen, Missionar und Schulkind, Forschungsreisender und Globetrotter benutzen sie gleichermaßen.

In einfachster Form als Einbaum ist ein Boot notfalls binnen eines einzigen Tages hergestellt. Die Altmalaien, namentlich die Dajak, sind Meister in dieser Kunst. Ein passender Baum wird gefällt, mit dem kleinen Beil, das sich auch wie ein Schraber verwenden läßt, ausgehöhlt und dann voll Wasser gefüllt. Nun wird zu beiden Seiten Feuer angezündet und das Wasser erhitzt oder auch durch hineingeworfene glühende Steine zum Kochen gebracht. Die Bootswandungen bauchen sich dadurch auf, und durch bereitliegende Spannhölzer werden sie gespreizt. Damit ist das wichtigste geschehen. Kiel und Steuerung erhält das Fahrzeug nicht, höchstens werden die Wandungen durch schmale Planken erhöht und die Ansatzstellen mit Urwaldharz abgedichtet. Manchmal kommen ganz kleine Sitzbretter hinein, aber nötig ist das nicht. Man rudert dann eben in kauernder Stellung oder stehend. Es gibt Einbäume, die für einen Menschen eben ausreichen. Aber die Batak haben auf dem Tobasee solche für sechzig und mehr Ruderer gebaut. Sie können die Geschwindigkeit eines mittleren Dampfers erreichen.

Im Einbaum, vor allem im kleinen Einbaum zu reisen, ist nicht jedermanns Sache. Man darf keine falsche Bewegung machen, sonst liegt das Fahrzeug um. Auf den Strömen und Binnenseen Borneos habe ich mich daran gewöhnen müssen. Oft ragten die Fahrzeuge kaum in der Breite eines Fingers über die Wasserfläche. Trotz mancher lebensgefährlichen Fahrt durch wüste Stromschnellen haben uns unsere kundigen Dajak stets ohne Unfall ans Ziel gebracht. — Im Plankenboot sitzt man bequemer. Es ist jedoch längst nicht so wendig wie der Einbaum. Die Tieflandmalaien und Küstenvölker bauen solche sogenannten „Sampans" mit Vorliebe. In Südborneo sehen sie fast aus wie venetianische Gondeln.

In den großen Wasserländern hat sich auch der moderne Verkehr die Flüsse nutzbar gemacht. Schleppzüge und altertümlich anmutende Heckraddampfer sind eingesetzt worden. Wie schwimmende Häuser muten die letzteren an. Kesselanlage und Maschine stehen auf dem Hauptdeck, denn wegen der steten und sehr erheblichen Wasserstandsschwankungen dürfen die Dampfer keinen großen Tiefgang und damit auch keine großen Räume unter der Wasserlinie haben. In niederen Räumen und an Deck werden die Ladung und das Feuerholz bzw. die Kohle für die Kessel gestapelt. An den Urwaldflüssen sind in Abständen verteilt Bunkerplätze für solches Feuerholz oft mitten in der Wildnis vorhanden. Oben im „ersten Stock" der Dampfer liegen die Wohnräume und Salons der besseren Fahrgäste, mit großen Fenstern wie in einem Etagenhaus, und mit einem Wellblechdach darüber. Daß man den Antrieb an das Heck verlegt — und nicht etwa seitlich wie bei unseren Schaufelraddampfern einbaut —, geschieht mit Rücksicht auf das viele Treibholz und die Massen von schwimmenden Wasserkräutern. Sie könnten bei seitlicher Anlage der Schaufeln leicht Betriebsstörungen hervorrufen. Daß es recht langsam geht, oft auf Untiefen aufgelaufen wird oder bei niedrigem Wasser nicht weitergehen kann, und daß auf dem warmen Wasser zwischen den hohen Urwaldufern gewöhnlich eine ganz entsetzliche Temperatur herrscht, muß in Kauf genommen werden, ebenso die Plage der Mücken und Stechfliegen. Sie ist gerade an den Flußufern und in den Abendstunden, wenn vor Anker gegangen wird, erbärmlich. Natürlich bleibt man jeden Abend liegen; kein Kapitän würde die Verantwortung für eine Nachtfahrt auf sich nehmen wollen.

Eine malaiische Flußlandschaft in der Nähe einer größeren Stadt, etwa unfern von Palembang oder Djambi auf Sumatra, Bandjermasin, Pontianak oder Samarinda auf Borneo zu erleben, gehört zu den eindrucksvollsten Momenten, die man im ganzen Inselreich haben kann. Dieses Gewimmel von Booten! Diese bunte Warenfülle in ihnen, diese malerischen Trachten, lustigen Ölpapierschirme oder wagenradgroßen Blätterhüte der Insassen, die vor Sonne und Regen schützen müssen. Diese wundervollen Ladungen an Bananen und Ananas, Melonen und Pampelmusen! Diese gemächlich vortreibenden Flöße aus Baumstämmen, Bamburohren oder Körben voll lebender Fische! Diese lärmend vorbeipuffenden Motorboote mit Lastkähnen oder schwimmenden Läden im Schlepp, und diese schrillen, viele Stunden weit vernehmbaren Pfeifsignale der Dampfer! Wer die Welt der Malaien in ihrer höchsten Betriebsamkeit erfassen will, der muß sich solche Flußbilder suchen. — Wer aber die Menschen des Archipels studieren will, ohne sie in ihren Wohnplätzen aufzusuchen, der begebe sich in einen der größeren Seehäfen zur Abfahrt eines Küstendampfers!

Da stehen wir etwa in Tandjung Priok, dem Hafen Batavias, auf dem Achterdeck des beliebten weißen Schnellbootes „Op ten Noort", das sich zur Abfahrt nach Bangka, Singapore und Nordsumatra klar macht. Meine Güte! was ist das für ein Gewühl an dem Pier und auf dem Schiff selbst! Nahezu zweitausend javanische Kontraktkulis für die Plantagenbezirke an Sumatras Ostküste liegen bereits in malerischen Gruppen und Farben, aber auch in grauenhafter Hitze und Enge in den Zwischendecks. Scharen eleganter europäischer Reisender stiegen hinauf zur ersten und zweiten Klasse, um in Singapore die Anschlüsse an die Europadampfer zu erreichen. Und nun schiffen sich gerade die Decksgäste der dritten Klasse ein, jene Mittelschicht, die zwischen den zahlkräftigen Europäern und dem besitzlosen Kulivolk in geringen Stufungen pendelt.

Eng geballt stehen unten zurückbleibende Angehörige und Freunde. Bei der Abfahrt eines New Yorkers in Hamburg kann das Gedränge nicht größer sein. Aus der bunten Masse der Farbigen heben sich die kleinen Gruppen der Europäer lebhaft hervor. Bleiche, kühle, hagere Herren stehen neben geröteten, aufgedunsenen Getränkstypen. Offiziere in weißen Uniformen und den eigenartig schief abgeschnittenen schwarz und rot gebänderten Mützen mit dem goldenen Wappen der Niederlande nehmen Abschied von ausscheidenden Kameraden. Eine Militärkapelle von Eingeborenen in graugrünen Uniformen und braunen Strohhüten spielt lustige Weisen in überstürzten Takten. Unter zierlichen Sonnenschirmen winken Damen mit Fächern und Tüchlein. Hier sind es junge blonde Vollblutfrauen in ihren dünnen Flatterkleidern, eine Freude für das Auge und eine seltsame Erregung für die Sinne. Dort stehen unglücklich dicke Halbblutmatronen mit formlosen Gliedern über formlosen Körpern, mit breiten, verpuderten Gesichtern und nicht immer ganz geraden Beinen. Und überall dazwischen kokettieren entzückende Backfischchen in allen Abstufungen der Hautfärbung und durchweg zum Anbeißen, wenn sie nicht so geltungsbedürftig, eingebildet und blasiert wären.

Es ist nicht zu beschreiben, was die Stadt alles an Wanderern ausspeit. Wir lernen in den Schulen so viel von den großen europäischen Völkerwanderungen der Vergangenheit. Aber wir sprechen nie von den weit größeren, die sich zu allen Zeiten und namentlich im gegenwärtigen Zeitalter des Verkehrs im Fernen Osten abspielen. Das braune und gelbe Element ist im beständigen Fluß, hin und her vom Vorderen Orient zum Hinteren Orient, vom Festland zu den Inseln, vom Indischen Ozean in die Südsee, von überfüllten zu leeren Räumen, von den Stätten der Armut zu den Oasen der Fülle und von der Gleichförmigkeit der engen Heimat in die Lockungen einer erfolgversprechenden größeren Welt.

Gruppen von vorderindischen Kaufleuten — teils kaffeeschwarze Klingalesen von der Madrasküste, teils wohlgenährte Bombayer, teils hochgewachsene und edle Rajputen und Belutschen — kommen die Laufbrücke herauf. Ihre weißen Turbane und würdigen Gesichter harmonieren besonders gut zu den vorbildlich geformten Körpern. Ihre Frauen sind schön von Angesicht und Gliederbau, aber merkwürdig fremd und ablehnend in ihrem Wesen. — Auch viele Araber sind da. Geldverleiher, Pfandhaushalter, Schmuckverkäufer und dergleichen mehr mögen sie im bürgerlichen Leben sein. Blumentopfartige, goldbestickte weiße Mützen thronen hochmütig auf ihren langen Köpfen. Kaltberechnend bohren die Augen. Steifgestärkte Chinesen drängen sich aufgeregt in den Strom ein. Die nagelneuen Strohhüte auf den geölten Schädeln künden von außergewöhnlichen Anschaffungen zum Zwecke der Reise. Und dann Malaien aller Völker, Schattierungen und Berufe: sundanesische und menadonesische Schreiber und kleine Beamte, maduresische und ambonesische Soldaten, timoresische Aufseher, bataksche Feldpolizisten, allerlei Weiber- und Kindervolk, das zu seinen Familien oder den vorausgefahrenen Ernährern reist.

Das drängt und wälzt und stößt, schleppt Blechkoffer und Taschen, Körbe und Bündel, ist voll Spannung und Abfahrtsstimmung, und doch sofort zu Hause, sobald das Deck betreten ist. Matten werden ausgebreitet, Ballen und Kisten geöffnet, Kinder gesäugt, Eßwaren verteilt. Kissen und Gulings[1]) sind sofort zur Hand, Wasserkessel und Spielzeug. Die Soldaten ziehen ihre schweren Stiefel und Jacken aus, spannen Leinen, hängen Zeug zum Trocknen auf. Kinder liegen schon und schlafen sorglos ohne jedes Gefühl von Fremdheit, genau wie auf der gewohnten Lagerstatt. Noch malerischer wird das Bild zur Nachtzeit, wenn alles bunt durcheinander, aber in bewundernswerter Zucht, eng zusammengerollt zwischen den unentwirrbaren Haufen von Gepäck dem Morgen entgegenschläft. Als der heraufdämmert, bekundet mancher Hahnenschrei, daß es auch an Geflügel im Gepäck nicht mangelt; und die Glückstauben als unzertrennliche Gefährten jedes echten Malaien gurren eifrig in ihren zierlichen Käfigen.

Bis zu anderthalbmillionen Fahrgästen beförderte vor dem Kriege allein die „Königliche Paketfahrtgesellschaft" Niederländisch-Indiens — kurz „K. P. M."[2]) genannt — jährlich von Insel zu Insel, und außerdem vier bis fünf Millionen Tonnen Ladung. Sie befuhr mit mehr als hundert Dampfern und Motorschiffen regelmäßig gegen dreißig verschiedene Linien. Das sind beachtliche Zahlen. Sie beleuchten eindringlich die Wichtigkeit des Verkehrs zu Wasser, wie die Natur des Inselreiches sie vorschreibt. Die Zahlen von anderen Reedereien, ferner den Tausenden von einheimischen Segelprauen und den regelmäßig zwischen dem Archipel und Arabien laufenden Mekkapilgerschiffen — die in manchen Jahren allein fünfzigtausend Fahrgäste beförderten! —, sowie der Verkehr auf den Flüssen im Binnenland sind dabei noch gar nicht eingerechnet. Man soll daraus aber nicht schließen, daß der Verkehr zu Lande darum im argen liegen müsse. Das trifft nur für die großen Urwaldgebiete zu, in Sonderheit für Neu-Guinea, Borneo und Selebes. Dort und auf vielen der kleineren, weniger bedeutsamen Inseln befindet sich das Straßennetz noch im ersten Stadium. Eisenbahnen kennen nur Java, Sumatra und das ehemals britische Nordborneo.

Der Eingeborene ist kein Straßenbauer. Er kennt von sich aus nur Fußpfade und Karrenwege. Auf solchen zogen freilich schon im Mittelalter und selbst vor tausend Jahren die Menschen durchs Land. Ja, wir

[1]) Prall gestopfte Kissenrollen, die man sich nachts zwecks besserer Luftzufuhr an den Körper unter die Knie oder zwischen die Beine legt.

[2]) Koninklijke Paketvaart Maatschappij.

wissen, daß regelmäßig Abordnungen der mitteljavanischen Kaiserhöfe bis zur Insel Kembangan an der Südküste — in der Nähe des gegenwärtigen Hafens Tjilatjap — zogen, um dort wachsende seltene Blumen für die Krönungsfeierlichkeiten und als stimulierende Medizin für die Hochzeitsnacht der Prinzenpaare zu holen. Das läßt auf recht brauchbare Verkehrsverhältnisse schon lange vor Ankunft der Europäer schließen. Java ist allerdings allen anderen Inseln immer weit voraus gewesen. Was außerhalb von ihm alles noch ein „Fußpfad" sein kann, muß man am besten selber in den dünnbesiedelten Urwaldräumen erlebt haben, um den Begriff richtig einzuschätzen. Es gehört oft genug der ganze Spürsinn eines im Rimbu großgewordenen Buschmenschen dazu, um die kaum erkennbaren Spuren vieler dieser Pfade ausfindig zu machen. Trotzdem sind sie wichtig. Wo sie einmal vorhanden sind, wird man ihnen bei Bedarf auch immer wieder folgen. Sie sind, außer den Flüssen, die einzigen Anhaltslinien im Irrgarten der Wildnis.

Wo sich lebhafterer Austausch über Land abspielt oder wo für die Patrouillen und Verwaltungsorgane geregelte Routen notwendig sind, werden die Wege besser. Viele von ihnen werden im „Herrendienst" von Zeit zu Zeit überholt, ausgekappt und gesäubert, an sumpfigen Stellen mit Baumstämmen oder Laufbrücken, an steilen Abhängen auch wohl mit Stufen aus Bamburohren oder eingekerbten Baumstämmen versehen. Es ist allerdings bei nassem Wetter für den Europäer mit seinen benagelten Stiefeln kaum möglich, sie zu benutzen. Nur der nackte Fuß des Eingeborenen findet hier einigermaßen Halt. Das gleiche gilt oft für die „Brücken". Bei den gewöhnlichen Buschverbindungen bestehen sie stets nur aus einzelnen Baumstämmen bzw. einem günstig gefallenen Baum. Man muß freihändig darüberhinbalancieren, so glitschig, schwankend, verrottet oder von Pflanzengewirr umschlungen er auch sein mag. Auch hin und her schwingende Hängebrücken aus Rotan oder sonstigen Lianen sind für den Europäer nicht gerade ein ideales Hilfsmittel.

Abgesehen vom „großen Postweg" über die ganze Länge der Insel Java, den Marschall Daendels zu Beginn des vorigen Jahrhunderts fertigstellen ließ, und einigen lokalen Straßen in den bis dahin erschlossenen Gebieten, kann von einem systematisch geförderten Landverkehrswesen im Archipel erst seit den sechziger Jahren die Rede sein. Seitdem ist besonders Java allen zeitgemäßen Anforderungen gerecht geworden. Wenn der berühmte holländische Predikant und Reisende Francois Valentijn an der Wende vom siebzehnten zum achtzehnten Jahrhundert die paar Kilometer zwischen Batavia und der Nachbargemeinde Meester Cornelis noch „ein schwieriges und langwieriges Unternehmen" nennt, so würde er heute Meester Cornelis als eng mit Batavia verwachsenen Vorort wiederfinden und zum Durchrasen der

Der unentbehrliche Kutschwagen

Auf guten Straßen wie bei uns

Der Urwald muß weichen

halben Insel nicht viel mehr Zeit brauchen als damals für den kurzen Weg nach Meester. Oder man lese einmal die Abenteuer nach, die Junghuhn durchzustehen hatte, um an einem regnerischen Abend vom Waterlooplatz in Weltevreden, also der Oberstadt von Batavia, durch das tief überschwemmte Land hinunter zum Hafen der Altstadt zu gelangen. Trotzdem kann sich der gleiche Junghuhn im Jahre 1835 vor seiner Landung auf Java nicht genug wundern, daß sogar bei einem Aufenthalt des Schiffes in der Sunda-Straße dem Kommandanten durch einen Postboten von der Küste her in einem winzigen Boot ein Brief aus Batavia weit hinaus auf See zugetragen wird. So gut organisiert war damals schon das Postwesen.

Jetzt besitzt Java 5400 Kilometer Eisenbahnen und rund doppelt so viel Autostraßen. Reichlich die Hälfte davon ist mit Hilfe der Rückstände aus der Petroleumindustrie tadellos asphaltiert. Praktisch ist damit jedes Dorf Javas höchstens bis auf eine Tagesentfernung an das Großverkehrsnetz herangerückt. Einige Teilstrecken der Bahnen, vor allem das wichtige Stück Batavia—Buitenzorg, sind mit Hilfe eigens dazu geschaffener Kraftwerke elektrifiziert. Tag- und Nachtexpreßzüge verbinden die beiden größten Städte Batavia und Surabaja, achthundert Kilometer voneinander entfernt, in knapp vierzehn Stunden. Es versteht sich, daß für Restauration, Lüftung und Sauberhaltung der Züge während der Fahrt gesorgt wird. Trotzdem kann die Reise, so einzigartig schön sie in den Bergländern ist, in den heißen Tiefebenen zur Qual werden, zumal die Lokomotiven vielfach mit Holzfeuerung betrieben werden und die wirbelnde Asche das Öffnen der Fenster unmöglich macht.

Auch die große Straßen-Längsverbindung auf Sumatra von der Nordwestspitze Atjehs bis zur Lampong-Bai im Südosten ist vor wenigen Jahren fertiggestellt worden. Sie mißt gegen dreitausend Kilometer und ist streckenweise ein technisches Wunder. Die von nahezu senkrechten Schluchten durchfurchten Tuffhochflächen im Innern und die an der Westküste hinter ganz schmalen Strandflächen jäh aufgesteilten Gebirge waren die schwierigsten Abschnitte für den Bau. Zwischen Tarutung im Batak-Hochland und dem Hafenstädtchen Sibolga an der Bai von Tapanuli liegt auch jene weltbekannte Todesstrecke, die, wie die Warnschilder am beiderseitigen Beginn dem Fahrer ausdrücklich zur Kenntnis bringen, auf 66 Kilometer nicht weniger als 1300 Kurven hat. — Insgesamt hat Sumatra heute elftausend Kilometer Autostraßen, ein Zehntel davon asphaltiert. Im Plantagengebiet der Ostküste erreichen sie mitteleuropäische Dichte. Vier Hauptquerverbindungen kreuzen die Längsader. Daneben mangelt es nicht an Stichstraßen und lokalen Wegenetzen in den wichtigeren Abschnitten. Drei untereinander nicht verbundene Bahnnetze mit zusammen rund zweitausend Kilometer

Strecke befinden sich im Südteil mit Ausgang in Telok Betong und Palembang, im Mittelabschnitt der Westküste um Padang, und im Nordosten mit Medan als Knotenpunkt. Mehr als anderswo sind auf Sumatra Bahn, Auto und Flußdampfer zu Durchgangsverbindungen kombiniert.

Ganz bedeutenden Ausbau fand das Straßennetz auf den „Zinninseln", insbesondere auf Bangka, sowie auf der „Touristeninsel" Bali. Auf ihr allein sind achthundert Kilometer Autostraßen, fast durchweg erster Ordnung, in Betrieb. Bali ist nicht größer als Anhalt.

Nicht mehr wegzudenken aus dem Verkehrsleben Inselindiens sind heute die Autobusse. In den Außenbesitzungen sind es oft zwar Fahrzeuge einfachster Konstruktion, für lebende und tote Fracht gemeinsam eingerichtet. Zwischen den Städten Javas dagegen verkehren wunderbar schnittige Wagen in allen Farben und mit wohlklingenden Namen wie „Stern des Ostens", „Silbervogel", „Fürst vom Berge" und dergleichen mehr. — Vor Ausbruch des Krieges liefen in Niederländisch-Indien neben 53 000 Personen- und 13 000 Lastkraftwagen bereits 9000 solcher Autobusse. Die Bevölkerung hatte billiges Reisen in ihnen, der Kilometer kam selten mehr als einen Cent. In der Bahn zahlte der braune Mann für dritte Klasse Batavia—Surabaja ganze vier Gulden, einen halben Cent je Kilometer. Noch billiger geht's nicht!

Noch anderen Fahrzeugen kamen die tadellosen Straßen zugute: den Fahrrädern. Es wäre erstaunlich, wenn dieses nationale Beförderungsmittel der Niederländer sich nicht auch in ihren Kolonien eingebürgert hätte. Chinesen sowohl wie Malaien übernahmen es eifrig. Die billige japanische Nachahmung für nur dreizehn bis achtzehn Gulden hat seine Verbreitung erst recht gefördert. In den Städten Inselindiens bewegen sich die gleichen Heerwürmer von „Fietsen" wie in den holländischen Städten. Nur heißen sie hier „sepeda" oder „kereta angin", das ist wörtlich „Luftwagen". Heute fährt der eingeborene Schlosser auf ihm mit der gleichen Selbstverständlichkeit in die Fabrik wie die braune Hebamme zu einer Gebärenden und das Schulkind in die Schule. Daneben ist das Fahrrad ein unentbehrliches Transportmittel geworden, zumal dort, wo die Wege für Autos nicht mehr befahrbar sind und Zugtiere fehlen. Ich sah in Westborneo, wie ganze Häuser in ihre Einzelteile zerlegt auf Fahrrädern umtransportiert wurden und wie man selbst Tote, auf ihrer Bahre zwischen zwei Fahrrädern aufgehängt, zu Grabe schaffte.

Im Jahre 1927 wurden probeweise die ersten Postflüge zwischen Holland und Java durchgeführt. Man schaffte die Strecke damals in zwanzig Tagen. In triumphaler Entwicklung wurde die Reisedauer dann bis auf fünf Tage reduziert, und 1939 bestanden Vorbereitungen, um sie noch um weitere zwei bis drei Tage zu kürzen. Die umwälzende

Bedeutung für den gesamten wechselseitigen Austausch liegt auf der Hand. Innerhalb der Inselwelt wurden alle wichtigen Städte durch Fluglinien verbunden. Nach Osten hin war teils über Bali, teils über Makassar und Ambon nach Timor und Neu-Guinea der Anschluß mit Australien hergestellt, nach Norden über Singapore bzw. über die Philippinen mit den großen hinterindischen Städten.

Der Postverkehr im Lande selbst ließ nichts zu wünschen übrig. Ich will nicht auch noch die Zahlen für die in Betrieb befindlichen Postämter und Telegrafenstationen nennen, denn ich weiß, daß Zahlen ermüden. Jedenfalls konnte ich auf meinen Märschen im tiefsten Innern der Inseln meine Post nach Europa ohne Bedenken einem Dorfhäuptling übergeben und gewiß sein, daß sie unbeschädigt beim Empfänger eintraf. Daß sie dabei außer durch die üblichen Beförderungsmittel auch noch von Flußdampfern, Motorbooten, Einbäumen und fast nackten Boten durch Urwälder, über Stromschnellen und endlose Flüsse ihren Weg genommen hatte, war ihr kaum anzusehen. Für besonders dringliche Poststücke gibt es selbst im Rimbu einen Schnellverkehr. Es wird eine Vogelfeder darangeheftet. Das bedeutet: der Brief muß so schnell gehen, wie ein Vogel fliegt; und er geht danach. Ein Stückchen Palmblatt daran, wie es für Dachmaterial Verwendung findet, bedeutet: Achtung! Vor Nässe zu schützen!

Auf den Höhen des Malabar-Vulkans mitten in Java hat Inselindien seine Großfunkstation. Die Radioverbindung Kootwijk (Holland) — Malabar (Java) war die erste der Welt über einen derart großen Abstand. Malabar übernahm auch die überseeischen Rundfunkübertragungen. Außerdem befanden sich in Batavia und einigen anderen Städten kleinere Sendeanlagen privater Rundfunkgesellschaften. Zuletzt verteilten nicht weniger als dreißig Kurzwellensender der NIROM (Nederlandsch Indische Radio Omroep Maatschappij) die von Europa mit Richtstrahler nach Indien vermittelten Sendungen über den ganzen Archipel. Die Zahl der Hörer betrug bei Kriegsausbruch etwa hunderttausend und stieg monatlich um weitere tausend. Das ist nicht sehr viel bei einer Bevölkerung von sechzig Millionen. Aber man darf nicht vergessen, daß die breite Masse des Volkes sich noch keine Empfangsanlagen leisten konnte, bestenfalls auf einen gemeinschaftlichen Dorfempfang angewiesen war. Trotzdem war der Rundfunk in seinen kulturellen, propagandistischen und verwaltungstechnischen Auswirkungen bereits von ungeheurer Bedeutung. — Wie sehr die Presse Inselindiens vom Funkverkehr, von der Radiotelegrafie und -telefonie profitierte, braucht kaum betont zu werden. Das Aneta-Pressebüro in Batavia ist sogar für uns in Deutschland ein Begriff geworden. Fast alle aktuellen Nachrichten aus Inselindien übernimmt die europäische Presse von ihm. „Aneta“ ist die Abkürzung für „Algemeen Nieuws- en Telegraaf-Agentschap“.

Das mit unendlich viel Mühe und Kosten verlegte Seekabelnetz und die nicht minder kostspieligen Überland-Telegraf-Verbindungen in den Außenbesitzungen, die immer wieder durch Überschwemmungen, Erdrutsche, stürzende Bäume oder durch Elefanten und sonstige Tiere gestört wurden, sind durch den Ausbau des Nachrichtenverkehrs im Äther überflüssig geworden. Ehe dieser eingerichtet wurde, liefen zwischen den Inseln mehr als zwölftausend Kilometer Kabel. Heute sind es keine vierhundert mehr und auch die werden noch verschwinden. Jahrelange Arbeit tausender von Hände wurde hinfällig durch eine kleine Erfindung. — Mehr als achtzig Postplätze in den Außenbesitzungen hatten bereits vor Kriegsausbruch Radiofunkanlagen zum Senden und Empfangen, viele Verwaltungsstationen außerdem ihre eigenen, jedoch nur zu Empfang brauchbaren Anlagen. Alles das läuft auf dem Malabar zusammen. Der Kontrollör in Long Iram etwa, der letzten Verwaltungsstation am Mahakam im tiefsten Borneo, ist jederzeit darüber unterrichtet, was seine Regierung in Batavia anordnet. Man kann das kaum fassen, wenn man neben so einer Anlage steht und es einmal mit aufnehmen darf. „Voriges Jahr“, sagte der Beamte, „hatte ich ‚das Dings‘ noch nicht. Damals brauchte die Post vier Wochen bis hierher, und gewöhnlich war dann längst überholt, was ich dringlich angefragt hatte.“

Die Annehmlichkeiten eines solchen Verkehrsausbaues werden von der Allgemeinheit eines tropischen Koloniallandes viel dankbarer hingenommen als in unseren Ländern. Für uns wird alles immer viel zu schnell Selbstverständlichkeit. Der Tropenmensch geht bedächtiger durchs Leben. Noch lange spricht er von der Mühsal, die gestern war, und freut sich immer aufs neue über die Annehmlichkeit des Heute.

Doch alles hat auch seine Schattenseiten. Nicht nur die gute Theatergruppe kommt heute bei den bequemeren Verkehrsverhältnissen leicht und oft ins Land, sondern auch die schlechte. Selbst geringwertigste Kabarettkräfte und Bardamen leisten sich gern den Abstecher nach Indien; früher hätten sie es sich wohl gründlichst überlegt. Das Radio ist gewiß eine angenehme Abwechslung im Tropeneinerlei, aber leider steht es überall dort, wo man sich mit Vorliebe aufhält, also auf der Galerie oder doch in weitgeöffneten Räumen, und „Zimmerlautstärke“ als Rücksicht auf den Nachbarn gibt es nicht. Wenn man abends noch über einer wissenschaftlichen Arbeit sitzt, kann man der Verzweiflung nahekommen. — Das Auto war für die Tropen eine der segensreichsten Neuerungen. Doch die Taxischofföre und ihre unentbehrlichen Beifahrer stehen mit ihren Wagen nicht an bestimmten Plätzen wie bei uns, sondern fahren langsam durch die Straßen und machen die Kundschaft durch andauerndes Hupen auf sich aufmerksam. — Dem Mohammedaner gewährt der moderne Dampferverkehr steten Kontakt mit dem Heimatland des Islams. Der Mekkapilger fährt heute billig und gefahrlos in kürzester Frist nach Arabien und — — pumpt sich dort voll mit revolutionären Ideen. Und der Nationalistenführer bespricht gleichzeitig mit seinem Sekretär auf der Nachbarinsel die nächste Protestversammlung radiotelefonisch.

Die Regierung wußte das. Aber, sagte sie, dürfen wir unseren Untertanen diese zeitgemäßen Fortschritte vorenthalten? Wenn wir es tun würden, hätten wir die Stimmung bald ganz gegen uns!

WIRTSCHAFT „GROSS" GESCHRIEBEN!

Die Aktien der Niederländisch Ostindischen Compagnie erreichten bereits wenige Jahre nach ihrer Gründung einen Kurs von 300 Prozent. Während der späteren Entwicklung stiegen sie mitunter auf 1260 Prozent. Insgesamt hat diese private Handelsgesellschaft im Verlauf ihres knapp zweihundertjährigen Bestehens 3600, das heißt jährlich 18 Prozent an Dividenden ausgeschüttet. Allerdings waren sie durchweg künstlich hochgetrieben, um die Kreditwürdigkeit der Compagnie zu heben. Wobei zu beachten ist, daß der Gulden damals noch „dicker" war als heute.

Das „Landrente-System" des englischen Zwischengouverneurs Raffles und seiner niederländischen Nachfolger steigerte die Einnahmen aus den Ländereien der Eingeborenen in sechs Jahren von 3¹/₄ auf 6¹/₅ Millionen. General van den Boschs „Kultursystem" aber erhöhte den Zuschuß der Kolonie an das Mutterland von 3 Millionen Gulden im Jahre 1831 auf 15 Millionen im Jahre 1848.

Das alles erarbeitete ausschließlich der Eingeborene aus seinen Gärten und Feldern. Zu einem Teil mußte er sie zwangsweise mit bestimmten Gewächsen bebauen. Viel brachte er auch durch den Fleiß seiner Sammelarbeit in den Wäldern zusammen. Jahrhundertelang haben die kolonialen Herren geglaubt, nur durch den Zwang seien die größtmöglichen Gewinne zu erwirtschaften. Sie folgten darin zwar nur dem Denken ihrer Zeit, sprechen sich darum aber doch nicht frei von Schuld, denn zu allen Zeiten gab es auch ehrlich überzeugte Gegner ihrer Methoden. Und als sich dann endlich die „freie Wirtschaft" durchgerungen hatte, erwies sich diese tatsächlich schon nach wenigen Jahren als in Wahrheit die rentabelste Methode. Sie brachte dem Staat ohne alle die häßlichen Begleiterscheinungen einer Zwangswirtschaft in zehn Jahren mehr Gewinn, als die ganze dreißigjährige Periode des „Kultur-Systems". Schon kurz nach ihrer Verkündung erbrachte sie jährliche Ausfuhrüberschüsse von fünfzig Millionen Gulden. Seit Beginn unseres Jahrhunderts gingen sie regelmäßig in die Hunderte von Millionen. In der höchsten Blüteperiode während und nach dem ersten Weltkrieg betrugen sie jährlich bis zu 650 Millionen, und der Gesamtwert der Ausfuhr lag damals um 1½ Milliarden Gulden.

Wenn auch die Niederlande seit mehreren Jahrzehnten keine unmittelbaren Staatseinnahmen mehr aus der Kolonie bezogen — im Gegenteil, Niederländisch-Indien war zuletzt infolge seiner gewaltigen Aufwendungen für den wirtschaftlichen, sozialen, kulturellen und wehrpolitischen Ausbau mit anderthalb Milliarden an das Mutterland verschuldet —, so sind doch immer große Summen an Zinsen, Dividenden, Gehältern, Renten und ähnlichen Posten überwiesen worden. Sie betrugen im letzten Jahrzehnt vor dem Kriege jährlich bis zu zweihundert Millionen Gulden, und diese kamen dem niederländischen Volksvermögen, in recht erheblichem Umfang auch der niederländischen Krone zugute. Dazu kommen die Gewinne aus dem Schiffahrtsverkehr mit der Kolonie, den Exporten und verschiedene andere Einnahmen, so daß insgesamt auf die 8½ Millionen Einwohner Hollands jährlich bis zu 400 Millionen Gulden Gewinne aus dem Inselreich entfielen. Allerdings sind das Spitzenleistungen, in wirtschaftlich schlechten Jahren war es wesentlich weniger. Immerhin kann man sich denken, vor welche Probleme der plötzliche Ausfall dieser Summen Staat und Volk der Niederlande gestellt hat. Und dazu kommt noch die Kriegsschädenbilanz Niederländisch-Indiens. Hier ist sie, knapp und bündig nach einer Meldung aus Batavia vom Oktober 1947: „Fast 2,2 Milliarden holländische Gulden betragen nach einem offiziellen Bericht die Kriegsschäden der niederländisch-indischen Wirtschaft. 1,4 Milliarden hfl. entfallen dabei auf Eingeborenenkulturen. Die Schäden an europäischen Pflanzungen werden, basiert auf den Preisen von 1941, mit 670 Millionen Gulden angegeben. Davon entfallen 210 Millionen auf Zucker, 158 Millionen auf Kautschuk, 110 Millionen auf Palmöl und 100 Millionen auf Tee. Erst 1952 wird die normale Produktion wieder erreicht werden können."

Wirtschaftliche Auswertung eines Koloniallandes ist heute gleichbedeutend mit seiner Erschließung. Ehe eine Plantagengesellschaft zu roden beginnt, baut sie eine Straße nach dem neuen Gelände und eine zweite zum nächsten Bahnstrang oder Abschiffungsplatz. Wo umgekehrt die Regierung durch den Neubau von Straßen ein brachliegendes Gebiet erschließen will, stellt sie in ihrer Nähe zu günstigsten Bedingungen Siedlungsgelände zur Verfügung. Die Wirtschaft zieht die Straße und die Straße die Wirtschaft nach sich. Wo Wirtschaft „Groß" geschrieben wird, kann auch der Straßenbau nicht nachhinken. Wenn an der „Ostküste" ein neuer Teilabschnitt „geöffnet" wird, arbeiten nicht zwei oder drei, sondern zwölf oder zwanzig Dampfwalzen am Straßenbau.

In Inselindien wurde Wirtschaft „Groß" geschrieben. Es war unter den Tropenländern eine der wichtigsten, wenn nicht die wichtigste Rohstoffkammer. Es gab kaum ein Tropenprodukt, das, wenn auch auf umständlichen Wegen erst aus anderen Ländern herbeigeholt, hier nicht kultiviert und dem Weltmarkt zur Verfügung gestellt wurde. Niederländisch-Indien stellte in normalen Zeiten — in abgerundeten Zahlen — ein Drittel der Welterzeugung an Kautschuk und Kokosprodukten, ein Viertel an Hartfasern und Palmöl, ein Fünftel an Tee, sechs Zehntel an Kapok, sieben Zehntel an Tapiokaprodukten, acht Zehntel an Pfeffer, neun Zehntel an Chinarindeprodukten, dazu ein Fünftel an Zinn und Zinnerz, und, mit Britisch-Borneo zusammen, knapp ein Zwanzigstel der gesamten Welterdölproduktion. Es stand unter den Erdölländern hinter den U.S.A., der Sowjetunion, Venezuela und Iran an fünfter Stelle.

Die folgenden Kapitel sollen einen knappen Querschnitt durch die wichtigsten Zweige der Wirtschaft Inselindiens vermitteln. Sie beziehen sich auf die Verhältnisse des zwanzigsten Jahrhunderts und lassen die der vorigen Jahrhunderte als überwunden und für alle Zeiten abgetan außer acht. Wenn ich auch die Wirtschaftsmethoden und Erfolge der Zwangsperioden einschließen wollte, wüßte ich nicht, ob ich sie vom Standpunkt des Europäers, der den Nutzen davon hatte, schildern sollte, oder dem des Eingeborenen, der sie nur als schwere Last empfand. Das „Kultursystem" brachte Holland Millionen und aber Millionen an Gewinnen ein und versorgte Europa mit wertvollsten Produkten. Java blühte auf zu einem wahren Garten von Pflanzungen, zu einer Hochburg kolonialen Fleißes... Trotzdem verminderte sich durch schrecklichste, infolge der Zwangsmethoden ausgebrochene Hungersnöte, die Eingeborenenbevölkerung allein im Bezirk Demak von 336000 Seelen im Jahre 1848 auf 120000 im Jahre 1850, und in Grobogan von 100000 auf sogar 9000 Seelen!

Da lag das „Paradies" in seinem tiefsten Schatten, und die „glücklichen Kinder der tropischen Natur" waren nichts als erbärmlich ausgehungerte Arbeitssklaven einer verständnislosen Verdienerkaste. Sind sie auch heute noch keine kleinen Könige zu nennen, so haben sie doch ihr einstiges Gleichgewicht wiedergefunden und leben, verständnisvoller als damals in den Wirtschaftsprozeß eingegliedert, wieder als freie Geschöpfe auf ihrem angestammten Boden und als freiwillige Mitarbeiter des fremden Unternehmers. An Stelle des Zwanges ist die Lenkung getreten, bestimmt durch die Bedürfnisse des Weltmarktes. Selbst der kleinste und primitivste Eingeborene, der Buschsammler, Jäger oder Fischer, arbeitet heute für den Weltmarkt mit, und tausendfältig hat der braune Mann erwiesen, daß er selbst die schlimmsten Schwankungen weit besser durchzuhalten vermag als der kapitalstarke Großunternehmer. Denn er ist heimisch in diesem Raum und weiß sich stets aus ihm zu ernähren. — So ist der eingeborene Malaie trotz seiner Armut in Wahrheit der stabilste Pfeiler des ganzen Wirtschaftslebens in Inselindien von jeher gewesen und geblieben.

SAMMELGUT

Wir schraken unwillkürlich zusammen. Unmittelbar vor uns aus der Wirrnis des Urwaldpfades tauchten mehrere Männer auf, tief gebückt unter der Last hoher Kiepen. Weit ragten diese über ihre Köpfe herauf. Wenn man tagelang marschiert ist, ohne einer Menschenseele begegnet zu sein, ist dieses Erschrecken entschuldbar. Es war bei jenen nicht geringer als bei uns. Doch sie erwiesen sich als ebenso friedliche Menschen wie wir selber es waren. Sie hatten Damarharz gesammelt und schafften es nun in ihr Kampong. Hier und da hatten wir längs unserer Wege schon die einfachen Bänkchen angetroffen, auf denen die Damarsammler ihre schweren Lasten ein paar Augenblicke abzusetzen pflegen, um ihren Körper auszuruhen und den schneidenden Druck der Baumbasttragbänder über den Schultern und vor der Stirn vorübergehend zu mildern. Die Stirn hilft bei allen diesen Waldvölkern mit tragen; Folge ist ein besonders stark ausgebildetes Genick.

Auch an kleinen Abdächern aus Blättern waren wir schon des öfteren vorbeigekommen. Manchmal standen unter ihnen solche trichterförmigen Kiepen, schon mit Harz gefüllt, während die unsichtbar bleibenden Sammler noch weitere Bäume anzapften. Oder wir hatten Kiepen voll Harz unter den Dorfhäusern gesehen. Man verwahrte sie dort, bis genügend zum Abtransport an den nächsten Handelsplatz beisammen waren. Einige Male waren auch auf den Flüssen Bambuflöße voll mit Harzkiepen an uns vorbei abwärts getrieben. Nur die Harzbäume selber hatten wir noch nicht gesehen. Sie liegen abseits der üblichen Pfade, und außer den Sammlern weiß sie niemand zu finden.

Jetzt nahmen wir die Gelegenheit wahr, solche Sammelplätze aufzusuchen. Die Männer waren bereit, sie uns zu zeigen. Ein wenig Tabak vermehrte noch ihre Bereitschaft. Unbekümmert ließen sie die Kiepen einstweilen stehen; in der Wildnis herrscht als vornehmstes Gesetz das der Ehrlichkeit und des Vertrauens, sofern man sich nicht gerade im Bereich eines feindlich gesonnenen und räuberischen Stammes befindet.

Bald ging es vom Weg seitwärts in den Wald, auf einem Pfad, der uns bestenfalls der Wechsel von Tieren zu sein schien. Da standen wir auch schon auf einem kleinen freigekappten Platz vor einem Damarbaum. Es ist wichtig, daß ringsherum gekappt wird, nicht nur, um besser an den Baum herankommen zu können, sondern derjenige, der ihn aufgespürt hat, gibt dadurch allen Späterkommenden kund, daß bereits ein Besitzer vorhanden ist. — Donnerwetter! Das konnte man wohl einen Baum nennen! Wir acht, die wir beisammen waren, vermochten ihn längst nicht zu umspannen, und mit seinen sicherlich sechzig bis siebzig Metern ragte er weit über die übrigen Wipfel hinauf. Es war allerdings ein besonders altes Exemplar. Am auffälligsten waren halbmondförmige, etwa zwei Hand lange Vertiefungen an dem kahlen Stamm. In regelmäßigen Abständen waren sie ringsherum bis hinauf unter den Wipfelansatz durch die Rinde in das Holz eingehauen. In diesen Wunden tritt das graue, glanzlose Harz aus, sammelt sich in den muschelförmigen Vertiefungen und leckt, wenn es reichlich fließt, noch in tropfsteinförmigen Gebilden über die Rinde abwärts, bricht auch in zackigen Brocken ab und fällt auf den Boden. Hier wird es durch Laub und Erde verunreinigt und bildet dann die geringere zweite Sorte. Von Zeit zu Zeit kommen die Sammler und ernten.

Das freilich will gelernt sein, es erfordert Kraft und Geschicklichkeit. Jetzt konnten wir es bewundern. Der Baum war bereits vor mehreren Tagen gezapft, und es hatte sich schon wieder etwas Harz gesammelt. Im Handumdrehen wußte der Besitzer passenden Rotan im Busch zu finden. Er wurde um den Stamm gelegt und eine Schlinge daraus gedreht, groß genug, um den hinaufkletternden Mann noch mit in sich aufzunehmen. Wie der Telegrafenarbeiter in seinem Gurt, so hängt der Harzsammler in seinem Rotanrohr. Nur braucht er keine Steigeisen, der nackte Fuß weiß sich genügend Halt an Borkenschuppen und Unebenheiten sowie in den Zapflöchern selbst zu verschaffen. So hat der Zapfer beide Hände frei, um mit dem Buschmesser das Harz zu lösen und die Wunde erneut anzuschneiden.

Inselindien ist der größte Harzlieferant der Erde. Für Damar und Kopal, die wichtigsten Harze unserer Industrien, hat es das Monopol. In normalen Zeiten bringt es jährlich etwa 25 000 Tonnen zur Ausfuhr. Auch der meiste sogenannte „Manila-Kopal“ stammt nicht von den Philippinen, sondern aus Niederländisch-Indien. Damar wird überall in den regenfeuchten Wäldern gefunden, Kopal hauptsächlich auf Selebes und in den Molukken, in Höhen zwischen tausend und zweitausend Metern. — Die Ausfuhr an Benzoëharz, dem bekannten „Weihrauch“, ist ebenfalls beträchtlich. Vielerorts wird der Benzoëbaum auch in Halbkulturen künstlich gezogen. Bei den Batak im Hochland Sumatras gehören fast zu jedem Dorf einige solcher „Kaminjan“gärten. — Das gleiche gilt für die Kolophonium und Terpentin liefernden Kiefern. Mit ihnen sind sogar weite Steppenflächen in den Hochländern von Staats wegen planmäßig aufgeforstet worden. Ebenso unterliegen Bambu, das üblichste Baumaterial im Archipel, ferner das wohlriechende, für Parfüms und

Medikamente gebrauchte Sandelholz Timors und manches andere ehemalige „Wild“gewächs heute teilweise schon planmäßigem Anbau. — Aus den Fruchtschuppen gewisser Rotanpalmenarten wird das „Drachenblut“ gewonnen, ein für die Herstellung von Lacken wichtiges Harz.

Großer Abnehmer der Harze, vor allem von Damar und Kopal, ist Nordamerika, und dort unter anderem die Grammophonplattenindustrie. Wichtiger ist die Verwendung dieser Harze bei der Herstellung von Farben, Firnissen und Lacken, in Sonderheit Autospritzlacken, ferner von Isolierungsmaterial, Linoleum, selbst Kaugummi und Medikamenten. Der Eingeborene selbst verwendet sie zum Abdichten und Kleben. Särge etwa werden mit Damar gedichtet, auch die Boote, die Messerschäfte in den Griffen.

Ebenso wichtig wie die Harze ist der Rotan. „Stuhlrohr“ oder „Spanisch Rohr“ nennen wir ihn, hier und da in der Literatur auch „Meerrohr“. Wir kennen ihn alle in der Hand des Lehrers oder von unseren „Peddigrohr“möbeln her. In den Wäldern der Inselwelt kommt Rotan, eine schwerbestachelte Schlingpalme, in Hunderten von Arten vor. Etwa vierzig davon werden wirtschaftlich verwertet. Für den Export sind außerdem nur einige ganz bestimmte Stärken üblich. Selebes und Ostborneo sind Hauptlieferländer, Makassar und Surabaja die größten Verschiffungshäfen. Auf verlassenen Brandrodungsfeldern pflanzen die Eingeborenen Rotan heute auch schon vorsätzlich an. Er wächst dann mit dem neu aufschießenden Jungbusch rascher heran als an seinem natürlichen Standort im Wald. Schon nach sieben oder acht Jahren kann man in diesen „Gärten“ ernten, seine Ranken sind dann manchmal fünfzig und mehr Meter lang. Im Urwald kann man mitunter solche von zweihundert Metern antreffen. Tropenwachstum! Sie werden aus den Bäumen herabgezerrt, entdornt, entrindet, auf bestimmte Längen geschnitten, gewaschen und getrocknet und dann in die Handelsplätze gebracht. Von den Aufkäufern werden sie erneut sortiert und gesäubert. Durch Schweflung erhalten sie den schönen, von der Industrie begehrten gelben Glanz. „Peddigrohr“ ist geschälter Rotan.

Für die Malaien ist Rotan der universale Werkstoff. Mit ihm wird geflochten und gebunden, was wir zusammennageln oder schrauben würden. Er ist, in allen Stärken, das ausschließliche Tauwerk und Bindematerial, wo man nicht den Bast der Bananenstämme oder sonstige Baumbaste nebenher verwendet. Urwaldhäuser sind nur mit Hilfe von Rotan zusammengefügt. Ganze Hängebrücken kann man aus ihm flechten. Manche Sorten lassen sich spalten, bis zur Feinheit eines Zwirnfadens. So ist er beliebtestes Flechtmaterial. Rotanrohr als „Kette“ und zähe Baumrindestreifen als „Schuß“ ergeben die dauerhaftesten Fußbodenmatten. Sie zu flechten ist schwere Arbeit, nur Männer geben sich damit ab. Man beginnt mit einem Quadrat in der Mitte und flicht, die Streifen mit scharfen Hölzern fest aneinander treibend, allmählich nach allen vier Seiten gegen die Ränder hin. Ganze Hauswände werden aus Rotan geflochten, oder die Kiepen, Fischreusen und Körbe. Aus dem ganz dünn gespaltenen Rohr arbeiten die Frauen Täschchen und Mützen, Reisschwingen, Gürtel und hundert andere hübsche Dinge. Dazu färbt man es oft mit verschiedenen Farbstoffen. Sie liefert ebenfalls der Wald aus Pflanzen oder deren Wurzeln.

Sein Reichtum ist unerschöpflich. In den Küstenwäldern werden hauptsächlich Nipahpalme — die Botaniker schreiben sie leider fälschlich ohne das malaiische „h" am Ende als „Nipa fruticans" — und Mangrove verwertet. Ich sprach früher schon davon, was alles von ihnen brauchbar ist. Die Wälder liefern ferner eine ganze Reihe von Nutzhölzern. Zum Teil werden sie, wie das harte Teakholz Javas, forstlich kultiviert und in staatlichen oder privaten Großbetrieben verarbeitet. Teak ist bestes Schiffszimmerholz. es widersteht auf See Bohrmuscheln und Salzwasser ebenso gut wie an Land den weißen Ameisen. Sehr gesucht ist es als Schwellenholz. Die Südafrikanische Union nahm viel ab für den Bahnbau. Geringwertigeres dient als Feuerungsmaterial auf den Bahnen im eigenen Lande.

Auch chinesische Kleinunternehmer sind mit ihren „Panglongs", ihren Urwaldsägereien, an der Holzausbeute beteiligt. Sumatra und der Riau-Archipel sind ihre bevorzugten Betätigungsgebiete. Sie liefern Schnitthölzer und Brennholz wie auch Holzkohle, hauptsächlich nach Singapore. Darüber hinaus wird viel Holz von den Eingeborenen geschlagen, immer so, daß sie es zu den Flüssen schaffen und auf diesen abflößen können. Wenn das spezifische Gewicht der frischen Hölzer größer als das des Wassers ist, wie beim gewichtigen Eisenholz von Borneo oder dem Ebenholz von Selebes, muß man sie mit sehr leichten Hölzern zusammenkoppeln, um sie schwimmfähig zu machen. Es gibt solche, die beim Anheben wie Schwamm und Kork wirken, und man kann leicht den Herkules spielen und einen riesigen Stamm davontragen. Auf allen größeren Urwaldströmen trifft man Baumstammflöße. Sie sind oft in Hunderten von Metern Länge aneinandergefügt. Monatelang sind die Flößer aus dem Innern der Inseln bis zur Küste unterwegs, und ebenso lang mit ihren kleinen Booten auf dem Rückweg. So haben sie richtige Häuser auf ihren Flößen stehen, mit ihrer Familie, allem Hausrat und meistens sogar Haustieren darin. An den großen Strommündungen müssen sie vor der endgültigen Ablieferung die staatliche Forstkontrolle durchlaufen. Kein Stamm schwimmt vorbei, der nicht genormt und gezeichnet wäre.

Die Forstkontrolle sorgt übrigens auch, so weit sie irgend kann, für eine Lenkung der gesamten Sammelwirtschaft, vor allem der Harzausbeute, um einer unsachgemäßen Raubwirtschaft und vorzeitigen Erschöpfung der Wälder vorzubeugen, sofern sie nicht durch rücksichtslose Methoden der Sammler bereits eingetreten ist. Im übrigen ist es ein altes Vorrecht der landesheimischen Fürsten, nutzbringende Produkte sammeln zu lassen und Zins davon zu erheben. Das hat oft zu Raubbau geführt. Für die Sultane und sonstigen Potentaten in den großen Waldgebieten sind diese „Buschgelder" vornehmste Einnahmequellen gewesen. Ungeheure Reichtümer haben sie ihnen eingebracht. Wenn man etwa in Tenggarong den neuen Palast des Sultans von Kutai, einem waldreichen Gebiet Ostborneos, und seine luxuriöse Innenausstattung sieht, wird man gern überzeugt sein, daß mancher kleine europäische Herrscher seinen braunen Kollegen beneiden muß.

Zu den kostbarsten Gütern der malaiischen, insbesondere der sumatranischen Wälder im Hinterland von Barus an der Nordwestküste, gehört der Kampfer. Es ist nicht eigentlich der botanisch echte Kampfer, wie er auf Formosa und den südlichen Japanischen Inseln durch Destillation aus dem Holz des Cinnamonum-Baumes gewonnen wird, sondern richtig genommen ein sogenanntes Borneol. Er ist aber nicht minder begehrt als der echte und sogar bis zu zwanzigmal höher im Preis als jener. Namentlich die Chinesen verwenden ihn als Medizin und zum Einbalsamieren ihrer Toten. Er stammt vom Dryobalanops-Baum Sumatras und Borneos. In weißlichen, perlmuttglänzenden Kristallen findet er sich in Höhlungen und Rissen des Stammes, braucht also nicht gleich dem „echten" Kampfer erst destilliert zu werden. Unter der inländischen Bezeichnung „kapur Barus" ist er weit berühmt. Ehe der künstliche Kampfer auf den Markt kam war das Sammeln dieses Waldproduktes ein einträgliches Gewerbe. Auch heute ernährt es noch seinen Mann, denn das Naturprodukt bleibt dem chemischen überlegen. Doch die Zahl der Sammler geht immer mehr zurück. Kampferbäume zu finden, ist vielleicht nicht allzu schwer. Aber um solche heraus zu spüren, die wirklich die kostbaren Kristalle in ihrem Mark beherbergen — alle tun das leider nicht —, dazu gehören eben Erfahrung und Instinkt des langjährigen Sammlers. Man sagt von einem solchen, er könne an einem feinen Dunst, der um den Stamm schwebe, die Anwesenheit der Kristalle „sehen". Aber das ist wohl Legende. Tatsache ist, daß die Kampfersammler niemanden in ihr Gewerbe hineinblicken lassen, der nicht zu ihnen gehört. Sie bilden die exklusivste Zunft unter allen einheimischen Gewerben. Sie haben sogar ihre eigenen, selbst für die übrigen Dorfgenossen unverständlichen Ausdrücke in der Sprache und gebrauchen sie, um die Waldgeister, als die wirklichen Eigentümer der kostbaren Bäume, irrezuführen und um ihrem Zorn zu entgehen. Sicher sehen die abergläubigen Eingeborenen den Kampfer als ein übernatürliches Produkt an, weil er flüchtig ist und sich in kurzer Zeit in ein Nichts auflöst. Er muß sehr umständlich in Blätter und Tücher von verschiedener Farbe verpackt werden, wenn man ihn wirklich ohne Verlust bis zum Aufkäufer bringen will. Auch beim Versand über See ist richtige Verpackung die Hauptsache. Man schlägt die Kisten mit Bleiblech aus, sonst würden sie leer ankommen. Allzu groß ist der Ertrag nicht, bis zum ersten Weltkrieg wurden jährlich für etwa fünfzigtausend Gulden ausgeführt. Seitdem ist es eher noch weniger geworden. Aber wegen der Einmaligkeit seines Vorkommens und seines guten Rufes soll dieses Sammelgut hier nicht unterschlagen werden.

Erwähnen will ich auch noch die Tengkawang oder „Illipi-Nüsse", große geflügelte Samen der Shorea Illipi. Sie enthalten ein der Kakaobutter ähnliches Fett. Es hat jedoch einen größeren Schmelzgrad als diese und wird daher gern in Tropenschokoladen verarbeitet. Westborneo ist das wichtigste Herkunftsland. Die Eingeborenen sammeln dort die Früchte, soweit Rotwild und Schweine ihnen nicht zuvorkommen. Sie verwenden es auch in der eigenen Küche. Doch setzen die Bäume in manchen Jahren mit dem Fruchtansatz aus, und die Ernten schwanken daher sehr. —

Der Nutzen aus der Tierwelt der Wälder fällt gegen den der Pflanzenwelt sehr ab. Elfenbein kommt kaum noch zur Ausfuhr, seitdem der Elefant nebst einigen anderen immer seltener werdenden großen Säugern wie Nashorn, Orang Utan und auf Java auch das Bantengrind unter Naturschutz gestellt wurden. Nur wenige Abschüsse werden noch genehmigt, wenn diese Tiere allzu großen Schaden anrichten. Mehr als Elfenbein ist das Horn des Rhinozeros begehrt. Es gibt „weißes" und „rotes", die Chinesen wiegen es buchstäblich mit Gold auf. Zermahlen ist es ihre kostbarste Medizin. Sie kaufen als solche auch Bärengalle oder Bezoarsteine aus Schlangengehirnen und ähnliche Unmöglichkeiten mehr. Alles das hat Wunderkräfte, nicht nur für sie, sondern auch für die Eingeborenen. Bärengalle ist ein ganz gebräuchliches Heilmittel für solche, die aus hohen Bäumen oder vom Dach gefallen sind. Die kleinen malaiischen Kragenbären können sich sehr hoch herabfallen lassen, ohne sich dabei zu verletzen. Also muß auch Medizin von ihnen helfen, und je bitterer sie ist, um so mehr wird sie begehrt. Der Malaie ist übrigens gar kein Freund dieser für uns so possierlichen Bären. Nicht nur können sie — im Gegensatz zum Tiger — ihm auf der Flucht sogar in die Bäume nachsteigen, sondern sie stehlen auch mit Vorliebe den Honig der wilden Bienen. Und den liebt der Malaie selber sehr.

Allenthalben wird dieser Honig gesammelt, und „Bienenbäume" werden beim Fällen des Urwaldes sorgsam geschont. Wenn man auf einer Rodung einzeln stehende hohe Bäume antrifft, kann man immer sicher sein, daß sie entweder Sitz eines respektierten Geistes oder aber bevorzugte Nistplätze von Wildbienen sind. Die oft bis einen Zentner schweren Waben herabzuholen, ist keine Kleinigkeit. Die Bienen wählen ohnehin gern sehr hohe Bäume mit astfreien Stämmen. An ihnen hat es auch Meister Petz nicht leicht. Die Honigsammler treiben zähe Holzkeile als Fußhalter in den Stamm, steigen in der Dämmerung, wenn die Bienen schläfrig sind, hinauf und räuchern die Nester mit schwelenden Fackeln aus. Dann werden sie abgeschnitten und in aufgespannte Tücher hinuntergeworfen. — Wildbienenhonig ist eine Leckerei ersten Ranges. In den warmen Tropen ist er ganz flüssig; man kann ihn trinken wie köstlichen Nektar.

In großen Mengen, bis zu mehreren hunderttausend Stück jährlich, werden Schlangenhäute ausgeführt. Mit Vorliebe werden die vornehm schwarz und weiß gemusterten Pythonschlangen gefangen. Wir kennen ihr Leder von den Schuhen, Handtaschen und Gürteln unserer Damen. Auch das fein gezeichnete Eidechsenleder unserer Kunstindustrie stammt zum guten Teil aus Inselindien. Es ist die Haut der Varane, der nicht selten mannshoch werdenden Rieseneidechsen. — Nicht vergessen werden sollen unter den Sammelprodukten aus dem Tierreich die Salanganen, die eßbaren Schwalbennester aus natürlichen und künstlichen Höhlen. Sie sind aus dem gallertartigen Speichel der kleinen Küstenschwalben geformt. Nicht selten werden sie unter Lebensgefahr geerntet, so etwa an der brandungsreichen Südküste Javas. Wieder sind die Chinesen die Hauptkäufer dieses ausgefallenen Sammelgutes. Sie kaufen ja auch Haifischflossen und am Strand oder auf dem Riff gesammelte Seegurken — Trepang — für ihre Küche, wo sie sie nur kriegen können.

Lebende Tiere für unsere Zoologischen Gärten und Handlungen gehören ebenfalls hierher. Von Zeit zu Zeit gehen solche Transporte ab. Die begehrtesten Tiere des Archipels, so der clownartige Nasenaffe Borneos und der liebenswerte „singende“ schwarze Gibbon, kommen leider nie lebend bis zu uns herüber. Noch alle sind auf der Überfahrt verendet. Es war schon eine Sensation, als nach dem Weltkrieg die ersten Orang-Utan von Sumatra lebend in Europa eintrafen. —

Reich ist der Segen der Gewässer. Fluß und See sind im Binnenland jeder Insel, das Meer in der Nähe der Küsten Lieferanten der täglichen Beispeise zum Reis. Fische aller Art, von stecknadelgroßen bis zu zentnerschweren, Krebse, Krabben und Langusten, Schildkröteneier, aber auch Muscheln und vielerlei für uns widerwärtiges Kleingetier sind hier zu nennen. Das findet man aber auch schon auf den Märkten am Mittelmeer! Einen Fischmarkt in der Nähe der See zu besuchen, ist ein Erlebnis. Da stehen ganze Körbe voll der golfballähnlichen, leicht zusammengedrückten Schildkröteneier, aus denen sich herrliche Omelette backen lassen, das Hundert für weniger als einen halben Gulden. Da liegen in langen Reihen goldgelbe Barsche, kleine graue Haie, plumpe

Rochen mit meterlangen dünnen Schwänzen, silbrigglänzende, gebänderte und getüpfelte Plattfische und Langfische aller Art.

Auf dem Fischmarkt im alten Hafen von Batavia sah ich einmal zu, wie frisch angelandete Fänge verauktioniert wurden. Es handelte sich um eine Art Stint. Sie lagen in kleinen Haufen auf dem Zementboden, und ringsum drängten sich die kauflüsternen Händler. Ein sehr respektvoll aussehender Chinese schien der Eigentümer zu sein; er rechnete und notierte. Ein junger Malaie übernahm den Verkauf. Genau wie die Auktionatoren unserer Seefischhäfen, so weist er mit einem Stab auf die einzelnen Haufen. Nur geht es hier um viel kleinere Beträge; selten kommt eine Partie über den Gegenwert von dreißig Pfennigen hinaus. Auch hier ruft der Versteigerer „Zum Ersten ... Zum Zweiten ...“ und mit einem Stoß seines Stabes gegen den Boden und einer eigenartigen Klangverschiebung beim Ausrufen der letzten Silbe bestätigt er den Verkauf.

Man muß sich die Fischer, Sammler und Jäger in der Malaiischen Inselwelt nicht immer nur als halbnackte unstäte Wilde vorstellen. Das sind nur jene wenigen, die noch ganz und gar auf der niedrigen Kulturstufe des „Wald- und Wurzelmenschen“ stehen, also ihre Nahrung: Früchte, Blätter, Wurzeln und Getier, ausschließlich in der Wildnis erbeuten. Die anderen üben ihren Beruf, wie jeder andere Gewerbetreibende auch, im engen Dorfverband und auf dem Niveau des mit der Zivilisation bereits in Berührung gekommenen Landbewohners aus. Abgesehen von den echten Seefischern, sind diese Sammler und Jäger fast alle nebenher Landbauer. Wie weit diese „Zivilisation“ manchmal schon geht, muß man am besten selbst gesehen haben.

Wir fuhren einmal auf einem Nebenfluß des Melawi weit im Innern von Borneo ein Stück abwärts. Unsere Ruderer, Dajak vom Volk der Ot Danum, waren stolz darauf, nicht mehr Lendenschurze aus geklopfter Baumrinde, sondern richtige Kleidung zu tragen. Vor allem der Eigentümer des Bootes glänzte in einer gestreiften Pyjamahose, einem braunen Kunstseidenhemd und einem echten Filzhut. Weiß der liebe Himmel, wer ihm den vererbt hatte. Vor einigen Stromschnellen baten die Leute, fischen zu dürfen. Dort war das Wasser flach und sonnenwarm, und die Fische „standen“ in ganzen Schwärmen. Mit bewundernswerter Kunstfertigkeit warf „der Kunstseidene“, wie wir ihn gleich getauft hätten, das weite, bleibeschwerte Wurfnetz. Das war wahrhaft ein Bild großartiger Kraft und Gewandtheit. Rauschend schwirrte es auseinander und klatschte ins Wasser, jedesmal mehrere Fische einschließend. Nach jedem Wurf sprang der kühne Fischer, wie er war, über Bord, tauchte mit seinem Seidenhemd unbekümmert und weit bis über die Haarwurzeln unter, wickelte in der Tiefe mit der einen Hand die zappelnde Beute fest in das Netz und hielt mit der anderen krampfhaft seinen Filzhut über Wasser. Weiß der Kuckuck, warum er ihn nicht im Boot ließ. Das aber war, wie man so sagt, ein Bild zum Kinderkriegen.

KROMO, DER REISFELDBAUER

Kromo, der Reisfeldbauer, und seine viele Millionen Brüder sorgen in normalen Zeiten dafür, daß jeder Malaie täglich seine 275 Gramm Reis zu essen hat, ohne die er nicht leben mag. Ausgenommen sind nur die Bewohner der östlichen Inseln des Archipels. Für sie ist Grundnahrung immer noch das Mark der teils wild, teils in Halbkulturen wachsenden Sagopalme. In den Trockengebieten von Selebes und den Kleinen Sunda-Inseln tritt außerdem Mais in den Vordergrund. Aber jeder sieht, wie er nebenher möglichst viel vom sehr begehrten Reis dazukaufen kann. Gegen den geringen Verbrauch bei uns erscheinen 275 Gramm Reis täglich sehr viel. Wir sind selbst in Friedenszeiten im Durchschnitt mit weniger als 10 Gramm täglich zufrieden. Gemessen an den übrigen Reis bauenden Ländern aber sind die Malaien sehr sparsam im Verbrauch. Denn schon auf den benachbarten Philippinen ißt man täglich 332 Gramm, in China 375, und der Japaner bringt es gar auf den Rekord von 470 Gramm.

Der Malaie hat nicht mehr Reis, sonst würde er auch größere Mengen davon essen. Für die Großstadtzentren und volkreichen Plantagenbezirke mußten ohnehin jährlich noch mehrere hunderttausend Tonnen an billigem Verbrauchsreis aus Burma und Indochina eingeführt werden; eine kleine Ausfuhr von sehr hochwertigen Java-Reissorten stand demgegenüber. Japan mußte gleich nach der Besetzung des Inselreichs alle Maßnahmen ergreifen, um die Einfuhr gänzlich auszuschalten und die völlige Reisautarkie herbeizuführen. Schon vor seiner Einmischung konnte die Einfuhr ständig gedrosselt und der Malaie mit dem Anbau von zusätzlichen Nahrungsmitteln, hauptsächlich Mais, Süßkartoffeln, Ölfrüchten und allerlei Gemüsen bekannt gemacht werden. Freilich wollte er sich nur langsam daran gewöhnen. Er ist nun einmal sehr langsam, wenn es heißt, Neuerungen einzuführen, die mit Bestehendem brechen wollen. Ganz besonders bei allem, das mit dem Reis und Reisbau zu tun hat, ist er konservativ bis zur Sturheit.

Das kommt, weil der Reis für ihn heilig ist, — Götter brachten ihn auf die Erde —, und nicht minder sind es alle Methoden, die seinen Anbau betreffen. Für uns erscheint es unglaublich, daß allein auf Java jährlich vier Millionen Hektar Reis Ähre für Ähre einzeln abgeschnitten werden. Man bedient sich dazu eines kaum fingerlangen Messerchens. An zwei seitlichen Griffen wird es angefaßt und ist fast ganz in der Hand verborgen. Nur ein Stückchen der Schneide schaut hervor. Damit weiß man allerdings sehr flink zu arbeiten. Diese Art des Erntens mit einem uns rückständig anmutenden Werkzeug geschieht aus guter Überlegung. Der Reis hat eine Seele, wie jeder Mensch und jedes andere Wesen. Sie gibt ihm erst seine Nährkraft. Wenn sie das Korn verläßt, verliert es seine Kraft, und es wäre überflüssig, wenn man es noch essen wollte. Vor einer Sichel oder Sense erschrickt die Reisseele und flieht. Das kleine Messer aber gewahrt sie nicht und bleibt ruhig in ihrem Korn sitzen. — Wo einzelne Völker, etwa die Batak, doch mit Sicheln ernten, geht der Dorfpriester zu Beginn der Ernte mit einem Messerchen vorweg ins Feld. Dann ahnt die Reisseele nichts von der Gefahr, die ihm folgt.

Wie soll man solche tiefeingewurzelten Anschauungen ausschalten? Die Europäer haben es nicht gewagt. Es hieße, am religiösen Fundament rütteln. Das würde unübersehbare Folgen nach sich ziehen. Nur die Zeit und die allmählich fortschreitende Aufklärung können da Änderung schaffen; mit Befehlen und Verboten ist nichts getan. So muß der Malaie eben bei seinen unvollkommenen Anbau- und Erntemethoden bleiben, bis er selber von besseren überzeugt ist. Das gleiche gilt für viele andere Bräuche bei der Wahl der Felder, ihrer Bestellung und Pflege. Nur äußerst vorsichtig kann die Obrigkeit eingreifen, durch Beispiel, Belehrung und tatkräftige Unterstützung bessere Ausnützung des Geländes und höhere Erträge erwirken. Denn diese sind, verglichen mit den Hektarerträgen anderer Reisländer, ungenügend. Es werden hauptsächlich drei Maßnahmen durchgeführt: Einschränkung des Brandfeldbaues, Zuteilung neuer Ländereien — etwa aus stillgelegten Plantagen, trockengelegten Sümpfen oder ähnlichem Neuland — und Förderung der Bewässerungskultur. Allein auf Java konnte damit von 1930 bis 1940 die Reisproduktion von 5,1 auf 6,8 Millionen Tonnen erhöht werden.

Für diesen bedeutsamen Erfolg zeichnet neben dem „Landbauberatungsdienst“ und dem Fleiß des Bauern vor allem der staatliche Bewässerungsdienst verantwortlich. Eine Provinz nach der anderen hat ihren Nutzen durch ihn gehabt. Auf Java, Bali und in einigen Landesteilen Sumatras steht fast das gesamte Reisland heute unter Berieselung, zumal gerade hier auf bereits bestehenden guten einheimischen Grundlagen aufgebaut werden konnte. So weit nötig, wurden diese Anlagen vervollkommnet und überwacht. Darüber hinaus sind nicht nur zahlreiche neue technische Großanlagen geschaffen worden, sondern die Forschung hat nebenher die überaus wichtige Erkenntnis erbracht, daß Bewässerung nicht in jedem Falle zur Steigerung des Ertrages, sondern ebenso gut auch zu seiner Minderung führen kann, wenn etwa die benutzten Wässer zu kalkreich oder bei Flüssen aus Vulkangebieten zu stark mit schädlichen Bitterstoffen beladen sind; oder wenn sie einen an sich guten, jedoch zu leichten oder porösen Boden auslaugen, anstatt ihn noch mehr zu bereichern. Auf keinem anderen Gebiet haben Erfahrung und Studium so eng Hand in Hand gearbeitet, wie gerade in den Fragen des Reisbaues und der Bewässerung.

Reisbau ist mühselige Arbeit; man kann nicht sagen, daß den Malaien ihr Brot nur so in den Mund wächst. Die Anlage der Felder, das Planieren, Eindämmen, Ausheben und Säubern der Bewässerungsgräben erfordert viel Zeit und Körperkraft. Das Pflügen und Eggen des halbversumpften Landes geht zwar hauptsächlich zu Lasten der Arbeitstiere. Aber die damit beschäftigten Männer stecken während dieser Zeit Tag um Tag bis an die Knie in der Nässe und sehen aus wie Sielreiniger. Es ist begreiflich, daß der schulgebildete Malaie solche schmutzige Beschäftigung nicht mehr gerne auf sich nehmen will, und ebensowenig will das schulgebildete Mädchen auf seinem sauber frisierten Bubenkopf noch schwere Lasten tragen. Es entstehen hier durch die Emanzipation des Farbigen tiefe Konflikte für die Volkswirtschaft und schwerwiegende Probleme für die Regierenden. Denn es ist unmöglich, jeden, der eine Schule besuchte, in einem Büro oder Amt unterzubringen. Mit der Zeit muß natürlich doch die Mehrzahl wieder zum Pfluge greifen; aber nicht alle tun es gerne, und viele werfen sich auf weniger mühselige Kulturen, wie etwa die des Gummibaumes.

Auf den Ladangs, den Brandrodungsfeldern der Urwaldbauern, wird der Reis ausgesät, ohne daß eine Bodenbearbeitung vorausgeht. Sobald die Geister der Berge, der Erde und der Bäume das ausersehene Gelände freigegeben haben, wird es vom Unterholz befreit. Anschließend werden die höheren Bäume gekappt. Wenn sie sehr dick sind, steigt man auf kleinen Gerüsten möglichst weit am Stamm hinauf und schlägt dort, wo er weniger dick und das Holz nicht mehr so hart wie über dem Wurzelstock ist. Man muß sein bißchen Werkzeug und seine Kräfte schonen. Nur leichte Handbeile kennt der Brandbauer, aber keine schwere Axt, keine Säge. Die Stümpfe bleiben stehen; wer wollte sie ausroden, noch dazu bei der gewöhnlich nur ein oder zwei, im Höchstfall drei Jahre währenden Benutzung der Felder. Ein paar Wochen bleibt der geschlagene Busch in der Sonne zum Dörren liegen. Dann wird gebrannt. Die großen Stämme kohlen gewöhnlich nur oberflächlich an, nur die aus Weichholz brennen mit weg.

In dieses Gewirr hinein werden mit Pflanzhölzern Löcher in den Boden gestoßen. Da hinein wird das Saatkorn geworfen. Der Boden ist durch die Holzasche etwas gedüngt, der nächste Regen schwemmt die Löcher wieder zu. Damit ist zunächst alles getan. Die meisten Brandbauern kennen keine besondere Pflege ihrer Felder; nur wenige Völker geben sich die Mühe, sie vom gröbsten Unkraut freizuhalten. Die Sorge setzt erst wieder ein, wenn die Pflanzen heranreifen und die Schädlinge sich einstellen. Ihre Bekämpfung ist das wichtigste der ganzen Arbeit um den Reis. Wir haben das in unseren Kornfeldern kaum mehr nötig; die Schäden durch Wildfraß und Vögel lassen sich bei uns ertragen. Nicht so beim Malaien und besonders nicht bei dem Brandbauern im Walde. Ohne ständiges Bewachen seiner Felder würden ihm Hirsch und Schwein, Ratte und Reisfink nichts übriglassen. Besonders der letztere, der „Spatz" der Inselwelt, ist ein dreister und allgegenwärtiger Räuber. Seinethalben müssen alle Felder kreuz und quer mit Fäden oder dünnen Rotanstreifen überspannt werden. Lappen, Blechdeckel, große Blätter und ähnliche Schreckmittel hängen daran. Von zentralen Wachthütten aus wird dieses ganze Scheuchsystem durch Ziehen mit der Hand in Bewegung gesetzt. Solange die Körner reifen, dürfen diese Hütten tagsüber nicht unbesetzt bleiben. Es ist die gegebene Beschäftigung für Kinder und Greise. Sogar die Schulferien richten sich nach diesen Reisbewachungsperioden.

Der Sawahreis dagegen wird nicht gesät, sondern gepflanzt. In besonderen Saatbeeten werden die Pflänzchen herangezogen und dann Stück für Stück in die frisch überfluteten Felder ausgesetzt. Die Sawahs unterliegen auch peinlichster Pflege. Immer wieder gehen die Frauen hindurch, ergänzen, wo etwas fehlt, jäten das Unkraut, und die Männer regulieren die Bewässerung. Auch dieses Jäten ist mühselige Arbeit, zumal in den kühlen, ewig regnerischen Hochländern. Nässe von oben und Nässe von unten bei allen Arbeiten in der Sawah — da ist es nicht erstaunlich, daß gerade im Hochland rheumatische Krankheiten und Lungenentzündungen bei der Bevölkerung sehr häufig sind.

Für alle Mühen entschädigt die Ernte. Sie ist fröhlichstes Volksfest. aller. Das ist ein buntes Bild, wenn die Schnitter in langen Reihen durch die Felder gehen, in ihren lustigen Gewändern und unter den großen Palmblatthüten. Bei manchen Völkern werden die gesammelten Ähren gleich auf dem Felde ausgedroschen, d. h. mit den Füßen ausgetreten, entweder unmittelbar auf dem Erdboden oder auf kleinen erhöhten Plattformen, so daß die Körner nach unten durchfallen können. Man wählt gerne die kühlen Abendstunden oder auch Mondnächte dazu, und Erntezeit ist darum die Zeit eifrigsten Flirtens der Jugend. Der Javane dagegen trägt die Ährenbündel ins Dorf. Überall begegnen uns kräftige Männer und Burschen, die an wippenden Bambustangen über der Schulter mehrere solcher schweren Ährenbündel heimwärts befördern. Es ist bewundernswert, wie peinlich genau die Bündel in Länge, Umfang und Gewicht übereinstimmen, da alles doch nach Augenmaß vorgenommen wird. Allenthalben auf trockenen Feldstücken, an den Wegen und vor den Häusern stehen die etwa zwei Spannen langen Bündel zum Nachreifen. Mit einem geschickten Schwung weiß der Schnitter sie auseinander zu spreizen. Prächtig goldgelb sind sie, wenn die volle Reife erreicht ist.

Wenn auch einige Zeit vor der Ernte die Bewässerungszufuhren abgestoppt werden, so ist der Boden der Sawahs doch auch während ihr gewöhnlich noch recht sumpfig. Sobald sie beendet ist, werden die Felder mit dem verbleibenden Stroh zur Weide für das Vieh freigegeben. Man kann sich denken, daß die nasse Erde durch die schweren Wasserbüffel wie Schmierseife durchgeknetet wird. Gleichzeitig werden sie auf natürliche Weise gedüngt. Ist das Stroh abgefressen oder niedergetrampelt und die Sawah als Weide nicht mehr tauglich, findet sich eines Morgens, wenn der Horizont sich rötet, Kromo, der Reisfeldbauer, wiederum mit seinem Pfluge ein, und ein neues Reisjahr nimmt seinen Anfang.

DER KAUTSCHUKRUMMEL

Der gewissenhafte Wirtschaftskundler wird mir ob dieser Überschrift zürnen. Wie darf ich auch sein Lieblingsprodukt so in den Staub ziehen! Die mit der Kautschukfrage belasteten Regierungsorgane werden sogar wütend sein, ihr Sorgenkind derart geschmäht zu sehen, und die Botaniker der Versuchsanstalten werden abfällig die Achseln zucken und sagen: „Lächerlich! Der Mann hat keine Ahnung, was Kautschukkultur bedeutet, sonst würde er sie nicht so herabmindern." Selbst der „im Rubber" beschäftigte Plantagenkuli würde wahrscheinlich eine Verständnislosigkeit für seine Arbeit darin sehen und empört sein. Gehört sie doch, was den Zapfer anbelangt, zu den sorgfältigsten, und was den Mann im Koagulierschuppen betrifft, zu den unangenehmsten Beschäftigungen der Welt. —

Ich weiß das alles, weiß, daß der Werdegang der Kautschukkultur ein Roman in allen Registern ist, ein wütender Kampf des Pflanzers mit der Wildnis, ein jahrzehntelanges Probieren und Beobachten in den Versuchsanstalten, ein Fieber, ein Hasardspiel, bald eine Tragödie und dann wieder ein rauschendes Fest mit Pauken und Trompeten.

Trotzdem kann man sich in einem Herkunftsland dieses seltsamen Produktes des Eindrucks nicht erwehren, als handele es sich um einen Jahrmarktsartikel, mit dem gerissene Scharlatane ihr willkürliches Spiel treiben. Bald preisen sie ihn an als den Höhepunkt des ganzen Trubels, und das kauflustige Volk drängt sich in dichten Mauern um sie. Dann wieder, wenn es übersättigt ist und etwas anderes sehen will, werfen sie ihn verärgert und verächtlich zum alten Rummel in den Hintergrund. Pflanzt Kautschuk! Kautschuk über alles! Es lebe der Kautschuk! war gestern die Parole. — Pflanzt keinen Kautschuk! Alles andere, nur keinen Kautschuk! Nieder mit dem Kautschuk! lautet sie heute; um morgen vielleicht wieder umzuschlagen in: Kautschuk! Kautschuk! Nichts als Kautschuk!

Genau gesehen ist das zu kraß. Die Welt hat seit dem Beginn des Automobilzeitalters und der damit verbundenen Geburt der Kautschukgroßkultur immer Gummi gebraucht und auch gekauft, und demzufolge mußte auch immer welcher produziert werden. Das schicksalhafte Moment im Kautschukroman ist jedoch, daß es sich um etwas ganz Neues, noch nie Dagewesenes gehandelt hat, und daß niemand die Entwicklung dieses Neuen richtig voraussehen konnte.

Die Geschichte der Rubberkultur in Inselindien beginnt im Jahre 1876, als die ersten Pflänzchen des brasilianischen Hevea-Baumes über London nach Buitenzorg gebracht wurden, und man dort feststellen konnte, daß sie erstaunlich gut gediehen. Damals bestand seitens Landbau und Wirtschaft noch kein besonderes Interesse für sie. Die bereits bestehenden Pflanzungen von Ficus-Gummi und Getah Pertja — „Guttapercha" sagte man fälschlich bei uns dazu —, sowie das natürliche Sammelprodukt aus den Wäldern verschiedener Tropenländer reichten für den Weltbedarf aus. Das Interesse setzte erst ein, als nach der Jahrhundertwende die Automobilindustrie als Großabnehmer aufzutreten begann und die bisherigen Kautschukquellen, insbesondere die Lieferungen von Paragummi aus den brasilianischen Urwäldern nicht mehr ausreichten. Man nahm nun in Inselindien um so eifriger die Kultur auf, weil verschiedene andere zum Erliegen gekommen waren. So waren vor allem viele Kaffeeplantagen durch die verheerende Blattschimmelkrankheit des Kaffeestrauches an den Rand des Ruins gebracht worden. Außerdem hatte sich an der „Ostküste" erwiesen, daß der seit den sechziger Jahren in Deli mit bestem Erfolg angebaute Tabak außerhalb der Grenzen dieses Gebietes nicht gedeihen wollte, und die dort eigens für ihn erschlossenen Ländereien suchten nun nach einem neuen Anbaugewächs. Da kam die Hevea wie gerufen. Kautschuk war das Zukunftsprodukt, denn an einem Sieg des Automobils als Verkehrsmittel der Zukunft war nicht zu zweifeln.

Man pflanzte darauf los in einem mehr als „amerikanischen" Tempo. Im Jahre 1910 waren 75 000 Hektar bepflanzt. Dann kamen Jahr für Jahr rund 25 000 weitere Hektar hinzu. 1930 war man bei 575 000 Hektar Plantagenkautschuk allein im niederländischen Teil des Archipels angelangt. Hinzu kamen einige zehntausend Hektar im britischen Besitz auf Borneo. Von genanntem Jahr ab ging es dann etwas langsamer, bis zum Ausbruch des zweiten Weltkrieges verzeichnete Niederländisch-Indien 600 000 Hektar Plantagenrubber. Damit war der Kautschuk unter den sogenannten „Großen Kulturen", das heißt den mehrjährigen Plantagengewächsen der Inselwelt, die führende. Diese haben zusammen seit Beginn der freiwirtschaftlichen Wirtschaftsepoche etwa eine Million Hektar Urwaldwildnis in Kulturland verwandelt. Mehr als die

Hälfte davon beansprucht also allein die Hevea, und zwar auf fast 1200 Plantagen. Sechshundert davon liegen auf Java, vierhundert auf Sumatra, der Rest auf Borneo und einigen anderen Inseln.

Nicht abzuschätzen jedoch war von Anfang an weder der tatsächliche Bedarf des zukünftigen Weltmarktes, noch die Ausbreitung der Kultur in Inselindien selbst und in anderen Ländern, geschweige denn die Preisgestaltung. In einem noch schnelleren Tempo als in der Malaiischen Inselwelt wurde aber auf der Halbinsel Malakka gepflanzt, außerdem auf Ceylon, später auch in Britisch-Indien und Burma, Siam und Indochina. Wenn in den letztgenannten Ländern Anbau und Produktion auch nur geringfügig waren, so setzte sich das britische Malaya doch rasch als führendes Kautschukland noch vor Inselindien durch.

Noch weniger hatte man damit gerechnet, daß auch der Eingeborene für dieses neue Gewächs Interesse zeigen würde. Es gab allerdings Zeiten — so während des ersten Weltkrieges —, in denen dieses Interesse seitens der Regierung künstlich erzeugt und gesteigert wurde, weil die Plantagen allein den Weltmarktsansprüchen nicht mehr gerecht werden konnten. Aber wiederum hatte man das Tempo und den Umfang in der Entwicklung dieses „Eingeborenen-Kautschuks" unterschätzt. Wer hätte ihm voraussagen wollen, daß er schon im Jahre 1930 ebensoviel Areal bedeckte wie der Plantagenkautschuk und ihn einige Jahre später sogar noch um hunderttausend Hektar überflügelt hatte! Und wer hatte außerdem auch noch die Erfolge der Versuchsanstalten, die ungeahnten Mehrerträge durch die Selektion und die Pfropfmethoden einkalkuliert, von den Bestrebungen zur Herstellung synthetischen Kautschuks ganz zu schweigen.

Etwas mehr als zwei Jahrzehnte ging es gut. Produktion und Nachfrage deckten sich, beziehungsweise die Nachfrage war sogar größer als das Angebot. Die Preise waren befriedigend. Während des Weltkrieges und kurz nach seinem Ende stiegen sie ins Märchenhafte. Fast fünf Gulden wurden damals für ein Kilo Rubber gezahlt. Kautschuk um jeden Preis für den großen Gummihunger der Welt! Kautschukanbau um jeden Preis in den Erzeugungsländern! — Die Plantagen schossen nur so aus der Wildnis. Die Eingeborenen bepflanzten nicht mehr nur verlassene Ladangs und neue Buschrodungen damit, sondern teilweise sogar ihre guten Sawahs. Sie bauten sich große Häuser und fuhren in Automobilen, zu deren Bereifungen ihre eigenen Gärten in immer steigendem Maße beitrugen. Der Rummel begann; es gab eine Kautschukorgie allergrößten Ausmaßes.

Natürlich konnten sich diese Fantasiepreise nicht lange halten. Ernüchterung folgte auf dem Fuße. Der Pflanzer hielt nach anderen Anbaugewächsen Ausschau; der Eingeborene war froh, wenn er wieder Reis bauen und hübsch zu Fuß gehen konnte. Einen Teil seiner Rubbergärten ließ er einfach verwildern. Doch das schadete den Heveabäumen durchaus nichts. Im Gegenteil, sie kräftigten sich durch die Ruhe; und als Ende der zwanziger Jahre Nachfrage und Preise erneut anzogen, traten sie auf einmal alle wieder in Produktion, und noch dazu in vermehrte, obwohl kein Mensch mehr mit ihnen gerechnet hatte.

Da saß man nun mit allein in Inselindien weit über einer Million Hektar zum größten Teil bereits zapfbarer Hevea, als ab 1931 die Weltwirtschaftskrise mit ihrem Rückgang an Einkäufen aller Rohstoffe ihre Wellen auch in das Insel- und Gummiparadies entsandte. Vielleicht ist es sogar anders herum, vielleicht nahm sie gerade in diesen überproduktiven Rohstoffländern, allen voran in den Kautschukländern, ihren Anfang und setzte sich von dort aus konzentrisch über die restliche Erde fort. Das mögen die Krisensachverständigen und Konjunkturforscher ergründen.

Uns genügt die Feststellung, daß der Rubber „krachte“, wie nur je eine Kultur in Inselindien gekracht ist. Alles, nur keinen Kautschuk! — Ein Teil der Plantagen schloß seine Pforten, andere gingen zu Ölpalme, Fasergewächsen oder sonstigen noch einigen Gewinn versprechenden Kulturen über, um nicht ebenfalls schließen zu müssen. Preise unter Gestehungskosten, ein paar Cent für das Kilo, unverkäufliche Vorräte, Verluste, Konkurse, Entlassungen, schlechte Stimmung. Der einzige, der nicht erschüttert wurde, war der Eingeborene. Er produzierte weiter, er pflanzte noch neu dazu. Ihm genügten auch ein paar Cent. Wast ist dabei zu machen, wenn es keine Gulden mehr regnet? Wie Allah will! Obwohl seine Anpflanzungen in viel schlechterem Zustand als die der Plantagen sind, und die Hektarerträge des Eingeborenen-Kautschuks weit unter denen des Pflanzungsproduktes liegen, lieferte er jetzt bis zur Hälfte und mitunter noch etwas mehr der gesamten Rubberausfuhr.

Drei Jahre lang tanzte der Plantagenkautschuk einen Totentanz. Der Rummel um ihn war still und sein Name bitter geworden. — Ich glaube, daß alle Kautschukunternehmer das Datum des 7. Mai 1934 mehrfach dick und rot umrandet haben. Denn an diesem Tage kamen in London die Regierungen der wichtigsten Kautschuk anbauenden Länder zu einer Übereinkunft. Sie sah für die folgenden fünf Jahre eine Einschränkung der Produktion und Ausfuhr nach bestimmten, für die Unterzeichner verbindlichen Quoten vor, aufgebaut auf einer mit der tatsächlichen Leistungsfähigkeit harmonierenden „Basisquote“. — Die sich verpflichtenden Länder, durchweg in Süd- und Südostasien gelegen, verfügten über 97 Prozent der Weltproduktion. Die paar afrikanischen und südamerikanischen Außenseiter mit ihren 3 Prozent konnten dem Plane kaum gefährlich werden.

Diese Restriktionsmaßnahmen bedeuteten nun keineswegs eine Wiedergeburt der anhaltenden Hausse. Aber sie garantierten doch wenigstens jedem Erzeugerland den sicheren Absatz eines Teiles seiner Produktion und bewahrten es vor dem völligen Zusammenbruch der Kultur.

Niederländisch-Indien erhielt hinter Malaya die zweithöchste Quote. Die gesamte Leistungsfähigkeit der Kautschukkultur mußte jedoch genauestens erfaßt werden, um die zugelassenen Produktionsmengen auch gerecht an die einzelnen Erzeuger, europäische wie einheimische, umlegen zu können. Man hat damals einen fast unmöglich anmutenden Entschluß auf sich genommen, nämlich den, sämtliche Gummibäume des Inselreiches zu zählen. Und man hat das tatsächlich durchgeführt. Bei den Plantagen war das nicht schwer. Dort steht ohnehin jeder Baum säuberlich zu Buch, hat seine Nummer und seinen blauen oder roten Ring am Stamm und wird vom Pflanzungsassistenten laufend auf Ertrag, auf Krankheiten und Fortpflanzungseignung kontrolliert. Aber bei den Gärten der Eingeborenen war es eine Sisyphusarbeit. In keinem anderen Lande gab es so viele einheimische Rubberproduzenten wie in Niederländisch-Indien. Hier auf einer Rodung mitten im Wald, dort in einem entlegenen Tal, da an einem unsichtbaren Hang standen die Bäume, vielfach wie alle anderen Exportkulturen absichtlich so versteckt, daß die Obrigkeit sie zum Zwecke der Ertragsschätzung und Besteuerung möglichst schwer finden konnte. Daneben gab es allerdings in den Hauptanbaugebieten des Eingeborenenkautschuks, nämlich in Südostsumatra, West- und Südborneo, auch große übersichtliche Anpflanzungen längs der Flüsse und Wege.

Mit bewundernswerter Findigkeit, Geduld und Exaktheit wurde das Werk von einem ganzen Heer einheimischer Hilfspersonen unter europäischen Leitern durchgeführt. Im Jahre 1937 stand das Ergebnis fest: mehr als 750 000 inländische Eigentümer von Kautschukgärten, fast 600 Millionen Bäume auf rund 700 000 Hektar Anbaufläche! — Jetzt brauchte man sich nicht mehr zu wundern, daß der Malaie es fertiggebracht hatte, die ganze Welt-Kautschuk-Ordnung in Verwirrung zu bringen.

Eine größere Arbeit stand noch bevor. Für jeden dieser dreiviertel Million Kautschukbauern mußte, genau wie für jede Plantage, die tatsächliche Ertragskapazität und nach dieser die zugelassene Zapfmenge entsprechend dem Restriktionsplan berechnet werden. Man verfiel bei der Zuteilung auf eine Methode, die sich kurz unter dem Namen „Coupon-System" einbürgerte. Dieses war für die kontrollierenden Behörden ebenso praktisch, wie leider für die Entwicklung der Volkswirtschaft verderblich. Jeder Heveabesitzer bekam um die drei Monate eine seiner Produktion entsprechende Menge von Coupons zugeteilt. Er durfte nur die Menge abliefern, über die diese Coupons lauteten. Das

Produkt der Eingeborenen unterlag dabei noch einer geringen Ausfuhrsteuer, um ihnen den Vorsprung vor den europäischen Plantagen nicht allzu leicht zu machen.

Bis dahin war alles aufs Beste in Ordnung. Man beging jedoch die Unvorsichtigkeit, diese Rubbercoupons für übertragbar zu erklären. Das heißt also, man wollte und konnte sich praktisch nicht um die abgelieferte Menge jedes einzelnen Erzeugers kümmern, sondern legte nur Wert darauf, daß die Gesamtmenge die zugestandene Ausfuhrquote nicht überschreiten konnte. So wurden die Coupons zu Handelspapieren. Sie waren so gut wie bares Geld, aber ohne Beständigkeit des Wertes. Je nach dem Preis des Kautschuks stiegen oder fielen sie. Fast immer war dabei der Wert der Coupons fast so hoch wie der des Kautschuks selber, denn die Nachfrage nach ihnen war groß. Es gab viele Plantagen, die gerne ihre volle Kapazität ausschöpfen wollten, und viele kleine Eingeborene, die es sich nicht erlauben konnten, einen Teil ihrer Bäume unbenutzt stehenzulassen. Sie kauften von den größeren Gartenbesitzern entsprechende Berechtigungsscheine hinzu; und selbst wenn diese je Kilogramm beispielweise mit dreißig Cent und der Kautschuk selber nur mit fünfzig Cent gehandelt wurden, begnügten sie sich gerne mit den verbleibenden zwanzig Cent als Entgelt für ihre Mühe und Arbeit. Der Große aber hatte bald das Zapfen nicht mehr nötig; der Verkauf seiner Coupons brachte ihm mühelos genug ein. Er lebte, wie das Volk es bald nannte, vom „makan pensiun karet“, vom „Gummipension essen“.

Der neue Restriktionsplan ließ sich freie Hand in der Erhöhung oder Verminderung der Ausfuhrquote von Quartal zu Quartal, je nach den Anforderungen des Weltmarktes. Darüber bestimmte das „International Rubberregulation Committee“ in London. Nun ging — Verzeihung! — der Rummel erst richtig los. Der „internationale Restriktionsprozentsatz“ schwankte nicht nur von Jahr zu Jahr erheblich, sondern in jedem Vierteljahr war er ein anderer, und manchmal bewegten sich die Sprünge gleich um das Doppelte. Rubberblüte und Rubberwelken wechselten sich ab, und es ist begreiflich, daß der skeptische Pflanzer jeden plötzlichen Sprung nach oben schließlich nur noch als trügerische Scheinblüte wertete.

Der Eingeborene freilich nahm es, wie es kam. Gestern ließ er seine Gärten verwildern, baumelte mit den Beinen und schnallte den Gürtel eng; dann wieder zapfte er, was herauswollte, aß das Dreifache bis Fünffache von dem der schlechten Monate — denn auch seine körperlichen Funktionen sind dehnbar! —, stürmte die Läden der Goldschmiede und Zahnärzte, welch letztere ihm auch noch den Mund voll Gold füllen mußten, kam nicht mehr aus den Kinos heraus, verhalf den einheimischen Theatertruppen zu ungeahnten Verdiensten und kleidete sich in billardgrüne Fassonjacken, dunkelviolette Gesellschaftsanzüge oder einen Straßendreß aus rosa Bembergseide, und mancher ging so weit, sich Fünf- und Zehnguldenscheine als Fähnchen an die Speichen seines Fahrrades zu heften. Das war vornehm! Das brachte Ansehen! — Es ist berechnet worden, daß 1937, einem Jahre der Hochblüte, allein unter die Bevölkerung von Sumatra und Borneo — das sind alles in allem gut zehn Millionen Menschen, aber sicher noch nicht eine Million unmittelbar Beteiligte — durch den hochbezahlten Rubber und einige andere im Preis hochgeschnellte Ausfuhrgüter mindestens einhundertfünfzig Millionen Gulden gekommen sind.

Alles dieses ist nicht übertrieben, es beruht auf vielen Berichten und mancher eigenen Anschauung. Denn ich hatte Gelegenheit, Hochblüte und Tiefstand des Rubbers in mehrfachem Wechsel drüben zu erleben. In den maßlosen Zeiten der ersteren spielte sich in den Anbaugebieten des Kautschuks tatsächlich ein einziger großer Festesrummel ab, und in den Zeiten des Stillstandes herrschte eine ebenso trübselige Lethargie.

Trotzdem wäre es verkehrt, die Kautschukfrage Inselindiens nur unter dem Gesichtswinkel ihrer grotesken Einflüsse auf die Volkswirtschaft sehen zu wollen und nicht auch ihrer segenbringenden. In Wahrheit ist die Rubberkultur die vornehmste Einnahmequelle der europäischen Plantagenwirtschaft wie des einheimischen Landbaues. Allein die Plantagen Niederländisch-Indiens beschäftigten 2500 Europäer und gegen 300 000 Farbige „im Rubber“; sie brachten jährlich 25 Millionen Gulden an Löhnen unter das Volk. Diese Kolonie lieferte jährlich ein Drittel bis zwei Fünftel der Welterzeugung an Kautschuk, zuletzt jährlich rund eine halbe Million Tonnen Kautschuk. Das Jahr 1940 brachte ihre volle Kapazität zum Ausdruck. Einschließlich einiger abgestoßener Vorräte wurden 545 000 Tonnen ausgeführt, weitere 54 000 Tonnen aus dem britischen Borneo. — Der kleine portugiesische Besitz auf Timor hat, was Kautschuk anbelangt, keine weltwirtschaftliche Bedeutung; er liefert hauptsächlich guten Kaffee, Mais, Kopra, Harze und tierische Produkte. — Fast die gesamte Kautschukausfuhr des genannten Jahres ging in die Vereinigten Staaten. Sie waren auch in normalen Zeiten Hauptkäufer, denn sie haben immer reichlich die Hälfte der Welterzeugung verbraucht.

Die Hevea brasiliensis, um die sich alles dieses dreht, ist ein Baum, wie er nüchterner nicht sein kann. Bei seinem Anblick denkt man etwa an Ahorn oder mittelstarke Linden, wenigstens was den Wuchs anbelangt. In ungeheurer Regelmäßigkeit und Eintönigkeit liegen die einzelnen Rubberplantagen eingesprengt in die Wildnis, gegen die sie immer wieder verteidigt werden müssen, oder haben sich in den Hauptanbaugebieten auch schon zu fortlaufenden Wäldern zusammengeschlossen. Wären nicht zu bestimmten Zeiten die leichte Buntfärbung der Blätter und das abfallende Laub — ohne jedoch jemals die Bäume gänzlich kahl werden zu lassen — sowie die knallend zerberstenden, nicht ganz walnußgroßen Früchte, so würde man überhaupt nichts an Abwechslung in diesen schematischen Baumgärten haben

Vom siebten Lebensjahr an wird die Hevea zapfbar und beginnt nun die beträchtlichen Kosten der Rodungen, Anpflanzungen, Fabrikeinrichtungen und Wegeanlagen, Arbeiterbeschaffung und sonstigen Organisationen zurückzuzahlen. Morgens zwischen halb Sechs und Neun eilen die männlichen und weiblichen Zapfer von Baum zu Baum. Mit einem gebogenen Messer müssen sie über dem Schnitt des Vortages einen neuen anbringen, nicht flacher und nicht tiefer als genau bis zu dem Kambiumhäutchen zwischen Rinde und Holz. Ein halber Millimeter zu tief bringt dem Stamm eine nie wieder ganz verschwindende, das spätere Zapfen sehr erschwerende Wunde bei, und ein ebenso geringer Betrag zu wenig verhindert das völlige Ausströmen des Latex, der weißen Gummimilch. Kautschukzapfer sind die Feinmechaniker im Landbaugewerbe; nur die erfahrensten Arbeiter eignen sich für diese Tätigkeit. Dreihundert bis dreihundertfünfzig Bäume vermag ein geübter Zapfer täglich zu bearbeiten.

Über eine kleine, in der Rinde befestigte Blechrinne tröpfelt der Saft in ein Schälchen aus Porzellan, Glas oder Leichtmetall. Der Eingeborene begnügt sich statt dessen auch mit einer halben Kokosschale, einem kleinen, halbierten Bambuabschnitt oder gar einem gebogenen Stück Baumrinde. Dafür ist sein Erzeugnis auch unsauberer und geringer im Preis als das der Plantagen. Nur die Morgenstunden eignen sich zum Zapf, später wird es zu heiß, und der Latex gerinnt zu schnell auf der Schnittfläche. Die erstarrten Häutchen werden selbstverständlich ebenfalls mit verwertet. Nun werden die Schälchen gesammelt, in Milchkannen entleert und zur Fabrik geschafft. Nach genauester Prüfung und Wägung der Erträge erfolgt im Koagulierschuppen der Verfestigungsprozeß. Mit Hilfe eines Zusatzes von Ameisensäure gerinnt der Latex in besonderen Gefäßen zu festen Kuchen oder Tafeln. Der erbärmlich faulige Gestank, den die Masse ausströmt und zusammen mit einer Unzahl klebriger Fetzen am Körper der mit ihr beschäftigten Kulis hinterläßt, macht die Arbeit in diesen Räumen zu der am meisten verachteten, Koagulierschuppen und -arbeiter nimmt man von weitem schon mit der Nase wahr. In den Hauptanbaugebieten der Eingeborenen, wo jeder kleine Besitzer seine eigene primitive „Fabrik" unterhält, bestehend aus einem Abdach auf vier Pfählen, kann dem Durchreisenden oft übel werden von dem widerwärtigen Geruch.

Die modernen Fabrikationsanlagen walzen die Rohkuchen — oder Slabs — zu langen Bahnen — Crêpes —, oder handlichen Tafeln —

Sheets — aus. In Rauchhäusern werden sie mehrere Tage lang geräuchert, um sie gegen Bakterienfraß und sonstige schädliche Einwirkungen widerstandsfähig zu machen. Da erhalten sie erst die braune Farbe, unter der wir den Rohkautschuk bei seiner Ankunft in unseren Häfen kennen. In Triplexkisten verpackt wandert das Erzeugnis zum Abschiffungsplatz.

Wie überall auf den Plantagenbetrieben sind auch „im Rubber" die Tage lang. Sie beginnen vor Sonnenaufgang und enden, mit kurzen Unterbrechungen, erst wieder abends um sechs Uhr, kurz vor dem Verschwinden der Sonne. Tongg ... tongg ... tongg ... dröhnen die Schlitztrommeln durch die Gärten, Fabriken und Schuppen. Das Werk ist getan. Aufatmend begibt sich der Angestellte in sein Häuschen, um Bad, Bier und abendliches Mahl nach dem heißen Tage in Ruhe zu genießen. Vor den Pondoks, den Wohnräumen der Arbeiter, gluten die Feuer, riecht es nach Gebackenem und Gebratenem, schallt das Lachen und Schwatzen der tagsüber so schweigsam und verbissen schaffenden Kulis. Vielleicht war heute Zahltag und morgen ist Hari Besar, der vierzehntägige „Große Tag", an dem alle Arbeit ruht. Da wird der kleine Kuli zum freien König werden. Für seinen Lohn wird er die Welt und etwas Liebe dazu kaufen, wenn ihn das Schicksal nicht noch diese Nacht auf der Würfelmatte grausam darum betrügt.

DIE ZUCKERTRAGÖDIE

Wenn ich die Geschichte des Kautschuks in Inselindien in eine Posse ausmünden ließ, so muß ich die der Zuckerkultur als wahres Trauerspiel beschließen. Dieser Abschluß ist um so tragischer, als es sich bei dieser Kultur um eine der größten Leistungen in der Gesamtwirtschaftsgeschichte auf unserer Erde handelt, und was speziell die Zuckerwirtschaft betrifft, um ihren am höchsten entwickelten Zweig. Vielleicht ist das nun einmal so in der Welt, daß alles wirklich Große still und bescheiden zu Grabe gehen muß, einer schöneren Auferstehung gewiß.

Wenn uns in unserem reich an eigenem Zucker gesegneten Land dieser Zusammenbruch der javanischen Zuckerwirtschaft auch nicht gerade unmittelbar betrifft und wir ihn vielleicht gar als den Tod einer lästigen Konkurrenz feiern möchten, so will ich doch daran erinnern, daß auch bei ihr, und gerade in entscheidenden Entwicklungsphasen, wieder viele deutsche Energien und Erfolge beteiligt waren. Einmal gehört hierher der Aufbau erster leistungsfähiger Fabrikanlagen durch deutsche Fachleute in den dreißiger Jahren des vorigen Jahrhunderts, und zum anderen das große Forschungswerk des jungen deutschen Botanikers Doktor F. Soltwedel, des Direktors der ersten javanischen Zuckerversuchsanstalt in Semarang, in der Mitte der achtziger Jahre. Ich brauche diese

Männer nicht mühsam aus der Vergessenheit auszugraben; auch die niederländischen Bearbeiter der Entwicklung der Zuckerkultur auf Java stellen ihre Verdienste rückhaltlos heraus.

Am sechsten November 1937 wurde in Niederländisch-Indien ein eigenartiges Jubiläum begangen, und die Tageszeitungen brachten umfangreiche Sondernummern als Extraausgaben: „Drei Jahrhunderte Javazucker-Industrie“ waren der Anlaß.

Es gab zwar auch schon vor dieser Zeitspanne Zuckerrohr auf Java. Fa Hian, der berühmte chinesische Mönch und Reisende des vierten Jahrhunderts, traf es dort bereits an; und bei der Ankunft der Europäer war Zucker ein namhaftes Handelsprodukt der Eingeborenen. Planmäßige Förderung erfuhr die Kultur jedoch erstmalig durch den Gouverneur-General van Diemen. Am sechsten November 1637 erteilte er einem Chinesen namens Yang Kong eine Konzession zur Errichtung einer Zuckermühle bei Batavia und zur Lieferung fabrikmäßig hergestellten Zuckers an die Ostindische Compagnie. Seitdem hat sich die Kultur fortlaufend weiterentwickelt, unvermeidliche Rückschläge eingeschlossen.

Wir erinnern uns nur zu selten, daß ein großer Teil unserer gegenwärtigen Nahrung und Genußmittel auf den Tischen unserer mittelalterlichen Vorfahren noch nicht zu finden waren. Dazu gehört auch der Zucker. Der Grieche Strabo, der erste Geograf in Europas Geschichte, spricht zwar schon von einem sonderbaren „indischen Salz“, das süß wie Honig sein soll; und Alexanders Truppen wurden in den nordindischen Ebenen mit dem Zuckerrohr als Quelle dieses wundersamen Salzes bekannt. Aber erst im Verlauf der Kreuzzüge kam es erstmalig nach Europa, natürlich als Medizin, wie alle Wunderdinge. Noch bis zum Ende des siebzehnten Jahrhunderts vermochte es nur der Wohlhabende daneben auch in der Küche zu verwenden. Sein Preis war dementsprechend hoch. Als die zunehmende Bekanntschaft mit Kakao, Kaffee und Tee dann auch beim weniger bemittelten Europäer den Wunsch steigerte, diese neuen Getränke mit Zucker zu versüßen, stand der Kultur auf Java eigentlich eine glänzende Zukunft bevor.

Unglücklicherweise begann damals gerade das sehr viel näher gelegene Brasilien Zucker nach Amsterdam zu liefern; und dann verpflanzten ihn die gleichen Holländer, die ihn in Südamerika erzeugten, auch noch nach Westindien und hatten nun noch kürzere Frachtwege für ihn einzurechnen, so daß der Javazucker nicht mehr konkurrieren konnte.

Schon jenem Yang Kong und seinen ersten Fachkollegen ging es daher nicht besonders gut, denn Nachfrage und Preise seitens der Aufkäufer in Amsterdam waren keineswegs stabil. Doch es hätten keine Chinesen sein müssen, die sich der jungen Kultur angenommen hatten!

Sie mahlten zähe weiter in ihren kleinen Fabriken und bauten nebenher auf der Grundlage von Melasse und Eingeborenenzucker auch noch die Industrie der weltbekannten Arrakerzeugung auf. Zum Glück fand die Compagnie neue Absatzmärkte für den Zucker in Asien selbst, vor allem in Persien und bald auch in Japan. Seitdem ist die Hauptmasse des Javazuckers stets in den benachbarten asiatischen Ländern abgesetzt worden. Um das Jahr 1700 gab es in der Umgebung Batavias schon einhundertunddreißig Zuckermühlen an den Flüssen, durchweg in chinesischen Händen; und wenige Jahrzehnte später wird eine Jahresproduktion von zwei Millionen Pfund verzeichnet. Die Javazucker-Industrie hatte ihren Siegeszug begonnen.

In der Kolonialgeschichte Inselindiens wird das Jahr 1740 als ein besonders schwarzes registriert. In dieses Jahr fällt der „große Chinesenmord in Batavia", eine jener spontanen Unbesonnenheiten, die spätere Geschlechter gern ungeschehen machen möchten. Seine Einzelheiten will ich unterschlagen. Es genügt zu wissen, daß die Europäer der Kolonie mit dem Wohlstand, dem Auftreten und den Bereicherungsmethoden der — allerdings von ihnen selbst ins Land geholten — Chinesen nicht einverstanden waren und auch nicht mehr sein konnten, zumal es ihnen selber immer schlechter ging. Gelegentlich einer Rebellion der Gelben Gäste, die sich ihrerseits in ihrem Rechte fühlten und diese ihre wohlerworbenen Rechte bedroht sahen, kam es zu einem bedauerlichen Pogrom. Es heißt, daß in seinem Verlauf zehntausend Chinesen niedergemacht worden seien. Für die ganz auf chinesischen Schultern ruhende Zuckererzeugung hatte das schwere Folgen. Von zwei Millionen Pfund lief sie auf siebenhunderttausend Pfund zurück.

Es kam noch etwas anderes hinzu und bedingte eine rückläufige Bewegung der jungen Industrie, nämlich Mangel an Feuerungsmaterial. Ein gutes Hundert Zuckermühlen verbrauchte, wenn auch das Ausmahlen des Rohres mit Wasserkraft vor sich ging, eine ansehnliche Menge an Brennholz für den Kochprozeß. In der Nachbarschaft Batavias war bald kein Wald mehr übrig, und die Mühlen mußten immer weiter abrücken. Dadurch wurde der Betrieb aber unwirtschaftlich, und eine Mühle nach der anderen kam zum Stillstand. Ein gewisser Gaudain Dutail wurde zum Retter. Er hatte in San Domingo und auf Mauritius gelernt, wie man die ausgepreßten Abfälle des Rohres, den sogenannten „Ampas", als Feuerung verwenden kann, und er führte dieses Verfahren nun auch auf Java ein. Allerdings war das erst im Jahre 1804, und die Javazucker-Industrie hatte bis dahin durch Marktverschiebungen, Preisschwankungen und politische Ereignisse manche Krise durchgemacht.

Auf meinen Märschen durch Sumatra sah ich zuweilen, wie die Bevölkerung ihr Zuckerrohr einfach zwischen zwei übereinanderrollenden

Baumstämmen ausprefßte. Aber bei einem Volk im Innern von Borneo fand ich zu meiner Überraschung bereits richtige „Maschinen". Es waren zwei schneckenförmig ineinanderfassende, senkrecht aufgestellte Hartholzwalzen. Eine davon konnte mit Menschenkraft um die andere herumgedreht werden. Zwischen diesen Walzen quetschten die Dajak — es waren solche vom Stamme der Embaloh — ihr bißchen Zuckerrohr aus, freilich nicht um den Saft auf Zucker zu verkochen, sondern um ihn vergoren als berauschendes Getränk zu verwenden.

Ganz ähnlich, nur mit größeren Schnecken und meistens mit Büffelantrieb, waren die ersten Zuckermühlen bei Batavia eingerichtet. Mit fortschreitender Technik wurde das Holz durch Stein und dieser wieder durch Stahl ersetzt. Im Jahre 1825 wurde sodann die erste mit Dampf betriebene Zuckermühle in Betrieb genommen, und etwa zur gleichen Zeit begannen deutsche Techniker, wie oben schon erwähnt, moderne Mahlvorrichtungen und Kochanlagen in die Fabriken einzubauen. Zu dieser Zeit — es war die Periode des van den Boschschen „Kultur-Systems" — waren die Chinesen großenteils schon durch europäische Unternehmer abgelöst worden. Diese übernahmen nach festen Kontrakten das durch die Eingeborenen auf Druck der Regierung angepflanzte Rohr vom Staat und vermahlten es für ihn zu Zucker. Die Kultur war also, wie sie es noch heute in allen europäischen Zucker erzeugenden Ländern ist, eine geteilte: Pflanzer und Zuckerproduzent waren nicht die gleichen Personen. Erst die Umstellung auf die „freie Wirtschaft" in den siebziger Jahren vereinigte auf Java Anbau und Fabrikation in der Hand des europäischen Privatunternehmers. Gerade diese Zusammenlegung hat man als den Schlüssel für den qualitativen Hochstand des Javazuckers erkannt. Denn alle Interessen arbeiteten nun einheitlich für das gleiche Ziel: beste Leistung bei billigstem Preis.

Java hat dieses Ziel trotz aller Widerstände erreicht. Sein Zucker ist der beste und billigste der Welt. Ein glückliches Zusammentreffen geeigneter Böden, zusagender klimatischer Verhältnisse und wohlfeiler Arbeitskräfte ist die unumgängliche Grundlage dafür. Aber ohne die Energien der Unternehmer und das Entgegenkommen der javanischen Bauern würde das Ziel trotzdem nicht erreicht worden sein. Die schwere Krise der achtziger Jahre, gleichzeitig hervorgerufen durch den plötzlichen Siegeszug des Rübenzuckers in Europa und die verheerende Serehkrankheit, eine bis heute nicht geklärte Wurzelzerstörung am Zuckerrohr, wurde glücklich überstanden. Eine schlechte Rübenernte im Jahre 1885 und vorübergehend sinkendes Interesse der Rübenbauern schaffte wieder Luft und erträgliche Preise, und gegen die Krankheiten des Gewächses setzten die Pflanzer aus eigener Initiative die Wissenschaft ein. Sie gründeten auf genossenschaftlicher Basis die — später zu einer einzigen zusammengeschlossenen — drei ersten Javazucker-Versuchsanstalten.

Jenem jungen deutschen Doktor Soltwedel ist es zu danken, daß man zwar nicht den Erreger der Sereh fand, wohl aber die Möglichkeit, diese Krankheit auszuschalten. Da alles vom Zuckerrohranbau benutzte Land offensichtlich bereits verseucht war, so stellte Soltwedel fest, mußte man das Pflanzgut, das „Bibit“, wie es drüben heißt, anderswo züchten. Höhenregionen bei etwa tausend Meter erwiesen sich am geeignetsten. Dort entstanden nun in der Folge viele Bibitunternehmungen und lieferten den in den feuchtheißen Ebenen gelegenen Plantagen die Stecklinge. Um ganz besonders widerstandsfähige und von jeder Ansteckung ungefährdete Sorten zu erzielen, war der deutsche Gelehrte auch noch auf die einsamen Karimundjawa-Inseln übergesiedelt, ein paar Hundert Kilometer vor der Nordküste Javas. Aber dort packte den kaum Dreißigjährigen eine heftige Malaria und führte binnen weniger Tage seinen viel zu frühen Tod herbei.

Die Zuckerrohrkultur hatte sich inzwischen aus der Umgebung Batavias und dem übrigen Westjava ausschließlich nach dem mittleren und östlichen Teil der Insel verlagert. Erst dort garantieren mehrere aufeinanderfolgende Trockenmonate ein sicheres Ausreifen der Pflanzen. In der Küstenebene zwischen Tjiribon[1]) und Semarang, im Tale von Kedu und an den sanften Abdachungen der Vorstenlande, sowie im weiten Umkreis der Vulkanmassive Ostjavas fuhr man in den ersten beiden Jahrzehnten unseres Jahrhunderts Stunden und Stunden durch nichts als Zuckerrohr. 180 große Unternehmungen von durchschnittlich 700 Hektar Anbaufläche, mit rund 60000 Stock Zuckerrohr auf jedem Hektar, und ebensoviel weithin strahlend weiß leuchtende Fabriken waren dort nach und nach geschaffen worden. In der höchsten Blütezeit nach dem ersten Weltkrieg fanden allein fünftausend Europäer neben Hunderttausenden von Javanen Beschäftigung „im Zucker“. Die letzteren waren dabei zum großen Teil nicht ausgesprochene „Kulis“ wie in den übrigen Plantagenbetrieben, sondern freie Bauern, die ihr Land und ihre eigene Arbeitskraft für die Dauer einer Saison dem Zuckerunternehmer zur Verfügung stellten.

Denn im Gegensatz zum Kautschuk, Kaffee und Tee, der Chinarinde, den Fasergewächsen, Ölpalmen und Kokospalmen ist das Zuckerrohr keine Dauerkultur. Zur Familie der Gräser gehörend — seine Wildform, das „Gelagah“-Gras, ist auf den Inseln des Archipels weit verbreitet —, muß es nach jeder Ernte neu auf neuem Gelände gepflanzt werden, und zwar am besten auf bewässertem. Um nun nicht ein allzu großes Areal unterhalten zu müssen, pachten die Zuckerpflanzer geeig-

[1]) „Cheribon“ nach einer anderen Schreibweise.

Reisernte

Schwer beladen heimwärts

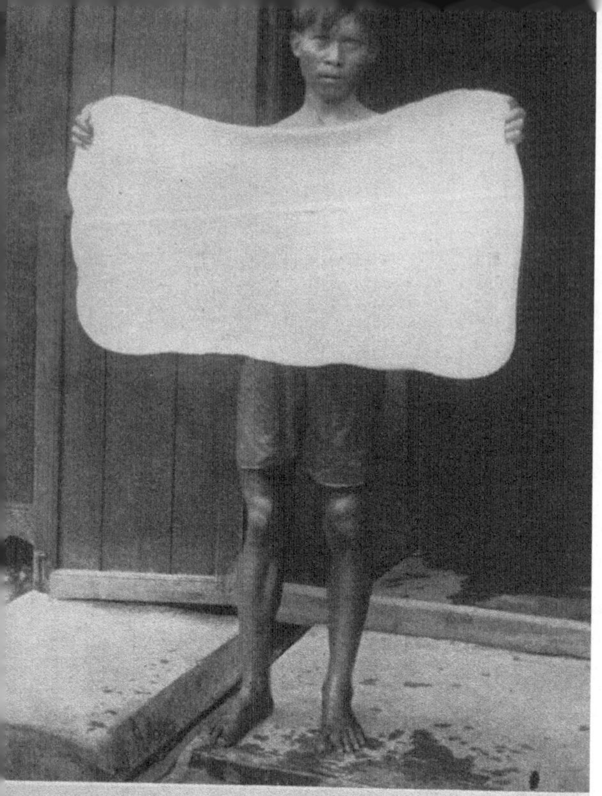

Das Kautschuk-sheet

nete Felder von den einheimischen Reisbauern und geben sie nach der Ernte für den erneuten Anbau von Reis zurück. Nur um die drei Jahre kann das gleiche Feld wieder mit Zuckerrohr bepflanzt werden. In jüngerer Zeit wurden auch längere Pachtkontrakte, und zwar solche über eine Laufzeit von 21 1/2 Jahren, zugelassen. Sie sicherten dem Pflanzer die Aussicht auf sieben Ernten und erleichterten seine Dispositionen.

Selbstverständlich unterliegen Mindestpachtpreis, Ausdehnung und Lage der von den Dörfern zur Verfügung gestellten Ländereien und die mit den Bauern geschlossenen Arbeitskontrakte einer strengen Regierungsaufsicht, um Übervorteilungen der Eingeborenen nach Möglichkeit auszuschalten. Aber auch die Pflanzer selber sehen peinlicher als die mit wildfremden Kulis arbeitenden Unternehmer anderer Kulturen auf ein gutes Verhältnis mit der Bevölkerung. Keiner ist so von ihr abhängig wie der Zuckerfabrikant, ganz besonders in der Zeit der Ernte. Reichlich ein Jahr nach dem Auspflanzen des Bibit muß sie anfangen, kurz bevor sich der höchste Zuckergehalt in der Pflanze angereichert hat; und einige Wochen später, wenn er zurückzugehen beginnt, muß sie fertig sein Dabei darf das tief am Wurzelstock gekappte Rohr — dort ist der Zuckergehalt am höchsten — am besten nicht länger als zwölf, im allerhöchsten Falle zweimal zwölf Stunden bis zur Verarbeitung liegenbleiben. Andernfalls säuert sein Saft, und die Ausmahlung wird außerordentlich erschwert. Das ist einer der größten Nachteile gegenüber der monatelang haltbaren Zuckerrübe.

Was Wunder, daß der Unternehmer alles tut, um in der prekären Zeit nicht im Stich gelassen zu werden. Einige Zeit vor der Ernte gibt er bereits ein „Mahlfest“ mit viel Reis und Büffelbraten, Feuerwerk, Freilichtkino, Tanzmädchen und vielen sonstigen Freuden, und er nimmt die paar Hundert Gulden, die es kostet, gern in Kauf. Denn nun ist er der Mitarbeit der Bevölkerung im richtigen Augenblick gewiß. Nicht er selber bestimmt dann den Beginn der Kampagne, sondern er überläßt es nach heimischem Brauch dem javanischen Dorfpriester, den „guten Tag“ dafür zu wählen. Er unterläßt auch nichts, um die Bewässerungsanlagen und Felder, die er benutzt, gut instand zu halten und zu verbessern, denn er hat bei der folgenden Bepflanzung selber den Nutzen davon. So hält er sich die eingeborenen Besitzer zum Freund. Er sorgt für gesundheitliche Betreuung, tadellose Verkehrswege, Beschaffung von Nahrungsmitteln in Notzeiten und gerade in den am dichtesten bevölkerten und ärmsten Teilen Javas für einen stetig unter das Volk fließenden Strom von Pachten und Lohngeldern in Höhe von vielen hundert Millionen Gulden. Kurz, ein Zuckerfabrikant übernimmt stets das Patronat für den gesamten Landesabschnitt, in dem seine Plantage gelegen ist.

Außerdem verhalf die Zuckerindustrie einem größeren Stab von europäischen Mitarbeitern, als jeder andere Wirtschaftszweig in Inselindien es vermochte, zu einem beachtlichen Einkommen. Sie war der größte Zahler an Eisenbahnen, Frachten und Hafengebühren, versah die Schiffahrt mit den größten Ladungsaufträgen, beschäftigte die Maschinenindustrie Hollands und der Kolonie selber in sehr starkem Maße und führte, nicht zuletzt, dem Staatssäckel die bedeutendsten Steuersummen zu. Kurz, die Zuckerindustrie war, wie der Volksmund es richtig erfaßte, „der Kork, auf dem ganz Java schwimmt". — Und trotz all dieser Aufwendungen und Kosten vermochte sie zuletzt die Tonne „superioren", also allerbesten Kristallzucker für ... vierzig Gulden „free on bord" zu liefern, das heißt, sage und schreibe, für weniger als 5½ deutsche Pfennige das Kilogramm!

Aber was hat das alles mit einer Tragödie zu tun? höre ich jene meiner Leser fragen, die nicht schon über die jüngsten Schicksale der Javazucker-Industrie unterrichtet sind. Darauf will ich nun die Antwort geben: Nachdem die Zuckerrohrkultur auf Java landwirtschaftlich, technisch und chemisch den höchsten Stand unter allen zuckerbaubetreibenden Ländern erreicht hatte, nachdem die Pflanzer sich in der am besten fundierten Organisation ganz Inselindiens, nämlich in dem „Java-Zuckersyndikat" zusammengeschlossen hatten, die modernsten Fabriken erbaut waren, die Arbeit der Zuckerversuchsstation in Pasuruan richtungweisend für die gesamte Zuckerrohrwirtschaft der Welt geworden war, und Professor Jeswiet im Jahre 1921 in dem berühmten Versuchs-Bibit Nr. 2878 P. O. J. (Proefstation Oost Java) die gegen die Sereh und die meisten anderen Krankheiten immune Wundersorte herausgefunden hatte, die gleichzeitig auch noch einen um ein Viertel höheren Ertrag als alle bisherigen Sorten gab und außerdem bei der Fortpflanzung nicht mehr gleich den übrigen Sorten einer Degeneration unterlag; nachdem damit alle teuer wirtschaftenden Bibit-Unternehmungen im Hochland überflüssig geworden, und durch die Summe an praktischer Erfahrung und wissenschaftlicher Forschung die durchschnittlichen Hektarerträge von 7600 Kilogramm im Jahre 1890 — und 1800 Kilogramm im Jahre 1840 — auf 15 200 Kilogramm, also auf das Doppelte, in optimalen Fällen auf 23 000 Kilogramm, also auf das Dreifache, im Jahre 1930 angeschwollen waren; nachdem tatsächlich nicht nur Java, sondern sozusagen ganz Niederländisch-Ostindien auf dem Zuckerkork schwamm, — — da fielen mit einem Schlag die wichtigsten Abnehmer aus!

Als „2878 P. O. J." entdeckt worden war, hatte es beinahe den Anschein, als sollte sich auch um den Zucker ein ähnlicher „Rummel" entwickeln wie um den Kautschuk. Vielleicht sind die Menschen in den

Kolonien noch sensationshungriger als die zu Hause; es wäre schon zu verstehen bei ihrem einförmigen Leben. Wer etwa Anfang 1938 den „Rummel“ vor und während der Geburt des sehnlichst und gespannt erwarteten niederländischen Thronfolgers mit erlebte — der dann freilich leider nur ein Mädchen wurde —, hat dieses Sensationsgelüsten sich in wahren Orgien austoben sehen. Vielleicht sind Ereignisse im Herrscherhaus ja etwas besonderes. Ich kann das nicht so recht mitempfinden, weil ich in den Jahren meiner entscheidenden Entwicklung schon ganz in die revolutionäre Zeit hineingewachsen bin. Und vielleicht gehört dieser Vergleich auch nicht hierher. Ich möchte auch nur ein Einzelbeispiel daraus anführen, um zu zeigen, wie weit die Spannung auf etwaige Sensationen und das Feiern von solchen in den Kolonien gehen kann.

Man hatte in vorsorglicher Eile bereits fertige Bulletins über das „frohe Ereignis“ gedruckt. Aber da sich ja das Geschlecht der Babys selbst in königlichen Häusern nicht voraussagen läßt, war die Hälfte dieser Bulletins auf einen männlichen und die andere Hälfte auf einen weiblichen Thronfolger abgefaßt. Man konnte dann im gegebenen Augenblick die zutreffenden sofort verteilen und mußte nicht erst auf den Druck warten. — Nun verstand aber in einer Stadtgemeinde Javas das etwas schwerfällige Oberhaupt diese Maßnahme falsch. Es glaubte, als ihm die Bulletins übersandt wurden, das Ereignis habe tatsächlich schon stattgefunden und ließ sie sämtlich schnellstens verteilen, ohne den Unterschied im Text zu bemerken. — Ein Freudenfest begann, Arbeitsruhe, Umzüge, Gesang, Knallfrösche, Feuerwerk und was alles dazu gehört. In der „Soos“ versammelten sich die Honoratioren und wünschten sich gegenseitig Glück zu dem frohen Ereignis. Aber nun kam das Spaßige: Die einen wünschten Glück zum Prinzen, die anderen zur Prinzessin, und jeder pochte auf sein Bulletin. Bis sich dann schließlich der ganze Irrtum herausstellte und man die Festesfahnen wieder einzog. (Übrigens fällt mir auch zu besagten Festesfahnen noch etwas ein, das ebenfalls in dieses Thema gehört. In Batavia erlebte ich einige Zeit nach der Trauung des Thronfolgerpaares den Konkurs eines großen Kaufhauses. Erstaunlicherweise fand man bei Durchsicht der „Masse“ ganze Packen schwedischer Fahnen. Nanu, was sollten die hier? Aber dann erinnerte man sich eines vor Jahren in Umlauf gewesenen Gerüchtes über eine mögliche Verbindung der Thronfolgerin mit einem schwedischen Prinzen. Der Kaufhausbesitzer hatte auf jeden Fall vorgesorgt, um am entscheidenden Tag mit den passenden Festesfahnen zur Hand zu sein. — Doch dieses nebenbei.) — Kurzum, ganz ähnlich erging es 2878 P. O. J.

Es war in aller Munde. Die Zeitungen brachten spaltenlange Artikel. Eine Zahl, eine Nummer feierte Triumphe. Man sah mitleidig auf andere triumphale Zahlen wie etwa „4711“ oder „9 × 9“ herab. Java und sein 2878! Sieg und Heil! der Java-Proefstation und der Javazucker-Industrie! Die goldene Zukunft: 2878 P. O. J.! —

In Wahrheit bestand aber doch ein großer Unterschied zum Kautschukrummel. Hier handelte es sich um die wohlverdiente Krönung eines jahrhundertelangen Entwicklungsganges, nicht aber um einen willkürlichen und flüchtigen Auftrieb mit Spekulanten und Jobbern im Hintergrund, nicht um eine blasse Scheinblüte, sondern um eine solide wissenschaftliche Leistung allerersten Ranges. Wenige Jahre, nachdem genügend Bibit der neuen Wundersorte herangezüchtet worden war, das heißt gegen Ende der zwanziger Jahre, gab es keine Plantage mehr, die noch etwas anderes als 2878 anpflanzte, und es hat bis heute keine Enttäuschung gebracht. Im Gegenteil, das Gespenst der Serehkrankheit war endgültig gebannt, die Frage einwandfreien Pflanzgutes gelöst, und man schloß die Saison auf Java zuweilen mit Jahresernten von drei Millionen Tonnen. Man war das erste Zuckerland der Erde geworden. Cuba, der hartnäckige Gegner auf der anderen Seite des Erdballs, lag endlich mit Knock out am Boden.

Nur leider, wie gesagt: die Kundschaft für all den vielen Javazucker blieb aus. Obwohl Java den besten und billigsten Zucker der Welt liefern konnte, wurde gerade seine Erzeugung zum Tode verurteilt. Seine Hauptkunden der Nachkriegsjahre waren Britisch-Indien und Japan gewesen. Nun hatte sich Vorderindien in der Gangesebene, Japan auf Formosa und den Karolinen seine eigene Zuckerversorgung aufgebaut. Die Rübenzuckerländer Europas mußten aus volkswirtschaftlichen Gründen ihren eigenen teuren Rübenanbau schützen und ließen keinen Rohrzucker herein. Die Vereinigten Staaten hatten Lieferverträge mit Cuba und den Philippinen. Die allgemeine Kaufkraft der Menschen sank mit Beginn der Weltwirtschaftskrise rapide ab und „Luxusdinge“, wie Zucker, wurden bei den Einkäufen am ersten gestrichen.

Die Lagerhäuser Javas füllten sich. Glücklicherweise ist die Qualität des Javazuckers so ausgezeichnet, daß sich an den Kristallen kaum noch Spuren von Sirup vorfinden und daher auch längere Lagerzeiten ohne Schädigungen für die Ware ertragen werden können. Verschiedene Verkaufsorganisationen der Erzeuger führten nur vorübergehend zu einer Besserung des Absatzes. Die Tragödie war unvermeidlich: der blühendste Zweig am Baum der Tropenwirtschaft erkrankte tödlich und kümmerte dahin. Die Anbaufläche schmolz in wenigen Jahren von zweihunderttausend auf dreißigtausend Hektar zusammen, die Produktion von drei Millionen auf eine halbe Million Tonnen. Im Jahre 1935 lagen von 180 Fabriken 140 still. Die meisten davon verfielen unter den tropischen Einflüssen rasch zu Ruinen. Das Arbeitsvolumen für europäische und farbige Kräfte sank auf ein Fünftel des normalen Standes. Mit der Zuckerkultur brach fast ganz Java zusammen. Nur im letzten Augenblick zeigte sich, daß sie glücklicherweise doch nicht der einzige Kork gewesen war, auf dem die Insel schwamm. Die übrigen Kulturen, die unglaubliche Einschränkungsfähigkeit der Bevölkerung, eine zunehmende Industrialisierung in den Städten und die Ausnutzung der brachliegenden Zuckerfelder für zusätzlichen Reisbau hielten sie eben noch über Wasser.

Ich muß noch hinzufügen, daß ab 1937 die Situation wieder ein klein wenig leichter zu werden begann. Ein internationales Restriktionsabkommen hatte, genau wie im Kautschuk, die Interessen der führenden zuckererzeugenden Länder — mit Ausnahme Japans — zusammengeführt. Die Niederlande und ihre Kolonien erhielten mit etwas mehr als 1 Million Tonnen Jahresexport die höchste Quote vor Cuba, den Britischen Kolonien, Australien, San Domingo und Peru zugestanden. Holland selbst verpflichtete sich, trotz der Opposition seiner Rübenbauern, zur jährlichen Abnahme von immerhin 80 000 Tonnen, einer Menge, wie es sie noch niemals aus seiner eigenen Kolonie bezogen hatte. Mehr als achtzig Unternehmungen und Fabriken waren 1937/38 wieder in Betrieb. Mehrere waren zusammengelegt worden, so daß es in Wahrheit sogar an die neunzig gewesen sein mögen. Die Preise zogen an; je mehr es auf den neuen Weltkrieg losging, um so schneller. Beinahe hätte die Krise zu einem vorübergehenden bösen Spuk verblassen und der Javazucker-Industrie eine neue hochfliegende Zukunft vorausgesagt werden können; vor allem dann, wenn sich in China, dem in Aussicht stehenden Haupt- und Großabnehmer der Zukunft, die Verhältnisse stabilisiert und die Kaufkraft gebessert haben würden.

Aber mitten in diese freudige Hoffnung hinein schlug der Blitz des großen ostasiatischen Umbruches und die Inbesitznahme Javas durch eine Macht, die inzwischen selber zum Zucker-Großerzeuger geworden war. Der Niederbruch war nicht mehr aufzuhalten. 1942 mahlten auf Java nur noch wenige Fabriken; und der Zucker, der weltberühmte „superiore weiße Javazucker", wurde nur noch abgenommen, um ihn zum größten Teil — — zu alkoholischem Treibstoff für die Kriegsmaschinerie zu verwerten!

UND DER ÜBRIGE LANDBAU

Haben Sie schon einmal von Gaplek, Derris und Kedéle gehört, von Rami, Pinang, Djarak und Sereh? Halt!, jetzt ist nicht die im vorigen Kapitel erwähnte Sereh-Krankheit des Zuckerrohrs gemeint, sondern das Exportprodukt gleichen Namens. Ich vermute: nein! Aber Sie hörten von Mandailing- und Menado-Kaffee, von Goalpara- oder Tjikopo-Tee, von Java-Kapok, von Deli-Deckblatt, Sumatra-Sandblatt und Vorstenland-Zigarren, von Chininprodukten, Sisalhanf und Palmöl, von Kopra, Mais, Erdnüssen, von Pfeffer, Zimtrinde und sonstigen Gewürzen? Nun, auch jene Ihnen unverständlichen Produkte und manche weitere zählen zu den nennenswerten landwirtschaftlichen Erzeugnissen Inselindiens. Gerade an sie soll hier auch einmal miterinnert werden, weil man im allgemeinen immer nur die kurze Reihe der paar „großen" vorgesetzt bekommt.

Es ist richtig, diese „großen" sind wichtig für die Versorgung der Welt und als bedeutende Einnahmequellen des Erzeugungslandes. Doch die kleinen sind nicht minder notwendig als Rohstoffe für Spezialindustrien oder sonstige Zwecke. Reis, Kautschuk und Zucker als die Eckpfeiler des Landbaues in Inselindien habe ich eingehend gewürdigt. Über den Rest kann ich mich nicht ebenso ausführlich verbreiten; so reizvoll es auch wäre, von allen diesen Produkten die inhaltsreiche Geschichte aufzurollen, über ihre Kulturmethoden und Bedeutung zu plaudern.

Nehmen wir nur einmal den Tee. Inselindien stellt der Welt ein Sechstel ihres Verbrauches an diesem köstlichen Getränk zur Verfügung. Aber Tee ist nicht schlechthin Tee. Er ist das Endergebnis eines der raffiniertesten und geheimnisvollsten Fabrikationsprozesse, die man sich denken kann. Denn er soll ein gewisses Aroma haben, und dieses bringt den Preis. Es ist aber nicht von vornherein vorhanden. Gewiß, nirgends in Indien riecht es so wunderbar würzig wie in den Teefeldern. Die prächtige Höhenluft macht die Lungen noch besonders weit, denn der Teestrauch gedeiht mit Vorliebe in feuchten Höhen Westjavas und Zentralsumatras zwischen fünfhundert und fünfzehnhundert Metern. Da kann er hundert Jahre alt werden und immer noch produktiv sein. Aber das alles ist noch kein Aroma.

Zunächst heißt es die Blätter pflücken. Die Blätter? Das wäre sehr einfach. Es dürfen aber nur die äußersten vier Blättchen bestimmter junger Triebe sein, und es gehört das ganze unübertreffliche Fingerspitzengefühl einer eingeborenen Pflückerin dazu, genau die richtigen zu wählen. In der Fabrik wird das vierte, härteste Blättchen abgetrennt; es gibt zusammen mit den Stengeln die mindere Qualität.

Nun muß das Blatt „laju", „schlaff" werden, um beim Rollen nicht zu brechen. Dazu muß es eine Weile liegen; nicht zu trocken, nicht zu feucht, nicht zu warm und nicht zu kalt. Jede falsche Lagerung beeinträchtigt die künftige Qualität. In besonderen Maschinen werden später die Blätter vorsichtig gerollt. Wichtig ist, daß dabei zwar das Wasser austritt und verdunsten kann, die Würzstoffe des Saftes aber erhalten bleiben. Auch das Rollen ist wieder Fingerspitzenarbeit. Gewöhnlich wird es fünfmal wiederholt, zum ersten Male eine reichliche Stunde lang, zuletzt noch zwanzig Minuten. Nach jedem Prozeß wird gesiebt und das genügend gerollte Blatt ausgeschieden. Das wandert nun in flachen Kästen in die Fermentierkammern, und das sind erst die rechten Zaubergemächer. In ihnen gärt sich das Geheimnis jeden Tees aus: sein und nur „sein" ganz bestimmtes Aroma. Wie es zustande kommt, vermag niemand zu sagen. Man kann nur die richtige Temperatur des Raumes und der fermentierenden Blätter sowie durch eingeblasenes feinverteiltes Wasser den rechten Feuchtegehalt der Luft regulieren. Das Aroma aber muß von selber kommen. Geruch und Geschmacksinn des erfahrenen Kenners müssen im gegebenen Augenblick, das heißt in der Praxis etwa nach drei Stunden Gärzeit, den Fermentierprozeß abbrechen. In jeder Fabrik ist dieser anders. Er hängt stark von der Höhenlage, der ganzen Umgebung, den Wasserverhältnissen, ja, selbst vom Alter der Fabrik, der Durchlüftung, dem Grad der Sauberkeit — vielleicht auch, ehrlich gesagt: der Unsauberkeit — der Räume ab. Denn so seltsam es klingt, peinliche Sauberkeit ist mehr nachträglich als zuträglich für die gute „Blume" des Tees. Manche Fabriken haben anfänglich große Mühe, den richtigen Fermentierprozeß herauszufinden.

Dann wird geschnitten, geröstet, in Sorten maschinell grob vorgesiebt und schließlich mit der Hand auf die letzten Feinheiten verlesen. Ich war in Fabriken, die vierzehn Sorten herstellten, vom feinsten Orange Pekko über die verschiedenen Souchon-Qualitäten bis zum Dust, dem Staubtee. Alles ging zum Schluß durch kundige und flinke Menschenhände; die Maschinen können ein so feines Produkt nur oberflächlich scheiden. — „Ah, darum ist der Tee so teuer!" werfen Sie ein, im Hinblick auf die hohen Preise in den Verbraucherländern. Gemach! In normalen Jahren brachten die allerbesten Sorten dem Erzeuger je Pfund gegen fünfzig Cent ein, noch nicht siebzig Reichspfennige. Alles andere kommt auf Frachten, Zölle, Steuern, Zwischenverdienste. „Im Tee" verdienten die Arbeiter aber auch selten Tagelöhne über dreißig Cent. In schlechten Zeiten begnügten sich die Pflückerinnen mit zwölf Cent täglich im Akkordsystem, und die kleinen Sortiermädchen mit drei bis fünf Cent. Das bedeutet, daß sie bei einer vierzehntägigen Auszahlung oft nicht einmal einen Gulden in die Hand bekamen. Trotzdem waren sie heiter und vergnügt; die Arbeit in der Fabrik tut man ebensosehr der Geselligkeit und Abwechslung als des Verdienstes halber. —

An Kaffee kann Inselindien dem Weltmarkt jährlich achtzigtausend bis hunderttausend Tonnen beisteuern. Der größte Teil davon ist mittlere Gebrauchsware, gewöhnlicher Brasil-„Robusta". Aber daneben haben die Hochländer von Sumatra und Selebes einige hervorragende Luxussorten für den verwöhnten Verbraucher bereit: Mandailing,

Angkola, Pakantan, Menado. Ehe die Blattschimmelkrankheit die Kulturen vernichtete, wurde ausschließlich der hochwertige Arabica angepflanzt; es war die den höchsten Gewinn abwerfende „Zwangskultur" der vergangenen Jahrhunderte. Sie lag wohl ebenso drückend auf der Bevölkerung wie der verdammte Indigo, der später nach Erfindung der künstlichen Farbstoffe dann allerdings von heute auf morgen jeden Wert verlor. „Wir gebären und sterben auf den Indigofeldern!" war der allegorische Notschrei der javanischen Mütter in jenen Zeiten des rücksichtslosen Zwanges. Die Männer hätten ebensogut rufen können: „Wir verbringen unser Leben einzig und allein in den Kaffeegärten!" — Immerhin hat die Zwangskultur den Vorteil gehabt, daß große Teile der Bevölkerung mit dem Kaffeeanbau bekannt wurden; er gehört heute zu ihren vornehmsten Einnahmequellen. —

Selbstverständlich fehlt auch der Kakaobaum nicht unter den tropischen Genußpflanzen, mit denen Inselindien aufzuwarten hat. Mit ihm hat es jedoch seine Last. Er will hier nicht recht gedeihen, kränkelt leicht und stellt sehr komplizierte Ansprüche an den Standort. Nur in Mitteljava und Ostjava gibt es einige Kakaoplantagen; über tausend Tonnen Jahresausfuhr bringen sie es nicht. — Weil es so ähnlich klingt und ebenfalls zu den Genußpflanzen gehört, will ich hier das Kokablatt anschließen. Der Strauch wanderte von Peru und Bolivien, den heute noch wichtigsten Produktionsländern, nach Java. Reichlich ein halbes Hundert Pflanzungsunternehmen befassen sich ausschließlich oder teilweise mit seinem Anbau. Aus den Blättern wird das Kokain extrahiert und wandert in die pharmazeutische Industrie. Wir kennen es in harmloser Form auch im Erfrischungsgetränk Coca-Cola. Dahinein sind gleichzeitig Bestandteile der Kolanuß verarbeitet. Sie wächst jedoch nicht in Inselindien. —

Erinnern Sie sich aus glücklichen Friedenszeiten des hervorragenden „Deli-Deckblattes"? Der leidenschaftliche Raucher antwortet mit Überzeugung: „Es war das beste, mildeste, aromatischste Deckblatt der Welt!" — Die „Ostküste" ist seine Heimat, in engerem Sinne das Sultanat Deli im Hinterland von Medan. In achtjährigem Turnus wird es auf Feldern gebaut, die wie ein Gartenbeet bearbeitet sein müssen. Tabakanpflanzungen sind wahrhaft gewachsener Militarismus und lebende Mathematik. Flugzeugaufnahmen von jungen Feldern gleichen der Präzisionsarbeit eines Kupferstechers, der eine Parade preußischer Truppen vor ihrem König auf die Platte brachte. Jahrzehntelang war nur der Chinesenkuli für die mühselige Arbeit „im Tabak" tauglich. Erst ganz langsam hat sich auch der Javane dazu anlernen lassen. Die Völker Sumatras sind heute noch zu grob für sie.

Der Javane baut auch in seiner Heimat Tabak, den dunklen, starken „Krossok", wie er ihn für seine „Strootjes" liebt, die in Palmscheide oder Maisblatt gedrehten Zigaretten. Java hat daneben heute aber auch eine ausgedehnte Papierzigaretten-Industrie. Sie vermag den einheimischen Bedarf völlig zu decken. Zigarren werden dagegen nirgends im Lande selber hergestellt; sehr zum Unterschied von den Philippinen, die jährlich ja nicht weniger als einunddreiviertel Milliarden der berühmten „Manila" auf den Markt brachten. Die plantagenmäßig angebauten „Vorstenlandschen" und „Besuki"-Tabake Javas gelangen, gleich dem Deli-Deckblatt, als sehr hochwertiges Produkt unverarbeitet zur Ausfuhr. —

Ist Inselindien heute immer noch das Land der Gewürze, als das es einstmals die Europäer zu ihren weiten Fahrten über unbekannte Meere anspornte? Teils ja, teils nein. Abgewandert, und zwar vor allem auf die Inseln östlich von Süd- und Mittelafrika, sind inzwischen hauptsächlich die Nelkenbäume. Nur geringfügig werden sie noch auf den Molukken, den eigentlichen „Gewürzinseln" unserer Vorväter, angebaut. Besser steht es dort noch um die Gewinnung von Muskatnüssen und Muskatblüte. Sie werden hier und da auch als Nebenkulturen auf andererorts liegenden Pflanzungen, zum Beispiel auf Sumatra, erzeugt. Immerhin erscheinen auch Nelken noch mit geringen Posten in den Ausfuhrlisten und fehlen vor allem nicht auf den Märkten des Landes selbst. Dort sind auch Ingwerknollen, ferner unechter Kardamom — der echte kommt von Vorderindien —, ganz besonders aber Curcuma-Wurzeln, das Ausgangsmaterial des weltbekannten Curry, und manches andere Gewürz ausreichend vertreten. In großen Mengen kommt, hauptsächlich von Mittelsumatra über den Hafenplatz Padang, die Cassia vera zur Ausfuhr, eine teils im Busch gesammelte, teils in Halbkulturen gezogene Zimtrinde. Sie ist weniger als Gewürz brauchbar, als wird sie vielmehr auf Öl für die Parfümerieindustrie verarbeitet; der aromatische, echte Gewürzkaneel kommt von Ceylon.

Für unser wichtigstes Gewürz, den Pfeffer, hat der Malaiische Archipel nach wie vor das Monopol. Etwa neun Zehntel allen Pfeffers der Erde lieferte er im Jahre 1938. Das sprichwörtliche „Land, wo der Pfeffer wächst" ist seit einigen Jahrzehnten die Insel Bangka, die gleiche, die wir auch wohl als „die" Zinninsel der Erde kennenlernen werden. Ich habe über Bangka gelegentlich sehr eingehend gearbeitet und kann mit einigen Zahlen aufwarten. 1936 gab es dort in den überaus zahlreichen chinesischen und malaiischen Pfeffergärten mehr als zehn Millionen „Stock" Pfeffer, je Stock durchschnittlich mit zwei Ranken. Der Kornpfeffer ist nämlich im Gegensatz zu dem an Sträuchern wachsenden roten Schotenpfeffer, dem Hauptgewürz der malaiischen Küche, ein Klimmgewächs gleich der Bohne. Er rankt mit Vorliebe an armdicken Pfählen, bei guter Pflege so hoch, daß man die obersten Früchte nur mit Hilfe von Leitern pflücken kann. Der berühmte „witte Muntok", das ist der „weiße“ Pfeffer aus Bangkas früherer Hauptstadt Muntok — heute ist Pangkal Pinang im Zinnminenbezirk der erste Verwaltungsplatz der Insel — ist übrigens ursprünglich nichts anderes als der gewöhnliche „schwarze“ Pfeffer, nur wird er, zum Unterschied von diesem, geschält. Beide Produkte stammen also von der gleichen Pflanze. Dieses Weiß ist sogar echt. Ich betone das ausdrücklich, denn es ist gar nicht immer so selbstverständlich. Bei der Muskatnuß zum Beispiel ist das Weiß nicht echt, sondern nachträglich aufgetragener Kalk. Die Leiter der Ostindischen Compagnie ließen nämlich die Nüsse vor der Ausfuhr kalken, um ihnen dadurch die Keimkraft zu nehmen und ihren Anbau in anderen Ländern zu verhindern; und da sich die Verbraucher ganz an die gekalkten Nüsse gewöhnt hatten, hielt man diese Methode auch später bei.

Die zwanzig Millionen Pfefferranken Bangkas ließen eine Jahresausfuhr von rund zwölftausend Tonnen weißen und tausend Tonnen schwarzen Körnern zu; die restlichen Mengen, hauptsächlich schwarzen Pfeffers, stellten Borneo, Palembang in Südsumatra und Atjeh in Nordsumatra. Atjeh war vor Bangka „das Pfefferland“ gewesen und hatte Araber und Inder, Portugiesen, Holländer und Engländer gleichermaßen wie mit Magneten angezogen. Pasir und Pidië, als seine wichtigsten Ausfuhrplätze, hatten vor ein paar hundert Jahren als Häfen des Ostens mindestens solch guten Klang wie heute Singapore und Hongkong. Um den Pfeffer sind ganze Kriege geführt worden. Er war das Produkt, mit dem am meisten Schmuggel und Schwarzhandel getrieben wurde. Die Geschichte Bandjermasins auf Borneo etwa ist jahrhundertelang nichts anderes als eine endlose Folge von Kontraktbrüchen seitens der zu Pfefferlieferungen verpflichteten einheimischen Sultane und entsprechenden Strafaktionen der Ostindischen Compagnie. —

Man hat auch Versuche mit der aus Mexiko eingeführten Vanillekultur gemacht, vornehmlich in der Umgebung von Batavia und Buitenzorg. Einige Erfolge sind erzielt worden, jedoch nur mit sehr viel Mühe. Jede einzelne Pflanze muß von Hand bestäubt werden, weil das notwendige Insekt für eine natürliche Bestäubung sich nicht einfinden will. Wenn es sich bei der Vanille auch nicht um hohe Bäume wie bei Muskat und Nelken handelt, sondern um eine Klimmpflanze aus dem Geschlecht der Orchideen, so bringt der Malaie die notwendige Sorgfalt für eine so umständliche Arbeit nur ungern auf. Mit der Erzeugung von Vanille will es daher nicht recht vorangehen.

Die Pinangpalme und den Gambirstrauch muß ich noch bei den Genußpflanzen erwähnen, denn beide sind unentbehrlich für das Betelkauen der Eingeborenen. Die zierlich schlanke Pinang liefert dafür die Hauptsache, nämlich die in einer orangefarbenen Hülle wachsende sehr harte Betelnuß. Der Gambirstrauch steuert das beizende Catechu-Harz, beziehungsweise auch nur die das ausgekochte Harz ersetzenden Blätter zu. Hinzu gehören ferner die frischen Blätter des rankenden Betelpfeffers. In sie werden Pinangnuß und Gambir nebst gebranntem Kalk eingewickelt und das ganze dann als „Sirih“ — Betel — gekaut. Für Pinangnüsse und Gambirharz gibt es auch überseeische Abnehmer. Beide Produkte liefern wertvolle Gerbstoffe und haben außerdem pharmazeutische Bedeutung. Gambir wird sogar von einigen europäischen Plantagen in großem Umfang angebaut.

Für ein anderes, sehr notwendiges Pharmazeuticum hält Java, zusammen mit einem beschränkten Gebiet im westlichen Mittelsumatra, seit nahezu einem Jahrhundert das Weltmonopol. Es ist die Chinarinde. Ich sprach früher schon davon, wie Haßkarl sie von Südamerika herüberholte, Junghuhn sie auf Java einbürgerte und Charles Ledger später eine besser geeignete Sorte anbot. Seitdem war die Chinarinde aus Java nicht mehr zu schlagen. Die deutschen synthetischen Mittel der Neuzeit haben zwar das Monopol gebrochen, aber die Weltbedeutung des natürlichen Chinins damit keineswegs beseitigt. In den großen Malariagebieten behauptet es sich nach wie vor als billigstes Massenheilmittel. — In den nassen, nebligen Bergregionen über tausend Meter Höhe gedeiht der Chinabaum vortrefflich. Da findet er sich auf den teils staatlichen, teils privaten Pflanzungen zu weiten Wäldern zusammen. Fast zwanzigtausend Hektar Landes mit je zweitausendfünfhundert bis dreitausend Bäumen bedecken sie und vermögen, vom etwa fünften Jahre an regelmäßig geschält und nach höchstens zwanzig Jahren endgültig gerodet, jährlich fast zehntausend Tonnen Chinarinde zu produzieren. Eine staatliche Chininfabrik in Bandung sorgt für die Deckung des Chininbedarfes im eigenen Lande; der Rest geht in alle Welt.

Stark in Aufschwung begriffen ist seit mehreren Jahren die Kultur der Derriswurzel. Neben Inländern und Chinesen begannen sich in letzter Zeit bereits europäische Kleinlandbauer damit zu befassen. Dem Malaien ist Derris nicht neu. Aus den Wurzeln und Stengelteilen dieses Schlinggewächses gewinnt er seit altersher durch Ausklopfen das milchige Tuba-Gift, sein beliebtestes Mittel zum Massenfischfang. Tuba in ein Gewässer geschüttet, läßt in kurzer Zeit die Fische betäubt an die Oberfläche kommen. Offiziell war seit langem die Anwendung verboten; aber wer will jeden Urwaldfluß daraufhin kontrollieren! In jüngerer Zeit erkannte man Tuba als gutes Insektengift. Die Erfolge mit ihm, in Sonderheit im Kampf gegen Schädlinge an Faserpflanzen, am Teestrauch und anderen Plantagengewächsen, waren so vielversprechend, daß sie zur Aufnahme planmäßigen Anbaues dieser einstigen Wildpflanze ermunterten. Die Japaner maßen der Derriskultur ganz große Bedeutung bei. Sie wollten gerade die Faserpflanzen, allen voran die Baumwolle, in den eroberten tropischen Südgebieten in sehr großem

Maßstabe anbauen. Möglich, daß sie Tuba auch gegen die Reismotte und andere Kornschädlinge einzusetzen hofften. Jedenfalls hatten sie eine rasche Vervielfachung der Anbaufläche geplant.

Inselindien war bisher kein Baumwollerzeuger von Bedeutung gewesen. Die drei- oder viertausend Tonnen, die in letzter Zeit mit aller Gewalt jährlich herausgeholt wurden, sind nicht der Rede wert. An Versuchen zur Einbürgerung der Pflanze hat es schon vor der japanischen Besetzung nicht gefehlt, hauptsächlich in Mitteljava um den Muria-Vulkan herum, in Südsumatra, auf Bali und Lombok. Aber sei es nun, daß die Böden oder die klimatischen Verhältnisse nicht sonderlich geeignet sind, oder sei es auch, daß die ausreichenden Baumwollernten der beiden Amerika, Afrikas und neuerdings auch Vorderindiens weiteren Anbau überflüssig machten und daher der rechte Stimulans für die Versuche fehlte, ich weiß es nicht. Jedenfalls war die erzielte Baumwollfaser nicht die beste. Für Japan lag der Fall anders. Es wollte sich von fremder Baumwolle unabhängig machen und trieb seine Forschungen bezüglich des Anbaues im tropischen Inselindien mit Energie voran.

Aber „seine“ Baumwolle hat das Inselreich trotzdem, sogar die echte vom „Baum“. Die übliche müßten wir ja eigentlich „Strauchwolle“ oder „Buschwolle“ nennen. Auf Java und den übrigen Inseln dagegen wächst sie als „Kapok“ — der Malaie sagt „kapas“ — an hohen Bäumen. Es sind mit den wenigen sparrig zur Seite gereckten, laubarmen Ästen zwar mehr Gerippe als wirkliche Bäume. Manche Gebiete, selbst ganze Inseln, wie etwa das Ostjava vorgelagerte Madura, erhalten durch sie ihr charakteristisches landschaftliches Gepräge. Das kommt, weil die Bevölkerung und einige europäische Plantagen sie mit Vorliebe nicht geschlossen, sondern verstreut im Feld oder längs der Wege anpflanzen. An den letzteren dienen sie oft gleichzeitig als lebende Telefonpfähle und Strommasten.

Ein Kapokbaum ist in der Pflanzenwelt eine Art Hydra; er ist unverwüstlich. Man kann ihn in hundert Stücke hacken und diese in die Erde stecken, — man wird mindestens neunzig neue Kapokbäume daraus emporschießen sehen. In großen dunkelbraunen Kapseln reift die schöne, seidigglänzende Wolle. Zum Verspinnen ist sie leider zu kurz, als Möbelpolsterung jedoch ausgezeichnet geeignet. Außerdem wirkt sie dämpfend bei Stößen und Vibration, und die Bahngesellschaften Großbritanniens und der U.S.A. kauften sie daher mit Vorliebe für ihre Personenwagenbaustätten. In der Flugzeugindustrie findet Kapok die gleiche Anwendung. Seit einigen Jahren hat der Java-Kapok, der mit wechselnd sechzig bis achtzig vom Hundert der gesamten Weltkapokerzeugung ohnehin an der Spitze stand, noch einen hoffnungsvollen neuen Auftrieb erhalten. Man macht neuerdings weiche, anschmiegsame Schwimmwesten aus ihm. Sie verdrängen die harten und steifen aus Kork sehr schnell. Vierhundertvierzig Gramm Kapok gehören zu einer solchen Weste. Man wird sehr bald noch viele Kapokbäume auf Java zerstückeln und in die Erde stecken müssen, wenn erst alle Schiffe der Erde mit den echten Java-Kapok-Schwimmwesten ausgerüstet sein wollen. —

Ist die Weichfaser Kapok im Inselreich heimisch, so mußte die gegenwärtig wichtigste Hartfaserpflanze erst auf Umwegen herbeigeholt werden. Es ist die Sisalagave. Ursprünglich in Mexiko beheimatet, dann in den Sudan und nach Ostafrika verpflanzt und dort zur Zeit besonders in Tanganjika und Kenya unter Kultur, begann man während des ersten Weltkrieges zögernd auch auf Java und Sumatra mit ihrem Anbau. So bescheiden die Agave aussieht mit ihren bläulichgrünen, spitzigen Blättern und starr aufschießenden Blütenmasten, so ist sie doch alles andere als eine „Wüstenpflanze". Sie nimmt nicht jeden Boden und jedes Klima hin, und sie ist vor allem leicht anfällig für Bohrkäfer und sonstiges Geschmeiß. Es sind manche Millionen vergebens verausgabt worden, bis man die Launen dieses neuen Pflegekindes einigermaßen kannte; und es zeugt von den Energien der Pflanzer und Versuchsanstalten, daß man es bis heute schon auf eine Jahreskapazität von reichlich hunderttausend Tonnen Sisalhanf gebracht hat und damit ein Viertel des Weltbedarfes decken kann. Mexiko ist um das Doppelte überflügelt, Kenya und Tanganjika zusammen können gerade noch Schritt halten. Sisal ist neben Manilafaser oder Abacà, dem Stammgewebe der hauptsächlich auf den Philippinen gezogenen Hanfbanane, die wichtigste Taufaser. Amerikas „Kraftpapier"-Industrie verwendet Sisalhanf, zusammen mit Bitumen, als Verstärkung gewöhnlichen Packpapiers für Kälteisolierung und Nässeschutz. Man hat lange versucht, Sisal überdies als Ersatz für Jute bei der Herstellung von Säcken zu verwenden. Solche braucht Inselindien in großem Umfang zum Versand seines Zuckers, Kaffees und der Kopra. Doch die Faser eignet sich dazu nur unvollkommen. Statt dessen fand man in der Rosellapflanze — einem Strauch aus der Hibiskus-Familie — und seiner „Ramie" genannten Faser einen brauchbaren Ersatz. In Mitteljava gewinnt die Rosellakultur rasch an Boden. Im Städtchen Delanggu, zwischen Jogjakarta und Solo, ist auf ihrer Grundlage eine ansehnliche Sackindustrie aufgeblüht. —

Da ist noch die Erzeugung der „ätherischen Öle". Bei ihnen kommen wir, neben anderen Ausgangsgewächsen, zum eingangs miterwähnten Sereh. Es ist die einheimische Bezeichnung für das vermutlich von Ceylon herübergewanderte, wunderbar wohlriechende Zitronellagras. Das heißt, wohlriechend scheint es nur für die Menschen zu sein; alle Tiere hassen seinen Geruch. Mancherorts findet man daher Serehgras vorsätzlich um Dörfer und Felder gepflanzt, um das Weidevieh, die Wildschweine, angeblich sogar Tiger und Moskiten fernzuhalten. Auf meinen Märschen im Batakland traf ich es fast bei jedem Dorf, und nichts war schöner als, verdreckt und durchgeregnet, müde, hungrig und abgespannt wie man war, ein wenig Blattmasse dieses Grases zwischen den Fingern zu zerreiben und sich an dem herrlich kultivierten Zitronengeruch in eine angenehmere Welt zu träumen. Im Saft dieses harten und bitteren Buschgrases ist eben das Zitronellaöl enthalten, ein begehrter Grundstoff der Parfümerie- und Seifenindustrie. Hier und da im Inselreich wird es plantagenmäßig angebaut und an Ort und Stelle destilliert.

Das stark nach Eukalyptus duftende „Kaju-Putih-Öl" — „kaju putih" heißt zu deutsch „Weißholz" —, ebenfalls ein Erzeugnis der Malaiischen Inselwelt, wird dagegen ausschließlich von Eingeborenen auf Buru und einigen anderen Inseln des Ostens in einem sehr einfachen, aber wohldurchdachten Destillierverfahren aus den Blättern einer buschigen Akazienart gewonnen. — Wer pharmazeutische Kenntnisse besitzt, wird auch das „Patschuli-Öl" kennen. Das wird aus einem wohlriechenden Kraut gewonnen und gleich dem Kaju-Putih gegen allerlei Krankheiten und als Abwehrmittel gegen Insekten gebraucht. Die Bevölkerung der Inselwelt kennt noch Dutzende von anderen ätherischen Ölen aus verschiedensten Pflanzen und Blumen und verwendet sie teils als Duftstoffe, teils als Medizinen. —

Wir sind noch nicht am Ende. Es fehlen die Kassaveprodukte oder „Tapiokaerzeugnisse", wenn das geläufiger sein sollte. Sie entstammen der übermannshohen Manihotstaude, einer im Archipel nicht heimischen, sondern aus Südamerika herübergebrachten Süßkartoffel. Die Malaien essen ihre knotigen Wurzeln neben denen der windenartigen Batate und der großblättrigen Yamsstaude als ihre wichtigsten Knollenfrüchte. Die westliche Welt legt Wert auf das an Ort und Stelle bereitete Kassavemehl, oder auch auf „Gaplek", die unverarbeiteten Wurzeln. Die Industrie stellt Mehl, Flocken, Sago, Leim und ähnliche Stoffe daraus her. Des großkörnigen Tapiokasagos wird sich manche Hausfrau erinnern. — Auch der kleinkörnige „echte" Perlsago aus dem Mark des Sagopalmstammes ist in Inselindien, namentlich im östlichen, nicht unbekannt. Streckenweise ist er dort noch die Hauptnahrung. Zur Ausfuhr kommt er seit einigen Jahrzehnten von verschiedenen planmäßigen Anbaugebieten der Eingeborenen auf Sumatra, Borneo und den dazwischenliegenden Inseln, jedoch in nicht allzu großen Mengen. Dagegen ist die Ausfuhr von Tapiokaprodukten aus Inselindien gewaltig. Sie beträgt in guten Jahren eine viertel Million Tonnen. Der Kassaveanbau liegt fast ganz in Händen von Malaien oder Chinesen. Europäische Unternehmer befassen sich nur selten damit, und dann meistens in Verbindung mit anderen ausgefallenen Kulturen, etwa dem des Kapoks oder der Kokospalme.

Die letztere führt uns hinüber zu der wichtigen Sparte der fettliefernden Pflanzen. Eine amerikanische Berechnung aus dem ersten Weltkrieg stellte fest, daß auf jeden Erdenbürger jährlich im Mittel etwa 27 Kilogramm Pflanzenfette für Ernährung, Reinigung und sonstige Zwecke entfielen. Bei Beginn des zweiten Weltkrieges waren es bereits 33 Kilogramm. Wie sollte die Welt heute noch ohne die Zuschüsse an Pflanzenfetten aus Inselindien bestehen! Es war, bis zu dem großen Rückschlag durch die japanische Besetzung und Verwüstung, zu einem der ersten Lieferanten geworden. Mit der Kokospalme fing es an. Sie ist wohl so alt wie die Malaiische Welt selber, und ohne sie wäre die Ernährung der Malaien ebenso undenkbar wie ohne den Reis und den Trockenfisch. Junghuhn nannte die jungen Kokosnüsse einmal den „lebendigen Quell in den Baumkronen", denn ihr süßes, kühles, keimfreies Wasser ist tatsächlich die köstlichste Gabe für den Durstenden. Ich möchte sie daneben „die Kuh der Malaien" nennen. Sie liefert ihnen mit ihrer Milch nicht nur den Trunk, sondern aus ihrem Fleisch auch das notwendige Fett. Kokosnüsse raspeln und ausquetschen gehört zu den Vorbereitungen jeder indischen Mahlzeit. Mit in frischem „Klapper-Öl" bereiteten Speisen kann sich auch der verwöhnte Gaumen des Europäers befreunden; es wird erst problematisch, wenn das Öl alt ist; dann wird man den widerlich seifigen Geschmack und Geruch tagelang nicht wieder los. „Klapper" kommt vom malaiischen „kelapa", Kokosnuß. Drüben spricht man nur von „Klapperbäumen"; „Kokospalme" wirkt dort geradezu poetisch und überspannt.

Kokosöl ist in Inselindien so wichtig, daß die Regierung bei Ausbruch des Krieges in Europa den Kopraexport sofort verbot, um die Fettversorgung der eigenen Bevölkerung für die künftigen Jahre nicht zu gefährden. Kopra war das umfangreichste Ausfuhrgut unter den verschiedenen „Kokosprodukten". Es sind die zerschnittenen, mit dem Holz der Schale vorgeräucherten und dann in der Sonne endgültig getrockneten Kerne der Nüsse. Gut durchgetrocknete Kopra hat 65 Prozent Fettgehalt. Ihr Öl ist ein wichtiger Grundstoff für die Margarinebereitung und auch bei der Seifenfabrikation sehr erwünscht. Inselindien kann jährlich eine halbe Million Tonnen anbieten; Deutschland war zuletzt der beste Kunde. Wir nahmen etwa ein Viertel dieser Menge ab. Gute Kopra kann nur aus völlig ausgereiften Nüssen gewonnen werden. An diesen ist die Faserhülle bereits zu hart und brüchig, um noch mit Nutzen in der Fabrikation von Tauwerk und Matten verwandt zu werden. Kokosfaser — Coïr — wird daher nur wenig aus der malaiischen Zone ausgeführt; für sie ist Vorderindien der Haupterzeuger. Dort gewinnt man sie, namentlich an der Malabarküste, von noch unreifen Früchten und verzichtet auf die Koprabereitung.

Einen harten Konkurrenten hat Kokosöl im Baumwollsaatöl der Vereinigten Staaten. Wenn sie eine gute Baumwollernte verzeichnen, drosseln sie stets die Einfuhr von Kopra aus Inselindien, und dieses hat den Nachteil davon. Normalerweise stellt es bis zu vier Zehnteln der Weltausfuhr, behauptet also auch mit diesem Erzeugnis einen der führenden Plätze. Noch mehr tut es das mit Palmöl, obwohl dieses zu seinem jüngsten, aber auch hoffnungsvollsten Gütern gehört. Vor hundert Jahren schon ist die Ölpalme vom westlichen Äquatorialafrika her auf Java eingebürgert worden, damals jedoch nur als Zierpflanze. Erst seit dem Ende des vorigen Weltkrieges begann man mit ihrer Nutzung, und nun wurde sie rasch „das" Zukunftsgewächs des Archipels. Vor allem die Herstellung von Palmöl aus dem Fruchtfleisch mit Hilfe technisch ganz hervorragender Fabrikationsanlagen hat man sich dort angelegen sein lassen, nicht zuletzt wieder unter Hinzuziehung deutscher Wissenschaftler und Praktiker. Unter ihnen will ich nur den Kameruner Ölfachmann Professor Fickendey ehrend herausheben. Auf den Versand von Palmkernen dagegen wird weniger Wert gelegt. Für sie ist Westafrika immer noch führend, mit Palmöl aber ist es in der kurzen Spanne von kaum drei Jahrzehnten längst überholt. Ja, Niederländisch-Indien lieferte zuletzt schon mehr Palmöl auf den Markt als alle Länder Afrikas zusammen, und überdies das hochwertigste, das auch die höchsten Preise erzielte. Wer diese Zahlen wissen möchte, hier sind sie für 1938: Niederländisch-Indien 221 000 Tonnen, Gesamtafrika 206 000 Tonnen Palmöl; für Palmkerne dagegen nur ganze 50 Tonnen aus Niederländisch-Indien gegen 600 000 Tonnen aus Afrika. — Wir alle kennen Palmöl gleich dem Kokosöl wieder als Grundstoff der Margarine-, Seifen- und Kerzenindustrie. In den U.S.A. und in England wird es außerdem beim Verzinnen von Eisen als Antioxydationsmittel verwendet. Trotz der teuren Maschinenanlagen in den Ölfabriken ist es das am billigsten herstellbare Pflanzenfett. Erst Schutzzölle und handelspolitische Maßnahmen treiben seinen Preis in die Höhe.

Palmöl ist innerhalb Niederländisch-Indiens ein Produkt der „Außenbesitzungen". Etwa sechzig Plantagen an der Ostküste Sumatras und in einigen Landesabschnitten Borneos haben sich mit Nachdruck auf die Kultur der Ölpalme verlegt. Hier findet sie bei durchgehend feuchtem Klima noch bessere Lebensbedingungen und eine wirtschaftlichere Auswertung als in der afrikanischen Heimat mit ihren den Fruchtansatz und die Fabrikation unterbrechenden Trockenmonaten.

Vornehmlich oder ausschließlich auf Java beschränkt sich dagegen der Anbau einiger anderer, erst in junger Zeit aufgenommener Fettpflanzen. Da haben wir vor allem die eingangs erwähnte Kedéle, eine

Hier wird Zuckerrohrpflanzgut gezogen

Ernte der Ölpalmfrüchte

Auf einer Goldmine Südsumatras. Edles Erz in glühendem Strom

An einer „pipe-line" Ostborneos

dunkle Abart der ostasiatischen Sojabohne; ferner die Erdnuß mit ihrem in Holland so sehr beliebten „Delftschen Salatöl", und die Rizinusstaude mit ihren ebenfalls am Anfang dieses Kapitels genannten Djarakkernen. Djarak hatte es bis zum Ausbruch des zweiten Weltkrieges schon auf siebentausend Tonnen gebracht, also eine gute Schiffsladung. Aber eine glänzende Zukunft steht dem Rizinusöl noch bevor. Die Japaner wußten genau, warum sie gerade seine Erzeugung mit allen Mitteln forcierten. Es ist das beste Schmieröl für schnellaufende, also hauptsächlich für Flugzeugmotore. Es hinterläßt keinerlei Rückstände, tropft nicht und ist — sein größter Vorteil — in Benzin unlöslich. Wenn die Friedensluftfahrt auch nur einigermaßen den Umfang der kriegsmäßigen annehmen sollte, dann wird vielleicht statt des Zuckers einst Rizinus der „Kork" werden, auf dem ganz Java schwimmt.

Wir wollen es genug sein lassen. Ich fürchte so schon in den Verdacht der „Angeberei" zu geraten. Beinahe klingt es wohl danach, wenn man sozusagen alles an Tropenprodukten, was es überhaupt gibt, einem einzigen Raum und noch dazu durchweg in Standardqualitäten und Höchstmengen zuschreiben will. Es ist aber alles nüchterne Tatsache. Als Rohstoffraum gesehen ist Inselindien wirklich ein „Paradies". Wenn ich nun auch noch von all den rein einheimischen, nicht zur Ausfuhr gelangenden Landbaugewächsen, den Genußpflanzen, Gewürzen, Gemüsen und Obstkulturen der Malaien eine Liste eröffnen wollte! Doch darüber mag man in anderen Büchern nachlesen. Besonders über die wunderbaren Früchte wird in jedem Reisebuche geschwärmt. Einen kleinen Triumph der Mannigfaltigkeit will ich mir zum Schluß aber doch nicht versagen, selbst wenn es jetzt nicht nur wie Angabe, sondern wie echte Aufschneiderei klingen sollte: Ob es auch Bananen dort gibt, höre ich jemand fragen, der bisher nur die westindischen, kanarischen und guten deutschen Kameruner kannte. Zu dienen, lieber Leser! Und zwar gleich in einem Dutzend Sorten; nicht nur gelbe, sondern auch grüne, rote und sogar violette, manche nicht größer als ein kleiner Finger, und andere so lang wie ein Unterarm, solche mit und solche ohne Kerne, und solche, die entweder nur roh oder nur gebraten oder nur gekocht gegessen werden können, und wieder andere, die sich in jeder gewünschten Art verkonsumieren lassen.

DAS ZINNTÖPFCHEN

„Nun wollen wir noch eben zur ‚Surabaja' fahren, einer unserer großen Baggermühlen, damit Sie auch den Baggerbetrieb kennenlernen!" sagte der schlanke, bronzegebräunte Mineningeniör und ließ den Motor seines Chevrolet anspringen.

Wir standen auf dem hohen Rande einer Zinnmine in der typisch umgestalteten Landschaft Bangkas. Große, aus verlassenem Abbaugelände entstandene Teiche mit einer rasch angesiedelten Binsenvegetation lagen zur Rechten. Schneeweiße Reiher standen ruhig äugend am Ufer. Hohe Strommasten ragten fremd aus kahlem Land. Nüchterne Schuppen, ächzende Lastwagen auf verbrannten Straßen, ein schmuckloses Viereck von Wohnbaracken chinesischer Kontraktarbeiter in der Ferne waren ebenfalls kein erhebender Anblick. Zur Linken ergänzte die tief hinuntergegrabene Mine mit ihrem Gewimmel von Kulis, ihren Stützdämmen, Abraumfeldern und Rohrleitungen, Pumpenanlagen, Motorenhäuschen und zischenden Monitoren, aus denen armdicke Wasserstrahlen wie von Kanonen abgeschossen gegen die Steilwände geschleudert wurden, mit dem hohen Eindickturm und den parallelen Waschrinnen das Bild einer ausgesprochenen Industrielandschaft.

Wir stiegen ein und genossen aufatmend die durch den Fahrtwind erzeugte Kühlung. Denn in der Mine war unter der unbarmherzig hereinknallenden Sonne eine Temperatur zum Ersticken gewesen. Mehr als einen der schlammverkrusteten Arbeiter hatten wir für kurze Augenblicke in den Wassergräben untertauchen sehen, um den brennenden Körper zu erfrischen. Nun trägt uns der Wagen durch niederes Gestrüppgelände mit eingeschobenen Flächen harter Gräser, über die vereinzelte Pandanusbäume ihre raschelnden Säbelblattschöpfe recken. Alle paar Kilometer schieben sich blendendweiße, vegetationslose Flächen und Böschungen ein. Es ist ausgewaschener Minensand ohne jede Spur von Humus und Lehm. Zuweilen begleiten breite Wasserschläuche ausgebaggerter Flüsse die Straße. Ziegelrot von dem zur Verhärtung aufgetragenen Laterit zieht sie in tadelloser Beschaffenheit durch das eintönige Land.

„Ganz Bangka ist nichts als langweiliges Rot und stumpfes Grün", seufzte der Ingeniör, auf die Straße und ihre Ränder deutend. „Wo immer Sie auch laufen und fahren mögen, Sie sehen nichts anderes. Außer dem Weiß der Minen natürlich. Aber da ist auch eine wie die andere. Dieses ewige Rot und Grün und Weiß, und Weiß und Grün und Rot, der Teufel soll es holen!" — Er hatte Recht, auch mir fiel es schon auf die Nerven, obwohl ich lediglich für einige Wochen und nicht ein Leben lang auf der Insel weilte. Nur das Blau des Himmels könnte man vielleicht mit in das Farbenbild aufnehmen, und zuweilen einen glühenden Sonnenuntergang in Gold und Gelb und blutigem Purpur. Aber wer hätte bei der angestrengten Arbeit „im Zinn" Zeit, den Himmel zu betrachten?

„Wir finden unser Brot hier, in der Tat, ganz ordentlich; die Gesellschaft ist nicht kleinlich", fährt mein Nachbar fort. Er ist Angestellter der berühmten „Banka[1]) Tin Winning", der „Bangka-Zinngewinnung". Sie ist ein staatlicher Betrieb und zählt zu den reichsten Wirtschaftsunternehmen des Inselreiches. „Wir haben die Ehre, mit den benachbarten Inseln Belitung[1]) und Singkep zusammen ein Fünftel der Weltzinnerzeugung zu liefern; Sie wissen es wohl? Aber für uns persönlich ist das Leben hier eine Art Strafverbannung, trotz Tennisklub und abendlicher Autofahrt und guten Getränken in der Soos, glauben Sie es mir. Man ist doch schließlich als Kulturmensch geboren; hier jedoch verliert man die Kultur!"

Ich glaube es ihm gerne. Was weiß Europa, was wußte ich selber noch vor kurzem von diesem Bangka, diesem Ende der Welt? Ganz gewiß ist es ein schweres Schicksal, abseits der großen Routen in einem Ländchen zu leben, das kaum ein Drittel so groß wie Holland ist, und das außer dem Zinn der europäischen Unternehmer nur noch den Pfeffer der Farbigen zu bieten hat, sonst aber nichts. Man wünscht seinen Widersacher nicht zu Unrecht in das „Land, wo der Pfeffer wächst"; es kann ja nur der Inbegriff der Öde und Unschönheit sein. Gestern abend hatte ich zugehört, wie eine Rotte von Minensteigern in der Soos grölend einen Choral einübte. Das war die Kultur! Man muß bedenken, daß die Mehrzahl der Europäer hier in kleinen Siedlungen wohnt, für die schon die Bezeichnung „Städtchen" fast zu gewagt ist, und die von nichts als Angestellten und Arbeitern der „Banka Tin" nebst ihren chinesischen Versorgern und malaiischen Bedienten bewohnt werden. Eine Ausnahme macht allein die „Hauptstadt" Pangkal Pinang mit ihren zehntausend Einwohnern. In ihr sind auch die Verwaltungsorgane, Schulen und Hospital, Kaserne, Gefängnis und was sonst alles noch zur „Kultur" gehört, untergebracht. Sie hat ein eigenes Wasserwerkchen, das Prunkschaustück der Stadtverwaltung, eine Kirche mit einem nachts erleuchteten Zifferblatt, einen hübschen Residentenpalast mit gepflegten Rasenflächen und sogar in der Hauptstraße einen Bürgersteig aus Betonplatten, den einzigen Bürgersteig ganz Bangkas. Man ist nicht wenig stolz auf diese „Großstadt" und nennt sie im ganzen Lande ob ihrer hübschen Anlage und ihrer Geselligkeit ein „aardig plaatsje"[2]).

Wir fuhren jetzt unfern einer tief ins Land einspringenden Bai. Mächtige Granitblöcke umsäumten sie in malerischen Uferkränzen. Mangrovebusch drängte sich in sumpfigen Einschnitten dazwischen und schmolz in der Ferne an der Mündung eines der größten Flüsse der Insel zu einem geschlossenen Baumteppich zusammen. Hier war die Landschaft weniger trostlos. Aber es währte nicht lange. Einem Seitenwege folgend kamen wir rasch wieder in zerwühltes Gelände. Weithin standen

[1]) Frühere Schreibweise des Europäers für die im Malaiischen richtig „Bangka" lautende Insel; „Belitung" ist die malaiische Bezeichnung für das „Billiton" des Europäers.

[2]) Ein reizvolles Plätzchen.

entblätterte Mangroven als braune, dürre Gerippe. Die benachbarten Minen hatten den Grundwasserspiegel gesenkt, den an Sumpf gewöhnten Bäumen die nötige Feuchtigkeit entzogen und sie absterben lassen. Andererseits hatten wir auch schon üppige Mangrovenwälder in Gegenden angetroffen, die von Natur aus gar nicht für solche geeignet waren, und man hatte uns erzählt, daß sie sich nach und nach mitten im trockenen Strandgürtel in aufgeschlickten, halb versumpften Minenlöchern angesiedelt hatten. Gab es denn gar nichts hier, das der Mensch nicht in Mitleidenschaft gezogen hatte? — Wir folgten einem Flußlauf. Es war deutlich zu sehen, daß er künstlich aufgeweitet, in zahllose Beutel aufgeteilt und willkürlich ins Land hineingetrieben war. Wir überholten Menschen mit quietschenden Schiebkarren voll Brennholz für die Lokomobilen der Minen. Man hörte diese in der Ferne pfeifen und fauchen. Vom Städtchen her schrie heulend die mittägliche Sirene; Autos ratterten und hupten vorüber. In unserer Nähe verstärkte sich immer mehr das einförmige Knirschen, Scheppern und Ächzen eines Baggers. — Auch alle Geräusche dieser Insel, mußte ich denken, stehen ausschließlich im Dienste der „Banka Tin".

Dann stand die „Surabaja" vor uns, eine schwimmende Fabrik von den Ausmaßen einer großstädtischen Mietskaserne. Breit und massig lag sie auf dem schlammgetrübten Wasser. Unaufhörlich tauchten die Eimer in die Tiefe und schöpften den zinnhaltigen Boden. Hier in dem breiten Alluvialtal war er von den Flüssen der Gegenwart und der Vorzeit zusammengetragen worden. Es ist der gleiche Boden, den in den Minen die Wasserstrahlkanonen abspülen. Denn bei allem Zinn der Insel Bangka handelt es sich um Waschzinn aus verwittertem Granit und dessen Kontaktgesteinen. Nur auf der nächstwichtigen Zinninsel Belitung — wir nennen sie gern fälschlich „Billiton" — gibt es auch einen Untertagebau auf Zinnerz an primärer Lagerstätte. — Ein Boot holte uns zu dem polternden Ungetüm herüber. Man mußte laut schreien, um sich gegenseitig zu verstehen.

Wie in den Minen, so findet auch auf dem Bagger eine Eindickung der aufgegriffenen Schlammassen durch Absonderung überflüssigen Wassers statt. Dann fließt der mit Erzkörnchen durchsetzte Strom langsam durch die Waschrinnen und wird dabei ständig von den breiten Hacken eifriger Kulis durchwühlt. Das schwere Erz sinkt zu Boden, der Versatz ergießt sich achtern über das Heck wieder in den Fluß. — Es klingt sehr einfach, aber es gehören eine äußerst komplizierte Maschinenanlage, gesunde, gegen den entsetzlichen Lärm gefeite Nerven, vor allem aber viele sondierende Vorarbeiten der Geologen dazu, um den Erfolg zu garantieren. Ganz ähnlich arbeiten eine Reihe weiterer Bagger auf anderen Flüssen des Landes und vor der Küste in der offenen See, wo die Flüsse das Zinnerz zur Ablagerung brachten.

Hier erfahre ich, daß allein die „Surabaja“ monatlich an die hundertfünfzigtausend Kubikmeter Boden umsetzt, obwohl sie keiner der größten Bagger ist. Später habe ich einmal ausgerechnet, was allein seit Beginn der staatlichen Zinnerzförderung auf Bangka, das heißt seit reichlich hundert Jahren, insgesamt an Boden auf der Insel versetzt worden sein muß, die hundert Jahre der voraufgehenden „wilden“ Ausbeute gar nicht eingerechnet. Ich bin auf rund anderthalb Milliarden Kubikmeter gekommen. Die Hälfte davon ist mit der Hacke umgewühlt worden, durch Millionen fleißige Arbeiterhände, erst der Rest mit maschineller Hilfe. Bei derartigen Massenumlagerungen ist es nicht erstaunlich, daß in den Minenbezirken von der ursprünglichen Landschaft nichts mehr zu finden ist. —

Von einer alteingesessenen Bevölkerung, ihrer Sitte und Kultur ist ebenfalls nichts mehr da. Die Sage erzählt, Bangka sei früher überhaupt nicht besiedelt und so armselig gewesen, daß alle Zuzügler stets an Hunger gestorben seien. Man will sogar den Namen der Insel durch das malaiische „bangkai“, das ist „Leiche“, erklären. Selbst aus dem jenseits der Bangka-Straße auf Sumatra benachbarten Reich Palembang, dem die Insel lange unterstand, fanden sich keine nennenswerten Scharen von Siedlern herbei. Erst nach der Entdeckung des Zinns um das Jahr 1710 wurde es anders. Ein Bauer soll beim Abbrennen eines Waldstückes die ersten Zinnfunde gemacht haben. Die malaiische Bevölkerung zeigte allerdings nach wie vor kein Interesse; das Auswaschen des Erzes war ihr viel zu mühselig. Der unternehmungslustige Sultan Mahmud Badureddin von Palembang leitete jedoch die Ausbeute mit Hilfe von Chinesen ein, die vom Festland herübergeholt wurden. Im Jahre 1722 schloß er mit der Niederländisch Ostindischen Compagnie den ersten Lieferkontrakt. Hundertzehn Jahre danach übernahm der Staat die Aufsicht, ohne zunächst in den Abbau selber und die dazu gebräuchlichen Methoden einzugreifen. Auch später mischte er sich in den ganzen Betrieb nur insofern ein, als er die wissenschaftlichen Vorarbeiten, die technische Ausrüstung, den Schmelzbetrieb und die soziale Versorgung übernahm, die eigentliche Ausbeute der Minen aber nach wie vor den chinesischen „Minenhäuptern“ überließ.

Diese ihrerseits zogen immer mehr gleichrassige Arbeiter ins Land, und diese haben Bangka zu einer ausgesprochenen „gelben“ Insel im Malaiischen Archipel gemacht. Nur weit abseits der Minenbezirke überwiegt noch der Malaie, ein grober, rückständiger, schwerfälliger Zweig dieses sonst so sehr viel wendigeren und feineren Volkes. Im übrigen glaubt man sich auf Bangka weit eher nach China als in das Indische Inselreich versetzt. Von den zweihunderttausend Bewohnern sind genau die Hälfte Chinesen. Nicht allein stellen sie die Minenarbeiter. Längst sind viele zu seßhaften Bauern und Bürgern geworden. In ganz chinesisch anmutenden Siedlungen wohnen sie, mit ihrer eigenen Sprache und heimischen Sitte.

Auch heute noch sind die „Minenhäupter" Chinesen. Wenn man sie barfuß — natürlich barfuß, denn nach chinesischem Glauben tragen Stiefel das Erz weg — im blauen Arbeitskittel oder entblößten Oberkörper inmitten ihrer Kulischaren am Werke sieht, will es einem kaum glaubhaft erscheinen, daß sie nächst den „Pfefferkönigen" und den höchsten Angestellten der „Banka Tin" die reichsten Leute der Insel sind. Sie arbeiten auf Gewinnbeteiligung, und ein geschicktes Minenhaupt weiß schon sein Schäfchen zu scheren. Man machte mich mit einem Manne bekannt, der zwar den markanten Schädel eines Chiang Kai-shek sein eigen nannte, sich im übrigen aber von den Kulis nicht unterschied. Er hatte manches Jahreseinkommen von hunderttausend Gulden kassiert und besaß eine der prachtvollsten Besitzungen Bangkas. Das Grab seines Vaters stand dem des alten Lim in Sibolga, von dem ich bereits erzählte, nicht nach.

Der Leser merkt, worauf ich hinaus will: Zinngraben ist ein einträgliches Geschäft. Die Gewinne der „Banka Tin" sind stets eine der Hauptstützen des Staatshaushaltes in Niederländisch-Indien gewesen. Sie waren es noch mehr als die der großen Ölkonzerne. Denn diese sind mächtig genug, ihre Abgaben mehr nach eigenem Belieben als nach den Erfordernissen des Haushaltsplanes zu bemessen. Der niederländische Volksmund nennt die Überschüsse aus dem Zinn das „tin potje", zu Deutsch das „Zinntöpfchen", und nichts unterliegt dem Interesse jedes Niederländers und Niederländisch-Indiers so aufmerksam als eben dieses klingende „potje" und alle damit zusammenhängenden Vorgänge. Ein Ereignis wie etwa der tragische Schiffbruch des für die Zinnbetriebe auf Bangka bestimmten Großbaggers „Kanton" im Englischen Kanal im März 1937 bewegt die gesamte holländische Öffentlichkeit gewiß weit mehr und länger, als es bei uns der Untergang eines großen Passagierdampfers tun würde. Die jährlichen Bilanzen und Ausschüttungen der „Banka Tin" oder der auf Belitung und Singkep arbeitenden „Billiton Maatschappij" sind noch wochenlang nach ihrer Veröffentlichung Hauptthema aller Zeitungen und Tagesgespräch der Bevölkerung, ganz gleich, ob sie finanziell interessiert ist oder nicht. Der Wohlstand des künftigen Jahres wird automatisch nach dem Saldo der Zinngesellschaften berechnet.

Diese schließt stets mit einem aktiven Posten von vielen Millionen. Allein die „Banka Tin" hat seit 1900 jährliche Reingewinne von mehr als zehn Millionen Gulden dem „Zinntöpfchen" zugeführt. Im Jahre 1936 betrug ihr Nettogewinn rund zwanzig Millionen Gulden, 1937 bei steigender Nachfrage sogar sechsundzwanzig, und 1938 trotz plötzlichen

Rückganges der Ankäufe immer noch deren fünfzehn Millionen. Das war allein für diese drei Jahre weit mehr, als sämtliche zur Einkommensteuer herangezogenen Eingeborenen der Kolonie in einem Normaljahr aufzubringen vermögen. — Die Ausfuhr bewegte sich in diesen Jahren zwischen 20000 und 25000 Tonnen; das Personal belief sich auf nicht ganz 300 Europäer und 12000 bis -15000 Farbige. Von dem bei uns in Deutschland eingeführten Zinn stammten stets zwei Drittel bis die Hälfte aus Inselindien.

Man soll aber nicht nur die Gewinne sehen, sondern auch die investierte Mühe. Da kann die Zinngesellschaften kein Vorwurf treffen. Von der hervorragenden und kostspieligen kartografischen Aufnahme der Zinninseln auf luftfotogrammetrischem Wege vom Flugzeug aus, über einen Stab bester wissenschaftlicher Mitarbeiter und hochqualifizierter, teils deutscher Bergbaufachleute, bis zum tadellosen Autostraßennetz, leistungsfähigen Stromzentralen und mit raffinierten Maschinen ausgestatteten Werkstätten fehlt nichts, was zu solchen leistungsfähigen Unternehmen gehören muß.

Da stehen wir zum Beispiel in einer großen Reparaturhalle unfern der Zinnsiedlung Manggar auf Belitung und sind erstaunt, wie chinesische und malaiische Handwerker im hochmodernen elektrischen Schweißverfahren Reparaturen an Lokomobilen, Baggerteilen und Pumpen ausführen; sehen, wie in Gießereien in einer eigens aus Belgien eingeführten Graphiterde Ersatzstücke aus Bronze gegossen werden, und wie kleine farbige Lehrlinge unter sachgemäßer Anleitung fast ebenso gute Arbeit leisten wie ihre Kameraden in Europa. Oder wir besuchen Holzverkohlungsanlagen im Urwald des westlichen Bangka und sehen, daß die für den Schmelzprozeß notwendigen Holzkohlen nicht nur noch in Meilern, sondern auch bereits in zeitgemäßen mechanischen Heißluftöfen erstellt werden. Ein andermal fahren wir in entlegenen, noch dicht mit prachtvollem Primärwald bestandenen Gebieten auf fantastisch verwachsenen und an Krokodilen reichen Flüssen weit ins Land und turnen auf schmalen Pfaden aus roh behauenen Stämmen zu chinesischen Sägereien mitten im Busch, wo alle für die Zinnbetriebe erforderlichen Balken, Planken und Bretter an Ort und Stelle geschnitten werden. Dann wieder lassen wir uns in einer der Schmelzhütten den Verhüttungsprozeß erklären, sehen das klare Zinn aus den glühenden Öfen tropfen, erfahren, wie man es durch Röstung vom Schwefel und durch magnetische Einwirkung vom Eisen befreit und dabei auch einige namentlich für die Kriegsindustrie bedeutsame Nebenprodukte gewinnt, wie Tantal und Lithium, Zirkon, Selen und vor allem Ilmenit, ein Titaneisenoxyd, das zur Herstellung künstlicher Nebel Verwendung findet. Und schließlich stehen wir dabei, als das fast hundertprozentige reine Metall in blockartigen Formen zu den bekannten fünfunddreißig Kilogramm schweren „schuitjes“ gegossen wird.

Wenn man alles zusammenzieht und die Unkosten überschlägt, muß man die großen Gewinne nur um so höher respektieren. Es kommen schließlich auch noch indirekte Kosten dazu, Gehälter und Löhne ganz außer acht gelassen. Da sind die Aufwendungen für die Passagen und Niederlassungen der Angestellten und Arbeiter, für die Klubgebäude, Hospitäler und sonstigen Einrichtungen. Da müssen hohe Abstandssummen an Eingeborene und Chinesen bezahlt werden, wenn eine Mine durch Pfeffergärten oder sonstige Anpflanzungen hindurchführen soll, oder wenn gar chinesische Grabstätten sorgfältig mit allen Steinen und Knochen umtransportiert werden müssen, um das Pietätgefühl der beteiligten Familie nicht zu verletzen. Kommt ein Arbeiter durch Unglücksfall zu Tode, so verlangt die Kongsi, die Arbeiter-G. m. b. H., für die Witwe oder Mutter des Toten gewöhnlich eine Entschädigungsrente von fünfhundert Gulden und weitere tausend für ein würdiges Totenmahl. Die Gesellschaften wissen, daß sie gut daran tun, diese Summen ohne Widerstreben zu zahlen. —

So armselig die Zinninseln einmal waren, heute sind sie es nicht mehr. Die Arbeit in den Minen und der Pfefferanbau bringen laufend Geld unter das Volk. Übrigens wäre auch der letztere ohne das Zinn nicht vorhanden. Entlassene chinesische Minenarbeiter holten im vorigen Jahrhundert die Kultur von einer der Riau-Inseln herüber und verhalfen ihr in zäher Arbeit zu ihrer gegenwärtigen Blüte. Nur kleine Ladangbauern in entlegenen Abschnitten führen immer noch ein armseliges Dasein. Denn die Böden der Zinninseln sind schlecht, und der Lebensunterhalt ist in „Industriegebieten“ immer teurer als in reinen Landbaubezirken. Nur dort in der Nähe der letzteren durchwanderten wir in isolierten Bergmassiven auf erbärmlichen Wegen noch jungfräuliche Landschaften, die nichts von der umgestaltenden Hand der Zinngesellschaften verspüren ließen.

In den Pfeffersiedlungen und den kleinen Minenstädtchen dagegen herrscht ein angenehm berührender Wohlstand. Die rotgelackten Pantöffelchen der Frauen, die seidenen Tüchlein und schweren Goldgehänge der Mädchen, das Klingeln der Silbermünzen in den Taschen der Männer und die große Zahl der aus Java herüberkommenden Dienerinnen der Venus, das entspannte, fröhliche, fast laut zu nennende abendliche Straßenleben, der leckere Duft sorgfältig bereiteter Speisen aus den vielen Garküchen und aus jedem Hause, all das verleiht dem Leben eine heitere Atmosphäre, wie man sie andernorts im Archipel nicht so empfindet. So hart es auch ist, in den schattenlosen Minen und vor den glühenden Schmelzöfen für das „Zinntöpfchen“ zu schuften, so vergnüglich ist es doch auch, sich an seinem Überflusse zu sättigen.

DAS FLÜSSIGE GOLD

Es waren nicht allein Gewürze, die Portugiesen und Spanier, Briten und Holländer, bald auch Flamen, Franzosen und Dänen die gefahrvollen Reisen in die Welt der Malaien unternehmen ließen. Es lockten Sandelholz, Elfenbein, Zucker, feine Gewebe und edle Steine, und natürlich Gold. Wo hätte einmal das Gold nicht die Unternehmungslust und die Flotten Europas in Bewegung gesetzt! Auf Sumatra suchte man es zuerst. Hatte es schon Ptolemäus dort vermutet? Ophir, das fabelhafte Goldland, hatte die Sage längst unter anderem auch nach dieser Insel verlegt. Noch heute trägt dort der unmittelbar am Äquator gelegene schlanke Vulkan Talakmau den Beinamen „Ophir". Von ihm, so wird erzählt, hat König Salomo das Gold für seinen Märchentempel geholt.

Die Hoffnungen wurden jedoch bald enttäuscht. Was Sumatra und die anderen Inseln anfangs wirklich an Gold boten, war kaum der Rede wert, wie auch Diamanten von Borneo, trotz guter Qualität, mengenmäßig nicht von Bedeutung waren. Trotzdem hat man die Suche nach dem edlen Erz niemals aufgegeben, angespornt durch die Tatsache, daß die Eingeborenen laufend kleine Mengen umgesetzten Goldstaubes aus den Flüssen zu waschen wußten, und die zugewanderten Chinesen in Westborneo sogar regelrechte Minenbetriebe eröffneten. Dort, sowie in verschiedenen Teilen Sumatras, im westlichen Java und auf dem Nordarm von Selebes haben dann auf Grund von Gerüchten über große Funde besonders seit der letzten Jahrhundertwende gegen zweihundert europäische Gesellschaften und Einzelunternehmer Seifen und Bergwerke eröffnet. Nur neun mehr oder minder lohnende sind allerdings davon übriggeblieben. Immerhin sind, neben der Verarbeitung großer Mengen einheimischen Goldes im landeseigenen Schmuckgewerbe, von diesen Minen in letzter Zeit jährlich um dreitausend Kilogramm Goldmetall zusammen mit der rund zehnfachen Menge an nebenher gewonnenem Silber zur Ausfuhr gelangt.

In einem früheren Kapitel sprach ich von dem ehrfürchtigen Schauer, der den Besucher beim Anblick des Goldstromes in einer Schmelzhütte unwillkürlich durchrieselt. Doch von diesem „festen" Gold soll jetzt nicht die Rede sein. Wenn es auch für den Reichtum der Inseln symbolisch ist, so ist es doch im Rahmen der Gesamtwirtschaft nicht von hohem Belang und übt keinen Einfluß im politischen Sinne. Wohl aber ist das der Fall beim „flüssigen Gold", dem wahren „Goldstrom" Inselindiens, dem Erdöl. Die Malaiischen Inseln sind sein größter fernöstlicher Produzent. Mit einer gegenwärtigen Jahresleistung von sicherlich neun, wenn nicht zehn Millionen Tonnen, hat es Rumänien und Mexiko weit überflügelt und nähert sich bereits stark der Erzeugung Irans.

Schon die ersten Reisenden unter der alten Niederländisch Ostindischen Compagnie erzählen von einem „Wunderöl". Hier und da auf den Inseln soll es aus der Erde treten oder sich auf Quellen und Teichen absetzen. Als heilkräftiges „Seneca-Öl" wurde das gleiche Produkt bereits seit geraumer Zeit in Europa verbreitet. Nach dem Seneca-See in Nordamerika war es benannt worden. Auf ihm wurde es von den Indianern schon vor Ankunft der Europäer abgefischt. Nun wurde es zunächst auch von Sumatra bekannt, und, wie eine alte Chronik berichtet, gleich dem amerikanischen Produkt „zeer geestimeerd ende tot verstramde beenen ende leden met goede operatie gebruyckt"[1]). Wer hätte damals schon geglaubt, daß aus einer solchen „Medizin für gichtige Glieder" einst der wichtigste Treibstoff und Brennstoff der Welt werden würde!

Erdöl ist vermutlich ein Umsetzungsprodukt aus abgestorbenen tierischen und pflanzlichen Lebewesen in besonders salzreichen und später verschwundenen vorgeschichtlichen Meeren. Es kann immer nur auf sogenannten „Antiklinalen" gefunden werden. Damit sind geologisch solche Stellen der Erde gemeint, die gelegentlich von Pressungen in der Erdkruste zu „Sätteln" aufgefaltet wurden, während in den „Mulden" dazwischen niemals Öl gefunden wird. Verlaufen solche Sättel durch eine Ölzone, so enthalten sie stets in der obersten Kuppel Ölgase, nach unten anschließend dann flüssiges Öl, das gewissermaßen auf dem noch tiefer folgenden Salzwasser in der Mulde schwimmt. Salzwasser und Öl gehören, entsprechend der Entstehung des letzteren, also in der Regel eng zusammen. Mit Hilfe von immer weiter ausgebauten geologischen und geophysischen Methoden versucht man, die ölführenden Antiklinalen einigermaßen festzustellen. Gelingt die Feststellung, so kann mit den Bohrungen begonnen werden. Diese freilich bringen erst sichere Auskunft darüber, ob wirklich Ölquellen vorhanden sind oder nicht.

Es ist interessant, einmal nachzulesen, daß die Chinesen schon vor zweitausend Jahren Bohrungen bis tausend Meter Tiefe hinabgetrieben haben, um Salzwasserquellen zu erschließen. Damals gehörte noch ein Menschenalter und mehr dazu, um mit den einfachen Schlagbohrern und mühsam eingesetzten Bamburohren eine solche Tiefe zu erreichen. Im Jahre 1859 hat dann der Amerikaner E. A. Drake zum ersten Male eine Bohrung auf Erdöl ausgeführt. Man hatte damals begonnen, das kurz vorher entdeckte Paraffin, anstatt wie bieher durch trockene Destillation von Holzteer, nunmehr aus ölhaltigen Schiefern herzu-

[1]) Sehr geschätzt und für steifgewordene Knochen und Gliedmaßen mit guter Heilwirkung gebraucht.

stellen. Man war weiter dazu übergegangen, auch das „patent oil", das Petroleum, zunächst aus solchen Schiefern und ölhaltigen Kohlen zu gewinnen, bis dann der Amerikaner Bissel auf den Gedanken kam, das Erdöl selber dafür heranzuziehen. Durch Destillation und weitere Behandlung mit Schwefelsäure erzielte er ein brauchbares Lampenöl. Drake ging als erster zur Praxis über. In siebzig Fuß Tiefe hatte er erreicht, was er suchte, und er konnte der aufhorchenden Welt aus seinem Bohrloch täglich viertausend Liter Öl liefern.

Auch er arbeitete zunächst noch mit einer der chinesischen ganz ähnlichen Schlagmethode. Bei ihr werden Boden und Gestein durch einen fallenden Stößel zermalmt und dann „ausgelöffelt". Um die Jahrhundertwende kam man allmählich zu rotierenden Bohrern. Sie arbeiteten anfänglich mit märchenhaft teuren Diamantkronen; zehntausend Mark für eine solche waren noch nicht der höchste Preis. Heute verwendet man daneben glasharte, kompliziert aufgeteilte Metallkronen, und es ist längst nicht mehr so kostspielig wie früher, wenn einmal eine stecken bleibt. Neu ist ferner die Methode, kleine Sprengladungen in das Bohrloch einzuführen. Sie werden in der Tiefe zur Explosion gebracht und erleichtern die Zermürbung des Gesteins wie auch das Durchbrechen des Öles.

Die Härte des Untergrundes und die Geschicklichkeit des Bohrmeisters zusammen sind maßgebend für die Leistung. — „Tiefbohrung! 1768 Meter jetzt!" brüllt mir einmal auf einem Turm in einem der Ölfelder Ostborneos in dem ohrenbetäubenden Lärm der sorgfältig beobachtende Meister zu. „Jeden Augenblick können wir es haben!" — Als ich später meine Verwunderung über diese Tiefe ausdrücke, erfahre ich, daß man bis zu zweitausend, ja, in Ausnahmefällen sogar bis zu dreitausend Meter Tiefe geht, wenn genügend Anzeichen für einen lohnenden Erfolg vorhanden sind. Dabei handelt es sich zum Teil um Gesteine, bei denen man mit einer Bohrleistung von achtzig Zentimetern in achtstündiger Schicht zufrieden sein muß. — „Manchmal gehts auch schief!" meint der Meister beiläufig. „Mein Kollege dort drüben auf dem Feld hat kürzlich Pech gehabt. Gut 1800 Meter und nichts erreicht. Vorige Woche haben sie die Bohrung vernagelt." — Das ist der Fachausdruck für das Aufgeben und Abdecken einer ergebnislos verlaufenen Bohrung.

„Sicher kein kleiner Verlust?" frage ich ihn. Er zuckt gleichgültig mit den Achseln: „Kleine sechshunderttausend Gulden muß man wohl annehmen!" — Man kann sich denken, daß die „Vernagelung" eines Bohrloches jedem Bohrmeister wie ein Alpdruck vor Augen steht. Nicht minder wird ein Abweichen des Bohrers von der Senkrechten gefürchtet. Ein einziger, ja, schon ein halber Grad Abweichung kann bei großer Tiefe in ganz andere als die errechneten Schichten führen.

Heute „löffelt" man natürlich das zermahlene Gestein nicht mehr aus, läßt es auch nicht trocken im hohlen Bohrgestänge aufwärts steigen, wie man als Laie es sich gern denkt. Vielmehr werden schlammige Ton- und Schwerspatmischungen in dem hohlen Bohrgestänge abwärts gepumpt. Sie sind dem Gegendruck von unten gewachsen. In der Tiefe werden sie seitlich über den breiten Bohrkopf hinausgedrückt und spülen den Bohrsand zwischen der Wandung des Bohrloches und dem Triebgestänge nach oben. Auf diese Weise erhält man gleichzeitig auch während des Auswechselns der Kronen das Bohrloch stets offen, weil die Tonteilchen der eingeführten Mischung die Wände verschmieren und Einsturz durch Grundwasserzutritt verhindern. So kann in der Regel fünfzig und noch mehr Meter vorgestoßen werden, ehe dann ein zusammenhängender Rohrsatz eingelassen und durch einen wiederum in den Rohren hinabgepumpten und außerhalb emporgedrückten Betonstrom festzementiert wird. Zeitraubend, aber unvermeidbar ist vor allem das Auswechseln der Bohrkronen. Jeweils nach wenigen Schichten ist es erforderlich, und dann hilft es nichts: die ganze Länge der Gestänge muß heraus, auseinandergenommen werden und wieder hinein. Bei 1800 Meter Tiefe zum Beispiel ist das schon keine Kleinigkeit.

Langjährige Ausbildung und Praxis, sichere Hand und haarscharfe, angespannte Aufmerksamkeit, kaltblütige Ruhe und doch gleichzeitige Fähigkeit zum blitzschnellen Handeln, das sind die Eigenschaften, die man an den Bohrmeistern bewundern kann. Ich habe immer größte Achtung dafür empfinden müssen, mit welcher Sicherheit diese Männer auf ihren Türmen standen, zwischen den komplizierten Maschinen und dem rasend rasch rotierenden Bohrer, umgeben von Rohren, Ventilen und einem Höllenlärm. Dazu kommt die stete Möglichkeit, unerwartet auf eine besonders starke Ölquelle zu stoßen, die sich nicht rasch genug bändigen läßt, mit ihrer Gewalt den ganzen Turm umwerfen und, was das schlimmste ist, durch einen herausgeschleuderten Stein oder einen abgesprengten Maschinenteil am Stahlgerüst des Turmes Funken schlagen und todbringende Explosionen hervorrufen kann. Früher, als vor allem in Amerika noch viel „wild" gebohrt wurde, waren brennende Ölquellen keine Seltenheit. Heute verwendet man alle nur erdenklichen Sicherheitsvorrichtungen, um solche Katastrophen zu verhüten. Aber vorkommen können sie natürlich immer noch. Auch auf einem der Bohrfelder, die ich in Borneo besuchte, war einige Wochen vorher ein dreißig Meter hoher Turm durch plötzlichen Überdruck von unten her wie eine Pappschachtel umgeworfen worden. Er hatte aber glücklicherweise nur Sachschaden angerichtet.

So aufregend diese ganzen Bohrbetriebe sind mit ihren emsigen Menschen, ihren lärmenden Maschinen und Pumpen, mit den rasenden Bohrscheiben und den — durchweg mit austretenden Erdgasen beheizten

— Dampfkesseln, so friedlich geht der Vorgang weiter, sobald eine Quelle erst einmal erbohrt und in Produktion ist. In gemächlichem Gleichmaß saugen die schlanken Pumpen Schlag um Schlag den kostbaren Strom des „flüssigen Goldes" aus der Tiefe. Selten sieht man einen Wärter dabei. Es läuft anscheinend alles von selbst, wenn der Mensch die Natur erst einmal gebändigt hat.

In ersten Tanks findet die Abscheidung von Wasser und Verunreinigungen statt. Manche kleine „Tankstadt" ist dadurch mitten im Busch entstanden und bildet einen krassen Fremdkörper in der umgebenden Wildnis. Dann treten die Ölströme und Ölgase in langen Rohrleitungen den Weg in die Raffinerien an.

Mit jener berühmt gewordenen Drakeschen Bohrung von Titusville in Pennsylvanien war die moderne Ölindustrie geboren worden. Mit welcher rasenden Schnelligkeit, mit welchem dem Goldrausch vergleichbaren Petroleumfieber sie sich zunächst in den Vereinigten Staaten weiter entwickelte, ist allzu bekannt, um es hier zu wiederholen. Ebenso bekannt ist es, wie die großen amerikanischen Konzerne, allen voran der Rockefellersche Standard-Trust, sich später bemühten, so viele produzierende Ölquellen wie nur möglich in die Hände zu bekommen, das Höchste aus ihnen herauszuholen und dadurch vor allem die Monopolstellung im Umsatz an sich zu reißen. Bis heute hat sie niemand der „Standard" streitig machen können. Die „Shell" dagegen, als nächst mächtiger Konzern, legte von jeher den größten Wert nicht auf einen Rekordabsatz, sondern darauf, so viele Ölvorkommen wie möglich und wo auch immer in der Welt festzustellen, diese Gebietsstrecken zu erwerben und durch sorgfältigsten Abbau nutzbar zu machen. So hat die „Standard" zwar den höchsten Absatz, die „Shell" aber die größten Konzessionen und wahrscheinlich auch die größten Vorräte in der Welt.

Der Ausgang dieses weltumspannenden Unternehmens liegt in Inselindien[1]). Schon neun Jahre nach der Drakeschen Bohrung war auch im nördlichen Java auf Erdöl gebohrt worden, allerdings nicht mit lohnendem Erfolg. Seit 1890 jedoch wurde die als Mutterzelle der „Shell" anzusehende „Königliche Gesellschaft zur Erschließung von Petroleumquellen in Niederländisch-Indien", kurz die „Königliche" oder auch die „Bataafsche" — vom Stammsitz Batavia — genannt, in rasch steigendem Maße auf Sumatra, bald auch auf Borneo fündig. Mit der Zeit hat sie große Erdölfelder in Atjeh, an der „Ostküste" und in Palembang auf Sumatra, nicht minder bedeutende in Südostborneo, noch weitere

[1]) Über seine Frühgeschichte findet der Leser einige Angaben im Kapitel „Reiches Borneo" in dem vom gleichen Verfasser und im gleichen Verlag vorliegenden Buch „Urwaldwildnis Borneo. Dreitausend Kilometer Zickzackmarsch durch Asiens größte Insel."

an der Nordküste von Mittel- und Ostjava und zuletzt auch noch auf der Molukkeninsel Seran (Ceram) in Betrieb genommen.

Weitere Unternehmungsgruppen haben in anderen Territorien von Palembang, mit sehr bedeutenden Erfolgen auch im benachbarten Djambi gearbeitet; und jüngste, vielversprechende Vorarbeiten bezogen sich auf den Westteil von Neu-Guinea. An der Nordwestküste Borneos, im britischen Gebiet, haben außerdem anglo-amerikanische Gesellschaften in Brunai und Serawak viel Glück mit ihren Bohrungen gehabt. Besonders das jüngst erschlossene Seria-Feld im südlichen Brunai erwies sich als ein ganz großer Treffer. Der Verschiffungsplatz Miri war dort zu einer der wichtigsten Ölbunkerstationen der fernöstlichen Kriegsschiffe und Handelsflotten geworden. Im niederländischen Besitz hatten sich vor allem Tarakan und Balik Papan an der gegenüberliegenden Seite dieser Insel, auf Sumatra Pangkalan Brandan an der „Ostküste“ und allen voran Palembang mit seinen neuen Industrievororten am Musi zu Ölhäfen von Weltbedeutung entwickelt. Ihre Stellung ist um so gewichtiger, als weitere, jedoch sehr viel unbedeutendere Ölplätze für Ostasien — von den behelfsmäßigen Ölschiefern der Mandschurei abgesehen — erst wieder in Burma bzw. auf Sachalin angetroffen werden.

Eine Reihe von Ölfeldern und Raffineriestädten habe ich im Laufe meiner Reisen besuchen können. An Hunderten von Kilometern Rohrleitungen bin ich entlanggelaufen oder gefahren. Tankschiffe aller Nationen sah ich schwerbeladen mit dem flüssigen Gold Inselindiens aus den Häfen dampfen; und der Eindruck, den diese Summe von Betriebsamkeit und Werten auf mich machte, war gewaltig. Er steigerte sich aber noch und wühlte mich geradezu auf, als ich jüngste Luftaufnahmen von den Anlagen der Erdölgesellschaften einsehen konnte. Noch eindringlicher als das menschliche Auge von einem benachbarten Hügel aus, vermag das Objektiv der Kamera im Flugzeug zu erfassen, was hier der Mensch der Wildnis abzwang. In den makellos gewobenen Urwaldteppich sind urplötzlich große Löcher eingeschnitten. In ihnen stehen in schmerzender Regelmäßigkeit lange Reihen silberner Tanks, blinkernde Wellblechdächer düster qualmender Fabriken, mit dem Lineal ausgerichtete Wohnhaussiedlungen an schnurgeraden Straßen, unterbrochen von Tennisplätzen und Parkflächen. Das Ufer des Stromes, eben noch eine steile Wand wirrverschlungener Baumriesen, ist kahlgefegt von jedem Grün, ist in Mauern und Piers gebändigt, an denen sich die eisernen Leiber ganzer Flotten von Tankdampfern scheuern. Wenn irgendwo der Mensch seine Herrschaft über die Natur, seine Macht über die Urkräfte unserer Erde, seinen Triumph, ihr auch die verborgendsten Schätze zu entreißen, unter Beweis stellt, dann in diesen Zeugungsstätten des „flüssigen Goldes“ in den Urwäldern Inselindiens.

Diese Bilder nüchternster und kältester Sachlichkeit müßte jeder sehen, der vom „Paradiese" da drüben in den zauberhaften Inseln des „Gürtels von Smaragd" zu träumen pflegt. Stätten des Broterwerbes für ölverschmierte Kulis und eine trotz aller reichen Entlohnung doch „arm" zu nennende Herrenkaste sind sie bestenfalls; seelenlose Felder auf dem Schachbrett des Kapitals, stärkste Trümpfe in der Hand weltpolitischer Machtgestalter, gärende Quellen des ewigen Unfriedens unter der Menschheit. Man spricht von einem Fluch des Goldes; — man sollte viel eher vom Fluch des flüssigen Goldes sprechen!

RESERVEN

Der Leser wird den Eindruck gewinnen, als seien mit den zehn Millionen Tonnen Öl — bitte, in zehn Jahren sind das schon hundert Millionen Tonnen! —, mit diesen Unmassen an Zinn, Kautschuk und Faserstoffen, Ölfrüchten, Pharmazeutica und Gewürzen die Kapazitäten Inselindiens erschöpft. Es ist ein Irrtum. Wir stehen eigentlich erst am Anfang, in einem Land der Reserven. Ich deutete bereits die Hoffnungen auf neue große Erdölerschließungen in Neu-Guinea an, und ich sehe im Geiste dort bereits die Bohrtürme über der Wildnis aufragen. Ich erwähnte auch anfangs am Rande die Kohlenvorkommen Sumatras und Ostborneos, die seit langem den Eigenbedarf des Landes decken und zu Bunkerzwecken noch bis nach China hin ausgeführt werden, sowie die Viertelmillion Tonnen Bauxit jährlich, auf die sich der Export der Insel Bintan im Riau-Archipel binnen weniger Jahre emporschwang.

Aber ich sagte noch nichts von den rasch anschwellenden Verschiffungen von Manganerz, Kupfer und Phosphaten während der letzten Jahre auf Java, nichts von den Möglichkeiten der Verwertung zahlloser tropischer Hölzer, in Sonderheit für die Fabrikation von Zellulose und Papier, und nichts von dem möglichen Ausbau einer großzügigen Seefischerei. Ich könnte sogar noch eine ganze Weile fortfahren, nur allein die gegenwärtig bereits gewonnenen Erzeugnisse aufzuzählen; könnte dem Leser vorrechnen, wie noch bis nach dem ersten Weltkrieg große Ladungsteile der nach Inselindien fahrenden Schiffe aus Zement bestanden, und jetzt die Portlandzementfabriken von Indarung bei Padang mit einer Jahresleistung von mehr als einer Million Faß jede weitere Einfuhr überflüssig machen; wie die auf der Grundlage von Reisstroh arbeitenden Papierfabriken von Padalarang und Probolinggo auf Java den Import bedeutender Massen von Schreibpapier ausschalten, mehrere Triplexfabriken aus brauchbaren Urwaldhölzern die Sperrholzkisten für den Export von Kautschuk und Tee im Lande selbst herstellen, und wie die 800 000 PS. Wasserkräfte der Asahanfälle am Ausfluß des Tobasees auf Sumatra in Kraftwerken zusammengefaßt wurden, um das Aluminiumerz der Insel Bintan und aus dem Staate Johore auf der Halbinsel Malakka im Inselreich selbst verhütten zu können.

Kein Wort fiel bisher auch über die „nützlichen Steine und Erden", die lebhafte Ziegelfabrikation auf verschiedenen Inseln, die Kalkwerke, die Kaoline, Tone und zur Glasfabrikation wichtigen Quarzsande. Alles das sind keine Hoffnungen, sondern Wirklichkeiten, vom einheimischen Gewerbe und der Fremdindustrie gleichermaßen ausgenutzte Rohstoffe. Sprach ich eigentlich schon von den ausgedehnten Eisenbahnwerkstätten in Manggarai bei Batavia, den Großspinnereien, Webereien und Walzwerken in Semarang, den chemischen Werken in Tjepu und den bei Beginn des letzten Krieges in Angriff genommenen Schwefelsäure-Ammoniak-Fabriken, den Werften, Maschinenfabriken und Montagehallen für Autos, Flugzeuge und sonstiges Verkehrsmaterial in allen möglichen Städten, den Autoreifenfabriken Good Years in Buitenzorg und den weiteren, aus arbeitspolitischen Gründen hauptsächlich auf Java konzentrierten Industrien von Seife und Farben, Streichhölzern, Feuerzeugen und Tabakwaren, Fahrrädern und Bekleidungsstücken, Bier und Kohlensäure, und den nach vielen Richtungen hin ausbaufähigen Hausindustrien und Gewerben der einheimischen Völker?

Sagen Sie nicht, Sie hätten nun genug gehört und seien satt! Ich will Sie, ehe ich zum Schluß komme, doch noch mit einigen anderen Eröffnungen füttern. Auf Flores liegen schätzungsweise zehn Millionen Tonnen Eisenerz, die, gleich den noch reicheren Vorkommen auf Selebes und in Südostborneo, überhaupt noch nicht in Angriff genommen sind, weil eine verhüttungsfähige Kohle in der Nähe zur Zeit noch fehlt. Von Mittelselebes hat man kurz vor Ausbruch des zweiten Weltkrieges eine erste Probesendung von siebzehntausend Tonnen Nickelerz nach Deutschland geleitet, und es zeigte sich, daß es sich um ein ganz hervorragendes Erz handelt, das dort in Millionen von Tonnen erschlossen werden kann. Von Timor werden Kupfererze, Chromite, Gold, Mangan und Gips gemeldet, von Zentralborneo Molybdän und Quecksilber. Die Menge der greifbaren Asphaltgesteine im südlichen Butung — oder Buton — wird mit hundert Millionen Tonnen angegeben. Eine Milliarde Tonnen Eisenerz wies ein deutscher Lagerstättenfachmann für Mittelselebes nach, in Verbindung mit wertvollsten Chromerzen. Bauxit und Kaolin scheinen auch auf den Zinninseln Bangka und Belitung in beliebiger Menge der Zukunft zur Verfügung zu stehen.

Es handelt sich aber nicht nur um diese begrenzten Bodenschätze. Neben ihnen stehen die unbegrenzten, sich Jahr für Jahr erneuernden Möglichkeiten des Landbaues. Einige dieser Möglichkeiten, die sich auf

Spinnfasern und gewisse Öle sowie die Mehrerträge durch Verbesserung des Pflanzgutes und der Kulturmethoden beziehen, sind in früheren Kapiteln angeschnitten worden.

Die Schwierigkeiten und Probleme sollen nicht übersehen werden. Neben der Wiederherstellung der durch den Krieg vernichteten Exporte von Rohstoffen, Nahrungs-, Futter- und Genußmitteln sowie deren baldiger Steigerung gilt es vor allem, das Problem der Ernährungsautarkie zu lösen. Die Pläne dazu sind zwar zum Teil gewaltsam, aber leider notwendig, weil die Welt sich nicht im Frieden zusammenfinden zu wollen scheint. Sumatra und Borneo sind starke Reiszuschußgebiete des Archipels. Auf ihnen die Sawahkultur bis zur völligen Befriedigung des Reisbedarfes auszubauen, ist neben der Ausbeute der Bodenschätze der vordringlichste Punkt in den Regierungsprogrammen der jüngsten Zeit. Die Vorarbeiten dazu sind nicht neu; aber die Abneigung der an andere Landbaumethoden und Einnahmequellen gewöhnten Bevölkerung ist auch nicht gering. An der Westküste Borneos kann man zum Beispiel sehen, wie auf Gelände, das auf Druck der Obrigkeit in Sawahland umgewandelt wurde, immer wieder „zufällig" Kokospalmen aufschießen, und bald wieder zu lohnenderen Kokosgärten zusammenwachsen. Es werden Zeiten kommen, in denen solche und andere „Zufälligkeiten" nicht mehr zugelassen und die tatsächliche Autarkie erreicht werden wird.

Eingehend habe ich auch die wahrscheinlichen Volkskraftreserven Javas studiert und erfahren müssen, daß auf dieser Insel jährlich siebenhunderttausend Mehrgeburten die hohe Sterblichkeit ganz illusorisch machen. Reserven der Volkskraft und der Arbeitshände in ungeahnten Mengen erwachsen da für die Zukunft. Ich bin auch den Bestrebungen zur Verpflanzung überschüssiger Menschenmassen von Java auf die noch sehr viel Platz bietenden Nachbarinseln, in Sonderheit Sumatra, Borneo, Selebes und Neu-Guinea, nachgegangen, und es will mir eine sachkundige Berechnung nicht aus dem Kopf, nach der man jährlich achtzigtausend dreiköpfige Familien Javas ausbürgern müßte, um seine Bevölkerung bis zum Jahre 2000 auf nicht mehr als 74 Millionen anschwellen zu lassen, und sogar hundertzwanzigtausend Familien jährlich, um sie auf nur 57 Millionen Seelen zu halten. Allerdings waren, trotz dreißigjähriger Bemühungen, bis zum zweiten Weltkrieg alles in allem nicht mehr als 180 000 Javanen in die Außenbesitzungen übergeführt worden, weil der Javane selber nur äußerst wenig Neigung verspürt, seine schöne Insel gegen eine unbekannte Wildnis zu vertauschen. Welche Bevölkerungszunahme würde sich aber auch auf den anderen Inseln bald einstellen, wenn diese Übersiedlungen tatsächlich in vollem Umfange erfolgen sollten!

Wieviel Menschen würden denn dort überhaupt noch ein Unterkommen finden können, höre ich jemand fragen. Hier die Antwort in Zahlen, die allerdings nicht einschränkungslos übertragen werden dürfen, aber immerhin recht aufschlußreich sind: 350 Menschen ernährt gegenwärtig im Durchschnitt jeder Quadratkilometer auf Java, aber erst 17 auf Sumatra und 4 auf Borneo, von Neu-Guinea ganz zu schweigen.

Reserven! Reserven! Reserven! An Bodenschätzen, an pflanzlichen Rohstoffen, an Raum und an Menschenmassen. Die Fruchtbarkeit der Erde und ihrer Bevölkerung droht hier fast zu einer Gefahr für das wirtschaftliche und volkswirtschaftliche Gefüge der übrigen Welt zu werden. Wehe, wenn sich in Zukunft die Ausschöpfung nicht nur der toten, sondern gleichermaßen der lebendigen Kräfte und eine Nutzbarmachung der Reserven von noch nicht geweckten Energien und schlummernden Fähigkeiten gar unter revoltierenden Tendenzen, wie der Krieg in Südostasien sie allenthalben hinterließ, gegen das gleiche Europa wenden sollte, das sie seinerseits als Aktivposten seines künftigen Wohlstandes zu betrachten gedachte. Aus dem lockenden Paradies am Rande der Südsee würden sehr bald die höllischen Flammen eines entfesselten Inferno schlagen und den ewigen Sehnsuchtstraum der Menschheit nach einem glücklichen Weltfrieden grausam zerstören helfen!

DIE BILANZ

Alle Mühen, alle Plagen
Seid vergessen!
Nur noch messen
An den reichen Tagen
Will ich, was das Schicksal mir beschert.
Tropen, Welt des Wunderbaren,
Durstig hab' ich sie durchfahren.
Und von allem, das ich spürte,
Sich mir darbot, mich verführte,
Mich getränkt, beglückt, verzehrt;
Was ich sah, erfuhr, erlebte,
Blut und Seele mir durchbebte,
Weiß ich, daß es mir gehört!

Knappe deutschsprachige Literaturauswahl der letzten Jahrzehnte

Reisebücher und Erlebnisberichte:

Baumann, Rudolf: Der Tropenspiegel. Zürich Leipzig, Berlin 1925.

Berghaus, Erwin: Propeller über'm Paradies. Eine Luftreise nach Java. Dresden 1934.

Borrmann, Martin: Sunda. Reise durch Sumatra. Frankfurt 1925.

Couperus, Louis: Unter Javas Tropensonne. Berlin 1925. (Aus dem Holländischen übersetzt.)

Dauthendey, Max: Letzte Reise. Aus Tagebüchern, Briefen und Aufzeichnungen. München 1924.

Dreesen, Walter: Hundert Tage auf Bali. Hamburg 1937.

Helbig, Karl: Urwaldwildnis Borneo. Dreitausend Kilometer Zickzackmarsch durch Asiens größte Insel. Braunschweig 1940. Tuan Gila, ein „verrückter Herr" wandert auf Sumatra. Leipzig 1934 und 1945. Zu Mahamerus Füßen; Wanderungen auf Java. (In Vorbereitung.) Ferne Tropen-Insel Java. Ein Buch vom Schicksal fremder Menschen und Tiere; für die reifere Jugend. Stuttgart 1946.

Heinrich, Gerd: Der Vogel Schnarch. Zwei Jahre Rallenfang und Urwaldforschung in Celebes. Berlin 1932. (Neuauflage 1945.)

Helfferich, Emil: Erlebtes (aus Niederländisch-Indien). Hamburg 1938.

Kaarsberg, Helge: Mein Sumatra-Buch. Berlin 1923. (Aus dem Dänischen übersetzt.)

Lockhardt, R. H. Bruce: Wieder in Malaya. Stuttgart 1938. (Aus dem Englischen übersetzt.)

Menz, Julia: Maha Djalan. West-östliche Reise. Hamburg 1940.

Mjöberg, Eric: Durch die Insel der Kopfjäger. Abenteuer im Innern von Borneo. Leipzig 1929. In der Wildnis des tropischen Urwalds. Leipzig 1930. (Aus dem Schwedischen übersetzt.)

Plessen, Victor Baron von: Bei den Kopfjägern von Borneo. Ein Reisetagebuch. Berlin 1937.

Schucht, Elisabeth: Eine Frau fliegt nach Fernost. München 1942.

Schuh, Gotthard: Inseln der Götter: Java, Sumatra, Bali. Zürich 1941.

Volz, Wilhelm: Im Dämmer des Rimba; Tiger hilf mir! Breslau 1921.

Romane:

Beielstein, Felix Wilhelm: Der große Imhoff. Ein deutscher Kolonisator. Darmstadt 1939.

Conrad, Joseph: Almayers Wahn. Berlin 1935.

Székely-Lulofs, M. H.: Kuli; Gummi; Hungerpatrouille. Berlin 1932ff. (Drei Kolonialromane, aus dem Holländischen übersetzt.)

Voortland, Andries: An der Zeit vorbei. Ein Roman aus Insulinde. Berlin 1942. (Aus dem Holländischen übersetzt.)

Zur Kultur:

Fischer, Otto: Kunstwanderungen auf Java und Bali. Stuttgart, Berlin 1941.

Overbeck, Hans: Malaiische Erzählungen; Malaiische Weisheit und Geschichte, Jena 1925.

Schnitger, F. M.: Schönes Indonesien. Stuttgart 1941.

Veltheim-Ostrau, Hanns Hasso Baron von: Tagebücher aus Asien 1937 bis 1939, Bali. Berlin 1943.

Wissenschaftlich unterbaute Übersichten:

Behrmann, Walter: Der Malaiische Archipel. In: Klutes „Handbuch der Geographischen Wissenschaften", Potsdam 1937.

Helbig, Karl: Indonesien; eine auslandskundliche Übersicht der Malaiischen Inselwelt. Stuttgart 1949. Indonesiens Tropenwelt. Stuttgart 1947. Studien zur Landes- und Kulturkunde Südostasiens. Stuttgart 1949. (9 Beiträge über Borneo, Bali, Batavia und das Gesamtgebiet.)

Loeber, Irmgard: Das Niederländische Kolonialreich. Leipzig 1939.

Meyer, Hans: Niederländisch Ostindien. Eine landeskundliche Skizze. Berlin 1922.

Erläuterungen

In den geographischen Eigennamen wurde holländisches und malaiisches „oe" in deutsches „u" umgeschrieben, in Personennamen wurde „oe" belassen, sprich „u". —

Für die Namen einiger Inseln und Orte ist eine neuere, der malaiischen Aussprache entsprechende Schreibung gewählt worden, so Selebes statt Celebes, Belitung statt Billiton, Seran statt Ceram, Ambon statt Amboina, Tjiribon statt Cheribon u. a.

Die Betonung ruht im Malaiischen, wo nicht ausdrücklich anders angegeben, auf der vorletzten Silbe, also z. B. Sumàtra, Selèbes, Palèmbang. Mit dem „Gulden" ist stets der holländische zu 100 Cent gemeint, 1939 im Werte von 1,32 RM.

Mit den „Außenbesitzungen" werden kurz alle Inseln Niederländisch-Ostindiens außerhalb der Kerninsel Java umschrieben.